이 책을 펴내며

자동차 산업의 성장과 더불어 관련 기술도 나날이 발전해나가고 있다. 산업의 지평이 넓어지고 새로운 기술이 끊임없이 도입되는 현 시대에 지식과 기술력을 갖춘 전문 인력에 대한 요구도 늘어나고 있다. 자동차정비 책임자 또한 시대가 요구하는 전문 인력의 중추라고 할 수 있겠다. 이 책은 기능사를 넘어 자동차정비산업기사 자격을 취득하려는 이들을 위해 만들어졌다.

이 책의 특징은
한국산업인력공단에서 요구하는 새 출제기준을 충실히 반영하였다.
시험에 자주 출제되는 핵심이론과 요약을 빠짐없이 구성하였다.
최근 7년간의 기출문제와 상세한 해설을 덧붙여 학습에 도움이 되도록 하였다.

많은 수험생들이 이 책을 통해 합격하고 원하는 목표를 이루어 시대를 지탱하고 이끌어갈 전문 인력이 되었으면 하는 바람이다. 끝으로 도서의 출간을 위해 협조하여주신 크라운출판사 임직원 여러분에게 감사의 말씀을 전한다.

저자 이철희(인평고등학교 자동차과 교사)

자동차정비산업기사

출제기준(필기)

| 직무분야 | 기계 | 중직무분야 | 자동차 | 자격종목 | 자동차정비산업기사 | 적용기간 | 2019.1.1.~2021.12.31 |

• **직무내용**: 자동차정비에 관한 지식 및 기능을 가지고, 작업현장의 지도, 경영층과 정비 생산계층을 유기적으로 결합시켜주는 중간 관리자로서의 역할과 각종 공구 및 기기와 점검 비를 이용하여 엔진, 섀시, 전기장치 등의 결함이나 고장부위를 진단, 정비, 검사하고 작업지시를 내릴 수 있는 직무를 수행

| 필기검정방법 | 객관식 | 문제수 | 80 | 시험시간 | 2시간 |

필기 과목명	출제 문제수	주요항목	세부항목	세세항목	
일반 기계 공학	20	1. 기계재료	1. 철과 강	1. 주철 3. 합금강	2. 탄소강 4. 공구강
			2. 비철금속 및 합금	1. 구리 및 합금 3. 마그네슘 및 합금	2. 알루미늄 및 합금 4. 기타 비철금속재료
			3. 비금속재료	1. 보온재료 2. 패킹 및 벨트용 재료	
			4. 표면처리 및 열처리	1. 표면강화 2. 담금질, 풀림, 뜨임, 불림	
		2. 기계요소	1. 결합용 기계요소	1. 나사 3. 리벳 및 용접	2. 키, 핀, 코터
			2. 축 관계 기계요소	1. 축 및 축이음	2. 베어링
			3. 전동용 기계요소	1. 기어 3. 마찰차 및 캠	2. 벨트, 체인, 로프
			4. 제어용 기계요소	1. 스프링	2. 브레이크
		3. 기계공작법	1. 주조	1. 주조공정 2. 원형의 종류 3. 주형 및 조형법	
			2. 측정 및 손 다듬질	1. 측정기 종류 및 측정법 2. 손 다듬질 공구 및 특징	
			3. 소성가공법	1. 소성가공의 개요, 종류 및 특징 2. 판금가공 종류 및 특징	
			4. 공작기계의 종류 및 특성	1. 선반 및 밀링 2. 드릴링 및 연삭	
			5. 용접	1. 전기용접 2. 가스용접, 절단 및 가공 3. 특수용접 종류 및 특성	

필기 과목명	출제 문제수	주요항목	세부항목	세세항목
일반 기계 공학	20	4. 유공압기계	1. 유공압기계 기초이론	1. 유공압기초 및 일반사항 2. 유공압장치의 구성
			2. 유공압기기	1. 유공압펌프 및 모터 2. 유공압 밸브 3. 유공압실린더와 부속기기
			3. 유공압회로	1. 유공압회로의 기호 2. 유공압회로의 구성 3. 유공압회로 및 응용(전자제어장치 포함)
		5. 재료역학	1. 응력과 변형 및 안전율	1. 응력과 변형 및 안전율, 탄성계수 2. 신축에 따른 열응력
			2. 보의 응력과 처짐	1. 보의 종류 및 반력 2. 보의 응력과 처짐
			3. 비틀림	1. 단면계수와 비틀림모멘트

필기 과목명	출제 문제수	주요항목	세부항목	세세항목
자동차 엔진	20	1. 엔진성능	1. 엔진의 성능 및 효율	1. 엔진의 정의 및 분류 2. 엔진의 성능 3. 엔진의 효율 4. 엔진의 연료 5. 연소 및 배출가스 6. 엔진의 주요부 설계 및 계산
		2. 엔진정비	1. 엔진본체	1. 실린더헤드, 실린더블록, 밸브 및 캠축 구동 장치 2. 피스톤 및 크랭크축
			2. 윤활 및 냉각장치	1. 윤활장치 2. 냉각장치
			3. 연료장치	1. 가솔린연료장치 2. 디젤 연료장치 3. LPG 연료장치 4. CNG장치
			4. 흡배기장치	1. 흡기 및 배기장치 2. 과급장치 3. 배출가스 저감장치
			5. 전자제어장치	1. 엔진 제어장치 2. 센서 3. 액추에이터 등 4. 친환경 제어장치
		3. 진단, 검사	1. 고장분석	1. 고장진단 2. 원인분석과 대책
			2. 시험장비 및 검사기기	1. 시험장비 사용법 2. 검사기기 사용법 3. 검사기기에 따른 검사

필기 과목명	출제 문제수	주요항목	세부항목	세세항목
자동차 섀시	20	1. 섀시성능	1. 주행 및 제동	1. 주행성능 2. 제동성능
		2. 섀시정비	1. 동력전달장치	1. 클러치 2. 수동변속기 3. 자동변속기 유압 및 제어장치 4. 무단변속기 유압 및 제어장치 5. 드라이브라인 및 동력배분장치 6. 기타 동력전달장치
			2. 현가 및 조향장치	1. 일반 현가장치 2. 전자제어현가장치 3. 일반 조향장치 4. 전자제어 조향장치 5. 휠 얼라인먼트
			3. 제동장치	1. 유압식 제동장치 2. 기계식 및 공압식 제동장치 3. 전자제어제동장치 4. 기타 제동장치
			4. 주행 및 구동장치	1. 휠 및 타이어 2. 구동력 제어장치
		3. 진단, 검사	1. 고상분석	1. 고장진단 2. 원인분석과 대책
			2. 시험장비 및 검사기기	1. 시험장비 사용법 2. 검사기기 사용법 3. 검사기기에 따른 검사

필기 과목명	출제 문제수	주요항목	세부항목	세세항목
자동차 전기	20	1. 전기전자 정비	1. 전기전자	1. 전기전자 일반 2. 자동차 제어장치 3. 통신장치
			2. 시동, 점화 및 충전장치	1. 배터리 2. 시동장치 3. 점화장치 4. 충전장치 5. 하이브리드장치
			3. 고전원 전기장치	1. 구동축전지 2. 전력변환장치 3. 구동전동기 4. 연료전지 5. 고전압 위험성 인지 및 안전장비
			3. 계기 및 보안장치	1. 계기 및 보안장치 2. 전기회로(각종 전기장치) 3. 등화장치
			4. 안전 및 편의장치	1. 주행안전 보조장치 2. 편의장치
		2. 진단, 검사	1. 고장분석	1. 고장진단 2. 원인분석과 대책
			2. 시험장비 및 검사기기	1. 시험장비 사용법 2. 검사기기 사용법 3. 검사기기에 따른 검사

차 례

제1장 자동차 엔진 ······ 9
1. 기관의 정의 ······ 10
2. 기관의 분류 ······ 12
3. 기관 본체 ······ 16
4. 윤활 및 냉각장치 ······ 25
5. 흡·배기장치 ······ 29
6. 연료분사장치 ······ 33
7. 전자제어장치 ······ 39

제2장 자동차 섀시 ······ 45
1. 동력전달장치 ······ 46
2. 클러치 ······ 51
3. 수동변속기 ······ 53
4. 자동변속기 ······ 55
5. 기타동력전달장치 ······ 59
6. 드라이브라인 ······ 60
7. 종감속장치 및 차동장치 ······ 61
8. 현가장치 ······ 62
9. 조향장치 ······ 66
10. 휠얼라이먼트 ······ 70
11. 제동장치 ······ 72
12. 타이어 ······ 75

자동차정비산업기사

제3장 자동차 전기 ·· 77
1. 전기전자기초 ··· 78
2. 충전장치 ··· 82
3. 시동장치 ··· 84
4. 점화장치 ··· 86
5. 보디전기 및 등화장치 ······························· 88
6. 주행안전 및 편의장치 ······························· 91
7. 하이브리드자동차 ··································· 96

제4장 일반기계공학 ······································ 101
1. 기계재료 ·· 102
2. 기계공작법 ··· 108
3. 기계요소 ·· 114
4. 유공압기계 ··· 120
5. 재료역학 ·· 123

제5장 과년도 기출문제 및 해설 ······················ 127
(2013년~2019년)

자동차정비산업기사

CHAPTER 01

자동차 엔진

1. 기관의 정의
2. 기관의 분류
3. 기관 본체
4. 윤활 및 냉각장치
5. 흡·배기장치
6. 연료분사장치
7. 전자제어장치

제1장 자동차 엔진

1. 기관의 정의

(1) 기관의 정의
연료의 연소로 인한 열에너지를 기계적에너지로 변환하는 장치를 말한다.

(2) 힘과 운동
물체에 작용하여 물체의 모양을 변형시키거나 물체의 운동상태를 변화시키는 원인을 힘이라 하며 크기와 방향을 갖는다.

(3) 토크(Torque : 회전력)
토크(회전력)란 물체가 축을 중심으로 회전할 때 그 회전의 원인이 되는 힘의 모멘트를 말한다.

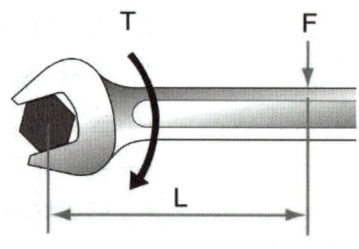

Torque T = F (Force) × L (Length)

① 힘이 직각으로 작용할 때

$$T = F \times l$$

T : 토크, F : 힘, l : 물체의 길이

② 힘이 기울어져 각도가 주어졌을 때

$$T = F \times l \times \sin\theta$$

(4) 단위 환산

① 힘의 단위

$$1 \text{dyne} = 1\text{g} \times 1\text{cm/s}^2$$
$$1\text{N} = 1\text{kgf} \times 1\text{m/s}^2 = 105 \text{dyne}$$

② 일의 단위

$$1\text{J} = 1\text{N} \times 1\text{m}$$
$$1\text{W} = 1\text{J/s}, \quad 1\text{kW} = 1000\text{W}$$

③ 질량과 힘과의 관계

중력단위에서 힘은 kgf이고, 국제(SI)단위에서의 힘은 kgf×9.8로 하면 된다. 질량은 중력단위에서는 kgf·s²이고 국제단위에서는 kg이다.

$$1\text{kgf} = 9.8\text{N}, \quad \frac{1}{9.8}\text{kgf} \cdot \text{s}^2/\text{m} = 1\text{kgf}$$

> **참고**
> $1\text{bar} = 103\text{mbar} = 105\text{N/m}^2 = 105\text{Pa}$
> $1\text{Pa} = 1\text{N/m}^2 = 1\text{kg/ms}^2$
> $1\text{kgf/m}^2 ≒ 9.8\text{N/m}^2 = 9.8\text{Pa}$

(5) 기관의 성능

① 기관의 지시마력 : 지시마력은 실린더 내에서 폭발한 연소가스의 일을 마력으로 나타낸 값이며, 도시마력이라고도 한다.

㉠ 4행정 사이클기관의 경우

$$I_{PS} = \frac{P_{mi} \times A \times L \times N \times Z}{2 \times 75 \times 60}$$

P_{mi} : 지시평균 유효압력, I_{PS} : 지시마력, A : 실린더의 단면적(cm²)
L : 피스톤 행정(m), N : 분당 회전속도(rpm), Z : 기관의 실린더 수

㉡ 2행정 사이클기관의 경우

$$I_{PS} = \frac{P_{mi} \times A \times L \times N \times Z}{75 \times 60}$$

② **축마력(제동마력)** : 축마력(제동마력)은 마찰에 의한 손실을 제외한 크랭크축에서 측정한 마력으로 회전속도에 비례하여 직선적으로 증가한다.

$$B_{PS} = \frac{2\pi NT}{75 \times 60} = \frac{NT}{716}$$

2. 기관의 분류

(1) 기계적 사이클에 의한 분류

① **4행정 사이클** : 4행정 사이클기관은 크랭크축이 2회전하여, 1사이클(흡입, 압축, 폭발, 배기)을 완성한다.

　㉠ 흡입행정(Intake Stroke) : 크랭크축 180° 회전, 피스톤이 상사점(TDC)에서 하사점(BDC)으로 내려가며 공기를 흡입

　㉡ 압축행정(Compression Stroke) : 크랭크축 360° 회전, 피스톤이 하사점에서 상사점으로 올라가며 흡입공기를 압축

　㉢ 폭발행정(Power Stroke) : 크랭크축 540° 회전, 실린더 내의 압력이 상승하여 피스톤에 내려가는 힘을 가하여 커넥팅로드를 거쳐 크랭크축을 회전

　㉣ 배기행정(Exhaust Stroke) : 크랭크축 720° 회전, 배기밸브가 열리면서 연소된 배기가스를 실린더 밖으로 배출

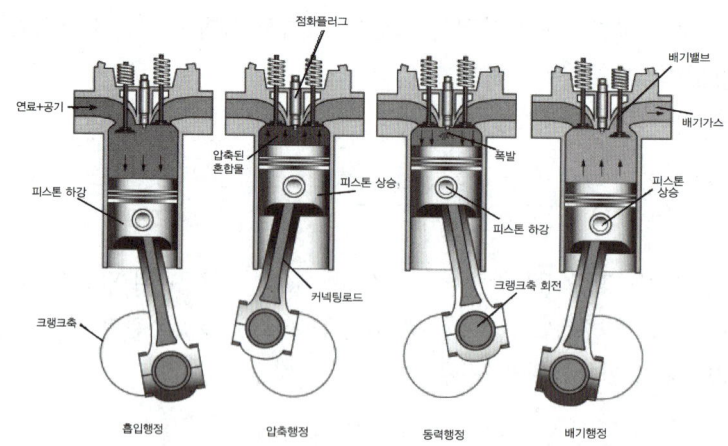

- 행정(Stroke) : 실린더에서 피스톤이 올라간 맨 위 상사점에서 가장 내려간 하사점까지의 거리

② 2행정 사이클 : 2행정 사이클기관은 크랭크축이 1회전하여, 1사이클을 완성하여 동력을 얻는 기관으로 상승행정은 압축·흡입행정이 되고 하강행정은 폭발·배기 및 소기행정이 된다.
- 소기(Scavenging) : 연소가스를 방출하고 혼합가스를 실린더 내에 채우는 현상

(2) 점화방식에 의한 분류

① 전기점화방식 : 압축된 혼합가스를 점화플러그에서 발생된 고압의 전기불꽃을 방전시켜 점화·연소시키는 방식이며, 가솔린기관·LPG기관이 해당된다.

② 압축착화방식 : 흡입된 공기를 고온·고압으로 압축한 후 고압의 연료를 미세한 안개 모양(무화)으로 분사하여 자기착화시키는 방식으로 디젤기관이 해당된다.

(3) 열역학적 사이클에 의한 분류

① 오토사이클(정적사이클) : 가솔린기관의 기본사이클이며 일정한 체적에서 연소된다.

㉠ 가열량 : $Q_1 = G C_v (T_3 - T_2)$

㉡ 방열량 : $Q_2 = G C_v (T_4 - T_1)$

㉢ 이론열효율

$$\eta_{tho} = \frac{Q_1 - Q_2}{Q_1} = 1 - \left(\frac{T_4 - T_1}{T_3 - T_2}\right) = 1 - \left(\frac{1}{\epsilon}\right)^{k-1}$$

$\epsilon = \dfrac{V_1}{V_2}$: 압축비

$k = \dfrac{C_p}{C_v}$: 비열비(단열지수), Cp : 정압비열, Cv : 정적비열

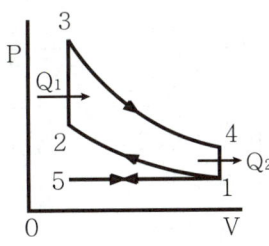

1 - 2 : 단열압축
2 - 3 : 정적가열
3 - 4 : 단열팽창
4 - 1 : 정적방열

② **디젤사이클(정압사이클)** : 저·중속디젤엔진의 기본사이클이며 일정압력에서 연소된다.
   ㉠ 가열량 : $Q_1 = G C_v (T_3 - T_2)$,
   ㉡ 방열량 : $Q_2 = G C_v (T_4 - T_1)$
   ㉢ 이론열효율

$$\eta_{thd} = \frac{Q_1 - Q_2}{Q_1} = 1 - \frac{C_v(T_4 - T_1)}{C_p(T_3 - T_2)} = 1 - \left[\left(\frac{1}{\epsilon}\right)^{k-1} \frac{\sigma^k - 1}{k(\sigma - 1)} \right]$$

$\epsilon = \dfrac{V_1}{V_2}$: 압축비

$k = \dfrac{C_p}{C_v}$: 비열비(단열지수), Cp : 정압비열, Cv : 정적비열

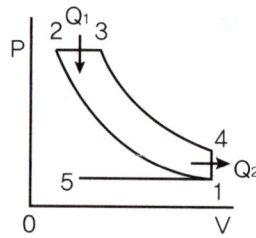

1 - 2 : 단열압축
2 - 3 : 정압가열
3 - 4 : 단열팽창
4 - 1 : 정적방열

③ **사바테사이클(복합사이클)** : 고속디젤엔진의 기본사이클이며 열공급이 정적과 정압에서 이루어진다.

$$\eta_{ths} = \frac{Q_1 - Q_2}{Q_1} = 1 - \frac{1}{\epsilon^{k-1}} \cdot \frac{\rho \sigma^k - 1}{(\rho - 1) + k\rho(\sigma - 1)}$$

$\rho = \dfrac{P_3}{P_2}$: 압력상승비(폭발비), σ : 단절비, ϵ : 압축비, k : 비열비

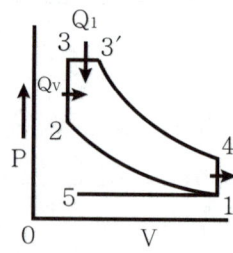

1 - 2 : 단열압축
2 - 3 : 정적가열
3 - 3' : 정압가열
3' - 4 : 단열팽창
4 - 1 : 정적방열

> **참고**
> - 공급열량 및 압축비가 일정할 때의 열효율은 오토사이클 > 사바테사이클 > 디젤사이클
> - 공급열량 및 최대압력이 일정할 때 열효율은 디젤사이클 > 사바테사이클 > 오토사이클
> - 기관수명 및 최고압력을 억제할 때 사바테사이클 > 디젤사이클 > 오토사이클

(4) 밸브배열에 의한 분류

밸브배열에 의한 분류에는 흡입과 배기밸브의 위치와 형상에 따라 I 헤드형, L 헤드형, F 헤드형, T 헤드형 등이 있다.

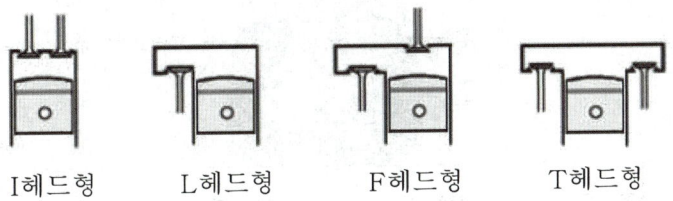

I헤드형   L헤드형   F헤드형   T헤드형

(5) 실린더 안지름과 행정에 의한 분류

① **장행정엔진** : 실린더 안지름(D)보다 피스톤행정(L)이 큰 형식이다(L/D>1.0).
  ㉠ 특징
   - 흡입량이 많고 폭발력이 크다.
   - 큰 회전력을 얻을 수 있으며, 측압을 감소시킬 수 있다.
   - 회전속도가 비교적 작으며, 엔진의 높이가 높아진다.
② **정방형엔진** : 실린더 안지름(D)과 피스톤행정(L)의 크기가 같은 형식이다(L/D=1.0).
③ **단행정엔진** : 실린더 안지름(D)이 피스톤행정(L)보다 큰 형식이다(L/D<1.0).
  ㉠ 특징
   - 피스톤 평균속도를 올리지 않고 회전속도를 높일 수 있어 단위 실린더체적당 출력을 크게 할 수 있다.

- 흡입과 배기밸브의 지름을 크게 할 수 있어 체적효율을 높일 수 있다.
- 회전속도가 증가하면 관성력의 불균형으로 진동이 커진다.
- 피스톤이 과열하기 쉽다.
- 실린더의 안지름이 커 엔진의 폭이 길어진다.

3. 기관 본체

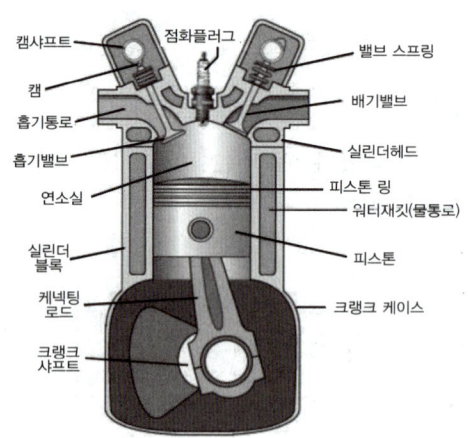

[엔진 본체의 구조]

(1) 실린더헤드(Cylinder Head)

실린더헤드는 실린더블록의 상단에 실린더헤드볼트로 고정되어 있다.

① 기능
   ㉠ 실린더 윗면에 설치되어 기밀과 수밀유지
   ㉡ 흡입·배기밸브 및 점화플러그, 인젝터, 예열플러그(디젤)가 설치
   ㉢ 실린더와 함께 연소실 형성
   ㉣ 재질로는 알루미늄합금을 주로 사용

② 구비조건
   ㉠ 기계적 강도가 높을 것
   ㉡ 고온에서 열팽창이 적을 것
   ㉢ 가열되기 쉬운 돌출부가 없을 것

ⓔ 흡입·배기가 원활하고 와류를 일으킬 것
　　ⓜ 화염전파시간을 가능한 한 짧게 할 것

(2) 실린더블록(Cylinder Block)

실린더블록은 엔진의 기초구조물로서 기관에서 발생된 연소열을 냉각시키기 위해 냉각수가 순환하는 냉각수 통로가 설치되어 있고, 피스톤의 상하왕복운동을 회전운동으로 바꿔주는 크랭크축으로 구성되어 있다.

① 실린더(Cylinder) : 실린더는 진원통형으로 피스톤이 기밀을 유지하면서 왕복운동을 하여 열에너지를 기계적에너지로 변환하여 동력을 발생시키는 부분이다.
　ⓐ 일체식실린더 : 실린더가 마모되었을 때 내경을 연삭하여 재사용(보링)하거나 실린더블록을 교환하는 형식
　ⓑ 실린더라이너 : 실린더라이너를 별도로 제작 후 삽입하며 건식과 습식이 있다.

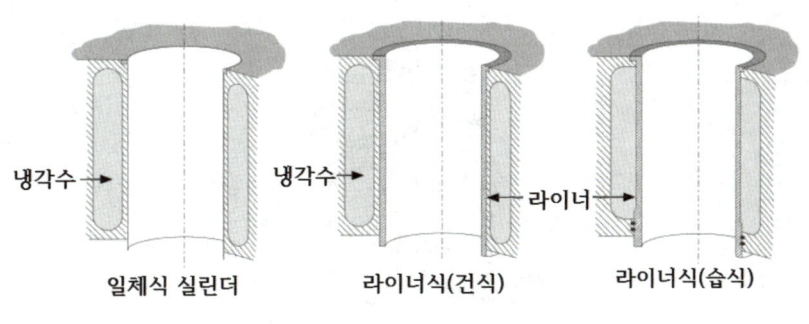

[실린더의 종류]

　ⓒ 실린더블록의 형식 : 직렬형, V형, 수평대향형등이 있다.

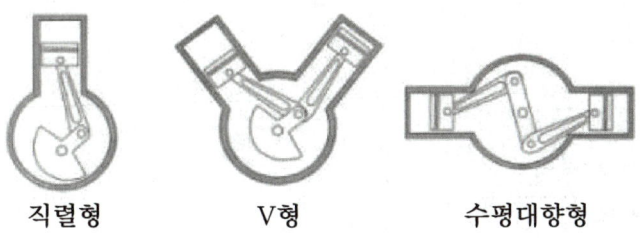

[실린더블록의 형식]

　ⓓ 실린더마멸 및 피스톤슬랩(Piston Slap) : 실린더 벽과 피스톤은 상하직선운동을 유지하지만, 커넥팅로드의 경사에 의한 측압을 받는다. 이때 상사점에서 피스톤이

운동방향을 바꿀 때, 간극이 크거나 폭발압력에 의해 회전방향상부에서 실린더 벽을 때리는 현상을 피스톤슬랩이라 한다. 마멸은 상사점(TDC) 부근에서 가장 크다.

> **참고**
> - 배기량(V) = $\dfrac{\pi}{4}D^2L$
> - 총배기량(V) = $\dfrac{\pi}{4}D^2LN$
> - 압축비 = $\dfrac{V_S + V_C}{V_C} = 1 + \dfrac{V_S}{V_C}$
>
> D : 내경(cm), L : 행정(cm), N : 실린더 수, V_S : 행정체적, V_C : 연소실(간극)체적

(3) 피스톤(Piston)

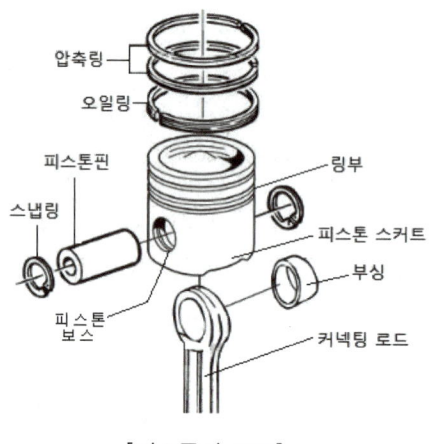

[피스톤의 구조]

① 피스톤
  ㉠ 피스톤의 구비조건
    - 무게가 가벼울 것
    - 내마모성이 좋을 것
    - 열팽창계수가 적을 것
    - 가스 및 오일누출방지
    - 고온·고압에서 강도가 높을 것

> **참고**
> - $V = \dfrac{2LN}{60} = \dfrac{LN}{30}$
>   V : 피스톤 평균속도, L : 행정(m), N : 분당회전수(rpm)

  ⓒ 피스톤의 구조 : 피스톤헤드, 피스톤 스커트부(피스톤측압을 받는 부분), 링부(링홈과 랜드로 구성), 피스톤보스 등으로 구성되어 있다.
  ⓒ 피스톤의 재질 : 피스톤의 재질은 특수주철이나 알루미늄합금을 사용한다. 알루미늄합금에는 구리계열의 Y합금과 규소계열의 로-엑스(LO-EX)가 있다.
  ⓔ 피스톤의 종류
   • 솔리드피스톤 : 열에 대한 보상이 없는 통풍형 구조
   • 인바스트럿피스톤 : 인바강을 넣고 일체주조한 형식
   • 옵셋피스톤 : 피스톤핀을 중심으로 1.5mm 정도 옵셋
   • 슬리퍼피스톤 : 측압을 받지 않는 스커트부를 잘라낸 형식
   • 테이프형피스톤 : 열팽창을 고려하여 피스톤헤드부의 지름을 적게 한 것
   • 스플릿피스톤 : 가로홈과 세로홈을 두고 가로는 스커트 열전달억제, 세로는 팽창억제
  ⓜ 피스톤 간극
   • 간극이 크면 피스톤슬랩과 블로바이가스가 발생하며, 압축압력이 저하되고 연소실에 오일이 유입된다.
   • 간극이 적으면 피스톤 및 링이 소결

> **참고**
> 블로바이가스(Blow-by Gas)
> 엔진의 압축행정과 팽창행정에서 실린더와 피스톤의 사이로부터 크랭크케이스로 빠져 나온 가스

② 피스톤링(Piston Ring)
  ⓐ 피스톤링의 3대 작용 : 기밀작용, 냉각작용, 오일제어작용
  ⓑ 피스톤링의 재질 : 특수주철, 가단주조, 원심주조
  ⓒ 링이음간극(End Gap) : 열팽창을 고려하여 0.03-0.01mm이면 정상이다. 링이음부 위치는 120-180도 엇갈려 두고 측압과 보스방향을 피하여 설치한다.

③ 피스톤핀(Piston Pin) : 피스톤 내에서 피스톤과 커넥팅로드의 소단부를 연결하는 핀
㉠ 피스톤핀의 설치형식 : 고정식, 전부동식, 반부동식

[고정식]　　　　[전부동식]　　　　[반부동식]

㉡ 피스톤핀의 재질 : 저탄소강이나 크롬강으로 표면을 경화하여 내마멸성을 높이고 내부는 그대로 두어 인성을 유지한다.

④ 커넥팅로드(Connecting Rod) : 소단부는 피스톤핀에 연결되고, 대단부는 크랭크축에 연결시키는 막대이다. 피스톤의 왕복운동을 크랭크축으로 전달하는 작용을 한다.

(4) 크랭크축(Crank Shaft)

① 크랭크
㉠ 크랭크축의 구조 : 메인저널(Main Journal), 크랭크핀(Crank Pin), 크랭크암(Crank Arm), 평형추(Balance)

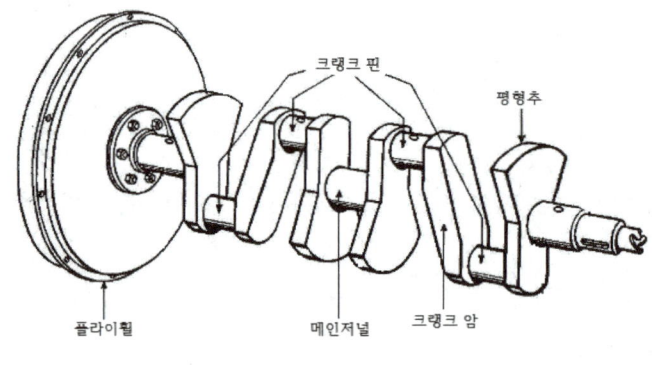

[크랭크축]

㉡ 크랭크축의 재질 : 크랭크축의 재질은 고탄소강, 크롬-몰리브덴강, 니켈-크롬강 등으로 단조하여 사용하며 미하나이트주철 또는 구상흑연주철도 사용된다.

② 크랭크축의 형식
  ㉠ 직렬4기통 : 크랭크핀이 180°의 위상차를 두며, 점화순서는 1-3-4-2와 1-2-4-3가 있다.
  ㉡ 직렬6기통 : 크랭크핀이 120°의 위상차를 지니고 있다. 제3, 4번 크랭크핀이 오른 쪽에 있는 우수식(점화순서는 1-5-3-6-2-4)과 왼쪽에 있는 좌수식(점화순서 1-4-2-6-3-5)이 있다.

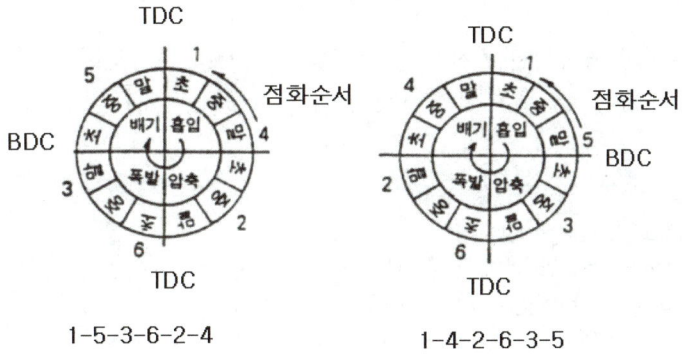

1-5-3-6-2-4   1-4-2-6-3-5

③ 점화시기를 정하는데 있어 고려할 사항
  ㉠ 일정한 간격으로 연소가 일어나야 한다.
  ㉡ 인접한 실린더에 연이어 점화되지 않게 한다.
  ㉢ 크랭크축에 비틀림진동이 일어나지 않게 한다.
  ㉣ 혼합가스가 실린더에 균일하게 분배되어야 한다.

(5) 베어링(Bearing)

① 배어링합금의 종류
  ㉠ 배빗메탈(Babbit Metal) : 주석(Sn) 80~90%, 안티몬(Sb) 3~12%, 구리(Cu) 3~7%의 표준조성이다.
  ㉡ 켈밋합금(Kelmet Alloy) : 구리(Cu) 60~70%, 납(Pb) 30~40%가 표준조성이다.

② 베어링크러시와 스프레드
  ㉠ 베어링크러시 : 크러시는 베어링이 하우징 내에서 움직이지 않게 하기 위하여 베어 링의 바깥둘레를 하우징의 둘레보다 조금 크게 하는 것이다.
  ㉡ 베어링스프레드 : 스프레드란 하우징의 안지름과 베어링을 끼우지 않았을 때 베어 링 바깥쪽지름과의 차이를 말한다.

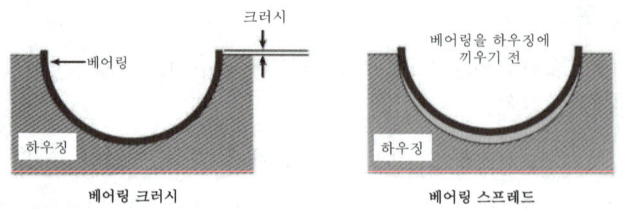

베어링 크러시   베어링 스프레드

(6) 플라이휠

플라이휠은 폭발행정에서 발생되는 관성의 에너지를 저장하여 흡입·압축·배기행정을 할 수 있도록 하고, 기관의 맥동적인 회전을 균일한 회전으로 유지시키는 역할을 한다.

> **참고**
>
> 밸런스샤프트(Balance Shaft)
> 엔진의 진동을 줄이기 위해 사용되는 축으로 불평형힘을 없애기 위해 크랭크평행추와 반대방향으로 균형이 맞도록 밸런스웨이트를 설치한다.

(7) 밸브장치

밸브장치는 연소실에 혼합기를 흡입하고 연소된 배기가스를 배출하는 장치이다. 밸브, 밸브스프링, 밸브시트 및 가이드, 유압태핏, 캠축, 캠축스프로킷, 타이밍벨트 또는 체인 등으로 구성된다.

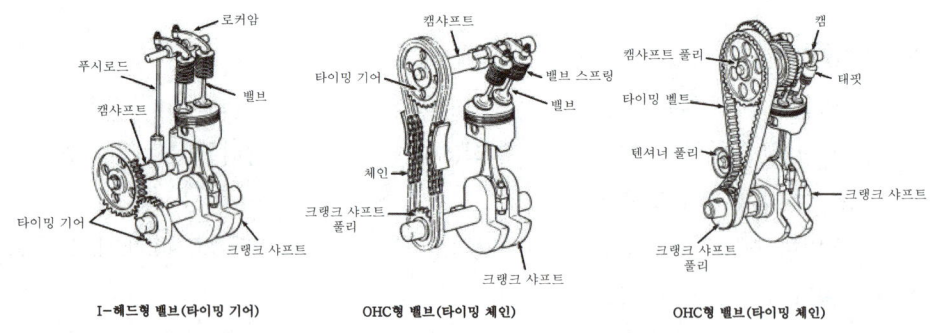

I-헤드형 밸브(타이밍 기어)   OHC형 밸브(타이밍 체인)   OHC형 밸브(타이밍 체인)

[밸브의 형식]

① 캠축(Cam Shaft)
　㉠ 캠축 : 캠축은 실린더헤드에 설치되어 크랭크축에서 전달되는 동력으로 타이밍벨트나 체인을 이용하여 밸브를 개폐시키는 역할을 한다.
　㉡ 캠 : 캠의 구성은 기초원이 되는 베이스서클, 밸브가 완전히 열리는 점으로 노즈(Nose), 기초원과 노즈와의 거리로 밸브의 작동거리가 결정되는 양정(Lift)으로 구성되어 있다.

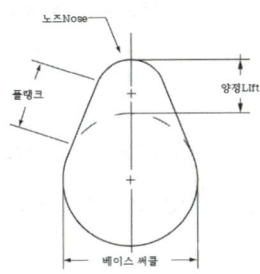

참고

DOHC(Double Over Cam Shaft)기관의 장점
- 응답성이 향상된다.
- 흡입효율이 향상된다.
- 연소효율이 향상된다.
- 허용 최고회전속도가 향상된다.

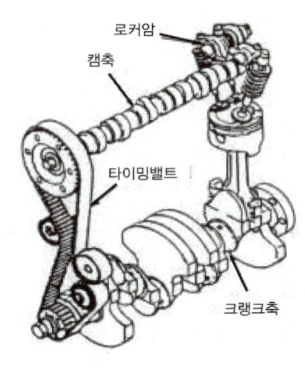
[SOHC 엔진]

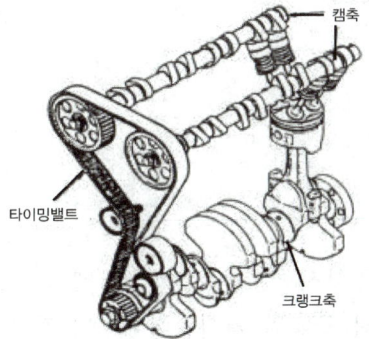
[DOHC 엔진]

② 밸브(Valve)

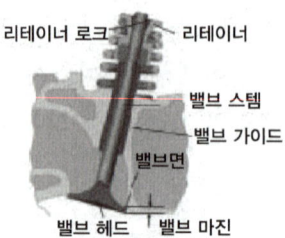

[밸브의 구조]

㉠ 흡기·배기밸브 : 밸브는 공기 또는 혼합기를 실린더에 유입하거나 연소가스를 배출하는 동시에, 압축 및 동력행정에서는 밸브시트에 밀착되어 가스의 누출을 방지하는 역할을 한다.

> **참고**
>
> **밸브오버랩(Valve Overlap)**
> 기관이 고속에서 효율을 높이기 위해 흡기밸브는 배기행정 말에 피스톤이 상사점에 도달하기 전 미리 열리고, 배기밸브는 피스톤이 상사점을 지나 어느 시점까지 열려 흡기밸브와 배기밸브가 동시에 열려 있는 상태를 밸브오버랩이라 한다.
>
>

㉡ 밸브시트(Valve Seat) : 밸브시트는 밸브면과 접촉되어 연소실의 기밀작용과 밸브헤드의 열을 실린더헤드에 전달하는 냉각작용을 한다.
㉢ 밸브가이드(Valve Guide) : 밸브가이드는 밸브가 작동할 때 밸브면과 밸브시트의 접촉이 바르게 되도록 밸브스템을 안내하는 역할을 한다.
㉣ 밸브스프링(Valve Spring) : 밸브스프링은 기관이 작동 중에 밸브가 캠의 형상에 따라서 정확하게 작동이 되도록 한다.

> **참고**
>
> 밸브스프링서징(Valve Spring Surging) 현상
> 밸브스프링의 고유진동수와 캠에 의해 공진하여 심하게 진동하는 현상이다. 방지방법은 다음과 같다.
> - 원뿔형스프링을 사용한다.
> - 부등피치스프링을 사용한다.
> - 고유진동수가 다른 2중스프링을 사용한다.
> - 양정 내에서 충분한 스프링정수를 얻도록 한다.

ⓓ 밸브리프터(밸브태핏 : Valve Lifter, Valve Tappet) : 밸브리프터는 캠축의 회전운동을 푸시로드로 전달하는 기구이다.

> **참고**
>
> 유압식 밸브리프터의 특징
> - 밸브개폐시기가 정확하다.
> - 밸브기구의 구조가 복잡하다.
> - 밸브간극을 항상 0으로 유지시킨다.
> - 밸브간극을 점검 · 조정하지 않아도 된다.
> - 윤활장치가 고장 나면 기관작동이 정지된다.
> - 오일의 완충작용으로 밸브기구의 소음 및 내구성이 향상된다.

4. 윤활 및 냉각장치

(1) 윤활장치

① 윤활유의 작용 및 구비조건

㉠ 윤활유의 작용
- 윤활(감마)작용
- 밀봉(기밀)작용
- 냉각작용
- 세척(청정)작용
- 응력분산(충격완화)작용
- 부식방지(방청)작용

㉡ 윤활유의 구비조건
- 온도변화에도 적당한 점도를 유지
- 낮은 응고점 및 비중
- 높은 인화점 및 발화점
- 강인한 유막을 형성

- 열에 의한 안정성 및 부식방지
- 기포 및 카본생성에 대한 저항력

> **참고**
> - 점도 : 유체를 이동시킬 때 나타나는 내부저항
> - 점도지수 : 오일이 온도변화에 따라 점도가 변화하는 정도를 표시
> - 유성 : 오일이 금속마찰면에 유막을 형성하는 성질

ⓒ 윤활유의 분류
- 점도에 따라 분류 : 미국자동차기술협회(SAE)
- 엔진성능과 용도에 따라 분류 : 미국석유협회(API)
- 엔진오일의 품질과 성능에 의한 분류 : SAE 신분류

② 윤활장치의 구성부품과 특징

㉠ 오일팬 : 윤활유를 저장하는 용기로 냉각작용도 한다(재질 : 강철판, 알루미늄).
- 섬프(Sump) : 엔진이 기울어졌을 때에도 오일이 충분히 고여 있도록 함
- 배플(Baffle) : 급제동할 때 유동으로 인해 오일이 비는 것을 방지
- 드레인플러그 : 엔진오일교환 시 오일을 배출

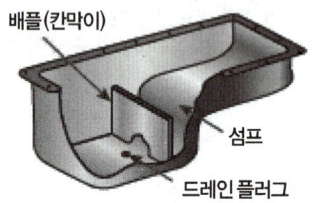

[오일팬]

㉡ 오일스트레이너 : 오일팬의 윤활유를 오일펌프로 공급하기 위한 부품으로, 흡입구 쪽에 철망이 설치되어 오일팬 내의 섞여 있는 비교적 큰 불순물들을 여과한다.

㉢ 오일펌프 : 오일팬 내에 있는 윤활유를 흡입한 후 압력을 가하여 각 윤활부에 압송한다.
- 오일펌프의 종류 : 로터펌프, 기어펌프, 베인펌프, 플런저펌프
- 윤활공급방식 : 비산식, 압송식, 비산압송식

㉣ 오일여과기(Oil filter) : 오일통로에 여과기를 설치하여 불순물을 여과하여 공급되는 윤활유를 항상 깨끗하게 유지하는 장치이다. 오일여과방식에는 전류식, 분류식, 샨트식이 있다.

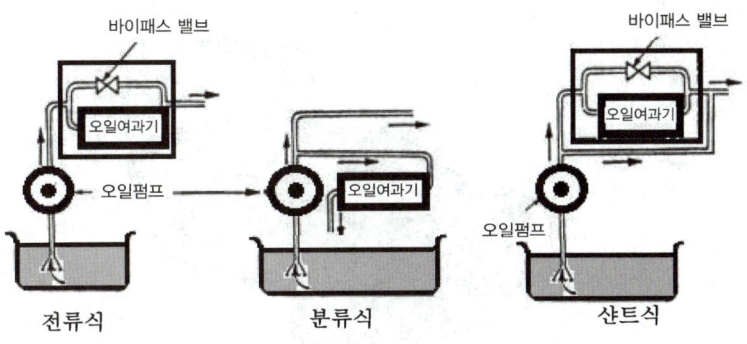

[오일여과방식]

  ⓜ 유압조절밸브
   • 릴리프밸브(유압조절밸브) : 윤활회로 내의 유압이 과도하게 상승되는 것을 방지하여 일정한 압력유지
   • 바이패스밸브 : 유압이 규정보다 높아지거나 막혔을 경우, 흡입 쪽의 밸브가 열려 여과되지 않은 오일이 공급

> **참고**
>
> 유압이 높아지는 원인
> • 유압조절밸브가 고착
> • 유압조절밸브스프링의 장력과다
> • 오일의 점도가 높거나 회로가 막힘
> • 각 마찰부의 베어링간극이 적을 때
>
> 유압이 낮아지는 원인
> • 오일이 희석되어 점도저하
> • 오일팬 내의 오일이 부족
> • 유압조절 밸브스프링의 장력약화
> • 오일펌프의 마멸이 과대
> • 오일통로의 파손 및 오일의 누출

  ⓑ 오일레벨게이지 : 오일팬 내의 윤활유양을 점검할 때 사용하며 윤활유의 양을 측정할 수 있도록 F와 L 눈금이 새겨져 있다.

(2) 냉각장치

냉각장치는 기관을 냉각하여 과열을 방지하고 외부의 공기로 냉각시키는 공랭식과 냉각수를 사용하여 냉각시키는 수랭식이 있다.

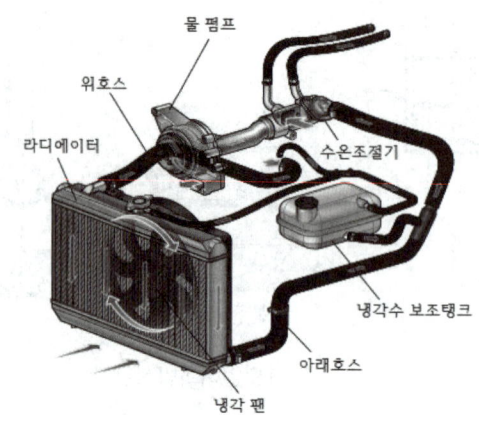

[수냉식 구조]

① 냉각장치의 구조와 특징

　㉠ 라디에이터(Radiator) : 가열된 냉각수의 열을 방출시키는 곳으로 방열기라고도 한다.
　　• 구비조건
　　　- 공기흐름저항이 적을 것
　　　- 냉각수흐름저항이 적을 것
　　　- 단위면적당 방열량이 클 것
　　　- 가볍고 강도가 클 것
　　• 라디에이터의 코어 막힘

$$\text{라디에이터의 코어 막힘률} = \frac{\text{신품용량}(\ell) - \text{사용품용량}(\ell)}{\text{신품용량}(\ell)} \times 100(\%)$$

　㉡ 물펌프(Water Pump) : 냉각수를 강제로 순환시키는 역할을 한다. 주로 원심펌프를 사용하며 펌프몸체, 임펠러, 펌프축, 베어링 등으로 구성된다.

　㉢ 수온조절기(Thermostat) : 기관의 온도를 항상 일정하게 유지시키기 위해 실린더 물재킷과 라디에이터 사이에 설치되어 냉각수순환통로를 개폐하여 냉각수를 순환시키거나 차단하는 역할을 한다(형식 : 펠릿형, 벨로즈형).

　㉣ 냉각팬(Cooling Fan) : 차량의 주행속도에 따라 공기유입량이 다르기 때문에 충분한 양의 공기를 공급하기 위해 라디에이터 뒤쪽에 설치되어 공기를 강제로 유입한다(종류 : 유체커플링식, 팬클러치식, 전동식).

　㉤ 팬벨트(Belt) : 주로 V벨트를 사용하고 크랭크축 풀리, 발전기, 물펌프, 에어컨 등을 연결하며 적당한 장력이 유지되어야 한다.

② 냉각수와 부동액
  ㉠ 냉각수 : 냉각수에 사용되는 물은 순도가 높은 증류수, 수돗물, 빗물 등이 있다.
  ㉡ 부동액 : 냉각수의 동결을 방지할 목적으로 냉각수와 혼합하여 사용하는 액체이며, 자동차에는 메탄올과 에틸렌글리콜을 주로 사용한다.

> **참고**
> 엔진과열의 원인
> - 냉각수의 부족
> - 냉각팬모터의 고장
> - 수온조절기의 작동이 불량
> - 라디에이터코어가 20% 이상 막힘
> - 냉각수통로가 막힘
> - 물펌프의 작동이 불량
> - 팬벨트의 마모 또는 장력이 부족

5. 흡·배기장치

(1) 흡기장치

① 흡기장치의 구성

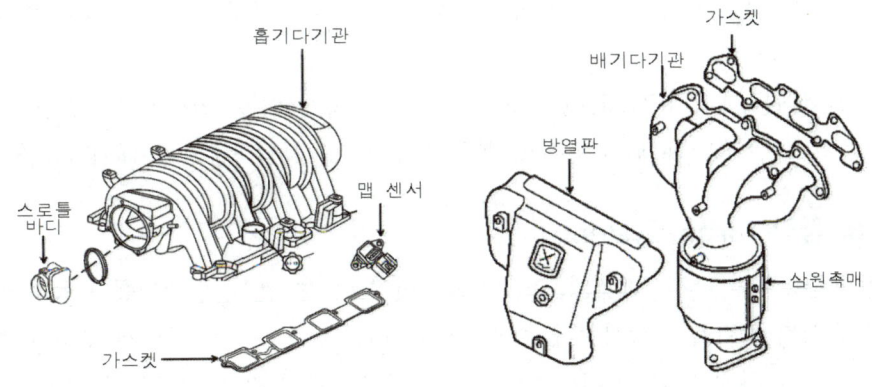

㉠ 에어클리너(Air Cleaner) : 엔진작동 시 흡입되는 공기의 이물질 등을 제거한다.
㉡ 흡기다기관(Intake Manifold) : 실린더헤드 측면에 설치되어 각 실린더에 공기를 균일하게 분배하며 와류를 일으키도록 한다.

ⓒ 스로틀밸브(Throttle Valve) : 엔진의 회전수를 최적으로 제어하기 위해 공기를 적절하게 유입시키는 장치이다.
　② 흡기제어장치
　　　㉠ 가변흡기제어장치(VIS, Variable Induction System) : 가변흡기제어장치는 저속에서 고속까지 높은 출력을 발휘하도록 ECU가 엔진회전수와 엔진부하를 계산하여 공기흡입통로의 방향을 제어한다.
　　　ⓒ 가변스월 컨트롤밸브(SCV, Swirl Control Valve) : 가변스월 컨트롤밸브는 흡기계통에서 ECU의 모터제어에 의해 공회전 및 저속구간에서 밸브를 닫아 흡입공기에 스월을 일으켜 공기와 연료가 혼합이 잘 이루어져 연소가 잘 되도록 하는 장치이다.
　　　ⓒ 가변밸브타이밍시스템(CVVT, Continously Variable Valve Timing) : 엔진의 효율적인 성능과 출력을 얻기 위해 흡·배기밸브의 오버랩을 변화시키는 시스템이다. 오일컨트롤밸브(OCV)에서 흡·배기캠의 위상각을 조절한다.

(2) 배기장치

① 배기장치의 구성
　　　㉠ 배기다기관(Exhaust Manifold) : 배기다기관은 엔진에서 연소된 고온·고압의 가스를 엔진 외부로 배출하는 장치이다.
　　　ⓒ 소음기(Muffler) : 배기가스는 온도가 600~900℃ 정도의 고온으로서 대기 중에 방출시키면 급격히 팽창하여 격렬한 폭음을 내므로 이를 제어하는 장치가 소음기이다.
　　　ⓒ 삼원촉매장치(Catalytic Converter) : 삼원촉매장치는 연소실에서 발생되는 배출가스(CO, HC, NOx)를 촉매를 통하여 산화 및 환원작용으로 배기가스를 정화한다.

(3) 과급장치(Turbo System)

① 과급장치의 원리 : 배기가스에 의해 터빈이 회전하면서, 압축기를 구동하여 흡기를 과급시켜 출력을 향상시킨다. 이때 흡입공기는 온도가 상승하면서 부피가 팽창하고 밀도가 낮아져 인터쿨러(Intercooler)를 이용하여 공기를 냉각시켜 밀도를 크게 한다.
　　　㉠ WGT(기계식터보차저, Wast Gate Turbocharger) : WGT 방식은 흡·배기압력의 과대를 방지하기 위해 배기가스의 일부를 바이패스 시켜 터빈의 일양을 감소시킨다.

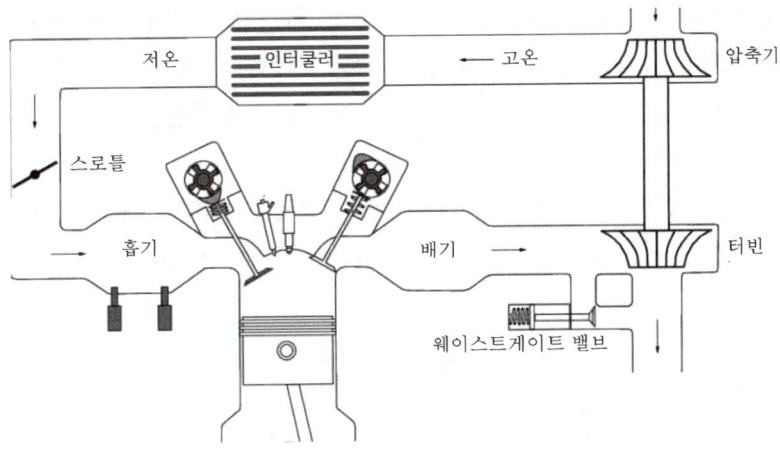

[과급장치]

  ⓛ VGT(가변용량식터보차저, Variable Geometry Turbocharger) : VGT는 엔진의 저속과 고속회전영역에서 과급기의 터빈입구를 가변제어하여 효율을 높인다.
  ⓒ 과급기를 설치하였을 때의 장점
   • 기관의 출력이 35~45% 증가된다.
   • 높은 지대에서도 기관의 출력감소가 적다.
   • 압축온도의 상승으로 착화지연기간이 짧다.
   • 냉각손실이 적고, 연료소비율이 향상된다.

(4) 배출가스

배출가스의 종류별 비율은 배기가스 약 60%, 블로바이가스 약 25%, 증발가스 약 15%이다.

① 배출가스의 종류
  ㉠ 배기가스(Exhaust Gas) : 자동차 배기파이프로부터 배출되는 가스이며 주성분은 수증기(H_2O)와 이산화탄소(CO_2)이다. 이외에 일산화탄소(CO), 탄화수소(HC), 질소산화물(NOx), 입자상 물질(PM) 등이 있다.

> **참고**
>
> 탄화수소가 발생하는 원인
> • 연료탱크에서 증발
> • 이론공연비가 농후, 초희박 시 발생
> • 밸브오버랩으로 혼합기가 새어 나갈 때
> • 엔진을 감속하거나 연소실의 온도가 낮을 때

ⓒ 블로바이가스(Blow-by Gas) : 블로바이가스란 실린더와 피스톤 간극에서 크랭크케이스(Crank Case)로 빠져 나오는 가스를 말하며, 경부하 및 중부하에서 PCV(Positive Crank Case Ventilation)밸브의 열림정도에 따라서 흡기다기관으로 보낸다.

ⓒ 증발가스 : 증발가스는 연료장치에서 발생한 탄화수소를 캐니스터에 포집한 후 PCSV(Purge Control Solenoid Valve)에 의하여 흡기다기관으로 보낸다.

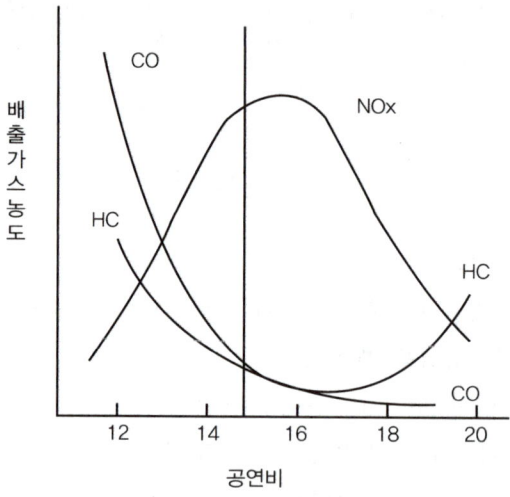

[공연비와 배출가스 성분과의 관계]

② 배기가스재순환장치(EGR, Exhaust Gas Recirculation)

㉠ 배기가스재순환장치의 역할 : 고온·고압에서 생성된 질소산화물(NOx)을 저감하기 위해 배기가스의 일부를 흡입계통으로 재순환시켜 연소최고온도를 내려 질소산화물(NOx)을 저감한다. 배기가스재순환장치는 EGR밸브, EGR컨트롤솔레노이드밸브, EGRCooler 등으로 구성된다.

$$EGR율 = \frac{EGR가스량}{EGR가스량 + 흡입공기량}$$

ⓒ EGR 미작동조건
- 엔진시동 및 공회전
- 엔진냉간상태
- EGR관련부품의 고장
- 높은 출력이 필요할 때(급가속)

③ 촉매장치
　㉠ 삼원촉매(3-way Catalytic Converter) : 삼원촉매는 배기가스 중의 일산화탄소(CO)와 탄화수소(HC)를 이산화탄소와 물로 산화시켜, 질소산화물(NOx)을 질소와 이산화탄소로 환원한다.
　㉡ 촉매반응물질(Catalytic Reaction Metal) : 촉매반응물질에는 백금(Pt), 팔라듐(Pd), 로듐(Rh)이 있다.
　㉢ 촉매장치의 종류 : 펠릿형(Pellet Type), 모노리스형(Monolith)
④ 그 외의 후처리장치
　㉠ DOC(Diesel Oxidation Catalyst) : 일산화탄소(CO), 탄화수소(HC)를 촉매반응을 통해 저감하고 입자상물질(PM)을 연소
　㉡ DPF(Diesel Particulate Filter) : 디젤엔진에서 배출되는 입자상물질을 필터로 포집한 후 연소
　㉢ SCR(Selective Catalytic Reduction) : SCR(선택적환원촉매)은 디젤엔진에서 요소수(암모니아수용액 : NH_3)를 분사하여 NOx(질소산화물)을 저감

6. 연료분사장치

(1) 가솔린연료장치

① 가솔린연료의 개요 : 가솔린은 탄소(C)와 수소(H)의 유기화합물의 혼합체이며, 가솔린기관은 연료를 공기와 혼합하여 실린더 내로 공급하여 압축한 후 점화플러그에 의해 점화하는 전기점화방식이다.
② 가솔린연료의 구비조건
　㉠ 발열량이 크고 연소 후 퇴적물이 적을 것
　㉡ 공기와 혼합이 잘 되고 옥탄가가 높을 것
　㉢ 착화온도가 높고 연소상태가 안정될 것
　㉣ 인체에 유독성이 없고 취급과 수송이 용이할 것
③ 옥탄가 : 가솔린은 옥탄가라고 하는 내폭성을 나타내는 수치로 표시

$$옥탄가 = \frac{이소옥탄}{이소옥탄 + 노멀헵탄} \times 100$$

④ 가솔린노킹(Knocking) : 점화된 후 연소의 말기에 일어나며 고온·고압으로 인하여 이상연소가 생겨 연소실 내에 충격을 주게 되는 현상이다.
  ㉠ 노킹의 영향 : 출력저하, 엔진과열, 실린더 및 베어링마멸, 피스톤 및 밸브손상
  ㉡ 노킹방지방법
    • 옥탄가가 높은 연료를 사용한다.
    • 점화시기를 알맞게 조정한다.
    • 압축행정 중 와류를 발생시키고, 압축비, 혼합가스 및 냉각수온도를 낮춘다.
    • 혼합가스를 진하게 하거나 화염전파거리를 짧게 한다.

(2) 디젤연료장치

① 디젤연료의 개요 : 디젤기관은 흡입공기를 높은 압축비로 압축하여 고온·고압의 상태에서 연료를 분사하여 착화시키는 압축착화방식이다.
② 디젤연료의 구비조건
  ㉠ 착화성이 좋을 것
  ㉡ 황성분이 적을 것
  ㉢ 수분 및 불순물이 적을 것
  ㉣ 세탄가가 높고 발열량이 클 것
  ㉤ 적당한 점도와 온도변화에 따른 점도변화가 적을 것
③ 세탄가(Cethane Number) : 세탄가는 디젤연료의 착화성을 나타내는 수치로서 디젤노킹을 일으키지 않는 성질이다.

$$세탄가 = \frac{세탄}{세탄 + \alpha 메틸나프탈린} \times 100$$

④ 디젤기관의 연소

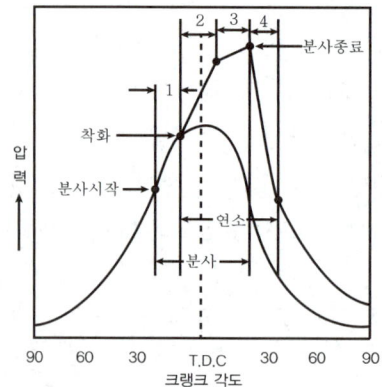

㉠ 착화지연기간(1구간) : 연료가 노즐(Nozzle)에서 분사되어도 압축압력이 적정한 상태에 도달해야 비로소 자연착화되며 분사시작점에서 연료가 분사되어 착화점까지 1번 사이를 착화지연기간이라 한다.

㉡ 정적연소기간(2구간) : 화염전파기간이라고도 하며 착화지연기간에서 축적된 연료는 자연착화되어 일시에 폭발적연소를 일으키며 압력은 급격히 상승하고 연소실의 체적은 일정체적상태에서 연소되어 정적연소를 하게 된다.

㉢ 정압연소기간(3구간) : 디젤기관의 연소과정 중 일반적인 연소를 하는 상태이고(직접연소기간), 실린더는 팽창행정이 일어나므로 압력이 일정한 상태에서 연소가 이루어지는 과정으로 연료분사량의 비율에 의하여 압력이 조정될 수 있다.

㉣ 후기연소기간(4구간) : 연료의 분사가 끝나고 연소가스는 팽창하나 미연소가스는 후기까지 연소하게 되어 후기연소(After Burning)라고 한다.

⑤ 디젤기관노킹 : 디젤기관의 노킹은 연소초기의 착화지연기간이 끝나고 착화되며 일어난다. 이는 착화지연기간이 길어지므로 연료의 축적량이 많게 되어 급격한 연소를 하게 되기 때문이다.

㉠ 노킹의 영향 : 출력저하, 엔진과열, 실린더 및 베어링마멸, 피스톤 및 밸브손상, 소음과 이상진동

㉡ 디젤노킹 방지방법
- 세탄가가 높은 연료를 사용한다.
- 압축비, 실린더 벽의 온도, 흡기온도 및 압력을 높게 한다.
- 착화지연기간이 짧은 연료를 사용한다.
- 연료의 분사시기를 알맞게 조절한다.
- 착화지연기간 중에 연료분사량을 적게 한다.

⑥ 디젤기관연소실의 형식

㉠ 직접분사실식 : 연소실에 연료를 직접 분사
㉡ 예연소실식 : 예연소실에 먼저 분사된 연료가 착화하여 발생된 가스가 주 연소실로 분출
㉢ 와류실식 : 실린더나 실린더헤드의 와류실에 연료를 분사하고 강한 와류를 발생
㉣ 공기실식 : 공기실을 압축한 후 연료는 주 연소실에 분사

⑦ 디젤엔진의 기계식연료장치

㉠ 연료공급펌프(Feed Pump) : 연료탱크 내의 연료를 가압하여 분사펌프로 공급하는 장치이다. 분사펌프캠축에 의하여 구동된다.

ⓛ 연료필터(Fuel Filter) : 연료여과기는 연료 속에 포함된 불순물이나 수분을 제거하고, 플라이밍펌프로 연료의 공기빼기작업을 할 수 있다.
ⓒ 연료분사펌프(Fuel Injection Pump)
- 캠축(Cam Shaft) : 분사펌프캠축은 크랭크축기어로 구동되며, 태핏을 통해 플런저를 작동시키는 캠과 공급펌프구동용이 있다.
- 태핏 : 태핏은 펌프하우징에 설치되어 캠에 의한 상하운동을 하며 플런저를 작동시킨다.
- 플런저배럴과 플런저 : 플런저배럴은 실린더 역할을 하며, 플런저가 배럴 속을 상하왕복운동을 하여 고압의 연료를 형성한다. 연료의 분사량은 플런저의 유효행정으로 결정된다.
- 리드하는 방식
  - 정리드형(Normal Lead Type) : 분사개시 때의 분사시기가 일정
  - 역리드형(Revers Lead Type) : 분사개시 때의 분사시기가 변화
  - 양리드형(Combination Lead Type) : 분사개시와 말기의 분사시기가 모두 변화
- 딜리버리밸브(Delivery Valve) : 연료의 역류와 분사노즐의 후적을 방지한다. 또한 분사파이프 내에 잔압을 유지한다.
- 조속기(Governor) : 기관의 회전속도나 부하의 변동에 따라서 자동적으로 제어래크를 움직여 연료분사량을 조절한다. 조속기 내에 설치된 앵글라이히장치(Angleichen Device)는 공기와 연료의 비율이 알맞게 유지되도록 하는 기구이다.
  - 조속기 봉인방법 : 납봉인방법, 캡씰봉인방법, 봉인캡방법, 용접방법
- 연료분사량 불균율

$$'+'불균율 = \frac{최대분사량 - 평균분사량}{평균분사량} \times 100(\%)$$

$$'-'불균율 = \frac{평균분사량 - 최소분사량}{평균분사량} \times 100(\%)$$

ⓔ 분사노즐(Injection Nozzle)
- 분사노즐의 구비조건
  - 연료의 입자를 미세한 안개모양으로 하여 쉽게 착화되도록 할 것
  - 연소실 전체에 분무가 균일하게 분포되도록 분사할 것
  - 가혹한 조건에서도 장기간 사용할 수 있도록 내구성일 것
  - 분사 끝에서 연료를 완전히 차단하여 후적이 발생되지 않을 것
- 연료분무의 3대 요건 : 무화, 관통력, 분포(분산)

⑧ 디젤기관의 보조기구
  ㉠ 예열플러그 : 차가운 날씨에서는 시동이 원활하지 않기 때문에 연소실에 가열장치를 설치하여 압축공기를 예열하는 장치이다. 종류로는 코일형과 실드형이 있다.
  ㉡ 감압장치 : 실린더 내의 압축압력을 낮추기 위해 흡입 또는 배기밸브를 열어 겨울철 시동을 도와주는 장치이다.

(3) 액화석유가스연료장치

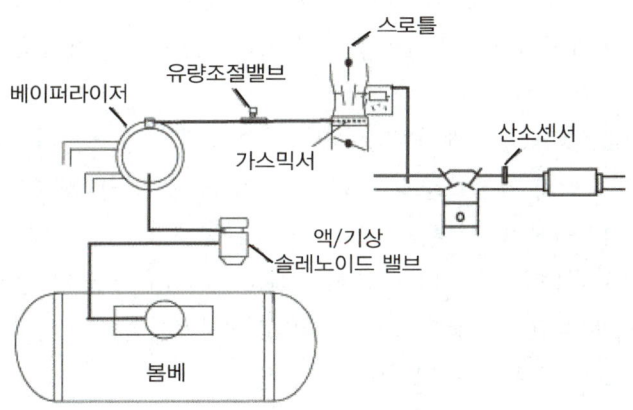

[LPG엔진의 연료계통]

① LPG기관의 특징
  ㉠ LPG엔진의 장점
    • 기화하기 쉬워 연소가 균일하다.
    • 황성분이 없어 배기관, 소음기부식이 적다.
    • 열효율이 높으며 기관작동이 정숙하다.
    • 연소실에 카본부착이 없어 점화플러그의 수명이 길다.
    • 윤활유의 수명이 길고, 대기오염이 적다.
    • 베이퍼록(Vapor Lock)이나 퍼컬레이션(Percolation)이 잘 일어나지 않는다.
      - 베이퍼록 : 파이프나 호스 속을 흐르는 액체가 파이프 속에서 기화되는 현상
      - 퍼컬레이션 : 기화기에서 일어날 수 있는 농후한 혼합가스에 의한 시동불능
  ㉡ LPG엔진의 단점
    • 겨울철 시동이 어렵다.
    • 베이퍼라이져 내에 타르나 이물질이 생성된다.
    • 장기간 정차 후 엔진시동성이 좋지 못하다.

② LPG엔진의 구성부품
  ㉠ LPG봄베(Bombe) : LPG를 충전하기 위한 고압용기이며 기상밸브, 액상밸브, 충전 밸브와 연료표시계 등의 지시장치가 부착되어 있다(충전용량은 최대 80%).
  ㉡ 액상/기상솔레노이드밸브(Solenoid Valve) : 운전석에서 조작할 수 있는 LPG공급 차단밸브이며, 냉각수온도가 15℃ 이하일 때 시동이 용이하도록 기체를 공급하고 시동 후에는 양호한 주행성능을 얻기 위해 액체를 공급해준다.
  ㉢ 베이퍼라이저(증발기, Vaporizer) : 봄베로부터 공급된 액체LPG를 1차·2차로 나누어 감압 및 기화를 시키고 압력조절작용을 한다.
    • 베이퍼라이저에 온수실을 설치 : 기화열을 흡수하여 밸브를 동결시키는 현상을 방지
  ㉣ 믹서(LPG Mixer) : 베이퍼라이저에서 기화된 LPG를 공기와 혼합하여 연소에 가장 적합한 혼합기로 연소실에 공급하는 일을 하며 2배럴 1벤투리 하향방식이 사용된다.
② 연료공급시스템에 따른 분류
  ㉠ LPI엔진시스템 : LPI(Liquefied Petroleum Injection)엔진은 봄베 내부의 연료펌프에서 토출된 액체상태의 LPG를 압력레귤레이터를 거쳐 ECU신호에 따라 연료가 분사되도록 하는 구동방식이다.
  ㉡ LPI시스템의 특징
    • 믹서식 LPG엔진에 비해 출력이 좋고 시동이 원활하다.
    • 정밀한 공연비제어가 가능한 방식이다.
    • 가솔린MPI엔진에 LPI식 연료공급장치를 적용한 구조로 되어 있다.

(4) 압축천연가스 연료장치
① 천연가스기관의 분류 : 자동차에 연료를 저장하는 방법에 따라 압축천연가스(CNG) 자동차, 액화천연가스(LNG) 자동차, 흡착천연가스(ANG) 자동차 등으로 분류된다.
② CNG기관의 장점
  ㉠ 높은 발열량과 낮은 온도에서의 시동성능이 좋다.
  ㉡ 폭발범위가 좁고 공기보다 가스비중이 작아 안전하다.
  ㉢ 유황성분이 없어 연소 시 이산화탄소 및 질소산화물 등의 발생도 적다.
③ CNG기관의 구성부품 : 가스충전밸브, 체크밸브, 용기밸브, 수동차단밸브, 가스필터, 고압차단밸브, 가스압력조정기, 가스열교환기, 가스온도조절기, 연료미터링밸브 등으로 구성되어 있다.

7. 전자제어장치

(1) 전자제어방식의 개요

전자제어 연료분사장치는 기관의 회전속도와 흡입공기량, 흡기온도, 냉각수온도, 축전지 전압, 스로틀개도량 등의 센서에 의해서 입력되는 신호를 기준으로 인젝터에서 연료량과 분사시간을 제어한다.

① 특징
　㉠ 엔진출력이 증대되고 유해가스가 저감된다.
　㉡ 연료소비량이 적고 각 실린더에 일정한 연료가 공급된다.
　㉢ 시동성능 및 부하변동에 따른 응답성이 좋아진다.

(2) 전자제어 연료분사장치의 방식

① 직접분사방식(Direct Injection) : 직접분사방식은 고압연료펌프에서 연료압력을 상승시켜 인젝터가 연소실에 연료를 직접분사하여 연소시키는 방식이다.
　㉠ 가솔린(GDI) : 약 35~40 : 1의 초희박공연비로도 연소가 가능
　㉡ 디젤(CRDI) : 저압연료펌프에서 공급된 연료를 1,500bar 이상의 높은 압력으로 압축하여 커먼레일로 공급
　㉢ 장점 : 출력성능향상, 연비개선, 배기가스저감

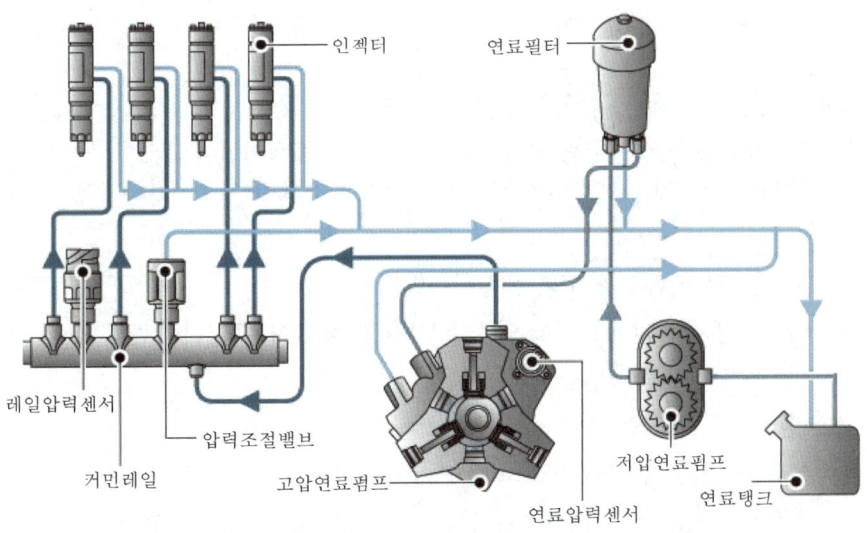

[디젤CRDI의 연료흐름]

② 간접분사방식 : 인젝터가 스로틀바디 또는 흡기다기관에 설치되어 컴퓨터에 의하여 제어하여 연료를 분사
  ㉠ SPI(Single Point Injection)방식 : 스로틀바디 위의 한 중심점에 위치한 인젝터(1~2개)가 흡기다기관을 통하여 실린더로 유입된다.
  ㉡ MPI(Multi Point Injection)방식 : 실린더의 흡기밸브 앞에 인젝터를 각각 1개씩 설치하여 연료를 분사하는 것이다. SPI방식에 비해서 각 실린더에 균일하게 분배되어 기관의 출력이 높다.

(3) 전자제어 연료분사장치의 구조
① 공기유량센서
  ㉠ K-제트로닉(기계제어방식)
  ㉡ L-제트로닉(흡입공기량 직접계측방식)
    • 체적유량 검출방식
      - 베인식 : 베인의 열림 정도를 포텐셔미터에 의하여 전압비율로 검출한다.
      - 칼만와류식 : 유체의 유동 가운데 기둥을 설치하면 기둥하류에는 와류가 발생하게 된다. 이러한 와류를 초음파센서로 측정하여 흡입공기량을 감지한다.
    • 질량유량 검출방식
      - 핫와이어, 핫필름방식(Hot Wire, Hot Film Type) : 공기통로에 설치된 발열체가 흡입되는 공기에 의해 냉각되면 다시 핫와이어를 가열하기 위하여 전류를 증가시키고, 이 전류의 양을 전압으로 변환하여 흡입공기량을 감지한다.

> **참고**
> 번오프(Burn Off) 또는 클린버닝(Clean Buring) : 핫와이어의 표면이 오염되면 출력신호가 변화하기 때문에 고온으로 핫와이어를 가열하여 표면에 부착된 오염물을 연소시킨다.

  ㉢ D-제트로닉(흡입공기량 간접계측방식)
    • MAP센서 : 피에조저항(압전소자)을 이용하여 흡기다기관의 진공도(부압)로 흡입공기량을 간접검출한다.
② 스로틀바디의 구조와 기능
  ㉠ 스로틀위치센서(TPS, Throttle Position Sensor) : 스로틀위치센서는 가변저항기로서 스로틀밸브의 회전으로 인한 열림 정도에 따른 출력전압을 ECU가 감지한다.
  ㉡ 공전속도조절장치 : 공회전속도제어장치는 시동꺼짐이나 기관부조를 방지하는 아이들업(Idle Up)기능과 엔진온도를 정상온도로 올려주기 위한 워밍업 및 패스트아

이들 기능, 엔진을 가속하고 난 후 스로틀밸브가 급격히 닫히면 흡입공기의 양이 갑자기 줄어드는 것을 방지하는 대시포트기능, 각종전기부하에 의한 공회전제어를 하는 기능이 있다.

- 전자제어스로틀(ETC) : 운전자의 의도에 따라 페달의 위치(변화량)를 검출하여 ECU로 보낸다. ECU는 이를 기준으로 다른 입력신호와 함께 스로틀바디에 부착된 모터를 구동시켜, 이에 따라 엔진에 유입되는 공기량을 직접 제어하도록 하는 장치이다.
- 스텝모터 : 스로틀바디에 바이패스통로를 설치하고 엔진부하에 따라 좌우방향으로 마그네틱로터가 회전하여 바이패스되는 공기량을 증감한다.
- ISC(Idle Speed Control)
  - ISC 서보 : 모터와 웜기어에 의해 스로틀밸브의 열림을 조절
  - ISC 액추에이터 : 바이패스하는 공기량을 엔진상태에 따라 듀티(Duty)제어

ⓒ 대기압센서(BPS, Barometric Pressure Sensor) : 대기압센서는 피에조센서를 사용하며, 외기압력이 높을수록 출력전압이 높아진다.

ⓔ 흡기온도센서(ATS, Air Temperature Sensor) : 흡기온도센서는 부특성서미스터를 사용하며, 온도가 상승하면 저항값이 감소한다.

③ 연료공급계통

㉠ 저압연료펌프 : 연료탱크 내의 연료를 고압연료펌프로 압송(약 9bar)한다.

㉡ 연료필터 : 연료 속의 수분 및 이물질을 여과한다.

㉢ 고압연료펌프 : 직접분사방식에서만 사용되며, 저압연료펌프에서 공급된 연료를 높은 압력으로 압축하여 고압연료파이프로 공급한다.

㉣ 연료압력조절기 : 흡기다기관 부압을 이용하여 연료압력을 일정하게 조절한다.

㉤ 인젝터 : 인젝터는 고압의 연료를 ECU의 제어를 통하여 연소실에 미립형태로 분사한다.

- 연료분사방식에 의한 분류
  - 동시분사방식 : 실린더 내 행정과 무관하게 모든 인젝터가 동시에 연료를 분사
  - 그룹분사방식 : 인젝터를 두 개의 그룹으로 결합하여 분사
  - 독립분사방식 : 순차분사식이라고도 부르며 각 기통별로 흡입시기에 분사
- 제어방식에 의한 분류
  - 전압제어방식 : 저항을 붙여 인젝터 응답성향상과 코일의 발열을 방지
  - 전류제어방식 : 저항을 사용하지 않아 동적특성이 유리

> **참고**
> - 릴리프밸브(Relief Valve) : 연료라인 내의 압력이 규정압력 이상으로 상승하는 것을 방지
> - 체크밸브(Check Valve) : 펌프가 정지하면 체크밸브가 스프링 힘에 의해 닫혀 연료의 압력을 유지함으로써 엔진의 재시동을 쉽게 하며, 고온 시 베이퍼록 현상을 방지
> - 무효분사시간 : 인젝터의 연료분사시간이 ECU 트랜지스터의 작동시간과 일치하지 않는 것

④ ECU의 입력요소

㉠ 공기유량센서(AFS, Air Flow Sensor) : 실린더 내로 유입되는 공기량을 계측하여 ECU로 보내주며, 보내준 신호를 연산하여 연료공급량을 결정하고 분사신호를 인젝터로 보낸다.

㉡ 수온센서(WTS, Water Temperature Sensor) : 냉간시동에서는 연료분사량을 증가시켜 원활한 시동이 될 수 있도록 기관의 냉각수온도를 검출한다. 부특성서미스터를 사용하므로 온도가 올라가면 저항값이 낮아진다.

㉢ 연료온도센서 : 수온센서와 같은 부특성서미스터이며, 연료온도에 따른 연료분사량 보정신호로 사용된다.

㉣ 크랭크축센서(CPS, CKP) : 크랭크축과 일체로 되어 있는 센서휠의 돌기를 검출하여 크랭크축의 각도 및 피스톤의 위치, 기관회전속도 등을 검출하여 연료분사시기를 결정한다.

㉤ 캠축센서(CMP) : TDC센서라고도 부르며, 홀센서방식(Hall Sensor Type)을 사용한다. 캠축 끝에 설치되어 캠축 1회전(크랭크축 2회전)당 1개의 펄스신호를 발생시켜 컴퓨터로 입력시킨다.

㉥ 노크센서(Knock Sensor) : 노크센서는 실린더블록에 장착되어 고주파진동을 전기적신호로 바꾸어 ECU검출회로에서 노크발생여부를 판정하며, 압전소자(피에조소자)를 이용한다.

㉦ 가속페달 위치센서1·2(APS, Accelerator Position Sensor) : 가속페달 위치센서에 의해 연료분사량과 분사시기가 결정된다. 센서2는 센서1을 감시하는 센서로 자동차의 급출발을 방지하기 위한 것이다.

㉧ 산소센서(Oxygen Sensor) : 산소센서는 배기가스 중의 산소농도와 대기 중의 산소농도 차이에 따라 출력전압이 변화하는 성질을 이용하여 피드백(Feed Back)기준신호를 ECU로 입력시킨다. 이때 출력전압은 혼합비가 희박할 때는 약 0.1V, 혼합비가 농후하면 약 0.9V의 전압을 발생시킨다.

- 지르코니아형식 : 지르코니아소자(ZrO_2)는 대기 측의 산소농도와 배기가스 측의 산소농도차이에 의해 기전력이 발생되는 원리이다.
- 티타니아형식 : 세라믹절연체의 끝에 티타니아소자가 설치되어 있고, 전자전도체인 티타니아가 주위의 산소분압에 대응하여 산화 또는 환원된다. 그 결과 전기저항이 변화한다.

> **참고**
>
> - 피드백제어(Feed Back Control) : 산소센서로 배기가스 중의 산소농도를 검출하고 이것을 ECU로 피드백시켜 연료분사량을 증감하여 이론혼합비가 되도록 제어한다.
> - 피드백제어하지 않는 경우
>   - 엔진시동 시
>   - 연료공급을 차단할 때
>   - 냉각수온도가 낮을 때
>   - 공연비가 농후하게 설정되는 고부하영역 및 고회전주행 시

자동차정비산업기사

MEMO

자동차정비산업기사

CHAPTER 02

자동차 섀시

1. 동력전달장치
2. 클러치
3. 수동변속기
4. 자동변속기
5. 기타동력전달장치
6. 드라이브라인
7. 종감속장치 및 차동장치
8. 현가장치
9. 조향장치
10. 휠얼라이먼트
11. 제동장치
12. 타이어

제2장 자동차 섀시

1. 동력전달장치

엔진의 출력을 구동바퀴에 전달하는 장치

(1) 주행 및 제동

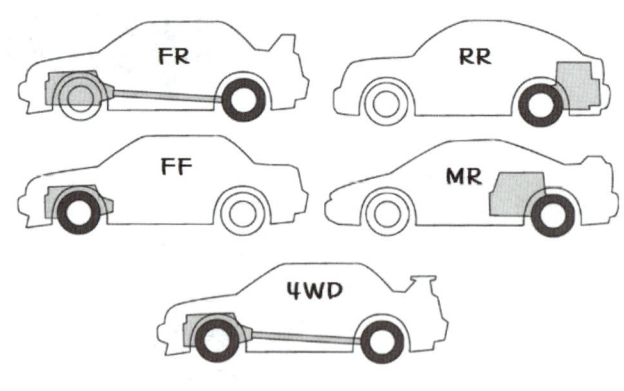

[구동방식의 분류]

① 이륜구동방식의 종류
　㉠ 앞엔진 앞바퀴 구동방식(FF, Front Engine Front Drive Type) : FF구동방식은 엔진과 동력전달장치 일체를 앞쪽에 두고 있는 것이며, 앞바퀴가 구동바퀴와 조향바퀴로 작용한다.
　　• 구동축이 필요하지 않아 넓은 실내공간을 확보할 수 있다.
　　• 차체가 가벼우며 제작비용을 절감한다.
　　• 무게중심이 앞부분에 있어 원하는 방향보다 덜 꺾이는 언더스티어가 발생한다.
　㉡ 앞엔진 뒷바퀴 구동방식(FR, Front Engine Rear Drive Type) : FR구동방식은 앞에 엔진이 있고, 드라이라인으로 연결하여 뒷부분에 종감속기어 및 차동장치, 차축, 구동바퀴로 작동한다.
　　• 구동축이 필요해 실내공간확보에 불리하다.
　　• FF보다 차체가 무거워 연비손실이 크다.
　　• 차체의 무게가 앞뒤로 배분돼 고속주행, 코너링 시 안정적인 주행이 가능하다.

ⓒ 중앙엔진 뒷바퀴 구동방식(MR, Mid Engine Rear Wheel Drive) : MR구동방식은 앞바퀴와 뒷바퀴 사이에 엔진이 있고 뒷바퀴로 구동한다.
- 무게중심이 중앙에 있어 회전관성이 유리하다.
- FF보다 차체가 무거워 연비손실이 크다.
- 성능에 중점을 둔 고성능 스포츠카에 많이 적용한다.

ⓔ 뒷엔진 뒷바퀴 구동방식(RR : Rear Engine Rear Wheel Drive) : RR구동방식은 엔진과 동력전달장치 일체를 뒤쪽에 둔 형식이며, 뒷바퀴로 구동한다.
- 실내공간확보가 유리하다.
- 뒷바퀴의 접지력이 커 가속성능이 우수하다.
- 무게중심이 뒷부분에 있어 원하는 방향보다 많이 회전하는 오버스티어가 발생한다.

② 사륜구동방식의 종류

㉠ 상시사륜구동방식(AWD, Full Time Four Wheel Drive) : 바퀴의 접지력과 회전수를 감안해 항상 네 개의 바퀴에 구동력을 전달하는 방식이다. 바퀴의 접지력이 최적화되어 안정적인 주행이 가능하다.

㉡ 파트타임사륜구동방식(4WD, Part Time Four Wheel Drive) : 운전자가 2륜구동 또는 4륜구동방식을 선택해 주행할 수 있는 방식이다. 동력을 분배하기 위한 트랜스퍼케이스를 두고 있다.

(2) 주행성능

① 클러치의 용량

$$T \leq P \times \mu \times r$$

T : 전달토크(m-kg), P : 전압력(kg), μ : 마찰계수
r : 클러치판의 유효반경(m)

② 마찰계수(μ)

$$\mu = \frac{최대마찰력(kg)}{전압력(kg)}$$

③ 변속비 및 종감속비

- 변속비 $= \dfrac{엔진\ 회전수}{추진축\ 회전수} = \dfrac{부축\ 기어\ 잇수}{입력축\ 기어\ 잇수} \times \dfrac{주축\ 기어\ 잇수}{부축\ 기어\ 잇수}$

- 종감속비 $= \dfrac{링\ 기어\ 이의\ 수}{구동\ 피니언\ 이의수} = \dfrac{추진축\ 회전수}{액슬축\ 회전수}$

- 총감속비 = 변속비 × 종감속비
- 자동차 주행속도 $V = \pi D \times \dfrac{N}{r+r_f} \times \dfrac{60}{1000}$

  V : 주행속도(Km/h) $\qquad D$: 바퀴의 지름(m)
  N : 엔진의 회전속도(rpm) $\qquad r$: 변속비 $\qquad r_f$: 종감속비

④ 구동력(Tractive Force)

$$F = \dfrac{T}{R}$$

F : 구동력(kg), T : 축의 회전력(m-kg), R : 구동바퀴의 반지름(m)

⑤ 링기어의 회전수

$$\text{링기어의 회전수} = \dfrac{\text{우측바퀴의회전수} + \text{좌측바퀴의회전수}}{2}$$

⑥ 스프링상수

$$K = \dfrac{W}{a} \,(\text{일정})$$

K : 스프링상수(kgf/mm), W : 외력(kgf), a : 변형량(mm)

(3) 제동성능

① 구름저항[Rr]

$$Rr = W \times \mu r \times \cos\theta$$

여기서, W는 자동차중량[kgf]이고, μr은 구름저항계수이다. 또 $\cos\theta$는 경사로인 경우 감안을 하고 있으나 보통 작은 값으로 무시하는 경향이 많다.

Rr : 언덕길 구름저항(kgf) $\qquad W$: 노면에 수직한 하중(kgf)
θ : 구배각도 $\qquad \mu r$: 구름저항계수

② 가속저항[Ra]

$$Ra = (W + W')\dfrac{a}{g} = \dfrac{W + \Delta W}{g} \times \alpha = = \dfrac{1(1+\Sigma)W}{g} \times \alpha$$

W : 차량총중량(kg) $\qquad g$: 중력가속도(9.8m/sec^2)
ΔW : 회전부분상당 중량(kg) $\qquad \alpha$: 가속도(m/sec^2) $\qquad \Sigma$: $\Delta W/W$

여기서, a, g는 각각 자동차가속도[m/sec^2]와 중력가속도[9.8m/sec^2]이다.

③ 등판저항[Rc]

$$Rc = W \times \sin\theta \fallingdotseq W \times \tan\theta$$
$$= W \times G \ [G : 구배율(기울기) = \tan\theta]$$

여기서, 경사각 θ가 작은 경우(구배율 30% 이내)에 $\sin\theta = \tan\theta$를 적용

④ 공기저항[Rf]

$$Rf = A \times V^2 \times f$$

A : 자동차 전면 투영면적[m^2]   V : 자동차 속도   f : 공기저항계수

⑤ 총주행저항[Rt]

$$Rt = Rr + Ra + Rc + Rf$$

⑥ 자동차의 구동력과 주행저항 간의 관계 : 구동력과 주행저항이 같다면, 등속(정속)주행이 되는 것이고, 구동력이 주행저항보다 큰 경우는 증속이 이루어지며, 반대로 구동력보다 주행저항이 큰 경우 감속이 된다.

⑦ 휠실린더의 유압

$$P = \frac{F}{A} = \frac{4F}{\pi D^2}$$

P : kgf/cm^2 F : 작용력(kgf)
D : 휠실린더내경(cm)   A : 피스톤단면적(cm^2)

⑧ 브레이크를 밟는 힘(푸시로드에 작용하는 힘) : 브레이크페달은 지렛대원리를 이용하여 페달의 조작력을 경감하고 브레이크를 밟는 힘을 증가시킨다.

㉠ 펜던트형의 경우

$$푸시로드에 \ 작용하는 \ 힘 = \frac{A+B}{A} \times F$$

[F : 브레이크페달 답력]

㉡ 플로워형의 경우

$$푸시로드에 \ 작용하는 \ 힘 = \frac{B}{A} \times F$$

[F : 브레이크페달 답력]

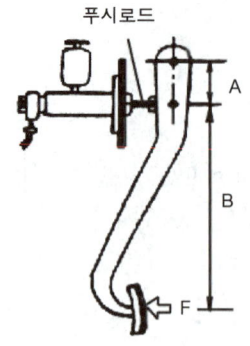
[펜던트형 페달]

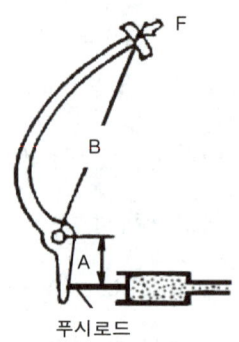
[플로워형 페달]

⑨ 제동력

$$T = \mu F r$$

T : 제동력(kgf) 　　　　　　μ : 라이닝의 마찰계수
r : 드럼 반경(m) 　　　　　　F : 드럼에 걸리는 전체 힘(kg)

⑩ 제동압력(P : kgf/cm^2)

$$P = \frac{F}{L \times t}$$

P : 제동압력(kgf/cm^2) 　　F : 브레이크슈를 미는 힘(kgf)
L : 브레이크슈의 길이(cm) 　t : 브레이크슈의 폭(cm)

⑪ 공주거리(S_1 : m) : 주행 중 운전자가 전방의 위험상황을 발견하고 브레이크를 밟아 실제제동이 걸리기 시작할 때까지 자동차가 진행한 거리

$$S_1 = \frac{V}{3.6} \times \frac{1}{10} = \frac{V}{36}$$

V : 제동초속도(km/h)

⑫ 제동거리(S_2 : m) : 주행 중인 자동차가 브레이크가 작동하기 시작할 때부터 완전히 정지할 때까지 진행한 거리

$$S_2 = \frac{V^2}{2\mu g}$$

V : 제동초속도(km/h) 　　μ : 마찰계수 　　g : 중력가속도($9.8 m/s^2$)

⑬ 정지거리(S : m) : 정지거리(S) = 공주거리(S_1) + 제동거리(S_2)

2. 클러치

클러치는 엔진과 변속기 사이에 설치되어 엔진의 동력을 연결하거나 차단하는 장치이다.

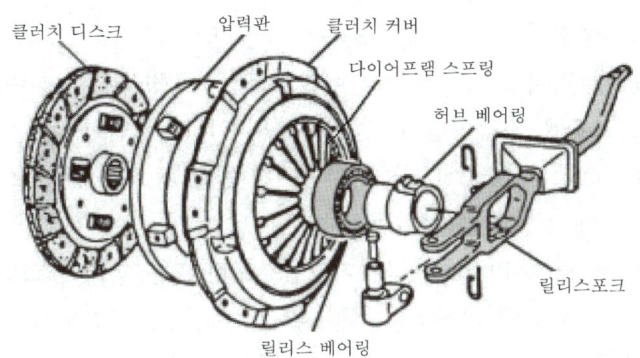

[클러치의 구성부품]

(1) 클러치의 필요성 및 구비조건

① 필요성
　㉠ 변속기의 기어를 변속할 때 동력을 일시차단
　㉡ 무부하상태로 엔진을 시동
　㉢ 자동차의 관성주행 시 필요함

② 구비조건
　㉠ 동력차단이 신속하고 확실할 것
　㉡ 회전부분의 평형이 좋을 것
　㉢ 회전관성이 적을 것
　㉣ 방열이 양호하여 과열되지 않을 것
　㉤ 구조가 간단하고 고장이 적을 것

③ 클러치의 종류
　㉠ 마찰클러치 : 클러치의 수에 따라 단판클러치, 다판클러치(건식다판, 습식다판)
　㉡ 유체클러치 : 유체커플링, 토크컨버터로 구성
　㉢ 전자클러치

(2) 마찰클러치의 구성과 기능

① 주요구성 부품
　㉠ 클러치디스크(Clutch Disc) : 플라이휠과 압력판 사이에서 엔진의 동력을 변속기 입력축을 통하여 변속기로 달하는 마찰판이다.
　　• 디스크 중심에는 허브설치(내부는 스플라인)
　　• 허브와 클러치디스크 사이에 비틀림코일스프링을 설치하여, 회전충격을 흡수
　　• 쿠션스프링은 직각방향의 충격흡수 및 편마멸, 변형, 파손을 방지
　㉡ 클러치축(Clutch Shaft) : 클러치판에서 받은 동력을 축의 스플라인 부분에 끼워져 변속기에 전달하는 입력축이다.
　㉢ 압력판(Pressure Plate) : 다이어프램스프링(또는 클러치스프링)의 장력으로 클러치판을 플라이휠에 압착한다. 내마멸성, 내열성, 열전도성이 좋아야 한다.
　㉣ 릴리스레버(Release Lever) : 릴리스레버는 릴리스베어링의 힘을 받아 압력판을 작동한다.
　㉤ 클러치커버(Clutch Cover) : 강판프레스를 성형하여 플렌지부와 릴리스레버를 지지한다.
　㉥ 릴리스베어링(Release Bearing) : 릴리스베어링은 클러치페달을 밟았을 때 회전 중인 레버를 눌러 클러치를 개방한다. 종류에는 앵귤러형, 카본형, 볼베어링형이 있다.

② 클러치페달의 유격(자유간극) : 클러치페달을 밟지 않은 상태에서 릴리스베어링이 릴리스레버에 닿을 때까지 페달이 움직이는 거리이다.

③ 클러치용량 : 클러치가 전달할 수 있는 회전력의 크기를 말하며, 클러치의 용량은 엔진의 최고회전력보다 1.5~2.5배 정도이다.
　㉠ 용량이 크면 과대충격, 엔진정지
　㉡ 용량이 적으면 슬립, 마멸촉진

④ 유압식클러치조작기구
　㉠ 마스터실린더 : 페달조작에 따라 유압을 발생시킨다. 푸시로드, 오일탱크, 피스톤, 피스톤컵, 리턴스프링으로 구성된다.
　㉡ 클러치릴리스실린더 : 유압을 푸시로드에 작용시켜 릴리스포크를 밀어낸다. 푸시로드, 공기브리더스크류, 피스톤, 피스톤컵으로 구성된다.

⑤ 클러치가 미끄러지는 원인과 영향
　㉠ 클러치페달의 자유간극이 작거나, 클러치판에 오일이 묻었다.
　㉡ 클러치스프링의 장력이 작거나, 클러치스프링의 자유높이가 감소되었다.

ⓒ 클러치판 또는 압력판이 마멸되었다.
⑥ **클러치가 미끄러질 때 영향** : 기관이 과열하고, 가속이 잘 되지 않는다. 또한 연료소비량이 많아지고, 구동력과 등판능력이 감소한다.
⑦ **클러치차단이 불량한 원인과 진동발생원인**
　ⓘ 클러치페달의 유격이 크다.
　ⓛ 릴리스베어링이 소손되었거나 파손되었다.
　ⓒ 클러치판의 런아웃(흔들림)이 크다.
　ⓔ 릴리스실린더컵이 소손되었다.
　ⓜ 유압장치에 공기가 혼입되었다.

3. 수동변속기

엔진에서 발생한 동력을 적절한 회전력과 속도로 바퀴에 전달하기 위해 변속의 모든 과정을 직접 조작한다.

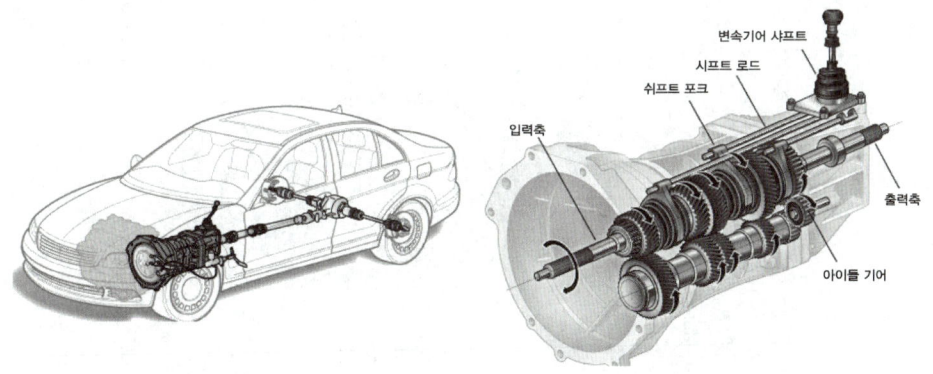

[수동변속기의 구조]

(1) 수동변속기 개요

① 수동변속기의 역할
　ⓘ 엔진시동 및 변속 시 무부하상태
　ⓛ 엔진과 구동바퀴 사이의 회전력을 증대
　ⓒ 차량의 증속 및 후진으로 변속

② 수동변속기의 구비조건
  ㉠ 변속조작이 용이하고 동력차단이 확실해야 한다.
  ㉡ 강도, 내구성 및 신뢰성이 좋고 정비가 쉬워야 한다.
  ㉢ 동력전달효율이 좋고 경제적, 능률적이어야 한다.
  ㉣ 주행상태에 응하여 회전속도와 회전력의 변환이 빠르고 연속적이어야 한다(단계가 없이 연속적으로 변속될 것).
  ㉤ 소형·경량이고 고장이 없어야 한다.
  ㉥ 전달효율이 좋아야 한다.

③ 수동변속기의 구분
  ㉠ 섭동기어식(Sliding Gear Type) : 구조가 간단하고 취급이 용이하지만 변속 시 기어자체가 축선상을 미끄러져 치합한다.
  ㉡ 상시물림식(Constant Mesh Type) : 주축에 끼워져 회전하는 단기어와 부축에 고정되어 있는 부축기어가 항상 물린 상태로 회전하는 구조이다.
  ㉢ 동기물림식(Synchromesh Type) : 동기물림식은 기어변속 시 기어물림이 원활히 이루어지도록 기어의 회전수와 주축의 회전속도를 일치시키는 방법으로 동기화작용을 한다. 변속소음이 거의 없고 변속이 용이하다.

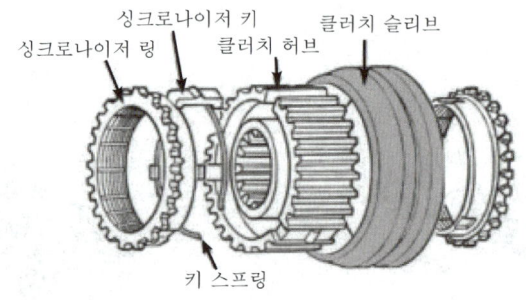

[동기 물림식 장치]

④ 로킹볼과 인터록
  ㉠ 로킹볼(Lock Ball) : 기어변속 후 기어의 물림이 빠지는 것을 방지
  ㉡ 인터록(Inter Lock) : 기어가 2중으로 물리는 것을 방지

4. 자동변속기

(1) 자동변속기 개요

자동변속기는 토크컨버터, 유성기어, 다판클러치, 밸브보디, 센서, 액추에이터와 제어컴퓨터로 구성된다.

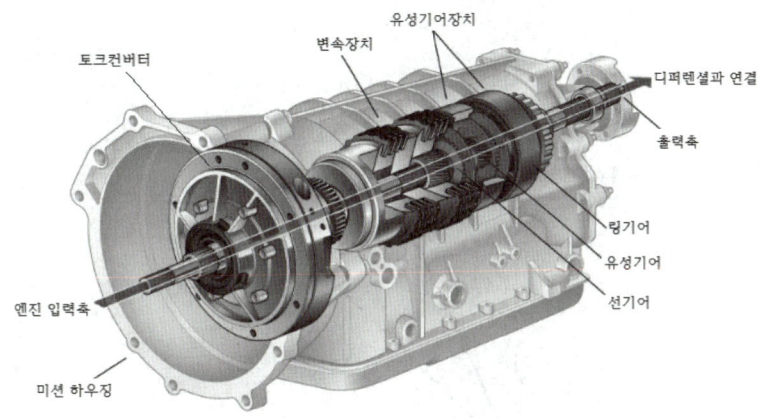

[자동변속기의 구조]

① 토크컨버터(Torque Convertor) : 토크컨버터는 펌프(Pump 또는 임펠러), 터빈(Turbine 또는 러너), 스테이터(Stator)로 구성되며 수동변속기의 클러치와 같은 역할을 하면서 자동차를 발진시키는 동시에 회전력을 증대시키는 작용을 한다.
  ㉠ 스테이터는 오일의 흐름방향을 바꿔 토크를 증가시킨다.
  ㉡ 펌프는 엔진과 연결되고, 터빈은 변속기 입력축과 연결되어 있다.
  ㉢ 토크변환비율은 유체의 미끄럼 때문에 전달효율이 최대 98% 정도이다.

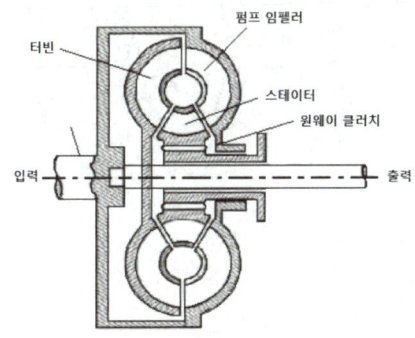

[토크컨버터의 구조]

② 토크컨버터의 성능곡선 : 토크컨버터의 성능곡선을 나타낸 것으로 가로축에 펌프임펠러와 터빈런너의 속도비, 세로축에 토크비와 전달효율을 나타낸 성능곡선이다. 토크비가 최대인 점을 스톨포인트(Stall Point)라 한다. 또한 터빈속도가 펌프속도에 가까워져 스테이터가 공전하기 시작하는 점이 클러치점(Clutch Point)이다.
③ 유성기어(Planetary Gear)장치 : 유성기어장치를 이용하면 자동변속기 장착차량에서 브레이크를 밟은 상태에서도 시동이 꺼지지 않는다.

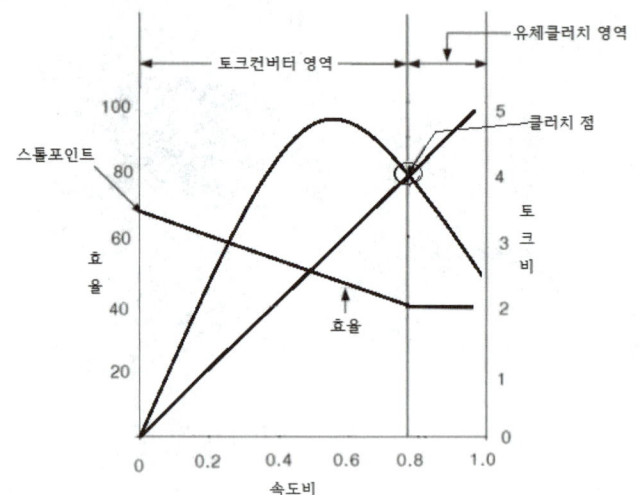

㉠ 유성기어장치의 구성 : 선기어(Sun Gear), 유성기어(Planetary Gear), 유성기어 캐리어(Planetary Gearcarrier), 링기어(Ring Gear)로 구성된다.

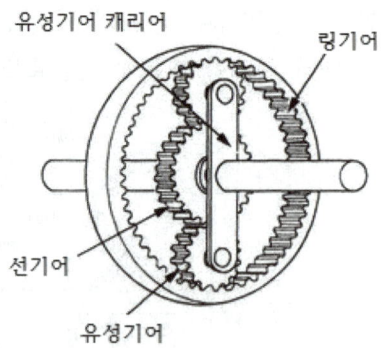

ⓒ 유성기어장치의 작동

작동	선기어	캐리어	링기어
증속	고정	구동	피동
감속	고정	피동	구동
증속	구동	피동	고정
감속	피동	구동	고정
후진		캐리어 고정	
직결		3요소 중 2요소 고정	
중립		3요소 모두 구속되지 않음	

ⓒ 유성기어장치의 종류 : 라비뇨형식, 심프슨형식

④ 유압제어장치

ⓐ 오일펌프(Oil Pump) : 오일펌프는 유압조절장치의 유압과 유량을 공급한다.

ⓑ 거버너밸브(Governor Valve) : 유성기어유닛이 변속되도록 시프트업(Shift Up)이나 시프트다운(Shift Down)이 자동적으로 이루어지게 한다.

ⓒ 밸브보디(Valve Body) : 밸브보디는 오일펌프에서 공급된 유압을 각 부분으로 공급하는 유압회로를 형성하며, 밸브보디 내에는 매뉴얼밸브, 스로틀밸브, 압력조정밸브, 시프트밸브, 거버너밸브 등이 구성되어 있다.

⑤ **자동변속기의 댐퍼클러치(Damper Clutch)** : 댐퍼클러치는 마찰클러치로 되어 고속주행에서 터빈의 미끄럼을 최소화시켜 동력전달효율과 연료소비율을 향상시키며 록업(Lock Up)클러치라고도 한다.

ⓐ 댐퍼클러치가 작동하지 않는 영역
- 주행 중 변속할 때
- 브레이크가 작동될 때
- 킥다운될 때
- 냉각수의 온도가 50℃ 이하일 때
- 제1속·후진 및 공회전할 때
- 스로틀밸브개도가 급격히 감소할 때
- 자동변속기오일의 온도가 65℃ 이하일 때
- 기관의 회전속도가 2000rpm 이하에서 급가속일 때

> **참고**
> - 킥다운(Kick Down) : 2속 또는 3속으로 주행을 하다가 급가속을 할 때 변속기어가 다운시프트(Down Shift)되어 필요한 구동력을 얻는 것을 말한다.
> - 시프트업(Shift Up) : 저속기어에서 고속기어로 변속되는 것이다.
> - 히스테리시스(Hysteresis) : 가·감속 시 스로틀밸브의 열림정도가 같아도 시프트업과 시프트다운 사이의 변속구간이 5~15km/h 정도의 차이가 나는데 주행 중 변속시점 부근에서 빈번하게 변속되는 것을 방지하기 위함이다.
> - 인히비터스위치(Inhibitor S/W) : 변속레버를 P(주차) 또는 N(중립)레인지 위치에서만 시동이 가능하고 R(후진)레인지에 후진 등이 점등되게 한다.
> - 어큐뮬레이터 : 브레이크나 클러치가 작동할 때 변속충격을 흡수한다.

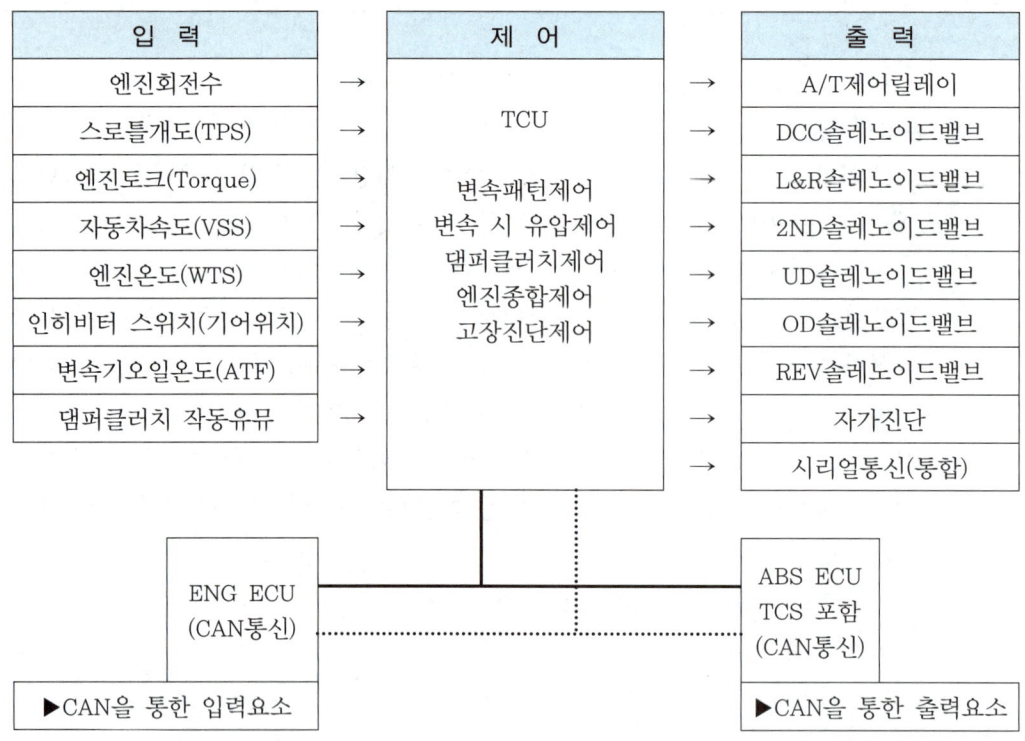

[전자제어 자동변속기의 입출력요소]

5. 기타동력전달장치

(1) 듀얼클러치변속기(DCT)

수동변속기와 자동변속기의 복합형태를 가진 DCT변속기는 자동변속기에 비해 동력전달 효율, 정숙성, 응답성이 우수하다는 장점을 가지고 있기 때문에 많은 개발과 연구가 활발하게 이루어지고 있다. DCT는 변속기의 기어가 변속시점에서 동력전달의 차단 없이, 엔진과 변속기 사이의 전달을 담당하는 클러치가 2세트로 설계된다.

(2) 무단변속기

무단변속기는 각 변속단 간의 기어비 이동이 주행상황에 맞춰 연속적으로 변속을 수행한다. 무단변속기의 최대장점은 변속충격이 없으며 가속이 매끄럽다는 것이다. 무단변속기의 종류에는 벨트드라이브식, 트렉션드라이브식, 유압모터/펌프조합식이 있다.

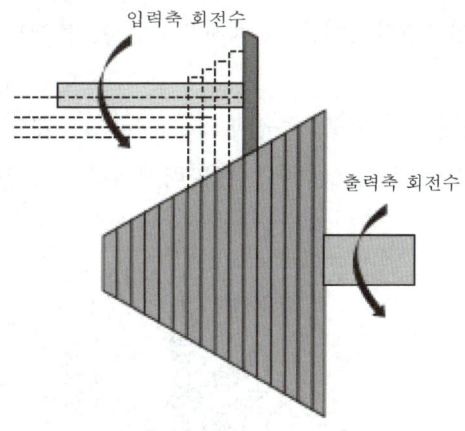

[무단변속기의 구조]

6. 드라이브라인

(1) 추진축(Propeller Shaft)

앞엔진 뒷바퀴 구동방식인 FR방식의 자동차는 변속기의 출력을 종감속(Final Reduction) 장치에 전달할 추진축을 필요로 한다. 또 추진축은 강한 비틀림을 받으면서 고속회전하므로 강한 강성을 필요로 하고, 요철이 심한 노면을 주행 시 발생하는 바퀴의 진동 때문에 추진축의 길이변화와 각도변화도 필요하다.

(2) 슬립이음(Slip Joint)

추진축의 길이변화가 가능하도록 슬립이음을 둔다.

(3) 자재이음(Universal Joint)

변속기와 차동기어장치를 연결하며, 두 축 사이의 충격의 완화와 각도변화를 주는 장치이다. 종류에는 십자형자재이음, 플렉시블조인트, 볼앤드트러니언 자재이음, 등속도자재이음 등이 있다.

① 십자형자재이음(훅조인트) : 중심부의 십자축과 2개의 요크로 구성되어 있으며, 십자축이 회전과 동시에 운동하며 니들롤러베어링으로 연결되어 있다.

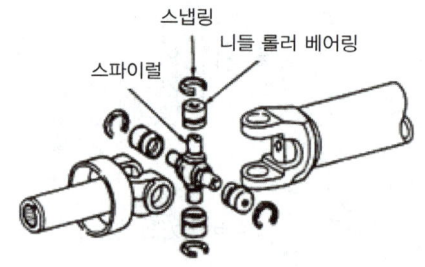

[십자형자재이음]

② 플렉시블조인트 : 가용성 원판을 넣고 볼트로 고정한 축이음이며, 그 종류에는 사일런트블록조인트, 다각형레버조인트, 하드디스크형 등이 있다
③ 볼앤드트러니언 자재이음 : 안쪽에 홈이 파진 실린더형의 보디 속에 추진축의 한 끝을 끼우고 여기에 핀을 끼운 후 핀의 양끝에 볼을 조립한 것이다.

④ 등속자재이음

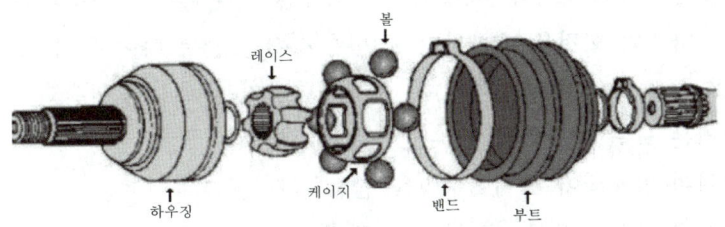

[등속자재이음]

㉠ 앞엔진구동 자동차에서 주로 사용하며, 구동축과 피동축의 접촉점이 항상 굴절각의 2등분선상에 위치하므로 등속회전할 수 있다.
㉡ 이음은 구조가 복잡하지만, 드라이브라인의 각도가 크게 변화할 때에도 동력전달 효율이 높다는 장점을 가지고 있다.
㉢ 더블-오프셋조인트(Double-offset Joint)와 볼자재이음(Ball-type Joint)을 많이 사용한다.

7. 종감속장치 및 차동장치

(1) 종감속장치(Final Reduction Gear)

종감속장치는 최종적으로 기어비를 낮춰(회전력을 증가) 구동바퀴로 전달하며, 동력전달 방향을 변환시킨다. 주로 하이포이드기어를 사용하며 이 기어의 특징은 다음과 같다.
① 소음이 정숙하며 차량의 전체높이가 낮아 안전성이 증대된다.
② 구동피니언이 링기어 중심보다 10~20% 낮게 설치되어 있어 추진축의 높이가 낮아진다.
③ 스파이럴베벨기어에 비해 구동피니언을 크게 할 수 있어 강도가 증가된다.
⑤ 기어가 미끄럼접촉을 하여 압력이 커져 극압윤활유를 사용한다.

(2) 차동장치(Differential Gear System)

자동차가 노면요철을 주행하거나 회전할 때 노면의 저항을 적게 받는 구동바퀴 쪽으로 동력이 더 많이 전달될 수 있도록 하며 회전수를 적절히 분배하여 구동시키는 장치이다.

(3) 차동제한기어장치(LSD, Limited Slip Differential Gear)

차량이 웅덩이에 빠지거나, 저항이 걸리지 않는 빙판길에서 차동기어장치를 정지시켜서 공전하는 바퀴의 회전을 제한하며 노면에 저항을 받는 타이어 쪽으로 동력이 전달되어 곤란한 상황을 탈출하는 장치이다. 차동제한장치의 특징은 다음과 같다.
① 미끄러운 노면에서 출발이 용이하다.
② 미끄럼이 방지되어 타이어수명을 연장한다.
③ 고속직진주행 시 안전성확보에 유리하다.

(4) 뒷바퀴구동방식의 동력전달방식

① 전부동식 : 차량의 모든 하중을 액슬하우징이 지지하고, 액슬축은 동력만 전달하는 방식
② 반부동식 : 액슬은 동력전달과 차량하중의 1/2을 지지하는 방식(중량이 가볍고, 고속 차량에 사용)
③ 3/4부동식 : 액슬축이 동력전달과 차량하중의 1/4 정도를 지지하는 방식

8. 현가장치

(1) 현가장치의 개요

자동차가 주행하는 과정에서 노면으로부터 전달되는 충격이나 진동을 흡수시켜 승차감을 좋게 하며, 자동차와 각종 부품의 수명단축을 최소화하는 장치이다.

(2) 현가장치의 종류

① 일체식현가장치 : 일체로 형성된 차축의 양 끝에 바퀴를 설치하고, 차축과 차체 사이에 판스프링으로 연결한다. 일체식현가장치의 특징은 다음과 같다.
  ㉠ 강도가 크기 때문에 큰 중량물을 지지할 수 있다.
  ㉡ 선회할 때 차체의 기울기가 적다.
  ㉢ 스프링 밑 질량이 커 승차감이 불량하다.
  ㉣ 스프링정수가 적을 때 앞바퀴에 시미(Shimmy)가 발생하기 쉽다.
  ㉤ 구조가 간단해 정비가 원활하여 버스 및 트럭에 많이 사용한다.

> **참고**
> 시미현상
> 바퀴의 좌우 진동을 말한다.

② 독립식현가장치
  ㉠ 독립식현가장치의 특징 : 주행 시 충격을 받으면 현가장치의 좌우를 구분하여 독립적으로 작동되기 때문에 승차감이 뛰어나 소형차에 많이 사용되고 있다. 일체식현가장치와 비교하여 구성부품이 증가하여 구조가 복잡하지만, 스프링아래질량이 작아 승차감이 향상된다.
  ㉡ 독립식현가장치의 종류

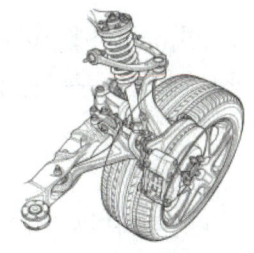
[위시본 형]

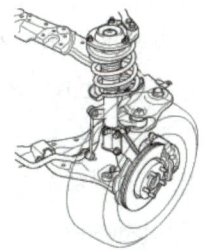
[맥퍼슨 형]

- 위시본식 : 위아래 컨트롤암을 사용하여 바퀴의 구동력과 옆방향저항을 지지하고, 스프링과 쇽업소버는 상하진동을 흡수할 수 있는 구조로 되어 있다.
- 맥퍼슨(스트럿)식 : 스프링아래질량이 적어 로드홀딩이 우수하며 구조가 간단하다. 쇽업소버 상부인 고무마운팅 인슐레이터(Mounting Insulator)에 차체를 연결한다.

(3) 현가장치구성부품
① 스프링
  ㉠ 판스프링(Leaf Spring) : 판스프링은 얇은 강철판을 여러 장 겹쳐서 진동을 흡수한다.

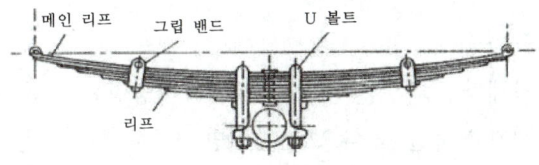
[판스프링의 구조]

ⓛ 코일스프링(Coil Spring) : 코일스프링은 코일형식의 스프링 모양으로 제작한 것으로, 상하로 발생되는 진동을 흡수, 제어하는 능력이 우수하여 좋은 승차감을 필요로 하는 승용차에 많이 사용된다.
　　ⓒ 토션바(Torsion Bar) : 토션바는 스프링강의 형태를 원형(환봉)으로 만든 스프링으로, 비틀림탄성을 이용하여 막대형상의 토션바 길이와 단면적에 따라 장력이 변화한다. 토션바는 좌우 진동 또는 비틀림진동에 대한 감쇠력을 제어할 수 있다. 구조적으로 간단하며 경량이고, 중량당 에너지흡수율이 큰 장점을 가진다.
　　ⓔ 공기스프링(Air Spring) : 공기스프링은 벨로스(Bellows), 즉 공기주머니 내에 압축공기를 주입하여 압축공기의 압력을 이용해 차체와 차축 사이에서 진동을 흡수한다.
② 쇽업소버(Shock Absorber) : 쇽업소버는 스프링과 같이 설치되어, 스프링의 고유진동을 감쇠하고 지면에서 받은 진동을 흡수·완화하여 스프링의 피로를 절감한다. 또한 바퀴가 지면에서 떨어지지 않도록 접지성을 향상하여 승차감을 좋게 한다.
　　ⓐ 단동식 : 스프링이 압축되었다가 원위치로 돌아올 때 작은 구멍을 통과하는 오일의 저항으로 진동을 감쇠한다.
　　ⓑ 복동식 : 압축시킬 때도 감쇠작용을 한다.
③ 스태빌라이저(Stabilizer) : 스태빌라이저는 자동차가 주행하면서 선회할 때 발생하는 차체의 좌·우 기울어짐(롤링현상)을 비틀림탄성으로 방지하는 역할을 한다.

(4) 자동차의 진동

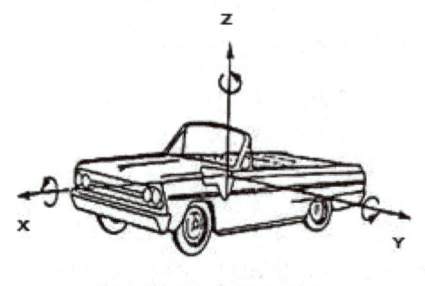 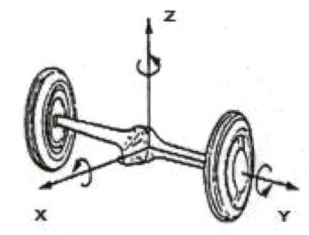

[스프링 위의 질량진동]　　　　　　　　[스프링 아래의 질량진동]

① 스프링위질량의 진동
　　㉠ 바운싱 : 차체가 축 방향과 평행하게 상하방향으로 운동을 하는 진동
　　㉡ 피칭 : 차체가 Y축을 중심으로 앞뒤방향으로 회전운동을 하는 진동
　　㉢ 롤링 : 차체가 X축을 중심으로 좌우방향으로 회전운동을 하는 진동
　　㉣ 요잉 : 차체가 Z축을 중심으로 회전운동을 하는 진동

② 스프링아래질량 진동
- ㉠ 휠홉(Wheel Hop) : 뒤차축이 Z방향의 상하평행운동을 하는 진동
- ㉡ 트램프(Tramp) : 뒤차축이 X축을 중심으로 회전하는 진동
- ㉢ 와인드업(Wind Up) : 뒤차축이 Y축을 중심으로 회전하는 진동

(5) 전자제어식 현가장치(ECS, Electronic Control Suspension)

① 전자제어식 현가장치의 개요 : 전자제어식 현가장치는 컴퓨터가 결정한 제어신호를 바탕으로 쇽업소버의 감쇠력제어와 차고조절능력을 갖추고 있어 자동차가 주행하면서 노면의 진동 및 차체의 자세변화가 발생되면 최적의 조건으로 대처할 수 있다.

② 전자제어현가장치의 기능
- ㉠ 차량높이조정
- ㉡ 쇽업소버의 감쇠력 제어
- ㉢ 주행조건 및 노면상태의 다양한 적응
- ㉣ 조향안정성과 승차감의 불균형 해소
- ㉤ 급제동, 급선회 등에 대한 기울어짐 방지

③ 전자제어현가장치의 입력 요소
- ㉠ 차고센서 : 자동차의 높이변화에 따른 차체와 차축의 위치를 검출
- ㉡ 조향휠 각속도센서 : 운전자에 의해 작동하는 조향휠의 회전속도, 회전방향, 회전각도를 검출
- ㉢ G센서 : 차체에서 발생되는 기울어짐을 감지
- ㉣ 기타입력신호 : 인히비터스위치, 속도센서, 스로틀위치센서, 브레이크스위치, ECS모드스위치 등

④ 전자제어현가장치의 제어기능
- ㉠ 안티쉐이크제어(Anti-shake Control) : 사람이 자동차에 승·하차할 때 하중의 변화에 따라 차체가 흔들리는 것을 제어
- ㉡ 안티다이브제어(Anti-dive Control) : 주행 중에 급제동을 하면 차체의 앞쪽은 낮아지고, 뒤쪽이 높아지는 노스다운(Nose Down)현상을 제어
- ㉢ 안티스쿼트제어(Anti-squat Control) : 급출발 또는 급가속을 할 때에 차체의 앞쪽은 들리고, 뒤쪽이 낮아지는 노스업(Nose-Up)현상을 제어
- ㉣ 안티피칭제어(Anti-pitching Control) : 요철노면을 주행할 때 차고의 변화와 주행속도를 고려하여 쇽업소버의 감쇠력을 제어

ⓜ 안티바운싱제어(Anti-bouncing Control) : 차체의 바운싱을 G센서가 검출하며, 쇽업소버의 감쇠력을 제어
ⓑ 안티롤링제어(Anti-rolling Control) : 선회할 때 자동차의 좌우방향으로 작용하는 횡가속도를 G센서로 검출하여 제어
ⓢ 차속감응제어(Vehicle Speed Control) : 자동차가 고속주행할 때에 차체의 안정성을 높이기 위해 쇽업소버의 감쇠력을 제어

9. 조향장치

(1) 조향장치의 개요

조향장치는 조향휠을 돌려서 자동차의 진행방향을 운전자가 의도한 방향으로 바꾸어 주는 장치이다.

① 애커먼장토식 조향장치의 원리 : 자동차가 선회할 때 저항이 발생하는 것을 방지하기 위하여 선회하는 안쪽 바퀴의 조향각이 바깥쪽 바퀴의 조향각보다 크게 동심원을 그리면서 선회하도록 되어있다.

② 최소회전반지름 : 자동차의 조향각을 최대로 하여 선회할 때, 바깥쪽 앞바퀴가 그리는 동심원의 지름을 말한다.

$$R = \frac{L}{\sin\alpha} + r$$

R : 최소회전반경(m) L : 축거(m)
$\sin\alpha$: 바깥쪽 앞바퀴의 조향각도 r : 킹핀과 바퀴접지면과의 거리(m)

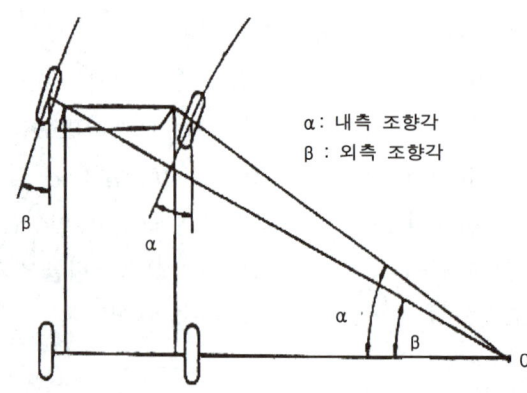

③ 조향장치의 구비조건
  ㉠ 주행 중 핸들조작이 노면의 충격에 영향을 받지 않을 것
  ㉡ 조작하기 쉽고 방향전환이 원활할 것
  ㉢ 회전반경이 작아서 좁은 곳에서도 선회가 쉬울 것
  ㉣ 선회할 때 차체 및 각 부품에 무리한 힘이 작용하지 않을 것
  ㉤ 고속주행에서도 조향안정성이 유지될 것
  ㉥ 조향핸들의 회전과 바퀴선회각도 차이가 적을 것
④ 조향장치의 구성

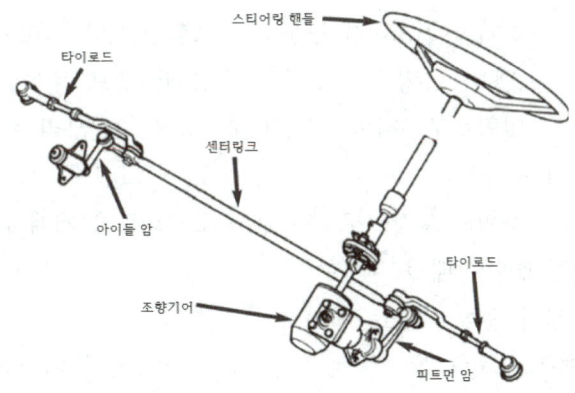

  ㉠ 조향핸들(Steering Wheel) : 조향핸들은 조향축에 테이퍼(Taper)나 스플라인홈에 끼우고 너트로 고정시킨다.
  ㉡ 조향기어(Steering Gear) : 조향기어의 종류에는 웜섹터형식, 웜섹터롤러형식, 볼-너트형식, 웜-핀형식, 스크류-너트형식, 스크류-볼형식, 랙앤피니언형식 등이 있다.
  ㉢ 피트먼암(Pitman Arm) : 피트먼암은 조향핸들의 움직임을 일체차축방식 조향기구에서는 드래그링크로 전달하는 것이다.
  ㉣ 드래그링크(Drag Link) : 드래그링크는 일체차축방식 조향기구에서 피트먼암과 조향너클암을 연결하는 로드이다.
  ㉤ 타이로드(Tie-rod) : 타이로드는 센터링크의 움직임을 반대쪽의 조향너클암으로 전달하여 양쪽바퀴의 관계를 바르게 유지시킨다. 또 타이로드의 길이를 조정하여 토인(Toe-in)을 조정한다.

⑤ 조향기어비

$$조향기어비 = \frac{조향핸들이\ 움직인\ 각도}{피트먼암이\ 움직인\ 각도}$$

(2) 동력조향장치

① **동력조향장치의 개요** : 동력조향장치는 배력장치의 배력작용에 의해 조작력을 경감시키는 조향장치이다. 조작력이 작아 조향기어비가 자유롭고, 노면에서의 충격이나 진동을 흡수하여 주행안전성이 좋다
② **동력조향장치의 구성**
   ㉠ 동력발생부 : 기관에 의하여 구동되는 오일펌프, 동력조향장치의 최고유압을 제어하는 릴리프밸브, 유량을 조절하는 유량제어밸브 등으로 구성된다.
   ㉡ 작동부 : 오일펌프로부터의 유압의 배력작용을 일으키는 부분으로, 복동식 동력실린더를 사용한다.
   ㉢ 제어부 : 조향휠의 조작으로 작동부의 오일회로를 개폐하는 밸브이며, 동력실린더의 작동방향과 상태를 제어한다.
③ **동력조향장치의 종류**
   ㉠ 링키지형(Linkage Type) : 배력장치의 작동부인 동력실린더와 제어부인 제어밸브가 조향링키지 도중에 설치된 형태이다.
   ㉡ 일체형(내장형, Integral Type) : 배력장치의 작동부와 제어부를 조향기어박스 내부에 설치한 형식으로 조향기어기구의 구조에 따라 인라인형(Inline Type)과 오프셋형(Offset Type)이 있다.
   ㉢ 전자제어형 : 전자적으로 제어되는 전자밸브(Solenoid Valve)에 의해 차속에 대응하여 동력조향장치의 유압을 변화시키는 차속감응형이 있다.
   ㉣ 전동형 : 전동형 동력조향장치(MDPS, Motor Driver Power Steering)는 기존의 유압식과 달리 전동모터에 의해 조향휠을 돌리는 것이다. 엔진의 동력을 사용하지 않으므로 연비를 3~5% 정도 향상시킨다.
   ㉤ 전기유압식 : 전기유압식 동력조향장치(EHPS, Electric Hydraulic Power Steering)는 기존엔진에 연결된 오일펌프 대신 전기모터로 유압펌프를 구동하여 연비를 향상시킨 것이다.

(3) 전자제어조향장치

① 전자제어조향장치 : 속도감응형 동력조향장치로서 차량주행속도와 조향조작력에 필요한 정보에 의해 고속과 저속모드에 필요한 유량을 제어하는 방식이다.

② 전자제어조향장치의 특징
  ㉠ 연료소비율이 향상
  ㉡ 고속에서 조향성능이 향상
  ㉢ 공전, 저속, 고속에 적절한 조향조작력을 선정
  ㉣ 미끄러운 도로나 요철에서 주행안정성이 향상
  ㉤ 액추에이터 및 회로고장 시 수동으로 조작가능

(4) 차체자세 제어장치(VDC, Vehicle Dynamic Control)

① 차체자세 제어장치의 개요 : 가속, 제동 및 코너주행 시 자동차의 속도와 회전, 미끄러짐 등을 계산하여 제동이 필요한 바퀴를 선택적으로 작동시킴으로써 자동차의 자세를 안정적으로 잡아 사고를 미연에 방지하는 기술이다

② 자세제어장치의 제어
  ㉠ 요-레이트센서 및 횡G센서 : 차량의 회전각속도를 감지하고, 횡G센서는 차량의 횡방향 미끄러짐을 감지하는 센서로 운전자가 원하는 조향이 가능하도록 브레이크를 제어하여 상황에 맞는 차량자세제어를 수행한다.
  ㉡ 휠속도센서 : 휠속도센서는 홀센서방식이 사용되며 바퀴속도를 검출한다.
  ㉢ 조향각센서 : 운전자의 조향의도와 조향휠의 조향속도, 조향방향을 검출한다.
  ㉣ 마스터실린더 압력센서 : 운전자의 브레이크페달 작동 시 마스터실린더에 작용하는 압력으로 운전자의 제동의지를 감지한다.

10. 휠얼라이먼트

(1) 휠얼라이먼트(바퀴정렬)

① 휠얼라이먼트의 필요성
   ㉠ 주행안전성을 준다.
   ㉡ 핸들조작력을 가볍게 한다.
   ㉢ 타이어의 직진성과 조향핸들의 복원성을 준다.
   ㉣ 타이어의 이상마모를 방지한다.

② 휠얼라이먼트의 요소
   ㉠ 캠버(Camber) : 바퀴를 정면에서 볼 때 타이어의 중심선이 수직선에 대해 설치되어 있는 각도를 말하며 위가 더 벌어진 정(+)캠버, 아래가 더 벌어진 부(-)캠버, 중심선이 수직인 0(Zero)캠버가 있다.

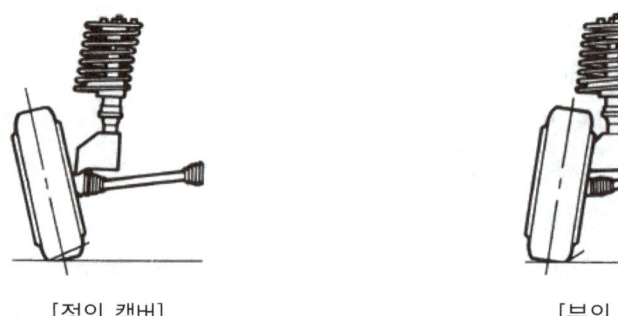

[정의 캠버]   [부의 캠버]

   ㉡ 캐스터(Caster) : 바퀴를 옆에서 보았을 때 킹핀의 수직선과 이룬 각도를 말하며 정(+)의 캐스터와 부(-)의 캐스터 그리고 0(Zero) 캐스터가 있다.

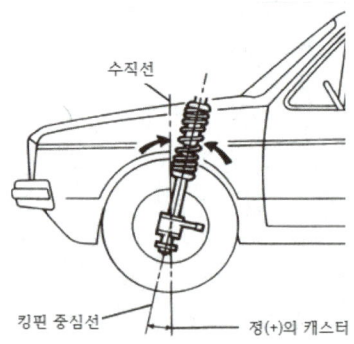

ⓒ 킹핀경사각 : 앞바퀴를 앞에서 보았을 때 일체차축방식에서 앞차축과 조향너클을 연결하는 킹핀 또는 독립차축방식에서 볼조인트 중심을 연결한 직선이 이룬 각을 말하며, 조향바퀴의 조작력을 가볍게 하거나 바퀴복원성향상, 앞바퀴시미현상을 방지한다.

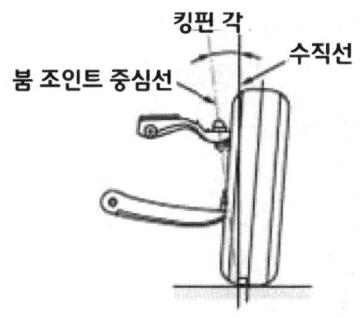

ⓓ 토(Toe) : 차량의 좌측과 우측 바퀴를 위에서 내려다볼 때 각도이며 타이로드의 길이로 조정가능하다. 토의 필요성은 다음과 같다.
- 앞바퀴를 평행하게 회전
- 사이드슬립방지
- 타이어의 편마멸방지
- 조향링키지마멸에 의한 토-아웃방지

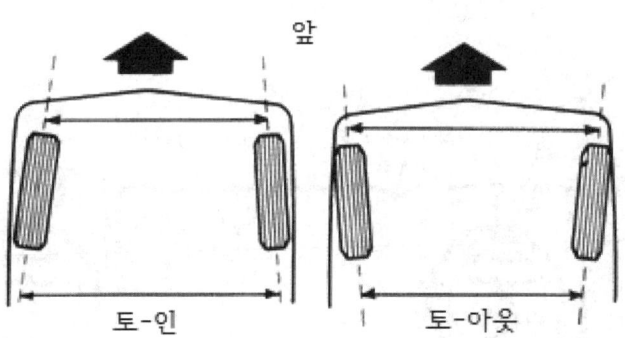

ⓔ 셋백 : 앞 차축과 뒤 차축의 평행정도를 말하며, 정상적인 경우 셋백값은 0이다. 동일한 차축에서 셋백이 생겨 평행하지 않게 되면 정상적인 구름운동을 하지 못하고 미끄러지게 된다.

11. 제동장치

(1) 유압식제동장치

① 유압식제동장치의 원리 : 유압식브레이크는 브레이크페달을 밟으면 배력장치인 부스터에서 힘을 증가시켜 마스터실린더의 피스톤을 밀게 되는데, 이때 발생된 유압이 파이프를 거쳐서 캘리퍼나 휠실린더로 전달되어 패드나 슈를 각각 디스크나 드럼 쪽으로 이동시켜 속도를 늦추게 한다.

㉠ 브레이크오일의 구비조건
- 윤활성이 있을 것
- 빙점이 낮고, 비등점이 높을 것
- 알맞은 점도를 가질 것
- 베이퍼록을 일으키지 않을 것
- 화학적으로 안정될 것

㉡ 브레이크유압회로 내에서 생기는 베이퍼록의 원인
- 긴 내리막길에서 과도한 브레이크 사용
- 브레이크오일의 오염으로 비점저하
- 드럼과 라이닝의 끌림에 의한 가열
- 브레이크슈 리턴스프링의 훼손에 의한 잔압저하

② 유압식제동장치의 구조(드럼식브레이크)

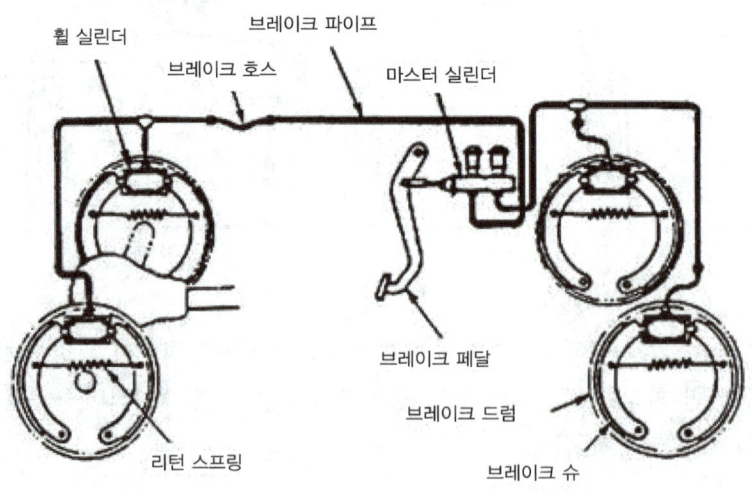

[유압식제동장치의 구조]

㉠ 마스터실린더(Master Cylinder) : 브레이크페달을 밟아 유압을 발생시킨다.
　　㉡ 브레이크파이프(Pipe) : 브레이크파이프는 강철제파이프와 플렉시블호스를 사용한다.
　　㉢ 휠실린더(Wheel Cylinder) : 마스터실린더에서 압송된 유압에 의하여 브레이크슈를 드럼에 압착시킨다.
　　㉣ 브레이크슈(Brake Shoe) : 휠실린더의 피스톤에 의해 드럼과 접촉하여 제동력이 발생하는 부분이다.
　　㉤ 브레이크드럼(Brake Drum) : 휠허브에 설치되어 바퀴와 함께 회전하여 자기작동(배력)작용이 생기고 제동력이 크다. 브레이크슈와 마찰하며 제동을 발생시킨다.
③ 디스크브레이크 : 디스크브레이크는 마스터실린더, 디스크, 캘리퍼, 브레이크패드로 구성되어 있고 특징은 다음과 같다.
　　㉠ 브레이크페이드 현상이 적다.
　　㉡ 파스칼의 원리를 이용하여 밟는 힘이 커야 제동력이 커진다.
　　㉢ 디스크가 대기 중에 노출되어 방열성이 좋고 제동력의 변화가 적다.
　　㉣ 디스크가 오염되면 제동력이 감소한다.
　　㉤ 부품의 평형이 좋고 편제동되는 경우가 거의 없다.
④ 브레이크배력장치 : 브레이크배력장치는 제동력을 증대시키기 위해 흡기다기관에서 발생하는 진공(부압)을 이용하는 진공배력방식(하이드로백)과 압축공기의 압력을 이용하는 공기배력방식(하이드로에어팩)이 있다.

(2) 공기식제동장치

중형버스나 중형트럭 이상의 자동차는 공기압축기를 이용하여 압축공기를 만들어 제동력을 발생하는 공기식브레이크를 사용한다.

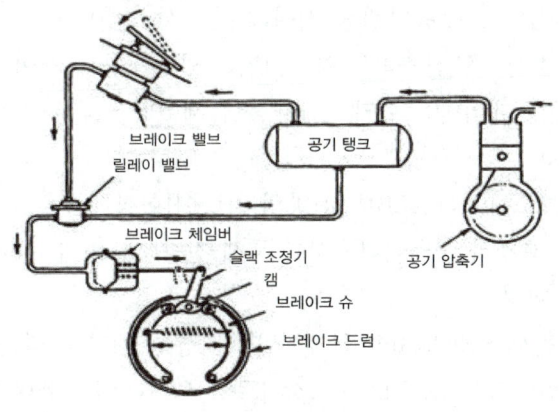

[공기식브레이크]

① 공기식브레이크의 구성부품 : 공기압축기(Air Compressor), 에어드라이어, 공기탱크, 브레이크밸브, 릴레이밸브, 브레이크체임버
② 공기식브레이크의 특징
　㉠ 장점
　　• 브레이크페달을 밟는 양에 따라 제동력이 발생한다.
　　• 제동력이 커 대형상용차에 적용한다.
　　• 전달매체가 공기이므로 베이퍼록 현상이 없다.
　㉡ 단점
　　• 구조가 복잡하고 값이 비싸다.
　　• 공기압축기를 구동하는 데 엔진의 출력을 소모한다.
③ ABS(Anti-lock Brake System)
　㉠ ABS의 장점
　　• 제동거리를 단축시켜 최대의 제동효과를 얻을 수 있다.
　　• 제동할 때 조향성능 및 방향안정성을 유지된다.
　　• 어떤 조건에서도 바퀴의 미끄러짐이 없다.
　　• 제동할 때 스핀으로 인한 전복을 방지된다.
　　• 제동할 때 옆 방향 미끄러짐이 방지된다.
　㉡ ABS의 구성요소
　　• ABSCM(ABS Control Module)　　• 차속센서
　　• 휠속도센서　　• 하이드로릭유닛
　　• 경고등 및 진단기능
④ TCS(Traction Control System)
　㉠ TCS : 미끄러운 노면에서 출발·가속하거나, 고속으로 선회할 때 자동차가 밖으로 미끄러지지 않게 구동바퀴를 제어해주는 시스템이다.
　㉡ TCS 제어방식 : 엔진출력을 감소시키는 엔진구동력 제어방식이나 슬립이 되는 바퀴의 제동을 제어하는 브레이크제동력 제어방식을 사용한다.
⑤ 기타 편의장치
　㉠ 긴급제동보조시스템(AEB) : 전방의 차량이나 장애물을 인식하기 위한 전방카메라와 거리를 측정하는 레이더센서를 통해 전방상황을 분석하여 추돌위험상황을 판단하여 경고한다.
　㉡ 제동력지원시스템(BAS) : 급제동을 한 경우 페달의 힘을 증가시켜주는 시스템
　㉢ 경사로밀림방지시스템(HAS) : 경사로를 오르다 정차했다가 출발하는 경우 자동차가 뒤로 밀리는 것을 방지

ⓔ 제동력분배시스템(EBD) : 차의 무게변화에 맞추어 앞·뒷바퀴에 작용하는 제동력을 분배

ⓜ 회생제동장치 : 하이브리드 전기자동차에서 감속할 때 전동기를 발전기로 변경시켜 자동차의 운동에너지를 전기에너지로 변환하여 축전지를 충전하는 것

12. 타이어

(1) 타이어

① 타이어의 구조 : 타이어는 트레드(Tread), 브레이커(Breaker), 카커스(Carcass), 비드(Bead) 등으로 구성

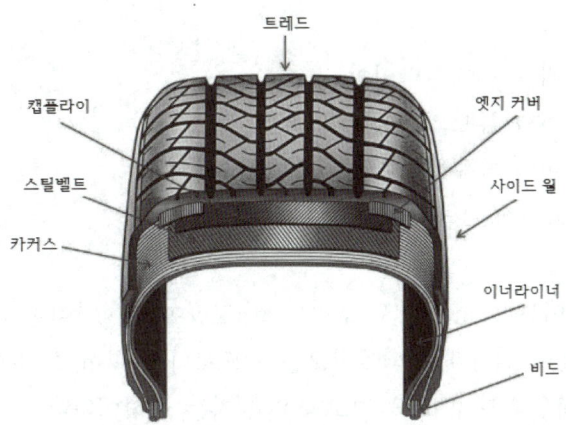

[타이어의 구조]

㉠ 트레드(Tread) : 노면과 접촉하는 부분으로 다양한 패턴으로 되어 있다.
- 구동력이나 견인력을 향상시킨다.
- 타이어의 옆 방향에 대한 저항과 조향성능을 향상시킨다.
- 타이어에서 발생한 열과 물을 배출한다.

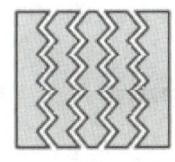

[리브 패턴]

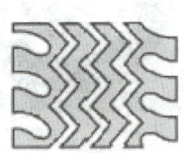

[리브러그 패턴]

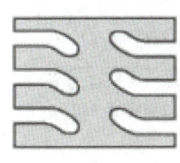

[러그 패턴]

[블록 패턴]

ⓒ 브레이커(Breaker) : 외부충격으로부터 내부코드의 손상을 방지하는 역할을 한다.
　　ⓒ 카커스(Carcass) : 충격을 흡수하고 공기압을 유지시켜 주는 역할을 한다.
　　ⓔ 비드(Bead) : 타이어와 휠 사이의 기밀을 유지하는 역할을 한다.
　　ⓕ 사이드월(Side Wall) : 트레드와 비드 사이의 고무층으로 타이어 옆면을 말한다.
② 타이어기호
　　㉠ 치수 : 치수측정은 표준공기압으로 주입한 타이어를 공중에 띄운 상태로 측정한다.
　　ⓒ 편평비 : 타이어의 단면의 높이를 타이어의 폭으로 나누어 백분율로 표시한 값이다

$$편평비 = \frac{타이어\ 단면\ 높이}{타이어\ 폭} \times 100$$

　　ⓒ 타이어호칭기호
　　　• 예) 195/60R 13
　　　• 195 : 타이어폭(Mm), 60 : 편평비(60%), R : 레이디얼타이어, 13 : 휠사이즈(Inch)
③ 타이어의 종류
　　㉠ 바이어스와 레이디얼타이어
　　ⓒ 튜브타이어와 튜브리스타이어
　　ⓒ 계절용타이어(겨울용, 여름용, 사계절용)
　　ⓔ 런플랫(Run-flat)타이어
④ 타이어 이상현상
　　㉠ 스탠딩웨이브(Standing Wave) : 스탠딩웨이브 현상이란 내압에 의해 타이어 접지면의 변형이 원상태로 되돌아오는 속도보다 타이어 회전속도가 빠르면, 타이어의 변형이 복원되지 않고 물결모양이 생기는 현상이다.
　　ⓒ 하이드로플래닝(Hydroplaning) : 하이드로플래닝(수막현상)이란 주행 중 물이 고인 도로를 고속으로 주행할 때 타이어트레드가 물을 완전히 배출시키지 못해 노면과 타이어의 마찰력이 상실되는 현상을 말한다.

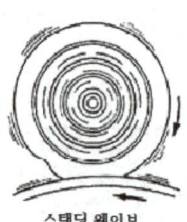
스탠딩 웨이브

하이드로 플레닝

CHAPTER 03

자동차 전기

1. 전기전자기초
2. 충전장치
3. 시동장치
4. 점화장치
5. 보디전기 및 등화장치
6. 주행안전 및 편의장치
7. 하이브리드자동차

제3장 자동차 전기

1. 전기전자기초

(1) 전기의 개요

① 전기의 종류
  ㉠ 정전기 : 전기가 물질에 정지한 상태
  ㉡ 동전기 : 정전기의 이동
   • 직류전기(DC, Direct Current) : 전압 및 전류가 일정값을 유지하고 흐름방향도 일정한 것
   • 교류전기(AC, Alternater Current) : 전압 및 전류의 흐름방향이 정방향과 역방향으로 차례로 변화

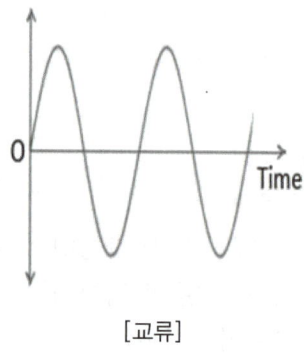

[교류]

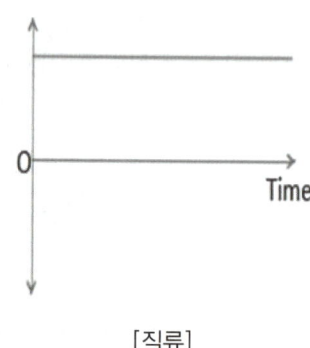

[직류]

② 전류
  ㉠ 단위 : 암페어(A, 기호 I)
  ㉡ 1A란 : 임의의 한 점을 단위 시간당 흐르는 전하(전기량)의 양을 말한다.
  ㉢ 전류의 3대 작용
   • 발열작용 : 시거잭, 라이트
   • 화학작용 : 축전지
   • 자기작용 : 시동전동기, 발전기, 솔레노이드

③ 전압[전위차]
  ㉠ 단위 : 볼트(V, 기호 E)
  ㉡ 1V란 : 1Ω의 도체에 1A의 전류를 흐르게 할 수 있는 전기적 위치에너지
    • 기전력 : 전하를 이동시켜 발생시키는 힘
④ 저항
  ㉠ 단위 : 옴(Ω, 기호 R)
  ㉡ 1Ω이란 : 1A의 전류를 흐르게 하는 1V의 전기압력을 필요로 하는 도체저항
  ㉢ 옴의 법칙 : 도체에 흐르는 전류는 전압에 정비례하고 저항에 반비례한다.

$$I = \frac{E}{R} \quad E = IR$$

• 직렬접속

$$R = R_1 + R_2 + \cdots\cdots + R_n$$

• 병렬접속

$$R = \frac{1}{\frac{1}{R_1} + \frac{1}{R_2} + \cdots\cdots + \frac{1}{R_n}}$$

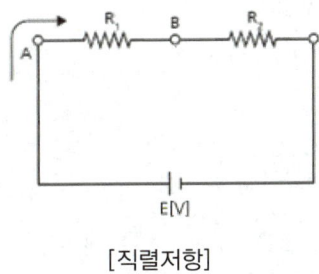
[직렬저항]

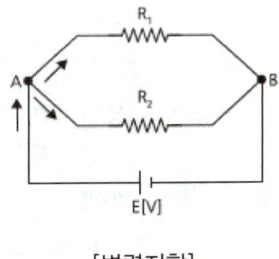
[병렬저항]

(2) 전자의 개요

① **원자의 구조** : 전자론에 의하면 이들 원자들은 양(+)전기를 띤 원자핵과 음(-)전기를 띤 전자로 구성되어 있으며, 원자핵은 다시 양자와 중성자로 나누어진다.
② **물질의 특성**
  ㉠ 도체 : 자유전자가 자유롭게 잘 이동할 수 있는 물질로서, 대부분의 금속이 여기에 속한다.

ⓒ 부도체 : 전자가 자신의 궤도에 머물러 있으려고 하는 원자로 구성된 물질로서, 전기가 쉽게 흐르지 않는 특성을 나타낸다.
ⓒ 반도체 : 도체와 절연체의 중간특성을 나타내는 물질이다.
- 진성반도체
- 불순물반도체
- 다이오드 : 정류작용 및 역류방지작용
- 제너다이오드 : 일정전압에서 역방향으로 전류이동가능
- 포토다이오드 : 전류가 흐르면 빛이 발생
- 트랜지스터 : 스위치, 증폭, 발진작용
- 서미스터 : 일반적으로 부특성서미스터를 의미하며 온도가 상승하면 저항값이 감소한다(온도센서에 사용).
- 사이리스터(SCR) : PNPN 또는 NPNP접합으로 스위치작용한다.
ⓐ 반도체의 장점
- 매우 소형이고 가볍다.
- 내부전력손실이 매우 적다.
- 예열시간을 요하지 않고 곧 작동한다.
- 기계적으로 강하고 수명이 길다.
ⓑ 반도체의 단점
- 온도가 상승하면 그 특성이 매우 나빠진다.
- 역방향으로 전압을 가했을 때의 허용한계가 매우 낮다.
- 정격값 이상이 되면 파괴되기 쉽다.

(3) 전기와 자기의 관계

① 자기 : 자철광은 철이나 니켈 등을 흡인하는 성질을 지니고 있는데 이 성질을 자성이라고 하며, 이 물체를 자석이라고 부른다.
② 쿨롱의 법칙
ⓐ 전기력과 자기력에 관한 법칙이다.
ⓑ 대전체 사이에 작용하는 힘은 거리의 제곱에 반비례하고, 대전체가 가지고 있는 전하량의 곱에는 비례한다.
ⓒ 두 자극의 거리가 가까우면 자극의 세기는 강해지고 거리가 멀면 자극의 세기는 약해진다.

③ 전자력
　㉠ 자계 내에 도체를 놓고 전류를 흐르게 하면 도체에는 전류와 자계에 의해서 전자력이 작용한다.
　㉡ 플레밍의 왼손법칙 : 왼손의 엄지손가락, 검지 및 중지를 직각으로 하여 검지를 자력선의 방향, 중지를 전류의 방향, 엄지손가락 방향으로 힘(전자력)이 발생한다.

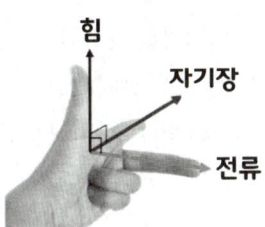

④ 키르히호프의 법칙(Kirchhoff's Law)
　㉠ 제1법칙 : 전류의 법칙으로 회로 내의 어떤 한 점에 유입한 전류의 총합과 유출한 전류의 총합은 같다.
　㉡ 제2법칙 : 전압의 법칙으로 임의의 폐회로에 있어서 기전력의 총합과 저항에 의한 전압강하의 총합은 같다.

(4) 자기유도작용과 상호유도작용

① 자기유도작용 : 하나의 코일에 흐르는 전류를 변화시키면 변화를 방해하는 방향으로 기전력이 발생
　㉠ 자기유도작용은 코일의 권수에 비례한다.
　㉡ 유도기전력의 크기는 전류의 변화속도에 비례한다.
② 상호유도작용 : 2개의 코일에서 한쪽 코일에 흐르는 전류를 변화시키면 다른 코일에 기전력이 발생하는 현상
　㉠ 상호유도작용에 의한 기전력의 크기는 1차코일의 전류변화속도에 비례한다.
　㉡ 상호유도작용은 코일의 권수, 형상, 자로의 투자율, 상호위치에 따라 변화된다.

2. 충전장치

(1) 축전지

축전지는 발전기에서 발생된 전기에너지를 화학에너지로 변환시킨다.

① 축전지의 역할
  ㉠ 엔진이 정지해 있을 때 전장품에 전기를 공급
  ㉡ 엔진시동 시 시동전동기 및 예열장치의 전원으로 사용
  ㉢ 주행상태에 따른 발전기의 출력과 부하균형을 조정

② 축전지의 충전 및 방전
  ㉠ 충전
  - 충전은 전기에너지를 화학에너지로 변환시키는 과정이다.
  - 충전과정에서 양극판은 과산화납, 음극판은 해면상납으로 된다.
  - 충전과정에서 황산이 만들어져 전해액의 비중이 높아진다.
  ㉡ 방전
  - 방전은 화학에너지를 전기에너지로 변환시키는 과정이다.
  - 축전지의 양극판과 음극판은 모두 황산납이 된다.
  - 방전과정에서 전해액은 황산이 감소하여 비중도 낮아진다.

$$PbO_2 + 2H_2SO_4 + Pb \underset{\text{충전}}{\overset{\text{방전}}{\rightleftarrows}} PbSO_4 + 2H_2O + PbSO_4$$
$$(+) \qquad\qquad (-) \qquad\qquad (+) \qquad\qquad\qquad (-)$$

③ 축전지의 구조

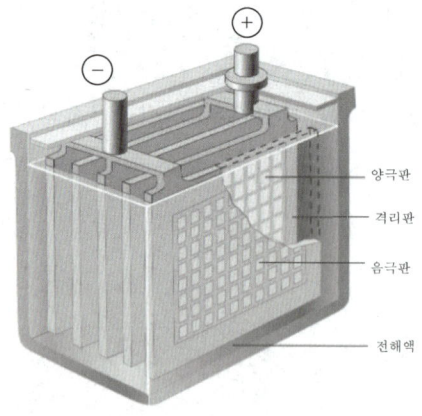

[배터리의 구조]

㉠ 구조
- 극판 : 양극판은 과산화납, 음극판은 해면상납 사용
  - 12V 배터리의 경우 6개의 셀(2.1V)이 있다.
  - 양극판보다 음극판이 1장 더 들어간다.
- 전해액 : 묽은 황산을 사용
  - 전해액의 비중

    $S_{20} = St + 0.0007(t-20)$

    S_{20} = 표준온도로 환산한 비중, St = t℃에서 실측한 비중

    t = 측정 시의 전해액의 온도(℃)
- 격리판 : 다공성, 비전도성, 내부식성
- 케이스 : 합성수지

㉡ 축전지의 용량

$$AH = A \times H$$

A : 방전전류   H : 방전시간

(2) 충전장치

충전장치는 엔진에 의해 구동되는 발전기, 발생된 전압을 조정하기 위한 레귤레이터로 구성된다.

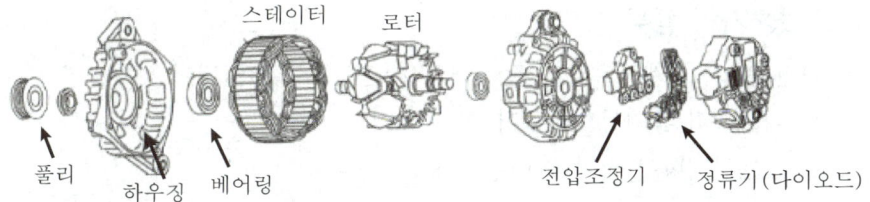

[발전기의 구조]

① **교류발전기의 구조** : 교류발전기는 스테이터코일(고정자)를 고정시키고 로터(회전자)를 회전시켜 교류전류가 발생하고, 다이오드에서 직류(12V)로 정류시킨다.

㉠ 스테이터(Stator)
- 로터가 회전하면 자기장의 변화가 생겨 스테이터에 유도전류가 발생한다.
- 내부에 3개의 코일을 Y결선 또는 삼각결선하여 3상교류가 발생한다.

ⓒ 로터(Rotor) : 크랭크축의 회전력을 벨트로 전달받아 회전운동을 하여 자속을 형성한다.
ⓒ 정류기(Rectifier) : 스테이터코일에서 발전된 교류를 직류로 바꾸는 장치이며, 다이오드를 사용한다.
ⓔ 브러시(Brush) : 정류자에 미끄럼접촉을 하며 로터코일에 전류를 공급하는 역할을 한다.
ⓜ 전압조정기(Voltage Regulator) : 과전압발생을 방지하여 배터리 또는 전장품에 일정한 전압을 공급하는 장치이다.

② 발전기의 원리
ⓐ 렌츠의 법칙 : 코일 내의 자속변화를 방해하는 방향으로 기전력이 발생된다.
ⓑ 플레밍의 오른손법칙 : 힘(엄지), 자력선(검지), 기전력(중지)

3. 시동장치

(1) 기동전동기의 원리

기동전동기는 자기장의 변화를 이용하여 회전력을 발생시키는 장치로 플레밍의 왼손법칙을 응용한 것이다.

(2) 기동전동기의 종류

① 직권전동기 : 계자코일과 전기자코일이 직렬로 연결되어 있다.
  ⓐ 시동초기의 기동회전력이 매우 크다.
  ⓑ 기계적저항이 작아 크랭킹 속도가 높다.
  ⓒ 승용차의 시동전동기로 많이 사용한다.
② 분권전동기 : 계자코일과 전기자코일이 병렬로 연결되어 있다.
  ⓐ 대체적으로 속도가 일정하다.
  ⓑ 블로워모터, 전동팬모터 등에 사용한다.
③ 복권전동기 : 계자코일과 전기자코일이 직렬과 병렬로 연결되어 있다.
  ⓐ 대체적으로 속도가 일정하게 유지된다.
  ⓑ 파워윈도우모터, 와이퍼모터, 파워시트모터 등에 응용된다.

(3) 기동전동기의 구조

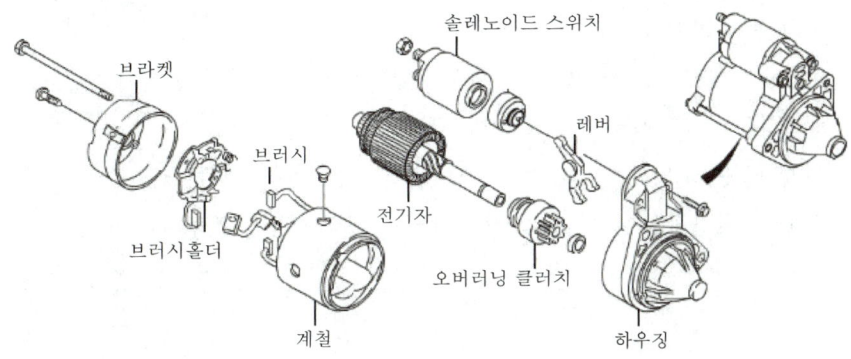

[기동전동기의 구조]

① **계철(Yoke)** : 자기회로를 형성하며 계철프레임(하우징), 계자철심, 계자코일로 구성되어 있다.
② **정류자(Commutator)와 브러시(Brush)** : 브러시는 정류자를 통해 전기자코일에 전류를 공급한다.
③ **전기자(Armature)** : 회전력을 발생시킨다. 전기자는 전기자축, 전기자철심, 전기자코일, 정류자로 구성되어 있다.
④ **오버러닝클러치** : 엔진시동 후 시동전동기를 보호하기 위한 장치이다. 시동전동기는 기관을 회전시킬 수 있지만 반대로 회전시킬 수 없도록 하는 장치이며 원웨이클러치(One Way Clutch)라고도 한다.

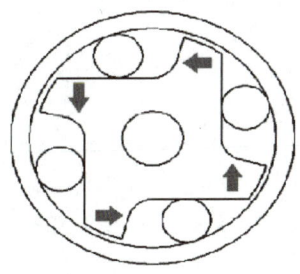

[오버러닝클러치의 구조]

⑤ **시동회로** : 기동전동기에는 3개의 단자가 있으며 St단자는 점화스위치와 연결되고 B단자는 배터리 (+)단자와 직접 연결되어 있다. M단자는 솔레노이드스위치와 전동기를 내부적으로 연결한다.

(4) 동력전달방식에 의한 분류

① 벤딕스구동방식 : 평상시에는 리턴스프링에 의해 피니언이 링기어에서 분리되어 있다. 최근에는 거의 사용하지 않는다.
② 피니언섭동식 : 가장 많이 사용하는 형식으로 피니언이 전기자축 위를 스플라인에 의해 섭동(미끄러짐)하여 링기어와 물린다.
③ 전기자섭동식 : 전기자의 전·후로 움직이면서 피니언과 링기어가 물림 또는 분리되기 때문에 전기자섭동식이라고 한다.

4. 점화장치

(1) 점화장치의 개요

가솔린기관에서 스파크플러그에 불꽃방전을 일으킬 수 있는 높은 전압을 발생하여 연소가 시작된다.

(2) 점화의 원리(고압발생의 원리)

① 자기유도작용(Self Induction) : 코일에 흐르는 전류를 변화시키면 그 변화를 방해하는 방향으로 기전력이 발생한다.
② 상호유도작용(Mutual Induction) : 전기회로에 자력선의 변화가 생겼을 때 그 변화를 방해하려고 다른 전기회로에 기전력이 발생한다.

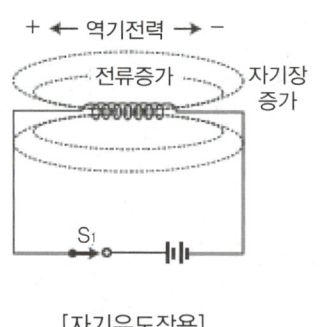

[자기유도작용]

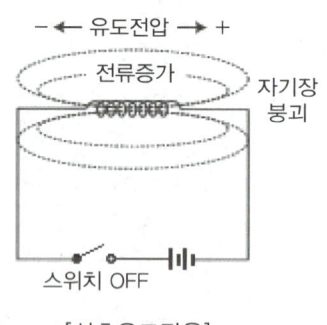

[상호유도작용]

③ 2차코일 유도전압

$$E_2 = \frac{N_2}{N_1} E_1$$

E_2 : 2차전압, E_1 : 1차전압, N_1 : 1차코일권수, N_2 : 2차코일권수

(3) 점화장치의 구성

① **점화코일** : 점화코일에는 개자로형과 폐자로형이 있다. 개자로형은 주로 접점방식에 사용되며 폐자로형은 반도체점화방식에서 사용한다.

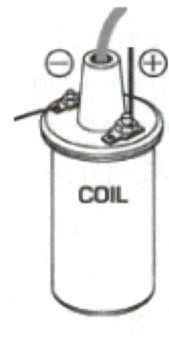

[개자로형]

[폐자로형]

② **배전기** : 배전기는 점화코일에서 발생한 고압을 기계적으로 점화플러그에 분배하는 고압배전장치이다.

③ **점화플러그**

㉠ 점화플러그의 구조 : 점화플러그는 전극, 절연체, 셀로 구성되어 있다. 니켈, 크롬 합금 또는 백금을 사용한다.
 • 400℃ 이하 : 실화 및 손상
 • 700℃ 이상 : 조기점화의 원인

㉡ 자기청정온도 : 점화플러그는 연소열을 받기 때문에 냉각하여 항상 자기청정온도 인 400~800℃의 범위로 온도를 유지해야 한다.

㉢ 열가 : 점화플러그의 열방출능력
 • 고속기관은 냉형플러그 사용
 • 저속기관은 열형플러그 사용

㉣ 점화플러그의 구비조건
 • 급격한 온도변화에 견딜 것

- 고온·고압에서 기밀유지
- 고전압에 대한 충분한 절연성
- 기계적강도가 클 것
- 내식성이 클 것

④ 트랜지스터식 점화장치의 개요 : 트랜지스터식 점화장치란 점화1차전류를 ON·OFF할 때 접점 대신 트랜지스터를 사용한다. 이그나이터방식(신호발전식), 파워트랜지스터 및 컴퓨터(ECU)방식, 홀소자방식, 콘덴서방전점화(CDI, Condenser Discharging Ignition)방식 등이 있다.

㉠ 이그나이터방식(신호발전식) : 배전기 축이 회전하면서 교류전압의 변화를 이용하여 점화1차전류가 단속되어 점화코일에서 고압이 발생된다.

㉡ 파워트랜지스터 및 컴퓨터(ECU)방식 : 고에너지점화방식(HEI, High Energy Ignition)이라 하며, 점화코일의 단자가 파워트랜지스터의 컬렉터에 연결되어 있고 베이스는 컴퓨터(ECU)에 연결되며 이미터는 배터리에 접지되어 있다.

㉢ 무배전기식 점화장치(DLI, Distributor Less Ignition) : 풀트랜지스터보다 한층 발달된 형태로 ECU의 신호로 점화시기를 정확하게 제어하는 파워트랜지스터, 파워트랜지스터의 작동에 따라 고전압을 발생하는 점화코일, 점화플러그 등으로 구성되어 있다.

- 무배전기식 점화장치의 특징
  - 배전기에 의한 배전 누전이 없다.
  - 배전기의 로터와 접지전극 사이의 에너지손실이 없다.
  - 배전기캡에서 발생하는 전파잡음이 없다.
  - 배전기식은 진각폭의 제한을 받지만, DLI는 제한을 받지 않는다.

5. 보디전기 및 등화장치

(1) 전자제어 종합경보장치(ETACS, Electronic Time Alarm Control System)

전자제어 종합경보장치는 자동차운행의 편리성과 안전운전을 위해 운전자에게 알려주는 각종 경보와 조작장치들을 하나의 컨트롤유닛을 통해 통합제어하는 시스템을 말한다.

① ETACS의 제어기능
  ㉠ 워셔액연동 와이퍼제어   ㉡ 간헐와이퍼제어
  ㉢ 파워윈도우 타이머제어   ㉣ 열선타이머제어

ⓜ 미등소등제어
ⓢ 감광식실내등제어
ⓩ 안전벨트경고등제어
ⓚ 도어열림경고
ⓟ 점화스위치 조명제어

ⓑ 오토도어록제어
ⓞ 점화스위치회수제어
ⓧ 도난경보제어
ⓣ 배터리세이버제어
ⓗ 무선시동제어

② ETACS의 특징
  ㉠ 중앙제어로 인해 제어장치 각각의 위치를 설치하는 번거로움을 해소한다.
  ㉡ 입력신호를 여러 곳에서 받아 제어하던 복잡함을 제거하였다.
  ㉢ 새로운 시스템추가 시 접지·전원배선 및 제어모듈의 추가 없이 쉽게 옵션사양을 향상시킨다.

(2) 계기장치

안전운전을 위해 운전 중 자동차의 상황 및 경고상황을 알 수 있도록 운전자에게 알려주는 계기판이 부착되어 있다. 계기판의 정보는 바이메탈이나 코일식 등의 계기방식과 램프를 이용한 경고등방식이 있다.

① 계기류의 종류
  ㉠ 유압계의 종류
    • 밸런싱 코일식(Balancing Coil Type) : 유체의 이동에 따라 변하는 가변저항이 설치
    • 바이메탈식(Bimetal Type)
    • 부르동관식
  ㉡ 연료계의 종류
    • 밸런싱코일식
    • 연료면표시기식(표시등방식) : 뜨개의 이동에 따라 접점에 전류가 흘러 경고등을 점등
  ㉢ 수온계의 종류 : 밸런싱코일식, 바이메탈식, 부르동관식
  ㉣ 속도계의 종류 : 자기식, 전자식

> **참고**
>
> **바이메탈**
> 바이메탈은 열팽창계수가 다른 두 금속을 접합하여 가열하면 서로 다르게 구부러지는 성질을 이용한 것이다.

② 트립컴퓨터(Trip Computer) : 트립컴퓨터란 운전자에게 주행거리, 주행가능거리, 평균속도, 주행시간, 변속정보 등 주행에 관련된 각종 정보를 디스플레이에 표시해 주는 장치이다.

(3) 등화장치
자동차에 사용되는 등화장치는 전조등, 후미등, 번호등, 제동등, 방향지시등이 있다.
① 전조등
  ㉠ 조명용어
   - 광속 : 광속은 광원으로부터 방사되는 빛의 에너지다발을 말하며, 광속의 단위는 루멘(Lm)이다(기호 : lm).
   - 광도 : 광도는 빛의 세기이다. 단위는 칸델라(Cd)이며, 1Cd는 광원에서 1m 떨어진 $1m^2$ 면에 1Lm(루멘)의 광속이 통과하였을 때 빛의 세기이다.
   - 조도 : 조도는 단위면적당 들어오는 밝기이며, 단위는 룩스(lux 또는 Lx)이다.

   $$E = \frac{I}{r^2}(Lux)$$

   E : 조도(Lux)   I : 광도(cd)   r : 광원으로부터의 거리(m)
  ㉡ 전조등의 방식
   - 실드빔방식 : 반사경에 렌즈와 필라멘트를 붙이고, 내부에 불활성가스를 넣은 일체형전구이다.
   - 세미실드빔방식 : 렌즈의 반사경이 일체로 되어 있고 전구만 독립되어 있다.

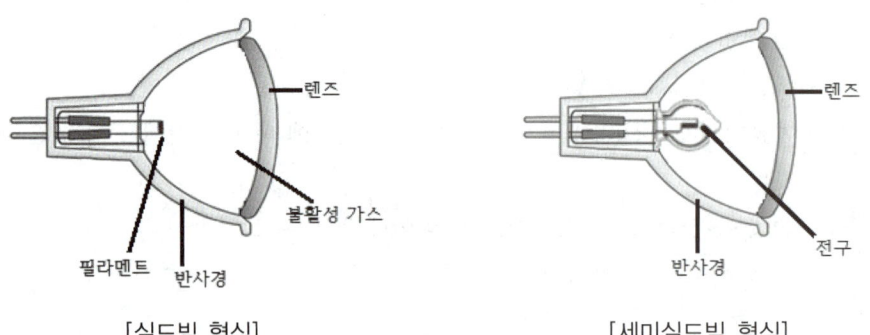

[실드빔 형식]   [세미실드빔 형식]

  ㉢ 전조등회로 : 전조등회로는 퓨즈, 라이트스위치, 딤머스위치(Dimmer Switch)로 구성된다. 양쪽의 전조등은 접지에도 전선을 사용하며, 상향빔(High Beam)과 하향빔(Low Beam)별로 병렬로 접속되어 있다.

② 방향지시등 : 방향지시등은 자동차의 진행방향을 바꿀 때 사용하는 것이며, 전류를 일정한 주기(자동차안전기준상 매분 당 60회 이상 120회 이하)로 단속하여 점멸시키거나 광도를 증감시킨다. 플래셔유닛을 사용하며 종류에는 전자열선방식, 축전기방식, 수은방식, 스냅열선방식, 바이메탈방식, 열선방식 등이 있다.

6. 주행안전 및 편의장치

(1) 전기 · 전자장치 검사

① 헤드라이트의 시험

㉠ 헤드라이트 테스터기의 종류
- 투영식테스터기 : 투영식은 3m의 측정거리에서 투영스크린에 전조등의 빛을 투영시켜 측정하는 방식이다.
- 집광식테스터기 : 집광식은 1m 이하의 측정거리에서 전조등의 광을 렌즈로 모아서 측정하는 방식이며, 현재 주로 사용되고 있다.

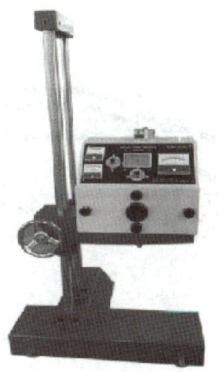

[투영식]

[집광식]

② 헤드라이트 검사기준

항목	검사기준					검사방법
등화장치	(1) 광도(최고속도가 매시 25km 이하인 자동차를 제외한다)는 다음 기준에 적합할 것 (가) 2등식 : 15000cd 이상 (나) 4등식 : 12000cd 이상					좌, 우 전조등이 광도와 광축의 폭을 전조등시험기로 측정
	(2) 주 광폭의 진폭은 10m 위치에서 다음 수치일 것					
	구분	상	하	좌	우	
	좌측	10cm	30cm	15cm	30cm	
	우측	10cm	30cm	30cm	30cm	
	(3) 정위치에 견고히 부착되어 작동에 이상이 없고, 손상이 없어야 하며 등광색이 성능기준에 적합할 것					
	(4) 성능기준에서 정하지 아니한 등화 및 금지장치가 없을 것					성능기준에 위배되는 등화설치여부 확인

③ 소음측정검사
  ㉠ 측정기설치방법 : 측정은 소음을 과다하게 배출하는 자동차의 배기소음 및 경적소음을 측정하는데 적용한다.

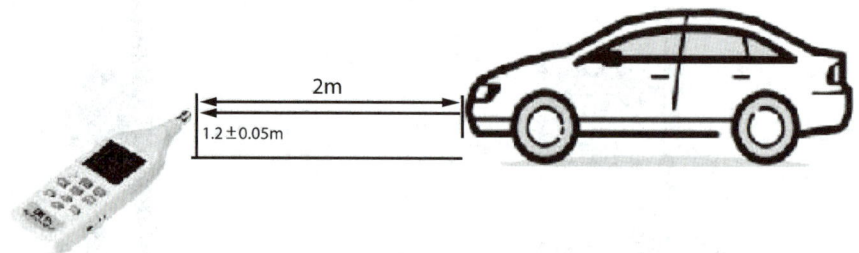

[소음기설치 및 측정방법]

2006년 1월 1일 이후 제작차량 음량기준

차량종류		소음항목	배기소음 (dB)	경적소음 (dB)
경자동차(800cc 미만)			100 이하	110 이하
승용자동차 (사람을 운송하기 적합한 차량)	소형(800cc 이상, 차량총중량 3.5톤 미만 8인승 이하)		100 이하	110 이하
	중형(800cc 이상, 차량총중량 3.5톤 미만, 9인승 이상 15인승 이하)		100 이하	110 이하
	중대형(차량총중량 3.5톤 이상 12톤 미만)		100 이하	112 이하
	대형(차량총중량 12톤 이상)		105 이하	112 이하
화물자동차 (화물운송용 차량)	소형(800cc 이상, 차량총중량 2톤 미만)		100 이하	110 이하
	중형(800cc 이상, 차량총중량 2톤 이상 3.5톤 미만)		100 이하	110 이하
	대형(차량총중량 3.5톤 이상 12톤 미만)		105 이하	112 이하
이륜자동차(공차중량 0.5톤 미만)			105 이하	110 이하

> **참고**
> - 동일한 음색으로 소리를 낼 것
> - 경적음의 크기는 일정하며 차체전방 2m, 지상으로부터 1.2±05m인 곳에서 90dB 이상일 것

(3) 편의장치

① 냉난방장치

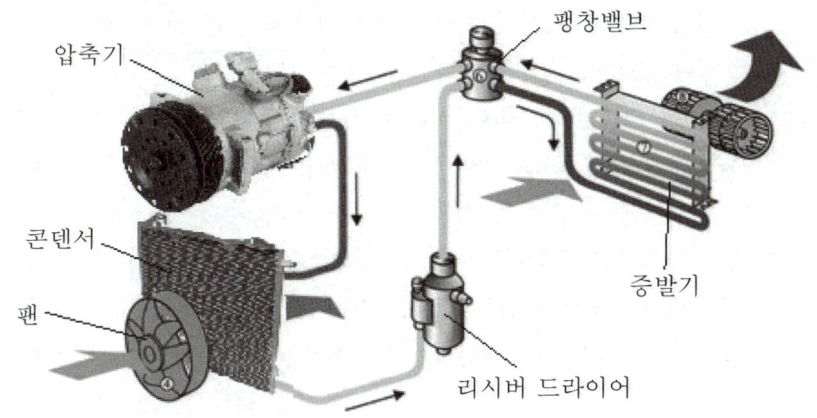

㉠ 냉방장치의 구성
- 압축기(Compressor) : 냉매는 압축기에서 압축되어 고온·고압상태로 된다.
- 응축기(콘덴서, Condenser) : 압축기에서 압축된 고온·고압의 냉매는 응축기로 냉각된다.
- 건조기(리시버드라이어, Receiver Drier) : 액화된 냉매는 이곳에서 수분의 흡수 및 불순물을 제거하고 공급되도록 한다.
- 팽창밸브(Expansion Valve) : 팽창밸브는 구멍이 아주 작은 일종의 통로인데 고온·고압의 액체상태인 냉매가 급격히 팽창되어 저온·저압 서리상태가 되어 증발기로 들어간다.
- 증발기(에바포레이터, Evaporator) : 서리상태의 냉매는 송풍기를 통해 유입된 공기에서 증발잠열을 빼앗아 공기를 냉각시킨다.

㉡ 냉매의 구비조건
- 증발이 쉬워야 한다.
- 기화잠열이 커야 한다.
- 화학적으로 안정도가 높아야 한다.
- 임계온도는 응축온도보다 높아야 한다.
- 증발압력은 대기압력보다 높아야 한다.
- 응축압력은 가능하면 낮을수록 좋다.

㉢ 난방장치
- 난방장치의 종류 : 온수식난방장치, 연소식난방장치, 가열플러그난방장치 등이 있으며, 가장 많이 상용되는 것은 온수식난방장치이다.
- 온수식난방장치는 냉각수온도가 약 85℃ 전후로 되면 온수의 일부를 히터코어로 바이패스 시켜 송풍기용 전동기로 공기를 불어내면, 실내공기가 적당온도가 되어 실내를 쾌적하게 하고 창문이 흐려지는 것을 방지하며 서리를 제거할 수 있다.

② **오토라이트 컨트롤시스템(Auto Light System)** : 차량 내부에 장착된 조도센서를 이용하여 차량 주변의 조도변화에 따라 운전자가 조작하지 않아도 오토모드에서 자동으로 미등 및 전조등을 켜주는 장치이다
㉠ 입력신호 : 오토라이트스위치, 점화스위치, 조도센서, 차속센서
㉡ 조도센서 : 오토라이트 내부에 설치되어 있는 광전도셀(Cds)은 빛의 강약에 따라 빛이 강할 경우에는 저항값이 감소하고, 빛이 약할 경우에는 저항값이 증가한다.

③ **에어백장치** : 에어백장치는 자동차가 충돌 시 발생되는 충격정보를 전달받아 ECU가 안전벨트와 에어백전개여부를 판단하여 운전석·동승석·사이드·커튼·무릎에어백을 전개시켜 탑승자의 상해를 완화시켜주는 장치이다.
   ㉠ 구성부품의 기능
   - 에어백(Air Bag) : 안쪽에 고무로 코팅된 나이론제의 면
   - 인플레이터 : 화약, 점화제, 가스발생기, 디퓨져스크린 등을 알루미늄제 용기에 넣은 것으로 에어백모듈하우징에 장착한다.
   - 클럭스프링 : 조향핸들회전 시 배선이 꼬이는 것을 방지한다.
   - 충돌감지센서(Acceleration Sensor) : 충돌감지센서는 차량의 충돌상태를 산출하여 평상주행 시와 급가속 시, 급감속 시를 명확하게 구별한다.
   - 승객유무감지장치(PPD, Passenger Presence Detect) : 동승석에 탑승한 승객의 유무에 따라 에어백을 전개한다.
   - 에너지저장기능 : 차량충돌 시 뜻하지 않은 전원차단으로 인하여 에어백 점화불가 방지를 위하여 에어백ECU는 전원차단 시에도 일정시간동안 에너지를 ECU 내부의 콘덴서에 저장한다.
   - 벨트프리텐셔너(Belt Pretensioner) : 충돌 시 에어백이 작동하기 전 프리텐셔너를 작동시켜 안전벨트의 느슨한 부분을 되감아 승객을 확실히 시트에 고정시키므로 크러시패드나 전면유리에 승객이 부딪히는 것을 방지한다.
   ㉡ 에어백 미작동조건 : 저속주행, 후면충돌, 차량전복, 경미한 사고, 트럭 밑으로 충돌 등
④ **자동정속주행장치** : 자동정속주행장치(Auto Cruise Control)는 속도의 가감 없이 운전자의 세팅속도에 의해 일정속도로 주행한다.
   ㉠ 선행차량이 없을 시, 운전자가 설정한 속도로 정속주행
   ㉡ 선행차량이 있을 시, 선행차량의 속도와 거리를 감지하여 일정차간거리제어
   ㉢ 선행차량정지 시, 자동정지 및 3초 이내 선행차량출발 시 자동출발
⑤ **자동우적감지장치 와이퍼** : 앞유리상단 내면부에 설치된 발광다이오드와 포토다이오드로 강우량을 감지하여 와이퍼작동시간 및 강우량에 따라 LOW에서 HIGH작동까지 자동으로 제어하는 시스템이다.

7. 하이브리드자동차

(1) 하이브리드자동차

① 하이브리드자동차의 개요 : 하이브리드(Hybrid)자동차란 자동차의 동력원이 내연기관과 전기모터, 수소연료엔진과 연료전지, 천연가스와 가솔린엔진 등 2개의 동력원으로 구동되는 자동차를 말한다.

② 하이브리드자동차의 장점
  ㉠ 연비의 향상, 환경친화적
  ㉡ 펌핑손실저감
  ㉢ HC, CO, NOx 등 배기가스의 저감
  ㉣ 이산화탄소(CO_2)의 생성량 감소

(2) 구동방식에 의한 분류

[직렬형]　　　　　　[병렬형]　　　　　　[복합형]

① 직렬형 하이브리드자동차 : 엔진, 발전기, 전동기가 직렬로 연결되어 있으며 모터주행(EV모드)만 가능한 방식이다.

② 병렬형 하이브리드자동차 : 변속기 전후에 엔진 및 모터를 병렬로 배치하여, 주행상황에 따라 최적의 성능과 효율을 갖고 동시 또는 독립적으로 내연기관과 구동하는 방식이다.
  ㉠ 소프트방식(Soft Type, Mild Type) : 소프트방식은 엔진을 주동력원으로, 전기모터는 보조동력으로 사용하는 방식이다. 오토스톱(아이들스톱)기능, 회생제동기능, 동력보조기능, 동력분배기능을 가지며 모터주행(Ev주행)이 불가능하다.
  ㉡ 하드방식(Hard Type, Full Type) : 하드방식은 엔진+모터가 주동력원이며, 소프트방식의 모든 기능과 순수전기자동차의 기능인 모터주행이 가능하다.

③ 복합형 하이브리드자동차 : 직렬형 하이브리드방식과 병렬형 하이브리드방식을 혼합한 형태로 모터는 제어기를 통해 변속기와 바퀴를 구동하고, 엔진 역시 변속기를 통해 바퀴를 직접구동하는 방식이다.
④ 플러그인 하이브리드자동차 : 고전압배터리의 충전을 가정용전기코드에 연결하여 사용할 수 있다.

(3) 하이브리드자동차의 주행모드

[하이브리드 자동차 주행모드]

① 시동모드 : 모터(EV모드)만으로 출발 및 저속주행
② 발진모드 : 모터로 발진하고 엔진의 동력과 모터의 동력을 적절히 배분
③ 가속모드 : 가속구간에서 엔진동력과 모터동력으로 동시에 최대출력사용
④ 정속모드 : 주행상황에 맞는 엔진 또는 모터로 정속주행
⑤ 감속모드(회생제동) : 바퀴에서 발생되는 회전동력을 전기에너지로 전환하여 배터리로 충전을 실시하는 모드이다.

(4) 하이브리드자동차엔진에 적용된 특징적 신기술

① 연비향상
② 고팽창비사이클 적용
③ 압축비증대
④ 저하중밸브스프링 및 저마찰피스톤링 사용

(5) 하이브리드자동차 구성부품

① 하이브리드모터 : 주동력원인 엔진과 변속기 사이에 장착되어, 엔진시동 및 발진, 가속 시 엔진의 동력보조, 차량감속 또는 제동 시 고전압배터리의 충전을 위한 발전기의 역할을 수행하게 된다.
　㉠ 아이들스톱(스타트스탑, Stop&Go) : 정차 시 엔진의 작동을 정지시켜 연료소모를 줄이고, 출발 시 시동전동기 대신 구동모터로 엔진을 시동한다.

ⓒ 리졸버센서 : 모터를 가장 큰 힘으로 제어하기 위해 회전자와 고정자의 위치를 검출
② 시동발전기(HSG, Hybrid Starter Generator)
　㉠ HSG의 역할 : 시동제어, 엔진속도제어, 소프트랜딩제어(Soft Landing), 발전제어
　ⓒ HSG의 구조 : 스테이터, 로터, 냉각장치
③ 하이브리드고전압배터리 : 리튬이온축전지는 270V 이상의 고전압배터리이며 니켈-수소전지의 2배, 납산전지와 비교하면 3배를 넘는 용량을 지닌다.
　㉠ 파워릴레이어셈블리(PRA, Power Realy Assemble) : 고전압배터리의 기계적 분리(메인릴레이), 고전압회로에 과전류흐름을 보호(프리차저릴레이), 초기충전회로 보호(프리차저 레지스터), 작업자 보호를 위한 안전스위치, 배터리 내·외부온도 측정
　ⓒ 고전압배터리 관리시스템(BMS, Battery Management System)
　　• 충전상태제어(SOC) : 배터리의 전압, 전류, 온도를 측정하여 배터리의 충전상태를 계산한다.
　　• 파워제한 : 배터리보호를 위해 입·출력 에너지값을 산출하여 과충·방전을 방지하고 내구성을 확보하며 배터리에너지의 효율을 증대시킨다.
　ⓒ 고장진단 : 배터리시스템의 고장진단 및 모니터링을 통하여 안전사고를 방지한다.
　ⓔ 셀밸런싱제어 : 배터리셀의 전압편차를 동일한 전압으로 매칭하여 배터리수명 및 사용가능한 에너지용량을 증대시켜 배터리에너지효율을 증대시킨다.
　ⓜ 냉각제어 : 최적의 배터리 작동온도를 유지하기 위해 냉각팬의 속도를 제어한다.
　ⓗ 고전압릴레이제어 : 고전압전원을 공급하고 고장으로 인한 안전사고를 방지한다.

> **참고**
>
> 배터리 메모리 효과
> 완전충전과 완전방전이 되지 않은 상태에서 충·방전을 반복하면 화학적으로 불활성화영역이 발생하여 배터리의 용량이 감소되는 현상을 말한다. 리튬-이온폴리머 배터리는 메모리효과에 대한 안전성이 개선되었다.

(6) 하이브리드제어장치
① HCU(Hybrid Control Unit) : HCU는 여러 시스템이 최적의 성능을 유지할 수 있도록 하는 핵심제어기이다.
　㉠ 엔진제어
　ⓒ 변속제어
　ⓒ LDC(Low Voltage DC-DC Converter)제어

ⓔ MCU(Motor Control Unit)제어
ⓜ BMS(Battery Management System)제어
ⓗ 엔진클러치제어
ⓢ 페일세이프

② 저전압 직류변환장치(LDC, LOW DC/DC Converter) : LDC는 고전압배터리의 전압을 12V로 변환한다.
㉠ 인버터 : 직류를 교류로 변환하는 장치
㉡ 컨버터 : 교류를 직류로 변환하는 정류기

(7) 가상엔진사운드시스템(VESS, Virtual Engine Sound System)

하이브리드차량은 모터만으로 주행 시 소음이 적어 보행자의 인지가 어렵다. 가상엔진사운드 시스템은 모터저속주행 시 차량외부에 장착된 스피커를 통해 가상의 엔진음을 출력하여 보행자에게 차량접근을 경고하는 시스템이다.

(8) AAF(Active Air Flap)

범퍼그릴에 개폐가 가능한 Flap을 설치하여 공기의 유입을 제어하는 시스템인데, 유입되는 공기를 차단하게 되면 공기저항이 줄어 연비를 향상시킬 수 있다.

(9) 연료전지

① 연료전지의 원리 : 연료전지의 기본원리는 수소와 산소를 전기화학적으로 반응시키면 물을 생성함과 동시에 전기가 발생하는 장치이다.
② 연료전지의 구조 : 연료전지의 구성단위를 셀이라 하며, 셀은 +의 전극판(공기극)과 -의 전극판(연료극)이 전해질을 포함해 층을 겹친 샌드위치와 같은 구조를 하고 있다. 공기극과 연료극에는 수많은 세밀한 구멍이 있고, 여기를 외부에서 공급된 공기 중 약 20%의 산소가 포함되어 있으므로 반응이 일어난다.
③ 연료전지의 종류
㉠ 알칼리형 연료전지 : 우주선의 전원용으로서 우주선에 탑재되어 실용화되어 있다.
㉡ 인산형 연료전지 : 소형은 빌딩 등에 설치되어 도시가스의 배관을 연결하는 것만으로 운전되고 있다.
㉢ 고체고분자형 연료전지 : 출력의 밀도가 높아 소형화가 가능하지만 아직 시험단계이다.
㉣ 용융탄산염형 연료전지 : 용융탄산염형 연료전지는 고체고분자형보다 높은 발전효율을 기대할 수 있다.

④ 연료전지의 스택
  ㉠ 스택의 정의 : 연료전지스택은 연료전지 하나 단위에서의 전기적기전력이 0.7V이다. 자동차용으로 300V로 사용하고자 하면 400매 이상의 연료전지셀을 직렬로 연결시켜야 한다.
  ㉡ 스택의 구조
   - 막전극접합체 : 음극의 수소와 양극의 산소 사이에서 발생하는 전기화학적반응을 통해 전기를 생산하는 역할을 한다.
   - 분리판 : MEA의 양쪽에 위치하며 한쪽에는 수소연료를, 반대면에는 공기를 운반하는 유로와 매니폴드를 포함한 판을 말한다.
   - 밀봉재 : 보통 탄성을 지닌 고무로 제작되는데 매니폴드와 활성면적 모두를 감싸고 있다.
   - 전류집전기 : 전류집전체는 분리판과의 접촉저항이 적어야 하며 부식저항성도 높아야 한다.
   - 끝판 : 끝택의 가장 바깥쪽에 존재하며 스택 체결 시 각 셀에 일정압력을 균질하게 부과하여 밀봉도 및 구성부품 간의 접촉저항을 줄여주는 역할을 한다.

> **참고**
> 하이브리드자동차 전기장치정비 시 주의할 점
> - 절연장갑을 착용하고 작업한다.
> - 서비스플러그(안전플러그)를 제거한다.
> - 전원을 차단하고 일정시간이 경과 후 작업한다.
> - 작업 시 시계, 반지, 목걸이 등 장신구를 제거한다.

자동차정비산업기사

CHAPTER 04

일반기계공학

1. 기계재료
2. 기계공작법
3. 기계요소
4. 유공압기계
5. 재료역학

제4장 일반기계공학

1. 기계재료

(1) 기계재료

① 재료의 물리적 및 기계적 성질
  ㉠ 기계적 성질
    • 강도 : 재료에 물리적인 힘을 가한 후 파괴되지 않고 견디어 낼 수 있는 최대저항력
    • 경도 : 재료의 단단한 정도를 나타내는 수치
    • 인성 : 기계부품에 충격이 작용하였을 때 파괴되지 않고 견디는 성질
    • 취성 : 인성에 반대되는 성질로 유리와 같이 잘 부서지고 깨지는 성질
      - 청열취성 : 강은 20~30℃에서의 강도는 크지만 연신율은 매우 작다. 청색의 산화피막을 발생한다.
      - 적열취성 : 황(S)의 함유량이 많은 강은 높은 온도에서 취성을 나타낸다.
      - 상온(냉간)취성 : 인(P)은 강의 결정입자를 거칠게 하여 강을 여리게 한다.
    • 연성 : 금속재료를 잡아당기면 외력에 의해서 파괴됨이 없이 가늘게 늘어나는 성질
      - 금 〉 은 〉 알루미늄 〉 구리 〉 백금 〉 납 〉 아연 〉 철 〉 니켈
    • 전성 : 금속재료를 두드리거나 누르면 넓게 퍼지는 성질
      - 금 〉 은 〉 백금 〉 알루미늄 〉 철 〉 니켈 〉 구리 〉 아연

② 물리적 성질
  ㉠ 비중 : 어떤 물질의 질량과 같은 부피를 가지는 표준물질에 대한 질량의 비율
  ㉡ 용융점 : 고체가 액체로 변하는 온도
  ㉢ 전기전도율 : 전기가 흐르는 정도
  ㉣ 자성 : 물질이 나타내는 자기적 성질
  ㉤ 비열 : 금속 1g을 1℃ 올리는데 필요한 열량
  ㉥ 선팽창계수 : 물체의 단위길이에 대하여 온도 1℃ 높아지는데 따라 길이가 늘어나는 양
  ㉦ 열전도율 : 길이 1cm에 대하여 1℃의 온도차이가 $1cm^3$의 단면적을 통하여 전달되는 양

◎ 크리프(Crep) : 높은 온도에서 시간이 흐르면서 변형이 증가되는 현상, 변형한계를 크리프한계라 한다.
③ **화학적 성질**
㉠ 부식 : 금속이 점차 재료가 소실되는 현상
㉡ 내식성 : 금속의 부식에 대한 저항력

(2) 기계재료의 가공특성
① **주조성** : 금속이나 합금을 녹여 만들 수 있는 성질
② **소성가공성** : 재료가 외력을 받는 정도에 따라 변형되어 원래의 형상으로 되돌아오지 않는 성질
③ **절삭성** : 재료가 공구에 의해 깎이는 정도
④ **접합성** : 재료의 용융성을 이용하여 두 부분을 반영구적으로 접합하는 정도를 나타내는 성질
⑤ **가단성** : 금속재료를 단조, 압연, 인발 등에 의해 변형할 수 있는 성질
⑥ **가공경화** : 금속재료가 상온가공에 의해 강도와 경도가 커지고 연신율이 감소하는 성질

(3) 기계재료의 시험과 검사
① **기계적 시험**
㉠ 인장시험 : 시험편의 양 끝을 시험기에 고정시키고 시험편의 축 방향으로 천천히 잡아당겨 끊어질 때까지의 변형과 이에 대응하는 하중을 측정하여 금속재료의 인장강도, 연신율, 단면수축률 등을 파악한다.
㉡ 경도시험 : 재료의 단단함과 무른 정도를 검사하는 시험이다.
 • 경도시험방법
  – 브리넬시험기 : 고탄소강 강구에 일정하중으로 눌러 주어 생긴 단면적으로 경도를 나타낸다.
  – 비커스시험기 : 다이아몬드 사각뿔 압입자를 눌러 측정하여 표로써 경도를 구한다.
  – 로크웰시험기 : 시험면에 기본하중을 작용시키고, 기본하중과 시험하중으로 인하여 생긴 자국의 깊이차로 경도를 표시한다.
  – 쇼어시험기 : 일정높이에서 하중에 의한 충격을 가하였을 때 반발되어 올라오는 높이로 경도를 나타내는 것이다.

ⓒ 충격시험 : 충격력에 대한 재료의 저항력을 측정하는 것으로 재료의 인성과 취성의 정도를 파악한다.
ⓔ 피로시험 : 인장과 압축을 되풀이해서 작용시켰을 때 재료가 파괴되는 현상으로서 영구히 재료가 파단되지 않는 영역 중에서 가장 큰 것이 피로한도이며, 이것을 구하는 것이 피로시험이다.
ⓜ 크리프시험 : 강재를 높은 온도에서 사용할 경우 일정하중을 걸 때에는 곧바로 변형을 일으키지 않으나 시간이 경과함에 따라 변형이 생기는 현상이다.
ⓗ 마모시험 : 기계부품에서는 두 물체의 반복운동으로 인하여 재료의 소모현상이 일어난다. 이러한 현상을 마모라 하며, 재료의 마모에 대한 강도를 내마모성이라 한다.

② 비파괴검사
ⓐ 방사선투과시험 : 투과된 방사선을 사진 필름에 감광시켜 투과사진상에 검고 어두운 정도를 관찰함으로써 소재 내부의 결함을 검출하는 방법
ⓑ 초음파탐상시험 : 초음파를 시험편 내부에 투사하여 결함부에서 반사되는 초음파로 결함의 크기와 위치를 알아내는 시험
ⓒ 자기탐상시험 : 누설자속을 자분 또는 검사코일을 사용하여 검출하는 방법
ⓓ 침투탐상시험 : 침투액을 시험할 재료의 표면에 칠하여 결함이 있는 부분에 스며들게 한 다음 현상액으로 결함부를 검출하는 방법
ⓔ 금속조직시험 : 금속의 파단면 또는 절단면을 육안으로 검사하거나 10배 이내의 저배율로 관찰하거나 고배율전자현미경을 사용하는 방법

(4) 철강재료

① 제선법과 제강법
ⓐ 제선법 : 용광로에 연료인 코크스, 철광석, 용제인 석회석 순으로 장입하여 용해한 후 선철을 만드는 공정을 제선이라 한다. 선철은 파면의 색상에 따라 백선철, 회선철, 반선철로 나누어진다.
ⓑ 제강법 : 선철 중의 불순물을 제거하고 탄소함유량을 0.02~1.7%로 감소시켜 강을 제조하는 방법이다.
- 제강법의 종류 : 평로제강법, 전로제강법(베세머법 : 산성내화물 사용, 토마스법 : 염기성 내화물 이용), 전기로제강법, 도가니로제강법 등이 있다.
- 노(爐)의 크기표시방법
 - 용광로 : 24시간 동안 산출할 수 있는 선철의 무게(ton)로 한다.
 - 평로 : 1회 용해할 수 있는 쇳물의 무게(ton)로 한다.

- 전로 : 1회에 제강할 수 있는 무게(ton)로 한다.
- 전기로 : 1회에 용해할 수 있는 무게(ton)로 한다.
- 도가니로 : 1회 용해할 수 있는 구리의 무게로 한다.

② 순철과 탄소강
  ㉠ 순철
  - 순철의 성질과 용도 : 순철은 탄소함유량이 0.02% 이하의 순수한 철로, 연성은 풍부하나 기계적강도가 작아서 구조용재료로 부적합하지만 강자성체의 특성으로 발전기용 철심 등에 사용된다.
  - 순철의 상태변화 : 압력이 일정한 대기압 아래에서 순철은 온도변화에 따라 고체, 액체, 기체 상태로 바뀐다. 고체에서 액체로 변하는 현상을 용융이라고 하고, 용융할 때의 온도를 용융점(녹는점)이라고 한다.

  ㉡ 탄소강의 특징
  - 탄소함유량은 0.05~1.7%
  - 저탄소강 : 연질, 가공용이, 담금질효과 거의 없음
  - 고탄소강 : 경질, 가공어려움, 담금질효과 매우 양호
  - 탄소함유량이 많아질수록 항복점, 인장강도, 경도 등은 증가하지만 충격값, 연신율, 단면수축율 등은 감소한다.

  ㉢ 탄소강에 함유된 성분
  - 인(P) : 강의 결정입자를 거칠게 하며, 상온취성(냉간취성)을 일으킨다. 기공이 없는 주물이 가능하고, 경도와 강도가 증가하며 가공 시 균열이 발생한다.
  - 황(S) : 적열(고온)취성을 일으키며, 인장강도·연신율·충격값이 저하된다.
  - 망간(Mn) : 황의 피해를 제거하고, 고온가공을 쉽게 하며 강도, 경도, 인성을 증가시킨다. 고온에서 결정입자의 성장을 방해하여 소성이 증가하고 주조성능이 향상되며, 담금질 효과를 크게 한다.
  - 규소(Si) : 강의 경도·탄성한계·인장강도가 증가한다. 연신율 및 충격값이 감소하며, 상온에서 가단성과 전성을 감소시키며 결정입자가 거칠어진다.
  - 가스 : 산소(적열취성을 일으킴), 수소(헤어크랙의 원인), 질소(경도와 강도를 증가시킴)

  ㉣ 탄소함유량에 따른 분류
  - 아공석강 : 0.025%~0.8%C 이하인 페라이트와 펄라이트조직
  - 공석강 : 0.8%C인 펄라이트조직
  - 과공석강 : 0.8~2.0%C 이상의 시멘타이트와 펄라이트조직

◎ 제강방법에 따른 분류
  • 킬드강 : 완전히 탈산시킨 강
  • 림드강 : 불완전탈산시킨 일반적인 탄소강
  • 세미킬드강 : 거의 탈산시킨 저탄소강
⑪ 탄소강의 조직
  • 담금질 조직
    – 오스테나이트 : r철에 1.7% 이하의 탄소를 고용한 것
    – 마르텐사이트 : 탄소강을 수중에서 급랭하면 금속의 중앙에 발생하는 조직으로 경도가 매우 높음
    – 트루스타이트 : 온탕에서 급랭하면 금속 중앙에 발생하며, α철과 시멘타이트가 혼재된 조직
    – 소르바이트 : 유중에서 트루스타이트보다 냉각속도가 느릴 때 발생
  • 표준조직
    – 페라이트(Ferite) : α고용체이며 상온에서는 강자성체(768℃에서 자기변태)
    – 펄라이트(Pearlite) : 페라이트와 시멘타이트(α고용체와 Fe_3C)의 공석강
    – 시멘타이트(Cementite) : 고용한계 이상의 탄소와 철이 화합한 탄화철
  • 강도와 경도의 크기 : 시멘타이트 〉 마르텐사이트 〉 트루스타이트 〉 소르바이트 〉 오스테나이트 〉 페라이트
⑫ 강의 열처리
  • 담금질 : 탄소강의 강도와 경도, 내마멸성을 향상시키기 위한 열처리
  • 뜨임 : 담금질에 의한 잔류응력을 제거하고, 재질에 적당한 인성을 부여하기 위해 변태점 이하의 온도에서 일정시간을 유지하고 나서 냉각
  • 풀림 : 소성가공 후 단단해진 강을 연하게 하거나 또는 전연성을 향상
  • 불림 : 재료의 조직을 미세하게 균일화시켜 기계적 성질을 향상
  • 숏피닝 : 작은 쇠구슬을 고속으로 공작물 표면에 분사시켜 표면을 매끈하게 함과 동시에 강도를 증가
⑬ 강의 표면경화법
  • 시안화법(청화법) : 청산소다, 청산가리를 사용하여 질소와 산소를 동시에 침투시키는 방법
  • 질화법 : 암모니아가스불꽃으로 질소를 침투시키는 방법
  • 침탄법 : 탄소를 침투시켜 고탄소강으로 만든 후 담금질하는 것
  • 화염경화법 : 산소-아세틸렌불꽃으로 강의 표면만 가열한 후 급랭시키는 방법

- 고주파경화법 : 금속표면에 코일을 감고 고주파전류로 표면만 가열 후 급랭

③ **주철**

㉠ 주철의 특성 : 탄소함유량이 2~4.5%인 주물용철
- 융점이 낮고 유동성이 양호하다. 압축강도는 크나 인장강도는 낮다.
- 가단성, 전연성이 적고 취성이 크다. 마찰저항이 크며 값이 싸다
- 녹 발생이 적다. 내마모성이 크고 절삭성능이 좋다. 용접성이 불량하다.

㉡ 주철의 종류

 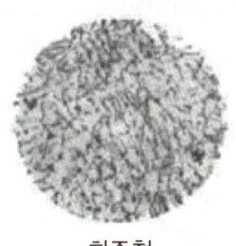 

백주철   희주철   가단주철

[주철의 조직]

- 회주철 : 주철 중에서 유리(遊離)된 탄소와 Fe_3C가 혼재
- 백주철 : 탄소, 규소의 양이 적을 때 생기며 파단면이 백색인 탄화철(Fe_3C)
- 가단주철 : 인성을 증가시키기 위해 가열한 후 노 속에서 천천히 냉각시켜 만든 것이며, 차량프레임이나 캠, 기어용부품에 쓰임
- 칠드주철 : 주물의 필요부분만 금형에 접촉시켜 급랭한 표면(시멘타이트)은 매우 단단하고 내부(펄라이트)는 서서히 냉각되어 연함

④ **비철금속**

㉠ 알루미늄합금 : 은백색의 가볍고 전연성이 좋은 금속
- 주물용알루미늄합금 : 알루미늄-구리합금, 알루미늄-규소합금, 알루미늄-마그네슘합금
- 가공용알루미늄합금 : 단조, 압연, 인발, 압출 등의 가공으로 판, 봉, 관 등을 만들 수 있는 합금

㉡ 구리합금 : 열·전기 전도율이 높으며 비자성체이고 전연성, 가공성, 내식성 우수
- 황동 : 구리와 아연의 합금
- 청동 : 구리와 주석의 합금

㉢ 형상기억합금 : 일정한 온도에서 형성된 본래의 모양을 기억하고 있어서, 변형을 시켜도 그 온도가 되면 본래의 모양으로 되돌아가는 성질을 가지고 있는 재료

ㄹ 초전도합금 : 어떤 금속은 아주 낮은 온도영역 이하가 되면 전기저항이 소실
　　　ㅁ 제진재료 : 기계장치나 차량 등에 접착되어 진동과 소음을 제어하기 위한 재료
　　　ㅂ 자성재료 : 자기적 성질을 가지는 재료를 총칭
　④ 금속의 성질
　　　㉠ 취성(메짐, 여림) : 힘을 가했을 때 부스러지는 정도를 표시
　　　㉡ 연성 : 가느다란 선으로 늘어나는 성질
　　　㉢ 전성 : 눌렀을 때 넓게 퍼지는 성질
　　　㉣ 소성 : 외력을 가한 후 제거하여도 원상태로 되돌아오지 않는 성질
　　　㉤ 결정격자 : 1개의 결정입자의 원자들이 규칙적으로 배열된 상태
　　　㉥ 중·경금속의 구분 : 비중 5를 기준으로 5 이상은 중금속, 5 이하는 경금속

2. 기계공작법

(1) 절삭가공

① 절삭가공의 개요
　　㉠ 절삭방법 : 선반가공, 평면가공, 드릴링, 보링, 밀링
　　㉡ 칩의 종류
　　　• 유동형칩 : 칩이 끊어지지 않고 연속적으로 발생하는 칩
　　　• 전단형칩 : 전단현상에서 슬립변형의 간격이 유동형칩이 발생할 때보다 큰 것
　　　• 열단형칩 : 연성이 매우 큰 재료를 절삭할 때 경사면의 마찰이 심하여 발생하는 칩
　　　• 균열형칩 : 열단형과 같으나 공구가 진행하면 균열의 방향이 비스듬히 위를 향하여 발생하는 칩

> **참고**
> • 빌트업에지 : 칩이 공구날 끝 앞에 달라붙어 마치 절삭날과 같은 작용을 하면서 공작물을 절삭하는 것
> • 칩브레이커 : 절삭가공에서 유동형칩은 공작물에 엉키거나, 길게 뻗쳐서 작업자에게 상처를 주지 않도록 칩을 짧게 파단하는 것

ⓒ 기계조립
- 금긋기작업 : 금긋기작업에 쓰이는 공구는 금긋기바늘, 센터펀치, 서피스게이지, 높이게이지, 컴퍼스 등이다.
- 톱작업 : 쇠톱은 금속재료의 절단에 사용되는 공구이다.
- 줄작업 : 줄작업은 줄을 사용하여 공작물의 표면을 깎아내거나 다듬는 작업이다. 줄작업방법에는 직진법, 사진법, 횡진법이 있다.
- 탭작업 : 탭작업은 드릴가공된 구멍에 탭을 이용하여 암나사를 내는 작업이다.
- 다이스작업 : 다이스작업은 다듬질된 둥근 막대나 파이프 등을 이용하여 수나사를 내는 작업이다.

ⓔ 길이측정
- 버니어캘리퍼스 : 어미자와 아들자의 눈금을 이용하여 공작물의 바깥지름, 안지름, 깊이, 단차 등을 측정하는 데에 사용한다.
- 마이크로미터 : 내경 및 외경 길이를 측정하는 측정기로 버니어캘리퍼스보다 정밀도가 높다.
- 하이트게이지(높이 및 평면도 측정) : 스케일이 부착되어 있는 직각자와 서피스게이지를 조합한 측정기이다.
  - HT형 : 표준형으로 가장 많이 사용되고 있으며, 어미자의 이동이 가능하다.
  - HM형 : 견고하여 금긋기작업에 적당하고 슬라이더가 홈형이며, 0점조정이 불가능하다.
  - HB형 : 버니어가 슬라이더에 나사로 고정되어 있어 버니어의 0점조정이 가능하지만 현재 거의 사용되고 있지 않다.
- 다이얼게이지(길이 및 진직도, 진원도 측정) : 측정자지침의 회전변위로 변환시켜 눈금으로 읽을 수 있는 길이측정기이다.
- 블록게이지 : 길이측정의 기준으로 사용되는 게이지이며 여러 개의 블록으로 구성되어 있다.

ⓜ 각도측정기 : 직각자, 분도기, 디지털각도기, 각도게이지, 사인바

② 선반가공 : 선반은 가공하려는 공작물을 주축(척)에 물려 회전시키고, 공구대에 설치된 바이트에 깊이와 이송을 주면서 공작물을 깎아 제품을 만드는 공작기계이다.
  ㉠ 선반의 구조
  - 주축대 : 주축과 변속장치내장
  - 왕복대 : 주축대와 심압대 사이에서 베드의 윗면을 이동
  - 심압대 : 베드 위의 주축 맞은편에 설치하여 공작물을 지지

- 베드 : 왕복대와 심압대의 이동을 정확하고 원활하게 안내
ⓒ 선반의 공구
- 바이트 : 선반에서 사용하는 절삭공구
- 칩브레이커 : 칩을 적당한 길이로 잘라 원활하게 배출
- 척 : 선반의 주축 끝단에 부착되어 공작물을 고정
- 센터 : 공작물을 중심을 지지하는 부속장치
- 센터드릴 : 공작물의 센터의 끝에 구멍을 뚫는 드릴

> **참고**
>
> 빌드업에지(구성 인선)
> 바이트의 마모를 촉진시키고 가공을 거칠게 하는 현상
> - 발생원인
>   - 경사각이 적고 이송이 느릴 때
>   - 날 끝 경사각이 거칠 때
>   - 절삭깊이가 깊을 때
>   - 절삭유가 부적당하여 날 끝 온도가 상승할 때

③ 밀링가공 : 여러 개의 절삭날로 이루어진 밀링커터를 주축에 고정하여 회전시키고, 테이블 위의 고정된 공작물에 절삭깊이와 이송을 주어 절삭가공하는 공작기계이다.
ⓐ 밀링가공의 종류 : 평면가공, 홈가공, 절단가공, 각도가공, 정면가공, 절단가공, 기어가공, 나선가공, 총형가공
ⓑ 밀링머신의 종류 : 수직밀링, 머신수평밀링, 머신만능밀링머신
ⓒ 밀링머신의 구조
- 칼럼 : 밀링머신의 본체
- 니 : 새들과 테이블을 지지하고, 칼럼의 안내면을 따라 상하로 이동
- 새들 : 테이블을 지지하고, 니 위의 안내면을 따라 전후로 이동
- 테이블 : 공작물을 직접고정하거나 바이스를 고정
- 축 : 밀링커터를 장착하여 커터에 회전력을 전달
- 오버암 : 아버가 구부러지는 것을 방지하기 위해 아버를 지지
ⓓ 밀링머신의 부속장치 : 커터, 고정구, 밀링바이스, 원형테이블, 분할대
④ 드릴링
ⓐ 드릴링머신가공의 종류
- 드릴링 : 드릴로 구멍을 뚫는 가공

- 리밍 : 드릴로 뚫은 구멍을 정밀하게 하려고 구멍의 안쪽 면을 다듬는 작업
- 보링 : 보링바이트를 사용하여 구멍을 필요한 크기나 정밀한 치수로 넓히는 작업
- 카운터보링 : 볼트의 머리 부분이 묻힐 수 있는 구멍을 뚫는 작업
- 카운터싱킹 : 접시머리나사의 머리(원뿔)자리를 만드는 작업
- 스폿페이싱 : 볼트, 너트 등이 닿는 부분을 깎아서 자리를 만드는 작업
- 태핑(Tapping) : 구멍에 탭(Tap)을 사용하여 암나사를 만드는 작업

⑤ 그 밖의 절삭가공
  ㉠ 셰이퍼가공 : 대패로 나무를 깎는 것과 같은 원리로 절삭공구가 직선왕복운동
  ㉡ 플레이너 : 공작물을 설치한 테이블이 왕복운동하고 공구가 이송하여 공작물의 평면을 가공
  ㉢ 호빙머신 : 창성법으로 기어의 이를 절삭하는 공작기계

⑥ **연삭가공** : 숫돌바퀴를 고속으로 회전시켜 일감의 원통이나 평면을 극히 소량씩 깎는 공작기계다.
  ㉠ 원통연삭방법 : 바깥지름연삭, 안지름연삭, 센터리스 연삭평면연삭, 평면연삭
  ㉡ 연삭숫돌의 구성요소
    - 숫돌입자 : 일루미나계와 탄화수소계가 있다.
    - 입도결합도 : 입도는 숫돌입자 크기
    - 결합도 : 숫돌입자를 고정하고 있는 결합력의 강도
    - 조직 : 연삭숫돌의 단위부피당 연삭입자의 밀도
    - 결합제
  ㉢ 연삭숫돌의 수정
    - 드레싱 : 눈메움, 눈무딤이 생긴 입자를 제거하여 새로운 입자가 표면에 생성되도록 하는 것
    - 트루잉 : 숫돌을 정확한 모양으로 깎아내는 작업
    - 자생작용 : 연삭숫돌이 자동적으로 닳아 떨어져 나가서 새로운 날을 형성하는 현상
  ㉣ 연삭숫돌의 점검
    - 글레이징 : 숫돌입자가 탈락되지 않고 납작하게 그대로 연삭되는 현상
    - 글레이징의 원인
      - 가공물이 발열한다.
      - 연삭숫돌의 결합도가 높다.
      - 숫돌의 재료가 공작물의 재료에 부적합하다.
      - 연삭숫돌의 회전속도가 너무 빠르다.

- 로딩 : 숫돌입자표면이나 기공에 칩이 차 있는 눈메꿈현상
- 로딩의 원인
  - 숫돌입자가 너무 작다.
  - 조직이 너무 치밀하다.
  - 연삭깊이가 깊다.
  - 회전속도가 너무 느리다.
  - 다듬면이 거칠다.

⑦ **정밀입자가공**

㉠ 래핑 : 랩(Lap)과 공작물 사이에 랩제를 넣고 적당한 압력으로 눌러, 극히 미량의 칩을 깎아내어 표면을 다듬는 가공법이다.

㉡ 호닝 : 직사각형 단면의 긴 숫돌을 붙여 놓은 혼(Hone)을 구멍에 넣고, 회전운동과 축방향운동을 시켜 유압이나 스프링으로 압력을 가하면서 구멍을 정밀다듬질하는 가공법이다.

㉢ 슈퍼피니싱 : 입도가 미세하고 연한 숫돌입자를 낮은 압력으로 공작물표면에 접촉시킨 후, 분당 수천의 진폭으로 진동하면서 왕복운동으로 고정밀도의 표면을 얻기 위한 가공법이다.

> **참고**
>
> 연삭숫돌의 표시
>
>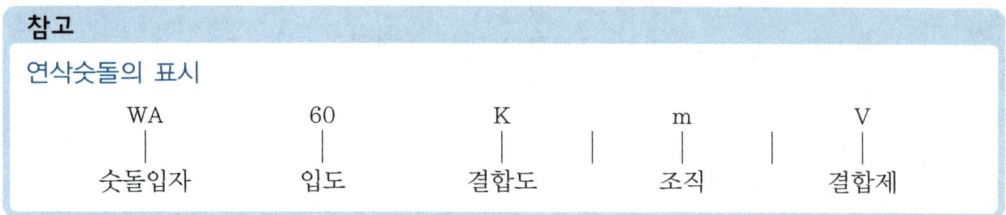

(2) 비절삭가공

① **소성가공** : 재료의 소성을 이용하여 가공하는 것이다.

㉠ 소성가공의 종류
- 단조 : 재료를 일정온도 이상으로 가열하여 연하게 되었을 때 해머 등으로 여러 차례 큰 힘을 가해 원하는 모양이나 크기로 가공한다.
- 압연 : 금속재료를 회전하는 한 쌍의 롤러 사이로 통과시키며 압축하중을 가하여 두께를 줄이고 단면의 형상을 변형시키는 가공법이다.
- 압출 : 연질의 납, 주석, 알루미늄, 아연 등과 같은 가공재료에 강한 압력을 가하여 다이를 통과시키면 소성변형되는 가공법이다.

- 인발 : 테이퍼 형상의 다이구멍을 통하여 봉재나 관재를 잡아당겨서 단면적을 줄이는 작업으로 봉재나 관재 등의 제품을 만드는 가공이다.
- 전조 : 전조용기어공구나 나사공구 등을 사용하여 소재를 공구와 함께 회전시키며 압력을 가해 소성가공으로 작은 기어나 나사 등을 만드는 가공이다.
- 프레스가공 : 다이와 펀치 사이에 재료를 넣고, 프레스기계를 사용하여 높은 압력으로 눌러 판재에 인장, 압축, 전단, 굽힘 등의 응력을 가하여 필요한 형상으로 판재를 가공한다.
- 판금가공 : 수작업을 통해 소성이 큰 판금재료를 복잡한 형상으로 쉽게 가공한다.

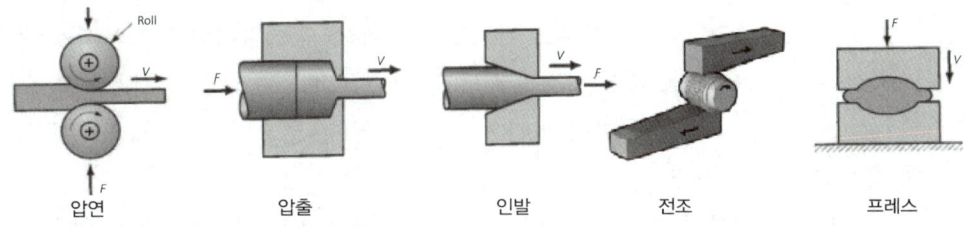

압연　　압출　　인발　　전조　　프레스

ⓒ 열간가공과 냉간가공
- 가공경화 : 금속의 소성가공에서 냉간가공 중에 나타나는 현상
- 소성가공에서 열간가공과 냉간가공을 구분하는 기준 : 재결정온도
- 냉간가공의 특징 : 연신율이 작고 제품의 치수가 정확하다.
- 열간가공의 특징 : 재결정온도 이상으로 가열하므로 가공이 쉽고 산화로 인해 정밀가공이 어렵다.

> **참고**
>
> **KS재료기호**
> SM35C에서 35C는 탄소함유량이 0.35%임을 의미하는 기계구조용 탄소강이다.

② 용접
ㄱ) 용접의 분류
- 피복아크용접 : 전기아크열에 의하여 모재와 용접봉을 녹여 접합하는 것
  - 언더컷의 발생원인 : 모재가 파여져 용접금속이 채워지지 않아 홈이 되어서 남아있는 것이다. 전류가 너무 높을 때, 아크 길이가 너무 길 때, 용접봉 선택이 부적당하거나 용접속도가 너무 빠를 때 발생한다.

- 오버랩 : 용융된 금속이 잘 융합되지 못하고 표면에 덮여 있는 상태를 말한다. 용접전류가 낮고, 용접속도가 느릴 때, 운봉과 진행각이 불량일 때 발생한다.
- 용입불량 : 용접부의 용입이 충분하지 않은 것이다. 이음설계결함이나 용접속도가 빠를 때, 용접전류가 낮을 때, 용접봉 선택이 부적당할 때 발생한다.
- 불활성가스아크용접 : 고온에서 금속과 반응하지 않는 불활성가스 속에서 텅스텐봉 또는 금속전극선과 모재 사이에 아크를 발생시켜 용접한다.
  - TIG용접 : 텅스텐전극 사용
  - MIG용접 : 금속비피복용 사용
- 이산화탄소아크용접 : 불활성가스 대신에 이산화탄소 또는 이산화탄소와 혼합한 가스로 용접부를 둘러싸고 아크열로 모재와 금속와이어를 용융시켜 용접한다.
- 가스용접 : 산소(O_2)-아세틸렌(C_2H_2)가스용접을 가장 많이 사용하고, 전기가 필요 없어 설치 및 운반이 편리하여 응용범위가 넓으며, 가열할 때 열량조절이 비교적 자유롭다.
- 압접 : 접합되는 부분을 적당한 온도로 가열하거나 냉간상태에서 압력을 주어 접합한다(스폿용접, 프로젝션용접, 심용접, 맞대기용접, 플래시용접).
ⓒ 용접자세 : 용접자세는 작업자가 모재를 바라보는 위치에 따라 수평자세(H), 수직자세(V), 아래보기자세(F), 위보기자세(O) 등으로 구분한다.
ⓒ 용접부분의 검사
- 비파괴 검사방법 : 침투검사, 외관검사, 내압검사, 자기검사, X-선검사, 초음파탐상법
- 파괴검사방법 : 금속조직검사, 분석검사

3. 기계요소

(1) 결합용기계요소

① 나사

㉠ 나사의 구성 및 분류
- 수나사와 암나사 : 외면에 나사산이 있는 경우 수나사(볼트), 내면에 나사산이 있는 경우를 암나사(너트)라고 한다.

- 오른나사와 왼나사 : 시계방향으로 돌려 조여지면 오른나사, 반시계방향으로 조여지면 왼나사라고 한다.
- 피치와 리드 : 나사에서 지름이 가장 큰 부분을 나사산이라 하고, 지름이 가장 작은 부분을 골이라 한다. 그리고 골과 골 사이의 거리를 리드라 한다.

  $l = np$, 여기서 l=리드, p=나사의 피치, n=줄수

ⓒ 나사의 종류
- 결합용 나사 : 미터나사, 유니파이나사, 관용나사
- 운동용 나사 : 사각나사, 사다리꼴나사, 톱니나사, 둥근나사, 볼나사

[나사의 종류]

② **볼트와 너트**

㉠ 볼트의 종류 : 관통볼트, 탭볼트, 스터드볼트

[일반볼트의 종류]

ⓒ 특수볼트 : 기초볼트, 아이볼트, 무두볼트, 리머볼트

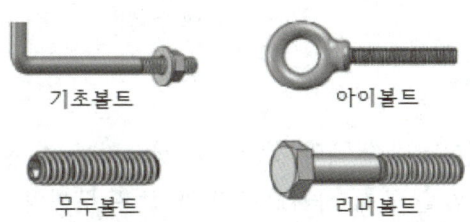

[특수볼트의 종류]

ⓒ 너트풀림방지법 : 록(이중)너트 사용, 분할핀 사용, 세트스크류 사용, 와셔 사용

③ 키

ⓐ 키의 종류
- 새들키(안장키) : 보스에만 키홈을 판 키
- 키 : 키가 닿는 축을 편평하게 깎아내고 보스에 홈을 판 키
- 묻힘키(성크키) : 축과 보스에 모두 키홈을 판 키
- 접선키 : 역회전이 가능하도록 120° 각도를 두고 2개소에 키를 둔 것
- 반달키 : 축에 홈을 판 것, 테이퍼축에 사용
- 세레이션 : 축과 보스에 작은 삼각형의 키와 홈을 판 후 고정시키는 것

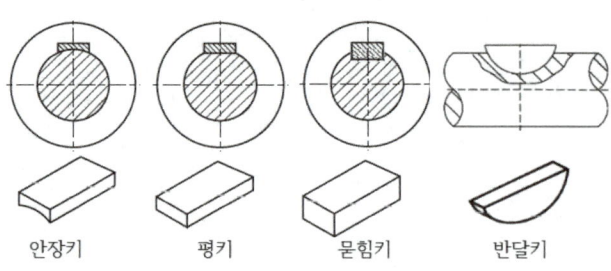

[키의 종류]

ⓑ 키의 전단응력

$$전단응력\ \tau = \frac{2T}{b\ell d}$$

T : 전달회전력(kgf-cm), b : 키의 폭(cm), ℓ : 키의 길이(cm), d : 축의 지름(cm)

④ 핀 : 핀은 핸들을 축에 고정할 때나 부품을 조립하는 경우, 위치를 결정할 때 사용된다.

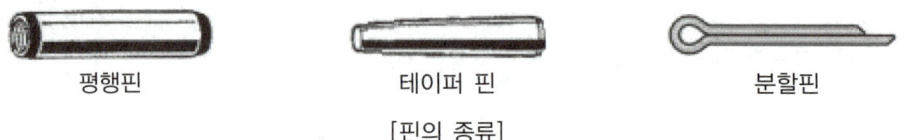

평행핀　　　　　테이퍼 핀　　　　　분할핀

[핀의 종류]

⑤ 리벳

ⓐ 코킹 : 리벳머리의 둘레와 강판의 가장자리를 정 같은 공구로 때리는 것

ⓑ 풀러링 : 기밀을 좋게 하려고 강판과 같은 두께의 풀러링공구로 때려 붙이는 것

(2) 축관계 기계요소

① 축
- ㉠ 용도에 의한 분류
  - 차축 : 자동차, 철도에 쓰이는 휨하중을 차륜에 전하는 축이다.
  - 전동축 : 동력을 전달하며, 휨과 비틀림을 동시에 받는 축이다.
  - 스핀들 : 치수가 정밀하고 변형량이 작아 공작기계주축에 사용된다.
- ㉡ 모양에 의한 분류
  - 직선축 : 축의 길이방향이 직선인 일반적인 축이다.
  - 크랭크축 : 왕복운동을 회전운동으로 변환하는 축이다.

② 축이음
- ㉠ 플랜지커플링 : 두 축 끝에 플랜지를 끼워 고정하고 리머볼트로 두 축을 정확하게 결합시킨다. 동력을 전달하는 고속정밀회전축의 이음에 쓰인다.
- ㉡ 플렉시블커플링 : 두 축의 중심선을 일치시키기 어렵거나, 진동이 발생하기 쉬운 경우에 고무, 가죽 등과 같이 유연성이 있는 것을 매개로 하는 커플링을 말한다.
- ㉢ 올드암커플링 : 두 축이 평행하거나 약간 떨어져 있고 축 중심이 어긋나 있을 때, 양면에 가진 돌출부가 플랜지홈에 끼워져 회전한다. 원심력에 의하여 진동이 발생되므로 고속회전에는 부적당하다.
- ㉣ 유체커플링 : 구동축에 고정된 펌프날개의 회전에 의하여 유체가 터빈 날개차에 들어가서 피동축을 회전시켜 동력을 전달하는 커플링이다.
- ㉤ 유니버설조인트 : 훅조인트라고도 하며 두 축의 만나는 각이 변화하는 경우 사용되는 커플링으로 공작기계, 자동차 등의 축이음에 쓰인다.
- ㉥ 클러치 : 운전 중 필요에 따라 동력을 차단시킬 수 있는 것을 클러치라고 하며, 축과 축을 접속하거나 차단하기 위한 축이음장치이다.

③ 베어링
- ㉠ 구름베어링의 종류
  - 레이디얼베어링 : 작용되는 하중이 반지름방향이다.
  - 스러스트베어링 : 작용되는 하중이 축방향이다.
- ㉡ 미끄럼베어링의 구비조건
  - 하중에 견딜 수 있는 충분한 압축강도가 필요하다.
  - 피로강도가 높아야 한다.
  - 열전도율이 좋아야 한다.

- 마멸이 작고 내구성이 크며, 마찰계수가 작아야 한다.
- 내식성이 높고, 유막의 형성이 쉬워야 한다.
- 저널에 잘 융화하기 위하여 붙임성이 좋아야 한다.

ⓒ 구름베어링의 수명시간
- 볼베어링

$$h = 500(\frac{C}{P})^3 \times \frac{33.3}{N} = \frac{16670}{N} \times (\frac{C}{P})^3$$

- 롤러베어링

$$h = 500(\frac{C}{P})^{\frac{10}{3}} \times \frac{33.3}{N} = \frac{16670}{N} \times (\frac{C}{P})^{\frac{10}{3}}$$

C : 기본부하용량(N, kgf), P : 베어링하중(N, kgf), N : 회전수(rpm)

(3) 동력전달 기계요소

① 기어

㉠ 평행축기어
- 스퍼기어 : 기어이빨이 직선이며 축과 평행한 기어이다.
- 내접기어 : 원통 안쪽에 이빨이 만들어져 감속비 필요 시 사용한다.
- 헬리컬기어 : 이빨이 축에 경사져 회전운동을 전달한다. 소음·진동이 적으나 축이 측압을 받는다.
- 랙과 피니언 : 랙은 직선운동을 하고 피니언은 회전운동을 한다.

㉡ 교차축기어
- 베벨기어 : 기어 면이 원뿔형이며 두 축이 직각으로 교차하여 회전한다.

㉢ 엇갈림축기어
- 하이포이드기어 : 피니언이 링기어 중심 아래에 있다.
- 웜과 웜기어 : 소형이고 큰 감속비를 얻을 수 있고 물림이 조용하다.

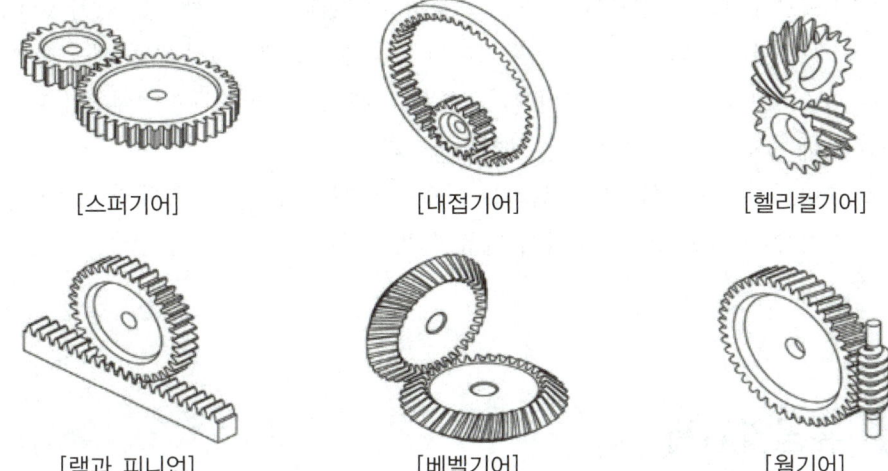

[스퍼기어]   [내접기어]   [헬리컬기어]

[랙과 피니언]   [베벨기어]   [웜기어]

　ㄹ) 기어의 크기
　　• 모듈

$$모듈\ m = \frac{피치원의\ 지름(D)}{기어의\ 잇수(Z)}$$

　　• 원주피치

$$원주피치\ p = \frac{피치원의\ 원주(\pi d)}{기어의\ 잇수(Z)}$$

　　• 지름피치

$$지름피치\ P_d = \frac{잇수(Z)}{피치원의\ 지름(D)(인치)}$$

② 벨트 : 벨트전동이란 원동축과 종동축 사이의 거리가 비교적 긴 경우, 양쪽 축에 풀리를 달고 벨트를 감아 동력을 전달하는 장치이다.
③ 체인 : 체인을 스프로킷휠의 이에 걸어서 서로 물리는 힘으로 동력을 전달하거나 물건을 운반하는 장치이다.
④ 마찰차 : 두 개의 바퀴를 직접 접촉시켜 생기는 마찰력에 의하여 회전을 전달시키는 장치이다.
⑤ 제동장치
　㉠ 블록브레이크 : 블록브레이크는 회전하는 브레이크드럼을 브레이크블록으로 누르게 하여 마찰력으로 감속·정지하게 하는 제동하는 브레이크이다.

ⓒ 밴드브레이크 : 밴드브레이크는 드럼의 바깥둘레에 강철밴드를 감아 놓고, 레버로 잡아당겨 밴드와 브레이크드럼 사이에 마찰력을 발생시켜서 제동하는 브레이크이다.

ⓒ 디스크브레이크 : 유압실린더피스톤에 의해 두 개의 브레이크패드가 디스크를 양쪽에서 눌러주어 제동하는 브레이크이다.

ⓔ 드럼브레이크 : 회전운동을 하는 드럼이 바깥쪽에 있고, 두 개의 라이닝이 드럼의 안쪽에서 대칭으로 접촉하여 제동한다.

4. 유공압기계

(1) 유체기계

① 유체기계의 기초 : 유체(액체, 기체)를 작동물질로 하여 유체가 가진 위치에너지를 기계적에너지로 변환하거나 에너지를 전달하는 기계를 총칭한다.

㉠ 파스칼의 원리 : 유체 내부에 작용하는 압력은 방향에 관계 없이 일정하다.

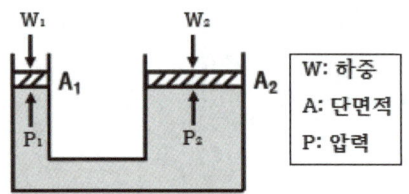

$$P_1 = P_2 = \frac{W_1}{A_1} = \frac{W_2}{A_2}$$

② 압축성유체와 비압축성유체

㉠ 압축성유체 : 외부에서 가해지는 힘에 의해 밀도변화를 무시할 수 없는 유체

㉡ 비압축성유체 : 유체의 흐름 중에 밀도가 일정하게 유지되는 유체

③ 원심펌프에서 발생하는 수력손실 : 마찰손실, 부차적손실, 충돌손실

④ 작동유의 구비조건

㉠ 비압축성이어야 한다.

㉡ 점도지수가 커야 한다.

㉢ 화학적으로 안정적이어야 한다.

㉣ 열을 잘 방출할 수 있어야 한다.

(2) 펌프

① 터보형펌프

    ㉠ 원심펌프 : 물체가 회전운동을 할 때 발생하는 원심력을 이용한 펌프이다.
- 원심펌프의 구조 : 임펠러, 와류실, 흡입관, 송출관, 안내날개
- 원심펌프의 분류 : 안내날개가 있는 터빈펌프, 안내날개가 없는 볼류트펌프

    ㉡ 축류 및 사류펌프 : 선풍기 형상의 임펠러를 고속으로 회전시키면 발생되는 양력을 이용한다.
- 축류 및 사류펌프의 구조 : 본체, 임펠러, 안내날개

    ㉢ 원심펌프의 특징
- 소형·경량이며 구조가 간단하여 다루기가 쉽다.
- 고속회전이 가능하고, 펌프의 효율이 높다.
- 맥동발생이 적다.

② 용적형펌프

    ㉠ 왕복펌프 : 왕복펌프는 실린더 내에 피스톤, 플런저 등이 왕복운동하여 유체를 송출하는 펌프다.
- 왕복펌프의 구조 : 실린더, 피스톤, 흡입밸브, 송출밸브, 공기실, 풋밸브, 스트레이너
- 왕복펌프의 특징
  - 진동을 차단하기 위한 대책이 필요하다
  - 유체의 송출량이 같다면 원심펌프에 비해 펌프의 크기가 작다.
  - 다른 펌프에 비해 맥동이 심하다.
  - 높은 송출압력을 얻을 수 있다.
- 왕복펌프의 종류 : 버킷펌프, 피스톤펌프, 플런저, 다이어프램펌프

    ㉡ 회전펌프
- 기어펌프 : 내·외접하는 기어를 하우징 속에 넣고 회전시켜 유체를 송출한다.
- 스크류펌프 : 나사모양회전자를 회전시키고, 유체가 그 사이를 채워 나가도록 구성된 펌프로서 조용한 운전이 가능하며 효율이 높다.
- 베인펌프 : 로터를 회전시켜 베인(날개) 사이의 공간을 따라 유체가 이동한다.

    ㉢ 특수펌프 : 재생펌프, 점성펌프, 분사펌프, 기어펌프

③ 펌프에서 발생하는 현상

    ㉠ 공동현상 : 유체가 관을 유동할 때 일정압력 이하에서 증기압이 발생하는 현상

ⓒ 공동현상의 방지책
- 배관을 완만하고 짧게 한다.
- 규정 이상으로 회전수를 올리지 않는다.
- 마찰저항이 작은 관을 사용하여 흡입관손실을 줄인다.
- 펌프의 설치위치를 낮추어 흡입양정을 작게 한다.

ⓒ 서징현상 : 펌프에서 흡입구 및 배출구 쪽의 유량이 주기적으로 변화하는 현상

ⓔ 수격현상 : 관내에 있는 유체의 흐름을 급히 정지시키거나 흐르게 했을 때 유체에 순간적인 압력변동이 발생되는 현상

④ 펌프의 동력

㉠ 동력

$$L_p = \frac{PQ}{7500}(PS), \quad L_p = \frac{PQ}{10200}(KW)$$

P : 실제송출압력, Q : 실제의 송출량

ⓒ 체적효율

$$\eta_v = \frac{실제송출량}{이론송출량} = \frac{Q}{Q_{th}}$$

ⓒ 기계효율

$$\eta_m = \frac{이론동력}{펌프축동력} = \frac{L_{th}}{L_s}$$

ⓔ 전효율

$$\eta = (체적효율) \times (기계효율)$$

(3) 공압기기

① **공압기기의 특성** : 압축공기를 이용하여 청결성과 안전성 등에서 유압기기에 비해 우수하고 가압 및 진공흡착이 가능하다.

② **공압기기의 구성**

㉠ 공기압축기 : 공기압축기에서 생성된 압축공기는 액추에이터 및 공압모터 등 기기의 구동에 사용된다.

ⓒ 공기탱크 : 압축공기의 공급을 안정되게 하고 공기가 소비될 때에 발생되는 압력변화를 일정하게 한다.

ⓒ 공기건조기 : 공압기기 내의 수분을 제거한다.
　　ⓓ 공압액추에이터 : 공기압력에너지를 기계적인 회전에너지로 변환시킨다.
　　ⓔ 공압제어밸브 : 방향제어밸브, 유량제어밸브, 압력제어밸브로 구성된다.

5. 재료역학

(1) 하중
① **정하중** : 하중의 크기와 방향이 시간과 더불어 변화하지 않거나, 극히 완만한 하중이다.
② **동하중** : 하중의 크기나 방향이 시간과 더불어 변화하는 하중이다.
　ⓐ 충격하중 : 시간에 대한 하중의 크기의 변화가 큰 하중이다.
　ⓑ 반복하중 : 하중의 크기는 끊임없이 변화하나 방향은 변하지 않고 연속적으로 반복되는 하중이다.
　ⓒ 교번하중 : 하중의 방향이 끊임없이 변화하는 하중이다.
　ⓓ 이동하중 : 물체 위를 이동하면서 작용하는 하중이다.

(2) 응력
① **수직응력과 전단응력**
　ⓐ 수직응력 : 재료에 작용하는 응력이 단면에 직각방향으로 작용한다.

$$\text{수직응력}\, \sigma = \frac{P}{A} \ (A = \frac{\pi d^2}{4})$$

　ⓑ 전단응력 : 재료의 단면에 평행하게 전단하려고 작용하는 외력을 전단하중이라 하고, 이에 대하여 응력이 평행하게 발생하는 것을 전단응력이라 한다.

$$\text{전단응력}\, \tau = \frac{P}{A} \ (A = \pi dh)$$

　ⓒ 굽힘응력

$$\text{굽힘응력}\, \sigma = \frac{M}{Z}, \quad Z = \frac{1}{6}bh^2$$

　　Z : 단면계수(mm^3), b : 너비(mm), h : 높이(mm)

② 후크의 법칙 : 탄성한도 내에서 응력과 변형률은 비례한다.

$$\sigma = E \cdot \epsilon$$

σ : 응력, ϵ : 변형율, E : 종탄성계수

③ 안전율

$$S = \frac{최고응력(극한강도)}{허용응력}$$

④ 합성스프링상수

㉠ 직렬연결 : $\frac{1}{k} = \frac{1}{k_1} + \frac{1}{k_2} \cdots$

㉡ 병렬연결 : $k = k_1 + k_2 \cdots$

(3) 보

① 정정보

㉠ 보의 평형조건

- 반력결정 시
  - $\Sigma F = 0$ 외력의 대수의 합은 0이다.
  - $\Sigma M_o = 0$ 힘의 모멘트의 합은 0이다.

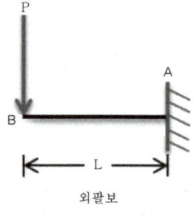
외팔보

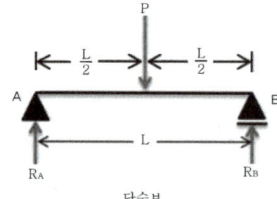
단순보

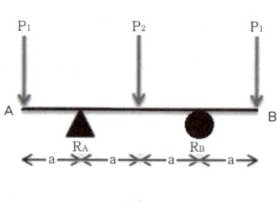
돌출보

㉡ 외팔보 집중하중

- 고정단반력 : $R_A = P$
- 최대전단력 : $F_A = -P$
- 최대굽힘모멘트 : $M_A = -P\ell = M_{MAX}$

㉢ 단순보 집중하중

- 고정단반력 : $R_A = R_B = \frac{P\ell}{2}$
- 최대전단력 : $F_{MAX} = R_A = \frac{P\ell}{2}$

- 최대굽힘모멘트 : $M_C = M_{MAX} = \dfrac{P\ell}{4}$

ⓔ 돌출보 집중하중

- 고정단반력 : $R_A = R_B = P_1 + \dfrac{P_2}{2}$
- 최대전단력 : $M_A = M_B = P_1 a$
- 최대굽힘모멘트 : $M_C = \dfrac{P_2 \ell}{4} - P_1 a$

② 부정정보
  ㉠ 고정보 : 양끝을 모두 고정한 보
  ㉡ 고정받침보 : 한쪽은 고정, 다른 쪽은 받힘
  ㉢ 연속보 : 3개 이상의 받힘

(4) 단면계수 및 극단면계수

① 단면계수(Z)

$$Z = \dfrac{I_{GX}}{e}$$

여기서 I_{GX} : 단면2차모멘트, e : 도심에서 끝단까지 거리

② 극단면계수(Z_P)

$$Z_P = \dfrac{I_P}{e}$$

여기서 I_P : 극단면 2차 모멘트

(5) 비틀림

① 원형단면봉의 비틀림
  ㉠ 봉의 비틀림강도

  $$T = \tau \cdot Z_P$$

  여기서 Z_P는 극단면계수

  ㉡ 봉의 비틀림각

  $$\theta = \dfrac{T\ell}{GI_P} \dfrac{180°}{\pi}(\deg)$$

자동차정비산업기사

MEMO

자동차정비산업기사

CHAPTER 05

과년도 기출문제 및 해설

1회 자동차정비산업기사 필기시험

2013. 3. 10. 시행

01 철강의 표면경화법 중 강재를 가열하여 그 표면에 Al을 고온에서 확산 침투시켜 표면을 강화하는 법은?

① 크로마이징(Chromizing)
② 칼로라이징(Calorizing)
③ 실리코나이징(Siliconzing)
④ 세라다이징(Sheradizing)

해설 금속의 표면처리 방법
- 크로마이징 : 탄소함량이 낮은 강의 표면에 크롬(Cr)을 침투시켜 철과 크롬의 합금층을 만드는 것이다.
- 칼로라이징 : 강재를 가열하여 그 표면에 알루미늄(Al)을 고온에서 확산 침투시켜 표면을 경화하는 방법이다.
- 실리코나이징 : 저탄소강의 표면에 실리콘(Si)을 침투시킨 것으로, 윤활유를 사용하는 곳에서 내마모성이 강하다.
- 세라다이징 : 철의 표면에 아연(Zn)을 침투시킨 것으로, 산화피막을 만들어 녹을 발생하지 않으므로 볼트, 너트, 나사 등에 쓰인다.

02 드릴날의 파손원인으로 거리가 먼 것은?

① 드릴이 짧게 고정된 상태에서 가공할 때
② 절삭날이 규정된 각도와 형상으로 연삭되지 않아 한쪽으로 과대한 절삭력이 작용할 때
③ 드릴가공 중에 드릴이 외력에 의해 구부러진 상태로 계속 가공할 때
④ 이송이 너무 커서 절삭저항이 증가할 때

해설 드릴날의 파손원인
드릴은 짧게 고정된 상태에서 사용하며 길게 잡으면 외력에 의해 구부러져 파손된다.

03 단면적 400mm²인 봉에 6kN의 추를 달았더니, 허용인장응력에 도달하였다. 이 봉의 인장강도가 30MPa이라면 안전율은 얼마인가?

① 2
② 3
③ 4
④ 5

해설 안전율 $S = \dfrac{\text{인장강도}}{\text{허용응력}}$

허용응력 $\sigma = \dfrac{W}{A} = \dfrac{6000}{400} = 15\text{N/mm}^2$

$1\text{MPa} = 10^6 \text{N/m}^2 = 1\text{N/mm}^2$

∴ 안전율 $S = \dfrac{30\text{MPa}}{15\text{MPa}} = 2$

04 저항점용접은 사용이 간편하고 용접자동화가 용이하므로 자동차 산업현장에서 널리 이용되고 있다. 이러한 점용접의 품질을 평가하는 방법으로 거리가 먼 것은?

① 피로시험
② 마멸시험
③ 초음파탐상시험
④ 인장시험

해설 재료시험의 종류
- 파괴시험 : 인장, 경도, 피로, 충격, 비틀림시험 등
- 비파괴시험 : 자기탐상법, 침투탐상법, 초음파탐상법, 방사선탐상법, 육안법, 음향법(타진법) 등

정답 01 ② 02 ① 03 ① 04 ②

05 보 속에 발생하는 굽힘응력의 크기에 대한 설명 중 옳은 것은?

① 굽힘모멘트의 크기에 반비례한다.
② 굽힘응력은 중립면에서 최대값을 갖는다.
③ 중립면으로부터 거리에 정비례한다.
④ 단면의 중립축에 대한 단면2차모멘트에 정비례한다.

해설 보가 하중을 받으면 윗면은 압축응력을, 아랫면은 인장응력을 받는다. 여기서 윗면은 최대의 압축응력을 받고 중심으로 오면서 응력은 0, 아래로 갈수록 인장응력이 최대가 된다. 또한 중립면에 평행한 단면에 최대전단응력이 발생되며 상하면에서는 0이 된다. 따라서 보 중심의 굽힘응력은 0이고, 멀어질수록 커지므로 중립면으로부터의 거리에 비례한다.

06 지름이 d인 원형단면봉에 비틀림토크가 작용할 때의 전단응력이 τ라고 하면, 지름이 3d인 동일재질의 원형단면봉에 동일한 비틀림토크가 작용할 때의 전단응력은?

① $\frac{1}{9}\tau$ ② 9τ
③ $\frac{1}{27}\tau$ ④ 27τ

해설 동일한 토크가 작용하고 지름이 3배(3d) 커졌으므로, 전단응력은 $3^3=27$ 즉, 1/27로 줄어든다.

07 정확도와 정밀도에 대한 설명으로 틀린 것은?

① 정확도는 참값에 대한 한쪽으로 치우침이 작은 정도를 뜻한다.
② 정밀도는 측정치의 흩어짐이 작은 정도를 뜻한다.
③ 정밀도는 모표준편차로 나타낼 수 있다.
④ 정확도는 계통적오차보다는 우연오차에 의한 원인이 크다.

해설
• 정확도 : 참값에 대한 한쪽으로 치우침이 작은 정도를 뜻하며, 데이터의 분포의 평균치와 참값과의 차이를 말한다.
• 정밀도(Precision) : 측정치의 흩어짐이 작은 정도를 뜻하며, 데이터 분포의 폭의 크기(편차)를 말한다.

08 그림과 같은 기어트레인장치에서 A축과 B축이 만나는 기어의 잇수를 각각 Z_1, Z'_2라고 하고, B축과 C축이 만나는 기어의 잇수를 각각 Z_2, Z'_3, C축과 D축이 만나는 기어의 잇수를 각각 Z_3, Z_4라고 할 때 그 잇수가 다음 표와 같을 경우 A축의 회전수(N_1)가 1600rpm일 때 D축의 회전수(N_4)는 몇 rpm인가?

축	기어	잇수(개)	기어	잇수(개)
A축	Z_1	45	–	–
B축	Z_2	32	Z'_2	64
C축	Z_3	15	Z'_3	75
D축	Z_4	72	–	–

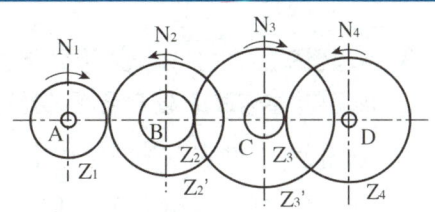

① 90
③ 100
② 110
④ 120

해설 변속비 = $\dfrac{\text{피동기어잇수}}{\text{구동기어잇수}} \times \dfrac{\text{피동기어잇수}}{\text{구동기어잇수}}$ 에서

$\dfrac{N_4}{N_1} = \dfrac{Z_1}{Z_2} \times \dfrac{Z_2}{Z_3} \times \dfrac{Z_3}{Z_4}$

$\dfrac{N_4}{1600} = \dfrac{45}{64} \times \dfrac{32}{75} \times \dfrac{15}{72}$

∴ $N_4 = 100$

09 냉간가공과 열간가공을 구분하는 것은?

① 가공경화　② 변형경화
③ 나선전위　④ 재결정온도

해설 **재결정온도**
소성가공을 할 때 열간가공과 냉간가공을 구분하는 온도

10 나사의 풀림방지를 위한 방법으로 거리가 먼 것은?

① 분할핀을 사용하여 조립
② 캡너트를 사용
③ 로크너트를 사용
④ 스프링와셔를 적용

해설 **나사의 풀림방지법**
로크너트를 사용, 분할핀을 사용, 스프링와셔를 사용, 세트스크류를 사용
※ 캡너트(Cap Nut) : 나사의 틈이나 나사면에 기름 등이 누출되는 것을 방지

11 유압펌프를 처음 시동할 경우 작동방법에 관한 설명으로 옳지 않은 것은?

① 시동 시 펌프가 차가울 경우 뜨거운 작동유를 사용하여 펌프온도를 상승시킨다.
② 신품인 베인펌프는 압력을 걸어 시동하고 최초 5분 정도는 간헐적으로 작동시켜 길들이는 것이 좋다.
③ 시동 전에 회전상태를 검사하여 플렉시블캠링의 회전방향과 설치위치를 정확히 해둔다.
④ 작동유는 적절한 정도로 맑고 깨끗하게 사용해야 한다.

해설 기관작동 시 마찰에 의해 펌프의 온도가 올라간다. 기관의 변형 및 안전을 고려하여 별도의 뜨거운 오일은 사용하지 않는다.

12 다음 중 베어링용 합금이 아닌 것은?

① 켈밋(Kelmet)
② 건메탈(Gun Metal)
③ 화이트메탈(White Metal)
④ 배빗메탈(Babbitt Metal)

해설 **베어링합금의 종류**
• 켈밋 : 구리(Cu)+납(Pb)
• 화이트메탈 : 납(Pb)+아연(Zn)
• 배빗메탈 : 안티몬(Sb)+주석(Sn)+구리(Cu)

13 주조품을 제작하기 위한 모형(Pattern)의 종류 중 주물형상이 크고 소량의 주조품을 요구할 때 그 형상의 골격을 제작한 후 그 간격의 공간을 점토 등의 물질로 메꾸어 제작하는 모형은?

① 코어모형
② 부분모형
③ 매치플레이트모형
④ 골조모형

해설 **목형의 종류**
• 코어모형 : 수도꼭지나 파이프 등속이 빈 중공주물 제작 시 사용
• 부분모형 : 대형인 주물이 대칭이거나 또는 일부분이 연속적일 때
• 매치플레이트모형 : 소형주물제품을 대량생산 할 때
• 골조모형 : 주조 개수가 작고, 구조가 간단한 대형주물을 제작할 때 사용

14 축에 끼운 링이 빠지는 것을 방지하기 위하여 사용하며 끝 부분을 두 갈래로 벌려 굽혀 빠지지 않도록 하는 않도록 하는 기계요소는?

① 테이퍼핀   ② 코터
③ 분할핀   ④ 코킹

해설 분할핀
너트의 풀림방지나 축에 끼운 링이 빠지는 것을 방지하기 위하여 끝 부분을 두 갈래로 구부려 빠지지 않도록 한다.

15 다음은 각 원소가 탄소강의 성질에 미치는 영향으로 틀린 것은?

① 망간 : 연신율의 감소를 억제시키고, 인장강도와 고온강도를 증가시킨다.
② 규소 : 강의 경도, 탄성한계, 인장강도를 높여 주지만 연신율과 충격치는 감소시킨다.
③ 인 : 상온에서 충격값을 저하시켜 상온취성의 원인이 된다.
④ 황 : 0.02% 정도의 황은 강의 인장강도, 연신율, 충격치를 증가시킨다.

해설 황은 탄소강에 유해한 불순물로 인장강도, 연신율 및 충격값을 저하시킨다.

16 수나사의 호칭지름은 나사의 어떤 지름을 의미하는가?

① 유효지름   ② 안지름
③ 골지름   ④ 바깥지름

해설 나사 각부의 명칭
• 유효지름 : 수나사와 암나사가 접촉하고 있는 부분의 평균지름
• 안지름 : 암나사의 최소지름으로, 수나사의 골지름을 의미
• 골지름 : 수나사의 최소지름, 즉 나사의 홈부분의 지름

• 호칭지름 : 수나사의 바깥지름을 나타내고, 암나사는 상대 수나사의 바깥지름으로 표시

17 물체의 외부로부터 가해지는 하중을 작용방향에 따른 분류와 작용시간에 따른 분류로 구분할 때, 다음 중 작용시간에 따른 분류에 속하는 하중은?

① 충격하중   ② 인장하중
③ 압축하중   ④ 굽힘하중

해설 하중의 분류
• 방향에 따른 분류 : 인장하중, 압축하중, 굽힘하중
• 시간에 따른 분류 : 충격하중, 반복하중, 교번하중

18 그림과 같은 단식블록브레이크에서 브레이크에 가해지는 힘 F를 나타내는 식으로 옳은 것은? (단, W는 브레이크드럼과 브레이크블록 사이에 작용하는 힘, μ는 마찰계수, f는 마찰력이다.)

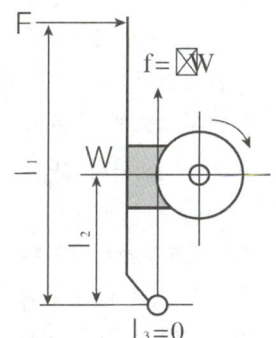

① $F = \dfrac{\mu W \ell_2}{\ell_1}$ ② $F = \dfrac{W \ell_1}{\ell_2}$

③ $F = \dfrac{W \ell_2}{\ell_1}$ ④ $F = \dfrac{\mu W \ell_1}{\ell_2}$

해설 $\ell_1 \times F = \ell_2 \times W$
$\therefore F = \dfrac{W \ell_2}{\ell_1}$

19 유압펌프의 용적효율이 70%, 압력효율이 80%, 기계효율이 90%일 때 전체효율은 약 몇 %인가?

① 50% ② 60%
③ 70% ④ 80%

해설 펌프의 전효율=수력효율×체적효율×기계효율
∴ 0.8×0.7×0.9 = 0.504, 즉 50.4%

20 다음 중 유압작동유의 구비조건으로 거리가 먼 것은?

① 비압축성이어야 한다.
② 점도지수가 작아야 한다.
③ 화학적으로 안정적이어야 한다.
④ 열을 잘 방출할 수 있어야 한다.

해설 유압유는 점도지수가 커야 한다.

21 연료탱크 증발가스누설시험에 대한 설명으로 맞는 것은?

① ECM은 시스템누설관련 진단 시 캐니스터 클로즈밸브를 열어 공기를 유입시킨다.
② 연료탱크캡에 누설이 있으면 엔진경고등을 점등시키면 진단 시 리크(Leak)로 표기된다.
③ 캐니스터 클로즈밸브는 항상 닫혀 있다가 누설시험 시 서서히 밸브를 연다.
④ 누설시험 시 퍼지컨트롤밸브는 작동하지 않는다.

해설 연료탱크캡에 누설이 있으면 진단 시 리크(Leak)로 표시된다. 엔진 정상온도에 도달하면 PCSV를 열어 캐니스터에 저장되었던 증발가스를 흡기다기관으로 보낸다.

22 가솔린전자제어기관의 공기유량센서에서 핫와이어(Hot Wire)방식의 설명이 아닌 것은?

① 응답성이 빠르다.
② 맥동오차가 없다.
③ 공기량을 체적유량으로 검출한다.
④ 고도변화에 따른 오차가 없다.

해설 핫와이어 방식의 특징
• 응답성이 빠르고 맥동오차가 없다.
• 고도변화에 따른 오차가 없다.
• 공기량을 질량유량으로 직접계측한다.

23 지압선도를 설명한 것은?

① 실린더 내의 가스상태변화를 압력과 체적의 상태로 표시한 도면이다.
② 실린더 내의 압축상태를 평균 유효압력과 마력의 상태로 표시한 도면이다.
③ 실린더 내의 온도변화를 압력과 체적으로 상태로 표시한 도면이다.
④ 기관의 도시마력을 그림으로 나타낸 것이다.

해설 실린더 내의 가스상태변화를 압력과 체적의 상태로 표시한 도면이다.

24 실린더 내경이 73mm, 행정이 74mm인 4행정 사이클 4실린더 기관이 6,300rpm으로 회전하고 있을 때 밸브구멍을 통과하는 가스의 속도는?(단, 밸브면의 평균지름은 30mm이고, 밸브스템의 굵기는 무시한다)

① 62.01m/s ② 72.01m/s
③ 82.01m/s ④ 92.01m/s

정답 19 ① 20 ② 21 ② 22 ③ 23 ① 24 ④

해설 관내에 흐르는 두 점의 압력과 속도관계는 역학적에너지가 보존되므로
$A_1 \cdot v_1 = A_2 \cdot v_2$ 에서 $d^2 \cdot v_1 = d^1 \cdot v_2$
피스톤의 속도
$v_2 = \dfrac{2NL}{60} = \dfrac{0.074 \times 6300}{30} = 15.54 \text{m/s}$
$\therefore v_1 = \dfrac{73^2}{30^2} \times 15.54 = 92.01 \text{m/s}$

25 피스톤링에 대한 설명으로 틀린 것은?
① 오일을 제어하고, 피스톤의 냉각에 기여한다.
② 내열성 및 내마모성이 좋아야 한다.
③ 높은 온도에서 탄성을 유지해야 한다.
④ 실린더블록의 재질보다 경도가 높아야 한다.

해설 피스톤링의 경도가 실린더블록의 재질보다 크면 블록의 마모와 손상을 가져온다.

26 전자제어 연료분사장치 연료펌프 내에 설치된 체크밸브의 역할 중 옳은 것은?
① 연료의 회전을 원활하게 한다.
② 연료압력이 높아지는 것을 방지한다.
③ 베이퍼록 방지 및 연료압력을 유지하는 역할을 한다.
④ 과도한 연료압력을 방지한다.

해설 체크밸브는 엔진의 정지 시 연료펌프가 작동을 멈추면 연료출구를 막아 연료의 잔압을 유지하고, 고온에 의한 베이퍼록을 방지하여 재시동성을 향상시킨다.

27 전자제어가솔린기관에서 티타니아산소센서의 경우 전원은 어디에서 공급되는가?
① ECU   ② 파워TR
③ 컨트롤릴레이   ④ 축전지

해설 티타니아산소센서는 산소농도에 따른 저항값이 변화를 ECU에서 전압으로 바꿔 배기가스 중의 산소농도를 감지하게 된다.

28 디젤기관의 노킹발생원인이 아닌 것은?
① 흡입공기온도가 너무 높을 때
② 기관회전속도가 너무 빠를 때
③ 압축비가 너무 낮을 때
④ 착화온도가 너무 높을 때

해설 디젤노킹 발생원인
• 흡기공기온도가 낮을 때
• 착화지연기간이 길 때
• 기관의 온도가 낮을 때
• 세탄가가 낮을 때
• 압축비, 압축압력, 흡기압력이 낮을 때
• 기관회전속도가 너무 빠를 때
• 착화온도가 너무 높을 때

29 엔진에서 밸브가이드실이 손상되었을 때 발생할 수 있는 현상으로 가장 타당한 것은?
① 압축압력저하
② 냉각수오염
③ 밸브간극증대
④ 백색배기가스배출

해설 밸브가이드실이 손상되면 엔진오일이 유입되어 불완전연소하므로 머플러에서 백색의 배기가스가 배출된다.

30 가솔린기관에서 압축비가 9이고, 비열비는 1.3이다. 이 기관의 이론열효율은?
① 38.3%   ② 48.3%
③ 58.5%   ④ 68.5%

해설 이론열효율 $\eta = 1 - \dfrac{1}{\epsilon^{\kappa-1}} = 1 - \left(\dfrac{1}{\epsilon}\right)^{\kappa-1}$
$= 1 - \left(\dfrac{1}{9}\right)^{1.3-1} = 0.483$
$\therefore 48.3\%$

31 디젤기관에서 감압장치의 설명 중 틀린 것은?

① 흡입요율을 높여 압축압력을 크게 한다.
② 겨울철기관오일의 점도가 높을 때 시동 시 이용한다.
③ 기관점검·조정에 이용한다.
④ 흡입 또는 배기밸브에 작용하여 감압한다.

해설 겨울철 흡입·배기밸브를 열어 압축압력을 낮춰 시동성을 좋게 한다.

32 가솔린기관에서 전기식연료펌프에 대한 설명 중 틀린 것은?

① 설치방식에 따라 연료탱크 내장형과 외장형이 있다.
② DC모터를 사용한다.
③ 체크밸브는 잔압을 유지시킨다.
④ 릴리프밸브는 재시동 시 압력상승을 용이하게 한다.

해설 연료펌프의 체크밸브는 연료의 잔압을 유지하여 재시동성을 향상시키고, 릴리프밸브는 연료압력의 과다한 상승을 막는다.

33 자동차의 흡배기장치에서 건식공기청정기에 대한 설명으로 틀린 것은?

① 작은 입자의 먼지나 오물을 여과할 수 있다.
② 습식공기청정기보다 구조가 복잡하다.
③ 설치 및 분해조립이 간단하다.
④ 청소 및 필터교환이 용이하다.

해설 물의 분무가 필요 없어 습식공기청정기보다 구조가 간단하다.

34 내경 87mm, 행정 70mm인 6기통기관의 출력은 회전속도 5500min−1에서 90kW이다. 이 기관의 비체적출력 즉, 리터출력[kW/L]은?

① 6kW/L
② 9kW/L
③ 15kW/L
④ 36kW/L

해설 총배기량 = 행정체적 × 기통의 수

$$= \frac{\pi D^2}{4} \times L \times N$$

$$= \frac{\pi 8.7^2}{4} \times 7 \times 6 = 2495cc = 2.495L$$

$$\therefore 출력 = \frac{90}{2.495} = 36 kW/L$$

35 전자제어 연료분사장치 중 인젝터에 대한 설명으로 틀린 것은?

① 인젝터의 연료분사시간이 ECU트랜지스터의 작동시간과 일치하지 않는 것을 무효분사시간이라 한다.
② 인젝터에 저항을 붙여 응답성 향상과 코일의 발열을 방지하는 방식을 전압제어식인젝터라 한다.
③ 저온시동성을 양호하게 하는 방식을 콜드스타트인젝터(Cold Start Injector)라 한다.
④ 인젝터를 제어하는 ECU의 트랜지스터는 일반적으로 ⊕제어방식을 쓰고 있다.

해설 인젝터를 제어하는 ECU의 트랜지스터는 일반적으로 ⊖제어방식을 쓰고 있다.

36 경유자동차의 매연측정방법에 대한 설명으로 틀린 것은?

① 무부하상태에서 서서히 가속하여 최대 rpm일 때 매연을 채취한다.
② 매연농도는 3회를 연속측정 후 산술평균하여 측정값으로 한다.
③ 시료채취관을 배기관에 20cm 정도 넣고 확실하게 고정한다.
④ 측정 전 채취관 내에 남아있는 오염물질을 완전히 배출한다.

해설 디젤매연측정은 무부하상태에서 흡입공기량이 적어 매연이 많이 나오므로 무부하, 급가속하여 최대 rpm일 때 매연을 채취한다.

37 LPG자동차의 연료장치에서 증기압력에 대한 설명으로 가장 적합한 것은?

① 프로판과 부탄의 혼합비율에 따라 압력이 변화한다.
② 온도가 상승하면 압력이 저하된다.
③ 부탄의 성분이 많으면 압력이 상승한다.
④ 액체 상태의 양이 많으면 압력이 저하된다.

38 LPG자동차에 대한 설명으로 틀린 것은?

① 배기량이 같을 경우 가솔린엔진에 비해 출력이 낮다.
② 일반적으로 NOx는 가솔린엔진에 비해 많이 배출된다.
③ LP가스는 영하의 온도에서는 기화되지 않는다.
④ 탱크는 밀폐식으로 되어 있다.

39 다공노즐을 사용하는 직접분사식 디젤엔진에서 분사노즐의 구비조건이 아닌 것은?

① 연료를 미세한 안개 모양으로 하여 쉽게 착화되게 할 것
② 저온, 저압의 가혹한 조건에서 단기간 사용할 수 있을 것
③ 분무가 연소실의 구석구석까지 뿌려지게 할 것
④ 후적이 일어나지 않을 것

해설 분사노즐의 구비조건
• 무화 : 연료를 미세한 안개 모양으로 하여 쉽게 착화되게 할 것
• 분포 : 분무가 연소실의 구석구석까지 뿌려지게 할 것
• 관통 : 고압의 연소실에 고루 분사될 것
• 후적이 일어나지 않을 것
• 고온, 고압의 가혹한 조건에서 장시간 사용할 수 있을 것

40 내접기어식 오일펌프의 점검개소가 아닌 것은?

① 아우터기어와 케이스 간극
② 기어의 이 끝과 크레센트 간극
③ 베인과 스프링의 장력 및 간극
④ 기어측면과 커버의 사이드 간극

해설 베인펌프식은 베인과 스프링의 장력 및 간극에 의해 오일압력이 달라진다.

41 독립식현가장치의 특징이 아닌 것은?

① 승차감이 좋고, 바퀴의 시미현상이 적다.
② 스프링정수가 적어도 된다.
③ 구조가 간단하고 부품수가 적다.
④ 윤거 및 앞바퀴 정렬 변화로 인한 타이어 마멸이 크다.

36 ① 37 ① 38 ③ 39 ② 40 ③ 41 ③

해설 독립식현가장치의 특징

주행 시 충격을 받으면 현가장치의 좌우를 구분하여 독립적으로 작동되기 때문에 승차감이 뛰어나 소형차에 많이 사용되고 있다. 일체식현가장치와 비교하여 구성부품이 증가하여 구조가 복잡하지만, 스프링아래질량이 작아 승차감이 향상된다.

42 동력전달장치에서 종감속기어의 조정 및 취급이 용이하고, 차동캐리어를 차축에서 분해할 수 있도록 한 형식은?

① 차축하우징
② 분할형하우징
③ 벤조형하우징
④ 빌드업형하우징

해설 벤조형하우징은 종감속기어의 조정 및 취급이 용이하고, 차동장치를 차축에서 일체로 떼어낼 수 있는 형식이다.

43 주행속도 80km/h의 자동차에 브레이크를 작용시켰을 때 제동거리는 약 얼마인가?(단, 차륜과 도로면의 마찰계수는 0.2이다)

① 80m
② 126m
③ 156m
④ 160m

해설 제동거리 $= S_2 = \dfrac{V^2}{2\mu g}$

[V : 제동초속도(km/h), μ : 마찰계수, g : 중력가속도(9.8m/s²)]

∴ 제동거리 $= \dfrac{(\frac{80}{3.6})^2}{2 \times 0.2 \times 9.8} = 126$

44 축거 4m 바깥쪽 바퀴의 최대조향각 30°, 안쪽 바퀴의 최대조향각 32°, 킹핀 중심과 타이어 접지면 중심과의 거리는 50mm인 자동차의 최소회전반경은?

① 7.54m
② 8.05m
③ 10.05m
④ 12.05m

해설 최소회전반경 $= R = \dfrac{L}{\sin\alpha} + r$

[R : 최소회전반경(m), L : 축거(m), $\sin\alpha$: 바깥쪽 앞바퀴의 조향각도, r : 킹핀과 바퀴접지면과의 거리(m)]

∴ 최소회전반경 $= \dfrac{4}{\sin 30°} + 0.05 = 8.05\text{m}$

45 승용차를 제외한 기타자동차의 주차제동능력 측정 시 조작력 기준으로 적합한 것은?

① 발 조작식 : 60kg 이하,
   손 조작식 : 40kg 이하
② 발 조작식 : 70kg 이하,
   손 조작식 : 50kg 이하
③ 발 조작식 : 50kg 이하,
   손 조작식 : 30kg 이하
④ 발 조작식 : 90kg 이하,
   손 조작식 : 30kg 이하

46 스탠딩웨이브현상을 방지할 수 있는 사항이 아닌 것은?

① 저속운행을 한다.
② 전동저항을 증가시킨다.
③ 강성이 큰 타이어를 사용한다.
④ 타이어의 공기압을 높인다.

해설 스탠딩웨이브 방지법
- 저속운행을 한다.
- 강성이 큰 타이어를 사용한다.
- 타이어의 공기압을 높인다.

정답 42 ③ 43 ② 44 ② 45 ② 46 ②

47 전륜구동형(FF) 차량의 특징이 아닌 것은?

① 추진축이 필요하지 않으므로 구동손실이 적다.
② 조향방향과 동일한 방향으로 구동력이 전달된다.
③ 후륜구동에 비해 빙판 언덕길 주행에 유리하다.
④ 후륜구동에 비해 오버스티어 현상이 크다.

해설 FF방식은 앞 엔진 앞 구동방식으로 회전관성에 의해 덜 꺾이는 언더스티어가 발생한다.

48 조향장치에서 킹핀이 마모되면 캠버는 어떻게 되는가?

① 캠버의 변화가 없다.
② 더 정(+)의 캠버가 된다.
③ 더 부(-)의 캠버가 된다.
④ 항상 0의 캠버가 된다.

해설 킹핀이 마모되면 킹핀이 안쪽으로 기울어져 타이어를 당기게 되므로 부(-)의 캠버가 된다.

49 브레이크 작동 시 조향휠이 한쪽으로 쏠리는 원인이 아닌 것은?

① 브레이크 간극조정 불량
② 휠허브베어링의 헐거움
③ 마스터실린더의 체크밸브작동이 불량
④ 한쪽 브레이크디스크의 변형

해설 마스터실린더의 체크밸브작동이 불량하면 양쪽 모두 제동이 되지 않는다.

50 차동제한장치(Differential Lock System)에 대한 설명으로 틀린 것은?

① 수렁을 지날 때 양쪽 바퀴에 구동력을 전달한다.
② 선회 시 바깥쪽의 바퀴는 회전하게 하고 안쪽 바퀴는 회전을 하지 못하게 하는 장치이다.
③ 논슬립(Non-slip)장치 또는 논스핀(Non-spin)장치가 있다.
④ 미끄러운 노면에서 출발이 용이하다.

해설 선회 시 바깥쪽 바퀴와 안쪽 바퀴의 회전차이를 줄이는 장치이다.

51 ABS(Anti-lock Brake System)장치의 구성품이 아닌 것은?

① 휠스피드센서
② ABS컨트롤유닛
③ 하이드로릭유닛
④ 속도센서

해설 차량속도센서는 차량의 속도를 ECU와 계기판에 알려주며, 각각의 휠에 달려있는 휠스피드센서로 ABS를 제어한다.

52 TCS(Traction Control System)에서 안정된 선회동작을 목적으로 한 트레이스 제어의 입력조건이 아닌 것은?

① 운전자의 조향휠 조작량
② 움직이지 않는 바퀴의 좌우측 속도차
③ 앞뒤 바퀴의 슬립비
④ 가속페달을 밟은 양

해설 TCS입력신호
조향휠 조작량, 바퀴의 좌우측 속도차, 가속페달을 밟은 양

정답 47 ④ 48 ③ 49 ③ 50 ② 51 ④ 52 ③

53 자동변속기차량에서 토크컨버터 내부에 있는 댐퍼클러치의 접속해제영역으로 틀린 것은?

① 기관의 냉각수온도가 낮을 때
② 공회전 운전상태일 때
③ 토크비가 1에 가까운 고속주행일 때
④ 제동 중일 때

해설 토크비가 1에 가까운 고속주행에서는 댐퍼클러치가 작동한다(클러치 점).

54 제동력을 더욱 크게 하여주는 제동배력장치 작동의 기본원리로 적합한 것은?

① 동력피스톤 좌우의 압력차가 커지면 제동력은 감소한다.
② 동일한 압력조건일 때 동력피스톤의 단면적이 커지면 제동력은 커진다.
③ 일정한 단면적을 가진 진공식배력장치에서 기관내부의 압축압력이 높아질수록 제동력은 커진다.
④ 일정한 동력피스톤 단면적을 가진 공기식배력장치에서 압축공기의 압력이 변하여도 제동력은 변하지 않는다.

해설 제동배력장치는 파스칼의 원리에 의해 페달압력, 피스톤의 단면적, 흡기다기관의 흡입압력에 의한 부압으로 제동력이 결정된다.

55 종감속기어에서 링기어의 백래시가 클 때 일어나는 현상이 아닌 것은?

① 회전저항증대
② 기어마모
③ 토크증대
④ 소음발생

56 자동변속기가 과열되는 원인으로 거리가 먼 것은?

① 자동변속기 오일쿨러 불량
② 라디에이터 냉각수 부족
③ 기관의 과열
④ 자동변속기 오일량 과다

해설 오일량 과다 시 변속기 내부의 저항이 커지며 과열과는 관계가 없다.

57 브레이크라이닝의 표면이 과열되어 마찰계수가 저하되고 브레이크 효과가 나빠지는 현상은?

① 브레이크페이드 현상
② 언더스티어링 현상
③ 하이드로플레이닝 현상
④ 캐비테이션 현상

해설
• 언더스티어링 현상 : 방향 회전 시 운전자가 의도하는 것보다 덜 꺾이는 현상
• 하이드로플레이닝 현상 : 물에 젖은 노면에서 타이어마찰력을 잃어버리는 현상
• 캐비테이션 현상 : 소음이 급격히 증가되는 현상

58 핸들의 위치를 중심에 놓고, 앞 휠의 토값을 측정하였더니, 다음과 같은 값이 측정되었다면 맞는 것은?(단, 앞 좌측 : 토인 2mm, 앞 우측 : 토아웃 1mm이며 주어진 자동차의 제원값은 토인 0.5mm이다)

① 주행 중 차량은 정방향으로 주행한다.
② 주행 중 차량은 좌측으로 쏠리게 된다.
③ 주행 중 차량은 우측으로 쏠리게 된다.
④ 핸들의 조작력이 무겁게 된다.

정답 53 ③ 54 ② 55 ③ 56 ④ 57 ① 58 ①

59 ABS(Anti-Lock Brake System)의 장점으로 가장 거리가 먼 것은?

① 브레이크라이닝의 마모를 감소시킨다.
② 제동 시 방향안전성을 유지할 수 있다.
③ 제동 시 조향성을 확보해 준다.
④ 노면의 마찰계수가 최대인 상태에서 제동거리단축의 효과가 있다.

해설 브레이크라이닝의 마모량과는 관계없다.

60 전자제어현가장치(ECS)시스템의 센서와 제어기능의 연결이 맞지 않는 것은?

① 안티피칭제어 – 상하가속도센서
② 안티바운싱제어 – 상하가속도센서
③ 안티다이브제어 – 조향각센서
④ 안티롤링제어 – 조향각센서

해설 안티피칭, 안티바운싱, 안티다이브제어는 상하가속도센서를 이용하여 차체의 상하방향 기울어짐을 검출한다.

61 반도체의 장점이 아닌 것은?

① 극히 소형이고 가볍다.
② 내부전력손실이 적다.
③ 수명이 길다.
④ 온도상승 시 특성이 좋아진다.

해설 반도체의 특징
• 매우 소형이고 가볍다.
• 내부전력손실이 매우 적다.
• 예열시간을 요하지 않고 곧 작동한다.
• 기계적으로 강하고 수명이 길다.

62 교류발전기에서 정류작용이 이루어지는 곳은?

① 아마추어
② 계자코일
③ 실리콘다이오드
④ 트랜지스터

해설 다이오드는 교류를 정류하고 역류를 방지한다.

63 플레밍의 왼손법칙에서 엄지손가락 방향으로 회전하는 기동전동기의 부품은 어느 것인가?

① 로터
② 계자코일
③ 전기자
④ 스테이터

해설 플레밍의 왼손법칙은 전동기의 회전방향을 알기 위한 법칙으로 코일에 전류가 흐르면 자기장과 힘에 의해 전기자가 회전한다.

64 다음 중 트립컴퓨터의 기능이 아닌 것은?

① 적산거리계
② 주행가능거리
③ 최고속도
④ 주행시간

해설 속도는 계기판에 표시된다.

65 기동전동기에 흐르는 전류는 120A이고, 전압은 12V일 때, 이 기동전동기의 출력은 몇 PS인가?

① 0.56PS
② 1.22PS
③ 1.96PS
④ 18.2PS

해설 전력 $P(W)=E \cdot I$
∴ $P=12 \times 120=1,440W=1.44kW$
$1kW=1.36ps$이므로, $1.44 \times 1.36=1.958PS$

정답 59 ① 60 ③ 61 ④ 62 ③ 63 ③ 64 ③ 65 ③

66 배전기 방식의 점화장치에서 타이밍라이트를 사용하여 초기점화시기를 시험할 때 고압픽업클립의 설치위치는?

① 1번점화케이블
② 3번점화케이블
③ 축전지(+)극
④ 배전기 이그나이터

해설 배전기 방식의 초기점화시기의 기준은 크랭크각 센서가 1번 피스톤을 기준으로 한다.

67 자동차의 파워트랜지스터에 관한 내용 중 틀린 것은?

① 파워TR의 베이스는 ECU와 연결되어 있다.
② 파워TR의 컬렉터는 점화1차코일의 (-)단자와 연결되어 있다.
③ 파워TR의 이미터는 접지되어 있다.
④ 파워TR은 PNP형이다.

해설 파워TR은 NPN형이다.

68 정류회로에 있어서 맥동하는 출력을 평활화하기 위해서 쓰이는 부품은?

① 다이오드　② 콘덴서
③ 저항　　　④ 트랜지스터

해설 콘덴서는 정류회로에서 전하를 축적하여 맥동하는 출력을 평활화한다.

69 점화장치에서 마그네틱코어 픽업코일과 로터가 일직선으로 정렬되어 있을 때 점화코일의 상태를 설명한 것으로 가장 맞는 것은?

① 1차전류가 흐르고 있는 드웰구간
② 1차전류가 단속되어진 구간
③ 2차전류가 흐르고 있는 구간
④ 2차전류가 단속되어진 구간

해설 점화장치에서 마그네틱코어 픽업코일과 로터가 일직선일 때, 자속은 흐르지만 자속량의 변화가 없어 기전력은 0이 되고 1차전류가 단속된다.

70 하이브리드자동차에서 직류(DC)전압을 다른 직류(DC)전압으로 바꾸어 주는 장치는 무엇인가?

① 캐패시터
② DC-AC 인버터
③ DC-DC 컨버터
④ 리졸버

해설 LDC(Low DC-DC Converter) 하이브리드 고진압과 배터리 저전압을 변환한다.

71 12V 60AH인 축전지가 방전되어 정전류 충전법으로 보충전하려고 할 때 표준충전전류값은?(단, 축전지용량은 20시간율 용량이다)

① 3A　　② 6A
③ 9A　　④ 12A

해설 정전류의 표준충전전류는 축전지용량의 10%이다.
∴ 60AH×0.1=6A

72 내부에 불활성가스가 들어 있으며, 사용에 따른 광도변화가 없고 대기조건에 따라 반사경이 흐려지지 않는 전조등의 형식은?

① 로우빔식　② 하이빔식
③ 실드빔식　④ 세미실드빔식

해설 실드빔(Sealed Beam)형 전조등은 렌즈, 반사경, 필라멘트가 일체로 된 구조

정답 66 ① 67 ④ 68 ② 69 ② 70 ③ 71 ② 72 ③

73 하이브리드자동차에서 회생제동의 시기는?

① 출발할 때 ② 정속주행할 때
③ 급가속할 때 ④ 감속할 때

해설 회생제동은 차량감속 시 자동차휠에 의한 회전력을 전기에너지로 전환하여 배터리에 충전하는 모드이다.

74 자동차검사 시 전조등의 하향진폭(운행자동차)은 10m 거리 기준으로 몇 cm 이내이어야 하는가?

① 30 ② 40
③ 50 ④ 60

해설 상향진폭은 10cm 이하, 하향진폭은 등화설치높이의 3/10 이내(단, 운행자동차의 경우 30cm 이내)

75 자동차 에어컨에서 팽창밸브(Expansion Valve)의 역할은?

① 냉매를 팽창시켜 고온·고압의 기체로 만든다.
② 냉매를 급격히 팽창시켜 저온·저압의 무화상태로 만든다.
③ 냉매를 압축하여 고압으로 만든다.
④ 팽창된 기체상태의 냉매를 액화시킨다.

해설 고온·고압의 액체상태인 냉매가 급격히 팽창되어 저온·저압 서리상태가 된다.

76 전조등시험 시 준비사항으로 틀린 것은?

① 타이어공기압이 같도록 한다.
② 집광식시험기를 사용 시 시험기와 전조등의 간격은 3m로 한다.
③ 축전지 충전상태가 양호하도록 한다.
④ 바닥이 수평인 상태에서 측정한다.

해설 집광식시험기는 시험기와 전조등의 간격을 1m로 한다.

77 하이브리드자동차의 전기장치정비 시 반드시 지켜야 할 내용이 아닌 것은?

① 절연장갑을 착용하고 작업한다.
② 서비스플러그(안전플러그)를 제거한다.
③ 전원을 차단하고 일정시간이 경과 후 작업한다.
④ 하이브리드컴퓨터의 커넥터를 분리하여야 한다.

해설 하이브리드자동차 전기장치정비 시 주의할 점
• 절연장갑을 착용하고 작업한다.
• 서비스플러그(안전플러그)를 제거한다.
• 전원을 차단하고 일정시간이 경과 후 작업한다.
• 작업 시 시계, 반지, 목걸이 등 장신구를 제거한다.

78 역방향전류가 흘러도 파괴되지 않고 역전압이 낮아지면 전류를 차단하는 다이오드는?

① 발광다이오드 ② 포토다이오드
③ 제너다이오드 ④ 검파다이오드

해설 제너다이오드는 역전압이 낮아지면 전류를 차단하고, 기준전압 이상이 되면 역방향으로 전류가 흐르는 반도체이다.

79 전조등의 광도가 18000cd인 자동차를 10m 전방에서 측정하였을 경우의 조도는?

① 160lx ② 180lx
③ 200lx ④ 220lx

정답 73 ④ 74 ① 75 ② 76 ② 77 ④ 78 ③ 79 ②

해설 조도 $= E = \dfrac{I}{r^2}(Lux)$

∴ 조도 $= \dfrac{18000}{10^2} = 180 \text{Lux}$

80 에어백시스템에서 화약점화제, 가스발생제, 필터 등을 알루미늄용기에 넣은 것으로 에어백모듈하우징 내측에 조립되어 있는 것은?

① 인플레이터
② 디퓨저스크린
③ 에어백모듈
④ 클럭스프링하우징

해설 에어백 인플레이터는 화약, 점화제, 가스발생제, 필터 등을 알루미늄용기에 넣은 것으로 에어백모듈하우징 내측에 조립되어 있다.

정답 80 ①

2회 자동차정비산업기사 필기시험

2013. 6. 2. 시행

01 중심거리가 900mm이고, 외접하는 한 쌍의 표준스퍼기어의 회전비가 1 : 3일 때 피니언(작은 기어)의 피치원지름은 약 몇 mm인가?

① 450
② 750
③ 1050
④ 1350

해설 기어의 중심거리 $= L = \dfrac{D_1 + D_2}{2}$ 이므로 D1 + D2 =1,800mm이고 회전비가 1 : 3이므로, 지름비는 1,350mm : 450mm
∴ 작은기어는 450mm

02 마름모꼴 단면의 코일을 암나사와 수나사 사이에 삽입하여 주철, 경금속, 플라스틱, 목재 등과 같이 강도가 불충분한 모재를 강화하거나, 마멸 등으로 나사산이 손상된 암나사 구멍을 재생하는데 사용하는 기계요소는?

① 로크너트(Lock Nut)
② 분할핀(Split Pin)
③ 세트스크루(Set Screw)
④ 헬리인서트(Helicoid Insert)

해설 헬리인서트
코일을 암나사와 수나사 사이에 삽입하여 모재를 강화하거나, 마멸 등으로 나사산이 손상된 암나사 구멍을 재생하는데 사용한다.

03 고속도강의 대표적인 재료는 18-4-1형이라고 불리는 것인데, 이 재료의 표준조성으로 옳은 것은?

① W(18%)−Cr(4%)−V(1%)
② W(18%)−V(4%)−Co(1%)
③ W(18%)−Cr(4%)− Mo(1%)
④ Mo(18%)−Cr(4%)−V(1%)

해설 고속도강의 표준조성
텅스텐(W,18%)−크롬(Cr,4%)−바나듐(V,1%)

04 그림과 같이 물체에 하중(Ws)을 작용시키면 단면에 수평으로 작용하는 응력(T)을 무엇이라고 하는가?

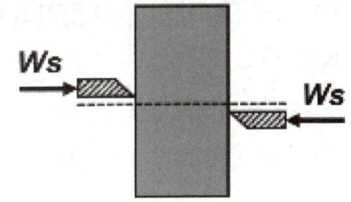

① 인장응력
② 전단응력
③ 압축응력
④ 경사응력

해설 전단응력
어떤 면을 기준으로 그 면의 양쪽 부분이 서로 반대방향으로 어긋나게 작용하는 응력이다.

05 다음 중 황동의 주성분은?

① 구리(Cu), 망간(Mn)
② 구리(Cu), 아연(Zn)
③ 구리(Cu), 니켈(Ni)
④ 구리(Cu), 규소(Si)

해설 황동은 구리에 아연을 첨가한 구리합금이다.

01 ① 02 ④ 03 ① 04 ② 05 ②

06 금속파이프 또는 소재를 컨테이너 속에 넣고 강한압력으로 다이(Die)를 통과시켜 축 방향으로 일정한 단면을 가진 소재로 가공하는 방법은?

① 프레스가공　② 선반가공
③ 압출가공　　④ 전조가공

해설 압출가공
고온으로 가열한 재료를 컨테이너에 넣고 강한 압력을 가하여 다이로부터 압출해서 성형하는 가공이다.

07 스프링상수가 3N/mm인 스프링과 4.5N/mm인 스프링을 직렬로 연결하여 스프링저울을 만들었다. 이 스프링저울로 어떤 물건의 무게를 측정하였더니 저울이 5cm가 늘어났다. 이 물건의 무게는 몇 N인가?

① 30　　② 45
③ 75　　④ 90

해설 스프링상수의 직렬연결
$\frac{1}{K} = \frac{1}{K_1} + \frac{1}{K_2}$
$\frac{1}{K} = \frac{1}{3} + \frac{1}{4.5}$
$K = \frac{9}{5}$
$K = \frac{W}{\ell}$ 에서, $W = K \times \ell = \frac{9}{5} \times 50 = 90N$

08 강판원통내부에 내화벽돌을 쌓은 것으로서 제작이 용이하고 구조가 간단하며 일반적으로 주철을 용해시키는데 쓰이는 대표적인 용해로는?

① 전기로　② 전로
③ 반사로　④ 큐폴라

해설
- 전기로 : 전극 사이의 아크열(전기열)을 이용하여 선철, 고철을 용해하여 강이나 합금강을 제조하는 방법
- 전로 : 노를 경사지게 하고 선철을 주입한 후 노를 세워 공기를 불어 넣어 정련하는 방법
- 반사로 : 용해실의 면을 넓고 얕게 해서 수열면적을 크게 하고, 천장은 아치형으로 하여 반사열로 용해하는 방법으로 용해온도가 낮은 동, 황동, 청동 등 비철금속을 용해하는데 주로 이용
- 큐폴라 : 강판원통내부에 내화벽돌을 쌓은 것으로서 제작이 용이하고 구조가 간단하며, 일반적으로 주철을 용해시키는데 사용

09 수력기계에서 공동현상(Cavitation)이 발생하는 근본 원인은?

① 특정 공간에서 유체의 저속흐름이 원인이다.
② 낮은 대기압이 원인이다.
③ 특정 공간에서 발생하는 고압이 원인이다.
④ 특정 공간에서 발생하는 저압이 원인이다.

해설 공동현상
물이 관속을 유동하고 있을 때 물속 어느 부분이 증기압 이하로 되어 물이 증발을 일으키고, 물 안에 녹아있던 산소가 기포로 발생하는 현상으로서 특정 공간에서 발생하는 저압이 원인이다.

10 균일분포하중(ω[N/m])을 받는 외팔보의 최대굽힘모멘트(Mmax)는?(단, L[m]은 외팔보의 길이이다)

① $M_{max} = \omega \cdot L$
② $M_{max} = \omega L^2 / 2$
③ $M_{max} = \omega L^2 / 8$
④ $M_{max} = \omega L / 8$

정답 06 ③　07 ④　08 ④　09 ④　10 ②

11 선반가공 중에 발생할 수 있는 구성인선을 방지할 수 있는 대책으로 거리가 먼 것은?

① 절삭깊이를 적게 한다.
② 경사각을 적게 한다.
③ 절삭공구의 인선을 예리하게 한다.
④ 절삭속도를 크게 한다.

해설 구성인선(Built-up Edge) 방지방법
- 절삭깊이를 적게 한다.
- 경사각을 크게 한다.
- 절삭공구의 인선을 예리하게 한다.
- 절삭속도를 크게 한다.

12 L(길이), M(질량), T(시간)로 나타내는 MLT계 차원으로 물리량을 나타내고자 할 때 동력을 옳게 나타낸 것은?

① MLT^{-1}
② ML^2T^{-3}
③ $ML^{-1}T^{-2}$
④ $ML^{-2}T$

해설 차원이란 단위를 문자로 표시하는 방법으로, MLT계는 질량 M(mass), 길이 L(length), 시간 T(time)로 표시한다.
∴ 동력＝kgf-m/s이므로, ML^2T^{-3}

13 아크용접에서 용접입열이란 무엇을 말하는가?

① 용접봉에서 모재로 용융금속이 옮겨가는 상태
② 단위시간당 소비되는 용접봉의 중량
③ 용접봉이 녹기 시작하는 온도
④ 용접부에 외부에서 주어지는 열량

해설 용접입열
용접부에 외부에서 주어지는 열량

14 다음 중 천연고무에서 경질고무의 기준은 어떻게 되는가?

① 황(S)성분이 약 10% 이하의 고무
② 황(S)성분이 약 15% 이하의 고무
③ 황(S)성분이 약 30% 이상의 고무
④ 황(S)성분이 약 50% 이상의 고무

해설 경질고무란 황(S)성분이 약 30~50% 함유된 고무로 경도 90 이상을 경질고무, 70~80을 준경질고무, 그 이하를 연질고무라 한다.

15 유압회로 중 속도제어를 위한 것으로 유량제어밸브를 실린더 입구 측에 설치한 회로는?

① 무부하회로
② 미터인회로
③ 로킹회로
④ 일정토크 구동회로

해설 미터인회로
실린더 입구 측에 설치하여 실린더로 공급되는 유량을 조절해주고 실린더에서 빠지는 압력은 제어하지 않는 회로이다.

16 버니어캘리퍼스의 어미자의 1눈금이 1mm이고, 아들자의 눈금은 어미자의 19mm를 20등분하였을 때 읽을 수 있는 최소눈금은?

① 0.02mm
② 0.20mm
③ 0.50mm
④ 0.05mm

해설 버니어캘리퍼스의 최소눈금은 1-19/20＝0.05mm

17 다음 중 나사에 대한 설명으로 틀린 것은?

① 나사를 1회전시켰을 때, 축방향으로 진행한 거리를 리드라고 한다.
② 오른나사는 시계방향으로 회전할 때 전진하는 나사이다.
③ 유효지름은 수나사의 최대지름이며, 나사의 크기를 나타낸다.
④ 일반적으로는 대부분 오른나사이며, 왼나사는 특수한 목적에 사용한다.

해설 나사의 유효지름이란 수나사와 암나사가 접촉하고 있는 부분의 평균지름을 말한다.

18 길이 60cm, 지름 2cm의 연강환봉을 2000N의 힘으로 길이방향으로 잡아당길 때 0.018cm가 늘어난 경우 변형률(Strain)은?

① 0.0003
② 0.003
③ 0.009
④ 0.09

해설 세로변형율 $\epsilon = \dfrac{\lambda}{\ell} = \dfrac{0.018}{60} = 0.0003$

19 300rpm으로 2.5kW를 전달시키고 있는 축의 비틀림모멘트는 약 몇 N·m인가?

① 46.3   ② 59.6
③ 63.2   ④ 79.6

해설 전달동력 $H = \dfrac{2\pi TN}{102}$

T : 회전력(Nm), N : 회전수(rpm)에서
1kgf=9.8N과 sec로 환산하여

$T = \dfrac{9.8 \times 102 \times 60 \times H}{2\pi N}$

$= \dfrac{9.8 \times 102 \times 60 \times 2.5}{2\pi \times 300} = 79.59 \text{Nm}$

20 코터이음(Cotter Joint)을 하기에 가장 적합한 곳은?

① 두 개의 강판을 접합해야 할 경우
② 배관이음을 해야 할 경우
③ 축중심이 일정거리만큼 떨어진 2개의 평행한 축을 연결할 경우
④ 기본적으로 회전력을 전달하지만, 축방향으로 인장력이나 압축력을 받는 2개의 축을 연결할 경우

해설 코터란 쐐기로서 축방향의 인장력이나 압축을 받는 2개의 축을 연결하는 것으로 분해가 가능한 이음이다.

21 전자제어기관의 공기유량센서 중에서 MAP센서의 특징에 속하지 않는 것은?

① 흡입계통의 손실이 없다.
② 흡입공기통로의 설계가 자유롭다.
③ 공기밀도 등에 대한 고려가 필요 없는 장점이 있다.
④ 고장이 발생하면 엔진부조 또는 가동이 정지된다.

해설 MAP센서는 흡기매니폴드의 절대압력으로 공기량을 간접측정하므로 공기밀도에 대한 보정값을 정해야 한다.

22 디젤기관이 가솔린기관에 비하여 좋은 점은?

① 시동이 쉽다.
② 제동열효율이 높다.
③ 마력당 기관의 무게가 가볍다.
④ 소음진동이 적다.

23 내연기관에서 연소에 영향을 주는 요소 중 공연비와 연소실에 대해 옳은 것은?

① 가솔린기관에서 이론공연비보다 약간 농후한 15.7~16.5 영역에서 최대출력공연비가 된다.
② 일반적으로 엔진연소기간이 길수록 열효율이 향상된다.
③ 연소실의 형상은 연소에 영향을 미치지 않는다.
④ 일반적으로 가솔린기관에서 연료를 완전연소시키기 위하여 가솔린 1에 대한 공기의 중량비는 14.7이다.

해설 연소실의 형상은 연소에 중요한 요소이며, 연소기간이 짧을수록 열효율이 향상된다. 또한, 완전연소를 위한 이론공연비는 14.7 : 1이다.

24 다음 중 전자제어가솔린엔진에서 EGR 제어영역으로 가장 타당한 것은?

① 공회전 시
② 냉각수온 약 65℃ 미만, 중속, 중부하 영역
③ 냉각수온 약 65℃ 이상, 저속, 중부하 영역
④ 냉각수온 약 65℃ 이상, 고속, 고부하 영역

25 배기가스 중에 산소량이 많이 함유되어 있을 때 산소센서의 상태는 어떻게 나타나는가?

① 희박하다.
② 농후하다.
③ 농후하기도 하고 희박하기도 하다.
④ 아무런 변화도 일어나지 않는다.

해설 연료혼합비는 연료량을 기준으로 희박, 농후를 판단하며, 산소량이 많다는 것은 혼합비가 희박하다는 의미이므로 연료를 더 분사한다.

26 2000rpm에서 10kgf·m의 토크를 내는 기관 A와 800rpm에서 25kgf·m 토크를 내는 기관 B가 있다. 이 두 상태에서 A와 B의 출력을 비교하면?

① A>B이다.   ② A<B이다.
③ A=B이다.   ④ 비교할 수 없다.

해설 출력=토크×회전수이므로 A=B이다.

27 윤활유첨가제와 거리가 먼 것은?

① 부식방지제
② 유동점강하제
③ 산화방지제
④ 인화점강하제

해설 윤활유첨가제
산화방지제, 청정분산제, 유성향상제, 부식방지제, 점도지수향상제, 유동점강하제

28 가솔린기관에 사용되는 연료의 발열량에 대한 설명 중 증발열이 포함되지 않은 경우의 발열량으로 가장 적합한 것은?

① 연료와 산소가 혼합하여 완전연소할 때 발생하는 저위발열량을 말한다.
② 연료와 산소가 혼합하여 예연소할 때 발생하는 고위발열량을 말한다.
③ 연료와 수소가 혼합하여 완전연소할 때 발생하는 저위발열량을 말한다.
④ 연료와 질소가 혼합하여 완전연소할 때 발생하는 열량을 말한다.

해설 증발열이 포함되지 않은 경우를 저위발열량, 포함된 경우를 고위발열량이라 한다.

29 전자제어 가솔린연료분사장치에서 흡입공기량과 엔진회전수의 입력만으로 결정되는 분사량은?

① 연료차단분사량
② 기본분사량
③ 엔진시동분사량
④ 부분부하 운전분사량

해설 가솔린연료분사장치는 흡입공기량과 기관회전수로 기본분사량을 결정한다.

30 4행정사이클기관의 실린더내경과 행정이 100mm×100mm이고, 회전수가 1800rpm일 때 축 출력은?(단, 기계효율은 80%이며, 도시평균유효압력은 9.5kgf/cm²이고, 4기통 기관이다)

① 35.2PS
② 39.6PS
③ 43.2PS
④ 47.8PS

31 스로틀위치센서(TPS) 고장 시 나타나는 현상과 가장 거리가 먼 것은?

① 주행 시 가속력이 떨어진다.
② 공회전 시 엔진부조 및 간헐적 시동꺼짐현상이 발생한다.
③ 출발 또는 주행 중 변속 시 충격이 발생할 수 있다.
④ 일산화탄소(CO), 탄화수소(HC) 배출량이 감소하거나 연료소모가 증대될 수 있다.

해설 공기량이 일정하지 않아 불완전연소하여 일산화탄소(CO), 탄화수소(HC) 배출량이 증가한다.

32 4행정사이클 디젤기관의 분사펌프제어 래크를 전부하상태로 하고, 최대회전수를 2000rpm으로 하여 분사량을 시험하였더니 1실린더 107cc, 2실린더 115cc, 3실린더 105cc, 4실린더 93cc일 때 수정할 실린더의 수정치범위는 얼마인가? (단, 전부하 시 불균율은 4%로 계산한다)

① 100.8~109.2cc
② 100.1~100.5cc
③ 96.3~103.6cc
④ 89.7~95.8cc

해설 평균분사량 = $\frac{107+115+105+93}{4} = 105$
$105 \pm 4\% = 100.8 \sim 109.2$

33 피스톤슬랩(Piston Slap)에 관한 설명으로 관계가 먼 것은?

① 피스톤 간극이 너무 크면 발생한다.
② 오프셋피스톤에서 잘 일어난다.
③ 저온 시 잘 일어난다.
④ 피스톤운동방향이 바뀔 때 실린더 벽으로의 충격이다.

해설 오프셋피스톤은 피스톤슬랩을 방지하기 위하여 피스톤핀 중심으로부터 1.5mm 정도 오프셋시킨 피스톤을 말한다.

34 2행정기관에서 주로 사용되는 윤활방식은?

① 비산압력식
② 압력식
③ 분리윤활식
④ 비산식

해설 2행정기관 윤활방식
혼기혼합식, 분리윤활식

정답 29 ② 30 ④ 31 ④ 32 ① 33 ② 34 ③

35 터보차저(Turbo Charger) 구성부품 중 속도에너지를 압력에너지로 바꾸어 주는 것은?

① 임펠러
② 플로팅베어링
③ 디퓨져와 스페이스하우징
④ 터빈하우징

해설 디퓨져는 과급기에서 속도에너지를 압력에너지로 바꾸어 준다.

36 센서의 고장진단에 대한 설명으로 가장 옳은 것은?

① 센서는 측정하고자 하는 대상의 물리량(온도, 압력, 질량 등)에 비례하는 디지털 형태의 값을 출력한다.
② 센서의 고장 시 그 센서의 출력값을 무시하고 대신에 미리 입력된 수치로 대체하여 제어할 수 있다.
③ 센서의 고장 시 백업(Back-up)기능이 없다.
④ 센서출력값이 정상적인 범위에 들면, 운전상태를 종합적으로 분석해 볼 때 타당한 범위를 벗어나더라도 고장으로 인식하지 않는다.

해설 센서는 아날로그 또는 디지털신호로 출력되며 센서출력값이 규정범위를 벗어나면 고장으로 인식하여 백업된 출력값으로 차량의 안전을 도모하는 페일세이프기능을 수행한다.

37 냉각팬의 점검과 직접 관계가 없는 것은?

① 물펌프축과 부시 사이의 틈새
② 원활한 회전과 소음발생여부
③ 팬의 균형
④ 팬의 손상과 휨

해설 물펌프(워터펌프)는 냉각수의 순환과 관련된 부품이다.

38 가솔린기관의 배출가스 중 CO의 배출량이 규정보다 많을 경우 가장 적합한 조치방법은?

① 이론공연비와 근접하게 맞춘다.
② 공연비를 농후하게 한다.
③ 이론공연비(λ)값을 1 이하로 한다.
④ 배기관을 청소한다.

해설 이론공연비에서 혼합기가 가장 완전연소에 근접하게 된다.

39 디젤기관의 회전속도가 1800rpm일 때 20°의 착화지연시간은 얼마인가?

① 2.77ms   ② 0.10ms
③ 66.66ms ④ 1.85ms

해설 크랭크축회전각도 $\alpha = 6 \times n \times t$
$$t = \frac{20}{6 \times 1800} = 1.85\text{ms}$$

40 MPI전자제어엔진에서 연료분사방식에 의한 분류에 속하지 않는 것은?

① 독립분사방식   ② 동시분사방식
③ 그룹분사방식   ④ 혼성분사방식

해설 MPI전자제어엔진에서 연료분사방식에는 독립분사방식, 동시분사방식, 그룹분사방식이 있다.

41 종감속기어비가 자동차의 성능에 영향을 미치는 인자가 아닌 것은?

① 자동차의 최고속도
② 추월가속성능
③ 연료소비율 및 배출가스
④ 제동능력

정답 35 ③ 36 ② 37 ① 38 ① 39 ④ 40 ④ 41 ④

해설 종감속기어비는 자동차의 출력요소와 관련되어 제동능력과 무관하다.

42 종감속기어비를 결정하는 요소가 아닌 것은?

① 차량중량 ② 제동성능
③ 가속성능 ④ 엔진출력

해설 종감속기어비는 자동차의 출력요소와 관련되어 제동능력과 무관하다.

43 클러치의 자유간극에 관한 설명 중에서 맞는 것은?

① 자유간극이 너무 작으면 동력차단이 제대로 지루어지지 않아 변속소음이 일어날 수 있다.
② 유압식클러치의 마스터실린더 피스톤컵이 마모되면 클러치페달의 자유간극은 더욱 커진다.
③ 클러치의 자유간극이 너무 크면 클러치페이싱의 마모를 촉진시킨다.
④ 페달을 밟은 후부터 릴리스레버가 다이어프램스프링을 밀어 낼 때까지의 거리를 자유간극이라고 한다.

해설 클러치 자유간극이란 릴리스베어링이 릴리스레버에 닿을 때까지 움직인 거리이며 간극이 너무 작으면 동력차단은 원활하나 연결이 늦어지고 간극이 너무 크면 동력차단이 불량해진다.

44 자동차의 주행속도와 바퀴의 구동력에 대해 틀리게 설명한 것은?

① 동일한 엔진회전수에서 변속기의 변속비가 크면 클수록 구동력은 커지며 주행속도는 줄어든다.
② 동일한 엔진회전수에서 타이어의 편평비를 작게 하면 구동력은 작아진다.
③ 동일한 변속비와 엔진회전수에서 타이어의 직경을 크게 하면 주행속도는 높아진다.
④ 동일한 엔진회전수에서 변속기의 감속비를 크게 하면 주행속도는 줄어든다.

해설 타이어편평비를 작게 하면 타이어 반지름이 작아지므로 구동력은 커진다.

45 자동차관리법 시행규칙에 의거한 제동시험기의 정기정밀도 검사기한은?

① 최초 정밀도검사를 받은 날부터 3월이 되는 날이 속하는 달
② 최초 정밀도검사를 받은 날부터 6월이 되는 날이 속하는 달
③ 최초 정밀도검사를 받은 날부터 12월이 되는 날이 속하는 달
④ 최초 정밀도검사를 받은 날부터 2년이 되는 날이 속하는 달

해설 「자동차관리법 시행규칙 제68조 제3항」 최초 정밀도검사를 받은 날부터 12월이 되는 날이 속하는 달마다 정밀도검사를 받아야 한다.

46 일반적으로 ABS(Anti-lock Brake System)에 장착되는 마그네틱방식 휠스피드센서와 톤휠의 간극은?

① 약 3~5mm
② 약 5~6mm
③ 약 0.2~1mm
④ 약 0.1~0.2mm

해설 ABS에 장착되는 마그네틱방식 휠스피드센서와 톤휠과의 간극은 약 0.2~1.2mm이다.

정답 42 ② 43 ② 44 ② 45 ③ 46 ③

47 엔진회전수가 2000rpm으로 주행 중인 자동차에서 수동변속기의 감속비가 0.8이고, 차동장치 구동피니언의 잇수가 6, 링기어의 잇수가 30일 때, 왼쪽바퀴가 600rpm으로 회전한다면 오른쪽바퀴의 회전속도는?

① 400rpm　② 600rpm
③ 1000rpm　④ 2000rpm

해설　한쪽바퀴회전수

$$n = \frac{엔진회전수}{총감속비} \times 2 - 다른바퀴회전수$$

오른쪽바퀴회전수 $= \dfrac{2000}{0.8 \times \dfrac{30}{6}} \times 2 - 600 = 400$

48 차량의 안전성향상을 위하여 적용된 전자제어 주행안전장치(VDC, ESP)의 구성요소가 아닌 것은?

① 횡가속도센서
② 충돌센서
③ 요-레이터센서
④ 조향각센서

해설　충돌센서는 에어백 입력요소이다.

49 자동차안전기준에 관한 규칙에 의거하여 운행기록계를 설치해야 하는 자동차는?

① 피견인자동차
② 긴급자동차
③ 비사업용 5톤 미만 화물자동차
④ 시내버스

해설　운행기록계 설치 자동차
- 운송사업용자동차(시내버스)
- 고압가스운송자동차
- 위험물운반자동차
- 쓰레기운반 전용의 화물자동차
- 최대적재량 8톤 이상의 화물자동차

50 브레이크파이프에 베이퍼록이 생기는 원인으로 가장 적합한 것은?

① 페달의 유격이 크다.
② 라이닝과 드럼의 틈새가 크다.
③ 과도한 브레이크 사용으로 인해 드럼이 과열되었다.
④ 비점이 높은 브레이크오일을 사용했다.

해설　베이퍼록의 원인
- 긴 내리막길에서 빈번한 브레이크의 사용으로 인한 라이닝과열
- 브레이크라인의 잔압저하 및 오일불량
- 브레이크슈 라이닝간극이 너무 적을 때

51 자동차의 공기브레이크에서 공기압축기의 공기압력을 제어하는 것은?

① 안전밸브
② 언로더밸브
③ 릴레이밸브
④ 체크밸브

해설　언로더밸브는 공기압력이 규정값 이상이 되면 언로더밸브가 압축기 작동을 정지시키고, 다시 닫히면 가동되어 압력조정기와 함께 공기탱크의 압력을 일정하게 유지하는 역할을 한다.

52 가솔린승용차에서 내리막길 주행 중 시동이 꺼질 때 제동력이 저하되는 이유는?

① 진공배력장치 작동불능
② 베이퍼록 현상
③ 엔진출력 상승
④ 하이드로플래닝 현상

해설　시동이 꺼지면 엔진의 흡기부압이 없어져 배력장치가 작동하지 않는다.

정답　47 ①　48 ②　49 ④　50 ③　51 ②　52 ①

53 전자제어현가장치에서 안티스쿼트(Anti-squat)제어의 기준신호로 사용되는 센서는?

① 프리뷰센서
② G(수직가속도)센서
③ 스로틀포지션센서
④ 브레이크스위치 신호

해설 안티스쿼트 급가속 시 차량 앞쪽이 들리는 현상으로, 가·감속을 알기 위해 스로틀포지션센서의 신호를 기준으로 사용한다.

54 앞바퀴 얼라인먼트의 직접적인 역할이 아닌 것은?

① 조향휠의 조작을 쉽게 한다.
② 조향휠에 알맞은 유격을 준다.
③ 타이어의 마모를 최소화한다.
④ 조향휠에 복원성을 준다.

해설 조향휠의 유격은 얼라인먼트와 관련이 없다.

55 자동변속기의 유압장치인 밸브보디의 솔레노이드밸브를 설명한 것으로서 틀린 것은?

① 댐퍼클러치 솔레노이드밸브(DCCSV)는 토크컨버터의 댐퍼클러치에 유압을 제어하기 위한 것이다.
② 압력조절 솔레노이드밸브(PCSV)는 변속 시 독단적으로 압력을 조절하며 반드시 독립제어에 사용되어야 한다.
③ 변속조절 솔레노이드밸브(SCSV)는 변속 시에 작용하는 밸브로서 주로 마찰요소(클러치, 브레이크)에 압력을 작용토록 한다.
④ PCSV와 SCSV는 변속 시 같이 작용하며 변속 시의 유압충격을 흡수하는 기능을 담당하기도 한다.

해설 압력조절 솔레노이드밸브(PCSV)와 변속조절 솔레노이드밸브(SCSV)는 변속 시 같이 작동한다.

56 일체식차축 현가방식의 특징으로 거리가 먼 것은?

① 앞바퀴에 시미발생이 쉽다.
② 선회할 때 차체의 기울기가 크다.
③ 승차감이 좋지 않다.
④ 휠얼라인먼트의 변화가 적다.

해설 일체차축 현가장치의 특징
- 구조가 간단하다.
- 선회 시 차체의 기울기가 적다.
- 휠얼라인먼트의 변화가 적다.
- 승차감이 좋지 않다.
- 앞바퀴에 시미발생이 쉽다.

57 변속비가 1.25:1, 종감속비가 4:1, 구동륜의 유효반경 30cm, 엔진회전수는 2700rpm일 때 차속은?

① 약 53km/h
② 약 58km/h
③ 약 61km/h
④ 약 65km/h

해설 차속 $v = \dfrac{\pi \times 타이어직경 \times 엔진회전수}{변속비 \times 종감속비}$

$= \dfrac{\pi \times 0.6 \times 2700}{1.25 \times 4} \times \dfrac{60}{1000}$ (km/h)

$= 61$ km/h

58 조향장치의 구비조건으로 틀린 것은?

① 조향휠의 조작력은 저속 시에는 무겁게 하고, 고속 시에는 가볍게 한다.
② 조향핸들의 회전과 바퀴선회차이가 크지 않게 한다.
③ 선회 시 저항이 적고, 선회 후 복원성이 좋게 한다.
④ 조작이 쉽고 방향변환이 원활하게 한다.

해설 조향휠의 조작력은 저속에서는 주기적인 선회의 필요로 가볍게 하고, 고속에서는 안전을 위해 무거워야 한다.

59 자동차의 제원에 의하면 타이어의 유효 반경이 36cm이었다. 타이어가 500rpm의 속도로 회전하고 있을 때 자동차의 속도는 얼마인가?

① 18.84m/s   ② 28.84m/s
③ 38.84m/s   ④ 10.84m/s

해설 차속 $= \dfrac{\pi DN}{60}$

[D : 타이어 직경, N : 바퀴회전수]

$= \dfrac{\pi \times 0.72 \times 500}{60} = 18.84 \text{m/s}$

60 전자제어제동장치(Anti-lock Brake System)에 대한 설명으로 틀린 것은?

① 제동 시 차량의 스핀을 방지한다.
② 제동 시 조향안정성을 확보해 준다.
③ 선회 시 구동력과다로 발생되는 슬립을 방지한다.
④ 노면마찰계수가 가장 높은 슬립률 부근에서 작동된다.

해설 구동력과다로 인한 슬립방지는 TCS 작용이다.

61 하이브리드시스템을 제어하는 컴퓨터의 종류가 아닌 것은?

① 모터컨트롤유닛(Motor Control Unit)
② 하이드로릭 컨트롤유닛(Hydraulic Control Unit)
③ 배터리컨트롤유닛(Battery Control Unit)
④ 통합제어유닛(Hybrid Control Unit)

해설 하이드로릭 컨트롤유닛은 ABS시스템을 제어한다.

62 하이브리드자동차 계기판(Cluster)에 대한 설명으로 틀린 것은?

① 계기판에 'READY' 램프가 소등(OFF) 시 주행이 안 된다.
② 계기판에 'READY' 램프가 점등(ON) 시 정상주행이 가능하다.
③ 계기판에 'READY' 램프가 점멸(BLINKING) 시 비상모드주행이 가능하다.
④ EV램프는 HEV(Hybrid Electric Vehicle)모터에 의한 주행 시 소등된다.

해설 EV램프는 하이브리드자동차의 모터주행모드 시 점등된다.

63 납산축전지의 양극판에 대한 설명으로 틀린 것은?

① 해면상납(Pb)으로 되어 있다.
② 극판은 암갈색이다.
③ 화학작용은 활발하다.
④ 다공성이며 결합력이 약하다.

해설 양극판은 과산화납(PbO_2), 음극판은 해면상납(Pb)으로 되어 있다.

64 전조등이 10cd의 광원에서 2m 떨어진 곳에서의 밝기는 몇 Lux인가?

① 2.5　　② 5.0
③ 7.5　　④ 10

해설 조도 = $\frac{광도}{거리}$ = $\frac{10}{2^2}$ = 2.5Lux

65 자동차의 직류직권 기동전동기를 설명한 것 중 틀린 것은?

① 기동회전력이 크다.
② 부하를 크게 하면 회전속도가 낮아지고 흐르는 전류는 커진다.
③ 회전속도변화가 작다.
④ 계자코일과 전기자코일이 직렬로 연결되어 있다.

해설 부하가 커지면 속도는 느리나 회전력이 커지고, 부하가 적어지면 회전력은 작아지고 속도가 빠르게 되어 회전속도변화가 크다.

66 어떤 자동차의 우측전조등의 우측방향진폭이 전방 10m에서 25cm이었다. 전방 100m에서는 얼마인가?

① 1.0m　　② 1.5m
③ 2.0m　　④ 2.5m

해설 10m에서 25cm이므로 전방 100m에서는 250cm이다.

67 주행 중인 하이브리드자동차에서 제동 시에 발생된 에너지를 회수(충전)하는 제어모드는?

① 시동모드　　② 회생제동모드
③ 발진모드　　④ 가속모드

해설 하이브리드자동차에서 차량감속 시 모터는 자동차의 휠에 의해 회전하여 회전동력을 전기에너지로 전환한다.

68 연료탱크의 연료최소량을 경고등으로 표시해 주는 센서는 어느 종류를 사용하는가?

① 서미스터형　　② 슬라이딩저항형
③ 리드스위치형　　④ 초음파형

해설 부특성서미스터를 사용한다.

69 점화플러그에 대한 설명으로 틀린 것은?

① 열가는 점화플러그의 열방산정도를 수치로 나타내는 것이다.
② 방열효과가 낮은 특성의 플러그를 열형플러그라고 한다.
③ 전극의 온도가 자기청정온도 이하가 되면 실화가 발생한다.
④ 고부하 고속회전이 많은 기관에서는 열형플러그를 사용하는 것이 좋다.

해설 저속기관은 열형, 고속기관에서는 열을 많이 방출시키는 냉형플러그를 사용한다.

70 도난방지장치에서 리모콘을 이용하여 경계상태로 돌입하려고 하는데 잘 안 되는 경우의 점검부위가 아닌 것은?

① 리모콘 자체점검
② 글러브박스 스위치점검
③ 트렁크스위치점검
④ 수신기점검

해설 리모컨과 수신기를 점검하며, 도난방지차량 경계상태 입력요소인 도어키스위치, 도어스위치, 후드스위치, 트렁크스위치 등을 점검한다.

정답　64 ①　65 ③　66 ④　67 ②　68 ①　69 ④　70 ②

71 다음 회로에서 전류(A)와 소비전력(W)은?

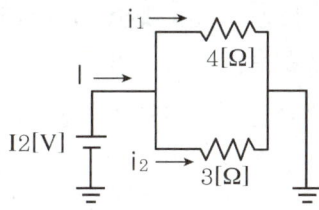

① I=0.58(A), P=5.8(W)
② I=5.8(A), P=58(W)
③ I=7(A), P=84(W)
④ I=70(A), P=840(W)

해설 $R = \dfrac{1}{\dfrac{1}{R_1}+\dfrac{1}{R_2}+\cdots+\dfrac{1}{R_n}} = \dfrac{12}{7}$ ohm

옴의 법칙 $I=\dfrac{E}{R}$에서

$I=\dfrac{12}{\dfrac{12}{7}}=7A$이며, 소비전력 $P=EI$에서

∴ 12V × 7A = 84W

72 멀티미터를 전류모드에 두고 전압을 측정하면 안 되는 이유는?

① 내부저항이 작아 측정값의 오차범위가 커지기 때문이다.
② 내부저항이 작아 과전류가 흘러 멀티미터가 손상될 우려가 있기 때문이다.
③ 내부저항이 너무 커서 실제값보다 항상 적게 나오기 때문이다.
④ 내부저항이 너무 커서 노이즈에 민감하고, 0점이 맞지 않기 때문이다.

해설 전류모드의 내부저항에 과전류가 흘러 멀티미터가 손상된다.

73 일정한 전압 이상이 인가되면 역방향으로도 전류가 흐르게 되는 전자부품의 소자는?

① 제너다이오드
② n형다이오드
③ 포토다이오드
④ 트랜지스터

74 자동차 각종 등화의 1등당 광도를 나타낸 것으로 틀린 것은?

① 전조등의 주행빔(2등식) : 15000~112500cd
② 후퇴등(수평선 상부) : 80~600cd
③ 차폭등(수평선 상부) : 4~125cd
④ 후미등 : 40~420cd

해설 후미등 : 2~25cd, 제동등 : 40~420cd이다.

75 에어컨 구성품 중 핀써모센서에 대한 설명으로 옳지 않은 것은?

① 에버포레이터코어의 온도를 감지한다.
② 부특성서미스터로 온도에 따른 저항이 반비례하는 특성이 있다.
③ 냉방 중 에버포레이터가 빙결되는 것을 방지하기 위하여 장착된다.
④ 실내온도와 대기온도차이를 감지하여 에어컨컴프레셔를 제어한다.

해설 온도만 감지하고 에어컨컴프레셔를 제어하지는 않는다.

76 자동차 교류발전기에서 가장 많이 사용되는 3상 권선의 결선방법은?

① Y결선   ② 델타결선
③ 이중결선   ④ 독립결선

해설 자동차용 교류발전기는 중성점의 전압을 이용할 수 있는 Y결선방식을 많이 사용한다.

71 ③ 72 ② 73 ① 74 ④ 75 ④ 76 ①

77 축전지에 사용되는 격리판의 구비조건으로 잘못 설명된 것은?

① 전도성일 것
② 다공성으로 전해액의 확산이 양호할 것
③ 기계적강도가 크고 산화부식이 적을 것
④ 내산성과 내진성이 양호할 것

해설 격리판의 구비조건
- 비전도성일 것
- 다공성일 것
- 전해액의 확산이 잘될 것
- 기계적강도가 있을 것
- 내산성, 내열성, 내진성이 양호할 것

78 스크린전조등시험기를 사용할 때 렌즈와 전조등의 거리를 3m로 측정하면, 차량전방 몇 m에서의 밝기에 해당하는가?

① 5m   ② 10m
③ 15m ④ 20m

해설 자동차전조등의 광도는 차량전방 10m 거리에서 15,000~112,500cd(4등식 : 12,000~112,500cd), 좌우진폭은 좌우 30cm 이내

79 자동차에 적용된 다중통신장치인 LAN통신(Local Area Network)의 특징으로 틀린 것은?

① 다양한 통신장치와 연결이 가능하고 확장 및 재배치가 가능하다.
② LAN통신을 함으로써 자동차용 배선이 무거워진다.
③ 사용커넥터 및 접속점을 감소시킬 수 있어 통신장치의 신뢰성을 확보할 수 있다.
④ 기능업그레이드를 소프트웨어로 처리함으로 설계변경의 대응이 쉽다.

해설 통신을 사용하여 배선을 따로 두지 않아 무게가 가벼워진다.

80 점화플러그의 구비조건 중 틀린 것은?

① 전기적 절연성이 좋아야 한다.
② 내열성이 작아야 한다.
③ 열전도성이 좋아야 한다.
④ 기밀이 잘 유지되어야 한다.

해설 고온에 견뎌야 하므로 내열성이 커야 한다.

3회 자동차정비산업기사 필기시험

2013. 8. 18. 시행

01 웜기어장치에서 회전수 1500rpm인 3줄 웜이 잇수 30개인 웜휠(웜기어)에 물려 돌고 있다면, 이때 웜휠의 회전수는 몇 rpm인가?

① 50 ② 150
③ 180 ④ 280

해설 구동기어잇수×구동기어회전수
= 피동기어잇수×피동기어회전수

피동기어회전수 = $\dfrac{구동기어잇수}{피동기어잇수}$×구동기어회전수

$= \dfrac{3}{30} \times 1500 = 150 \text{rpm}$

02 강판의 두께 12mm, 리벳의 지름 20mm, 피치 50mm의 1줄 겹치기 리벳이음에서 1피치당 하중이 12kN일 경우, 강판의 인장응력은 몇 N/mm²인가?

① 33.3 ② 64.2
③ 75.3 ④ 86.1

해설 인장응력 $\sigma = \dfrac{W}{t(p-d)} = \dfrac{12000}{12(50-20)}$
$= 33.3 \text{N/mm}^2$

[W : 하중(N), t : 강판의 두께(mm), p : 피치(mm), d : 리벳의 지름(mm)]

03 원형단면봉에 축방향으로 하중이 작용할 때 발생하는 인장응력을 구하는 식으로 옳은 것은?

① $2P/\pi d^3$ ② $4P/\pi d^3$
③ $2P/\pi d^2$ ④ $4P/\pi d^2$

해설 응력 $\sigma = \dfrac{P}{A} = \dfrac{P}{\dfrac{\pi}{4}d^2} = \dfrac{4P}{\pi d^2}$

[P : 하중(kgf), A : 단면적(cm²), d : 봉 지름(cm)]

04 다음 금긋기용 공구 중 가공물의 중심을 잡거나 정반 위에서 가공물을 이동시켜 평행선을 그을 때 사용되는 공구의 명칭은?

① 리머
② 펀치
③ 서피스게이지
④ 스크레이퍼

해설
- 리머 : 드릴로 뚫은 구멍을 정밀하게 다듬질하는 공구
- 펀치 : 구멍을 뚫는 공구
- 서피스게이지 : 가공물의 중심을 잡거나 정반 위에서 가공물을 이동시켜 평행선을 그을 때 사용되는 공구
- 스크레이퍼 : 기계가공된 면을 더욱 정밀하게 다듬질하는 공구

05 프레스가공에서 굽힘작업에 속하지 않는 것은?

① 비딩(Beading)
② 플랜징(Flanging)
③ 엠보싱(Embossing)
④ 셰이빙(Shaving)

해설 셰이빙은 전단가공이다.

01 ② 02 ① 03 ④ 04 ③ 05 ④ 정답

06 기계구조물에 여러 하중이 각각 작용할 때, 일반적으로 안전율을 가장 크게 설계해야 하는 하중의 형태는?

① 정하중
② 반복하중
③ 충격하중
④ 교번하중

해설 안전율의 크기순서는 충격하중 > 교번하중 > 반복하중 > 정하중

07 유압펌프의 종류 중 회전식이 아닌 것은?

① 피스톤펌프
② 기어펌프
③ 베인펌프
④ 나사펌프

해설 피스톤펌프는 피스톤의 왕복운동으로 압력이 형성된다.

08 담금질한 강에 인성을 갖게 하기 위하여 A1변태점 이하의 일정온도로 가열하는 열처리는?

① 풀림(Annealing)
② 불림(Normalizing)
③ 뜨임(Tempering)
④ 염욕열처리(Salt Bath Treatment)

해설 뜨임
담금질한 강에 인성을 주기 위해 가열 후 서서히 냉각시키는 열처리

09 기본부하용량이 18000N인 볼베어링이 베어링하중을 2000N을 받고 150rpm으로 회전할 때 이 베어링의 수명은 약 몇 시간인가?

① 62000
② 71000
③ 76000
④ 81000

해설 정격수명 $L = 500(\dfrac{C}{P})^3 \cdot \dfrac{33.3}{n}$

$= \dfrac{16650}{n}(\dfrac{C}{P})^3 = 80919$

[n : 베어링회전수(rpm), P : 베어링의 하중(kgf), C : 기본부하용량(kgf)]

10 유압유에 요구되는 성질로 가장 거리가 먼 것은?

① 마찰면에 윤활성이 좋을 것
② 이물질을 신속히 흡수할 수 있을 것
③ 적정한 점도가 있을 것
④ 산화에 대하여 안정성이 있을 것

해설 유압유에 요구되는 성질
• 비압축성일 것
• 적정한 점도가 있을 것
• 마찰면에 윤활성이 좋을 것
• 산화에 대하여 안정성이 있을 것
• 열을 잘 방출할 수 있을 것

11 바닥이 넓은 축열실(蓄熱室)반사로를 사용하여 선철을 용해·정련하는 제강법은?

① 평로
② 전기로
③ 전로
④ 용광로

해설 평로
바닥이 넓은 축열실반사로를 사용하여 가열과 노의 천장으로부터의 반사에 의해 정련하는 방법이다.

정답 06 ③ 07 ① 08 ③ 09 ④ 10 ② 11 ①

12 동력을 전달하는 축의 강도설계에서 굽힘과 비틀림을 함께 받는 중실축의 최대전단응력(r_{max})은?(단, 굽힘모멘트는 M이고, 비틀림모멘트는 T이며, 중실축의 지름은 d이다)

① $r_{max} = \dfrac{16}{\pi d^3}(M+ \sqrt{M^2+ T^2})$

② $r_{max} = \dfrac{16}{\pi d^3}(M+ \sqrt{M^2+ T^2})$

③ $r_{max} = \dfrac{32}{\pi d^4}\sqrt{M^2+ T^2}$

④ $r_{max} = \dfrac{32}{\pi d^4}(M+ \sqrt{M^2+ T^2})$

13 드릴로 뚫은 구멍을 정확한 치수로 다듬는 데 사용되는 공구는?

① 탭 ② 다이스
③ 정 ④ 리머

해설 리머
드릴로 뚫은 구멍을 정밀하게 다듬질하는 공구

14 강제원형봉을 토션바(Torsion Bar)로 사용하고자 할 때 원형봉에 발생하는 최대전단응력에 대한 설명으로 틀린 것은? (단, 여기서는 원형봉에 발생하는 최대전단응력, 원형봉의 지름, 길이, 재질, 비틀림각도만을 고려하며, 각 보기 항목에서 지시하지 않는 다른 항목은 일정하다고 가정한다)

① 최대전단응력은 비틀림각에 비례한다.
② 최대전단응력은 원형봉의 길이에 비례한다.
③ 최대전단응력은 전단탄성계수에 반비례한다.
④ 최대전단응력은 원형봉 지름에 비례한다.

해설 최대전단응력은 전단탄성계수에 반비례한다.

15 유압기기의 부속장치 중 유압에너지압력에 대해 맥동제거, 압력보상, 충격완화 등의 역할을 하는 것은?

① 스트레이너
② 패킹
③ 어큐뮬레이터
④ 필터엘리먼트

해설 어큐뮬레이터는 유압회로 내에서 발생되는 압력에 대해 맥동제거, 압력보상, 충격완화 등의 역할을 한다.

16 자동차부품, 전동기부품, 가정용 공구, 기계 및 공구 등에 사용되는 다이캐스팅용 Al합금의 요구되는 성질 중 틀린 것은?

① 유동성이 좋을 것
② 응고수축에 대한 용탕보급성이 좋을 것
③ 열간메짐이 클 것
④ 금형에 점착하지 않을 것

해설 다이캐스팅용 Al합금은 열간취성(메짐)이 작아야 한다.

17 안지름이 1m인 압력용기에 5N/cm²의 내압이 작용하고 있다. 압력용기의 뚜껑을 18개의 볼트로 체결할 경우 다음 중에서 사용가능한 가장 작은 볼트는?(단, 볼트 지름방향의 허용인장응력은 1000N/cm²이고, 볼트에는 인장하중만 작용한다)

① M14(골지름 11.835mm)
② M22(골지름 19.294mm)
③ M27(골지름 23.752mm)
④ M36(골지름 31.670mm)

12 ① 13 ④ 14 ③ 15 ③ 16 ③ 17 ②

해설 압력 $P = \dfrac{W}{A}$ 에서

$W = PA = 5 \times \dfrac{\pi}{4}(100cm^2) = 39270N$

볼트가 18개이므로 개당 2181N

끝지름 $d = \sqrt{\dfrac{1.27W}{\sigma}} = 16.6mm$

16.6m보다 커야 하므로 M22이다.

18 다음 중 원추클러치의 설명으로 틀린 것은?

① 마찰클러치의 한 종류이다.
② 주동축의 운전 중에도 단속이 가능하다.
③ 갑자기 큰 토크가 걸리면 미끄럼이 일어나 안전장치의 작용을 할 수 있다.
④ 클러치의 재료는 온도상승에 의한 마찰계수변화가 큰 것이 좋다.

해설 클러치의 재료는 온도상승에 의한 마찰계수변화가 작은 것이 좋다.

19 피복금속아크용접에서 용입불량이 나타나는 원인으로 거리가 먼 것은?

① 이음설계에 결함이 있을 때
② 용접속도가 너무 느릴 때
③ 용접전류가 너무 낮을 때
④ 용접봉 선택이 불량할 때

해설 용입불량의 원인
• 이음설계에 결함이 있을 때
• 용접속도가 너무 빠를 때
• 용접전류가 너무 낮을 때
• 용접봉선택이 불량할 때

20 주철조직에 유리탄소(Free Carbon)와 Fe_3C가 혼재하고 있으며, 주조와 절삭이 쉬워 일반가공기계의 베드용으로 사용되는 보통주철은?

① 회주철
② 백주철
③ 반주철
④ 페라이트주철

해설 회주철
유리된 탄소와 탄화철(Fe_3C)이 혼재하고 있으며 냉각속도를 느리게 하여 탄소의 많은 양이 흑연화되어 있는 주철로 주조와 절삭이 쉬워 일반가공기계의 베드용으로 사용된다.

21 운행하는 자동차의 소음측정항목으로 맞는 것은?

① 배기소음   ② 엔진소음
③ 진동소음   ④ 가속출력소음

해설 운행하는 자동차의 소음측정은 경적소음과 배기소음을 측정한다.

22 다음 그림은 스로틀포지션센서(TPS)의 내부회로도이다. 그림에서 B와 같이 닫혀있는 현재 상태의 출력전압은 약 몇 V인가?(단, 공회전상태이다)

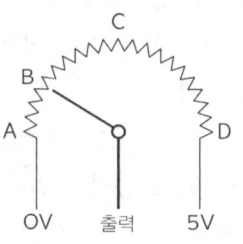

① 0V   ② 약 0.5V
③ 약 2.5V   ④ 약 5V

해설 스로틀포지션센서는 닫힘 시 약 0.5V, 최대열림 시 약 4.5V가 나온다.

23 자동차기관의 유효압력에 대한 설명으로 틀린 것은?

① 도시평균유효압력=이론평균유효압력×선도계수
② 평균유효압력=1사이클의 일÷실린더 용적
③ 제동평균유효압력=도시평균유효압력×기계효율
④ 마찰손실 평균유효압력=도시평균유효압력-제동평균유효압력

해설 제동평균유효압력
$= \dfrac{도시평균유효압력 \times 기계효율}{100}$

24 LPG(Liquefied Petroleum Gas)차량의 특성 중 장점이 아닌 것은?

① 엔진연소실에 카본의 퇴적이 거의 없어 스파크플러그의 수명이 연장된다.
② 엔진오일의 가솔린과는 달리 연료에 의해 희석되므로 실린더의 마모가 적고 오일교환기간이 연장된다.
③ 가솔린에 비해 쉽게 기화되므로 연소가 균일하여 엔진소음이 적다.
④ 베이퍼록(Vapor Lock)과 퍼콜레이션(Percolation) 등이 발생하지 않는다.

해설 LPG기관은 가솔린기관을 바탕으로 만들어져 특성이 같고 오일을 연료에 희석하지 않는다.

25 기관시험장비를 사용하여 점화코일의 1차파형을 점검한 결과, 그림과 같다면 파워TR이 ON되는 구간은?

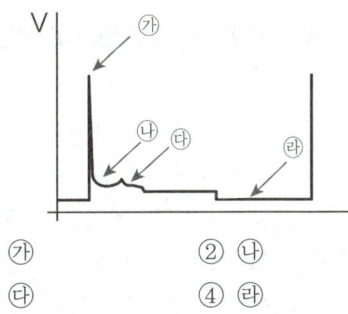

① ㉮
② ㉯
③ ㉰
④ ㉱

해설 점화1차파형
㉮ : 서지전압(역기전력)
㉯ : 용량방전
㉰ : 진동감쇠구간
㉱ : 드웰구간(파워TR ON구간)

26 가솔린엔진에서 온도게이지가 'HOT' 위치에 있을 경우 점검해야 하는 사항으로 가장 거리가 먼 것은?

① 냉각전동팬 작동상태
② 라디에이터의 막힘상태
③ 수온센서 혹은 수온스위치의 작동상태
④ 부동액의 농도상태

해설 부동액의 점검은 안전을 고려하여 온도가 충분히 식은 후 한다.

27 배기량 400cc, 연소실체적 50cc인 가솔린기관에서 rpm이 3000r/m이고, 축토크가 8.95kgf-m일 때 축출력은?

① 약 15.5PS
② 약 35.1PS
③ 약 37.5PS
④ 약 38.1PS

해설 출력 $= \dfrac{TN}{716} = \dfrac{8.95 \times 3000}{716} = 37.5 \text{ps}$

[T : 회전력(m-kgf), N : 엔진회전수(rpm)]

28 열역학 제2법칙의 표현으로 적당하지 못한 것은?

① 열은 저온의 물체로부터 고온의 물체로 이동하지 않는다.
② 제2종의 영구운동기관은 존재한다.
③ 열기관에서 동작 유체에 일을 시키려면 이것보다 더 저온인 물체가 필요하다.
④ 마찰에 의하여 열을 발생하는 변화를 완전한 가역변화로 할 수 있는 방법은 없다.

해설 열역학 제2법칙
열은 저온의 물체에서 고온의 물체로 이동할 수 없듯이 가역성이 없고 진행에 방향성을 갖는다는 법칙이다. 즉, 외부에 어떠한 영향도 남기지 않으면서 한 순환주기 동안에 열원에서 받은 열을 전부 일로 바꾸는 것은 불가능하다.

29 전자제어가솔린기관의 인젝터분사시간에 대한 설명 중 틀린 것은?

① 기관을 급가속할 때에는 순간적으로 분사시간이 길어진다.
② 축전지전압이 낮으면 무효분사시간이 짧아진다.
③ 기관을 급감속할 때에는 순간적으로 분사가 정지되기도 한다.
④ 지르코니아산소센서의 전압이 높으면 분사시간이 짧아진다.

해설 축전지전압이 낮으면 무효분사기간이 길어진다.

30 전자제어가솔린기관에서 연료분사량을 결정하기 위해 고려해야 할 사항과 가장 거리가 먼 것은?

① 점화전압   ② 흡입공기질량
③ 목표공연비   ④ 대기압력

해설 가솔린기관에서 연료분사량은 흡입공기량과 기관회전수로 기본분사량을 결정하고, 대기압력을 측정·보정하여 목표공연비를 연산한다.

31 피스톤핀을 피스톤 중심으로부터 오프셋(Offset)하여 위치하게 하는 이유는?

① 피스톤을 가볍게 하기 위하여
② 옥탄가를 높이기 위하여
③ 피스톤슬랩을 감소시키기 위하여
④ 피스톤핀의 직경을 크게 하기 위하여

해설 피스톤슬랩을 감소시키기 위하여 피스톤핀 중심으로부터 1.5mm 정도 오프셋시킨 피스톤을 말한다.

32 전자제어압축천연가스(CNG) 자동차의 기관에서 사용하지 않는 것은?

① 연료온도센서   ② 연료펌프
③ 연료압력조절기   ④ 습도센서

해설 압축천연가스(CNG)기관은 봄베의 고압연료를 직접 보내므로 연료펌프가 없다.

33 전자제어가솔린장치에서 (−)duty제어타입 액추에이터(Actuator)의 작동사이클 중 (−)duty가 40%인 경우의 설명으로 옳은 것은?

① 한 사이클 중 작동하는 시간의 비율이 60%이다.
② 한 사이클 중 분사시간의 비율이 60%이다.
③ 전류통전시간 비율이 40%이다.
④ 전류비통전시간 비율이 40%이다.

해설 (−)duty가 40%란 전류통전시간의 비율이 40%라는 의미로서 액추에이터 작동시간을 말한다.

정답 28 ② 29 ② 30 ① 31 ③ 32 ② 33 ③

34 차량의 경음기소음을 측정한 결과 86dB이며, 암소음이 82dB이었다면, 이때의 보정치를 적용한 경음기의 소음은?

① 83dB ② 84dB
③ 86dB ④ 88dB

해설 암소음의 영향에 대한 보정표 단위 : dB(A)

측정소음도와 암소음도의 차	3	4	5	6	7	8	9
보 정 치	−3	−2			−1		

35 디젤기관에서 연료분사량이 부족한 원인이 아닌 것은?

① 딜리버리밸브의 접촉이 불량하다.
② 분사펌프플런저가 마멸되어 있다.
③ 딜리버리밸브시트가 손상되어 있다.
④ 기관의 회전속도가 낮다.

해설 기관의 회전속도는 연료분사량의 결과이다.

36 전자제어가솔린분사장치의 점화시기제어에 대한 설명 중 틀린 것은?

① 통전시간제어란 파워TR이 "ON"되는 시간이며 드웰각제어 또는 폐각도제어라고 한다.
② 기본점화시기제어란 기본분사신호와 엔진회전수 및 ECU의 ROM내에 맵핑된 점화시기이다.
③ 크랭크 각 1°의 시간이란 크랭크 각 1주기의 시간을 180으로 나눈 시간이다.
④ 한 실린더당 2개 이상의 점화코일을 사용하는 것은 파워TR이 ON되는 시간을 짧게 할 수 있어 그만큼 통전시간을 길게 하는 장점이 있다.

해설 파워TR이 ON되는 시간이 짧아지면 통전시간도 짧아진다.

37 가솔린기관에서 압축비 ε=7, 비열비 k=1.4일 경우 이론열효율은 약 얼마인가?

① 45.4% ② 59.3%
③ 48.5% ④ 54.1%

해설 이론열효율 $\eta = 1 - \dfrac{1}{\epsilon^{k-1}} = 1 - \dfrac{1}{7^{1.4-1}} = 0.54$
∴ 54%

38 삼원촉매장치를 장착하는 근본적인 이유는?

① HC, CO, NOx를 저감하기 위하여
② CO_2, N_2, H_2O를 저감하기 위하여
③ HC, SOx를 저감하기 위하여
④ H_2O, SO_2, CO_2를 저감하기 위하여

해설 HC, CO, NOx를 저감한다.

39 전자제어가솔린기관의 인젝터에 관한 설명 중 틀린 것은?

① 인젝터의 분사신호는 ECU제어에 따라 이루어진다.
② 인젝터는 구동방식에 따라 전압제어식과 전류제어식으로 구분한다.
③ 인젝터는 연료펌프의 압력이 일정 이상 걸릴 때 연료가 분사되는 구조로 되어있다.
④ 저저항방식의 인젝터는 레지스터를 사용하고 전압제어식이라고도 부른다.

해설 인젝터는 일정압력이 걸릴 때 인젝터를 보호하기 위해 연료를 리턴시킨다.

40 가솔린기관에서 노크센서를 사용하는 가장 큰 이유는?

① 최대흡입공기량을 좋게 하여 체적효율을 향상시키기 위함이다.
② 노킹영역을 검출하여 점화시기를 제어하기 위함이다.
③ 기관의 최대출력을 얻기 위함이다.
④ 기관의 노킹영역을 결정하여 이론공연비로 연소시키기 위함이다.

해설 노킹영역을 검출하여 엔진에서 가장 적절한 점화시기로 제어하기 위함이다.

41 전자제어 파워스티어링제어방식이 아닌 것은?

① 유량제어식
② 실린더 바이패스 제어식
③ 유온반응제어식
④ 밸브특성제어식

42 자동변속기의 변속선도에 히스테리시스(Hysteresis)작용이 있는 이유로 적당한 것은?

① 변속점 설정 시 속도를 감속시켜 안전을 유지하기 위해서
② 변속점 부근에서 주행할 경우 변속이 빈번하게 일어나 불안정함을 방지하기 위해서
③ 증속될 때 변속점이 일치하지 않는 것을 방지하기 위해서
④ 감속 시 연료의 낭비를 줄이기 위해서

해설 히스테리시스
변속점 부근에서 주행 시 변속이 빈번하지 않게 하여 승차감을 좋게 한다.

43 클러치의 전달효율에 관한 설명으로 틀린 것은?

① 전달효율은 클러치의 출력회전력에 비례한다.
② 전달효율은 엔진의 발생회전력과 엔진의 회전수에 비례한다.
③ 전달효율은 클러치로 들어간 동력에 반비례한다.
④ 전달효율은 클러치에서 나온 동력에 비례한다.

해설 전달효율은 클러치에서 나온 동력에 비례하고, 들어간 동력(엔진회전수)에 반비례한다.

44 무게 2ton인 화물차량이 20° 경사길을 올라갈 때의 전주행저항은?(단, 구름저항계수 : 0.2)

① 약 560kgf
② 약 1084kgf
③ 약 1560kgf
④ 약 2025kgf

해설 전주행저항 = 구름저항 + 등판저항
$= \mu \times W + \sin\theta \times W$
$= 0.2 \times 2000 + \sin 20° \times 2000$
$= 1084 kgf$

45 추진축의 외경 90mm, 내경 80mm, 길이가 1000mm인 경우 위험회전수는?

① 1150rpm
② 5732rpm
③ 14450rpm
④ 17149rpm

해설 추진축의 위험회전수 $N = 0.12 \times 10^9 \dfrac{\sqrt{D_1^2 + D_2^2}}{l^2}$
$= 14450 rpm$

46 자동변속기의 차량의 점검방법으로 틀린 것은?

① 자동변속기의 오일량은 평탄한 노면에서 측정한다.
② 인히비터스위치는 N위치에서 점검 조정한다.
③ 오일량을 측정할 때는 시동을 끄고 약 3분간 기다린 후 점검한다.
④ 스톨테스트 시 회전수가 기준보다 낮으면 엔진을 점검해본다.

해설 자동변속기 오일량측정은 시동을 걸고 하며 엔진오일량을 측정할 때는 시동을 끄고 약 3분간 기다린 후 점검한다.

47 전자제어제동장치(ABS)의 장점으로 틀린 것은?

① 안정된 제동효과를 얻을 수 있다.
② 제동 시 자동차가 한쪽으로 쏠리는 것을 방지한다.
③ 미끄러운 노면에서 제동 시 조향안정성이 있다.
④ 미끄러운 노면에서 출발 시 바퀴의 슬립을 방지한다.

해설 제동 시 자동차가 한쪽으로 쏠리는 것은 TCS가 제어한다.

48 급격한 가속이나 제동 또는 선회 시에 타이어가 노면과의 사이에 미끄러짐이 발생하면서 나는 소음은?

① 럼블(Rumble)음
② 험(Hum)음
③ 스퀼(Squeal)음
④ 패턴소음(Pattern Noise)

해설 트레드고무와 노면상의 마찰에 의한 소음을 스퀼소음이라 한다.

49 VDC(Vehicle Dynamic Control) 장치에 대한 설명으로 틀린 것은?

① 스핀 또는 언더스티어링 등의 발생을 억제하는 장치이다.
② VDC는 ABS제어, TCS제어 기능 등이 포함되어 있으며 요모멘트제어와 자동감속제어를 같이 수행한다.
③ VDC장치는 TCS에 요레이터센서, G센서, 마스터실린더 압력센서 등을 사용한다.
④ 오버스티어현상을 더욱 증가시킨다.

해설 VDC는 차체자세를 제어하여 언더스티어·오버스티어를 줄여준다.

50 주행 중 조향휠이 안쪽으로 치우칠 경우 예상되는 원인이 아닌 것은?

① 타이어편마모
② 파워오일펌프벨트의 노화
③ 한쪽 앞 코일스프링 약화
④ 휠얼라인먼트조정 불량

해설 파워오일펌프벨트가 노화되면 오일펌프압력이 적어져 조향조작력이 어려워진다.

51 트럭의 앞차축이 뒤틀어져서 왼쪽 캐스터 각이 0°, 오른쪽 캐스터 각이 뒤쪽으로 5~6°가 더 클 때 주행 중 어떤 현상이 일어나겠는가?

① 오른쪽으로 끌리는 경향이 있다.
② 왼쪽으로 끌리는 경향이 있다.
③ 정상적으로 조향된다.
④ 도로사정에 따라 왼쪽이나 오른쪽으로 끌린다.

정답 46 ③ 47 ② 48 ③ 49 ④ 50 ② 51 ②

해설 오른쪽의 정(+)의 캐스터가 왼쪽의 0 캐스터를 축으로 왼쪽으로 끌리는 경향이 발생한다.

52 자동변속기 내부에서 링기어와 캐리어가 1개씩, 직경이 다른 선기어 2개, 길이가 다른 피니언기어가 2개로 조합되어 있는 복합유성기어 형식은?

① 심프슨기어 형식
② 윌슨기어 형식
③ 라비뇨기어 형식
④ 레펠레티어기어 형식

해설 복합유성기어의 종류
- 심프슨기어 형식 : 링기어 2개
- 라비뇨기어 형식 : 링기어 1개

53 그림에서 브레이크 페달의 유격조정부위로 가장 적합한 곳은?

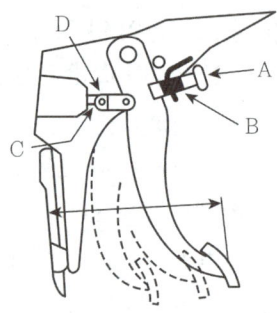

① A와 B
② C와 D
③ B와 D
④ B와 C

해설 페달이 실린더를 누르기 직전까지의 거리인 C와 D이다.

54 전자제어제동장치(ABS) 차량이 통상제동상태에서 ABS가 작동순환되는 모드는?

① 압력감소모드-압력유지모드-압력상승모드
② 압력상승모드-압력유지모드-압력감소모드
③ 압력유지모드-압력감소모드-압력상승모드
④ 압력상승모드-압력감소모드-압력유지모드

해설 ABS는 압력감소-유지-압력상승을 순환제어한다.

55 공압식 전자제어현가장치에서 스캔툴을 이용하여 강제구동할 경우에 대한 설명으로 옳은 것은?

① 고속좌회전모드로 조작하는 경우 좌측은 올리고 우측은 내리는 제어를 한다.
② 급제동하는 모드로 조작하는 경우 앞축과 뒤축은 모두 hard쪽으로 제어한다.
③ High모드로 조작하면 차고는 상향제어되면서 감쇠력은 hard쪽으로 제어된다.
④ 차량속도가 고속모드인 경우 앞축과 뒤축 모두 차고를 올림제어한다.

해설 고속좌회전모드로 조작하면 좌측은 내리며, high모드로 조작하면 차고는 상향제어되면서 감쇠력은 soft쪽으로 제어한다. 또한 고속모드이면 앞, 뒤축 모두 차고를 내림제어한다.

56 제동장치가 갖추어야 할 조건으로 틀린 것은?

① 최고속도와 차량의 중량에 대하여 항상 충분한 제동력을 발휘할 것
② 신뢰성과 내구성이 우수할 것
③ 조작이 간단하고, 운전자에게 피로감을 주지 않을 것
④ 고속주행상태에서 급제동 시 모든 바퀴의 제동력이 동일하게 작용할 것

해설 급제동 시 바퀴의 제동력은 앞바퀴가 더욱 커야 한다.

57 액슬축의 회전수가 900rpm이고, 바퀴의 유효반지름이 300mm일 때 자동차의 시속은?

① 약 92km/h
② 약 102km/h
③ 약 112km/h
④ 약 122km/h

해설 차속 = $\frac{\pi DN}{60} \times 3.6 = \frac{\pi \times 0.6 \times 900}{60} \times 3.6$
 = 101.7km/h

58 구동륜의 타이어치수가 비정상일 때 나타날 수 있는 현상으로 거리가 먼 것은?

① 연비변화
② 타이어이상마모
③ 차고변화
④ 변속기소음

해설 구동륜과 변속기는 관련이 없다.

59 조향장치에 대한 설명으로 틀린 것은?

① 회전반경이 되도록 크게 하여 전복되지 않게 한다.
② 조향조작이 경쾌하고 자유로워야 한다.
③ 노면으로부터의 충격이나 원심력 등의 영향을 받지 않아야 한다.
④ 타이어 및 조향장치의 내구성이 커야 한다.

해설 회전반경이 작아 좁은골목에서도 선회력이 좋아야 한다.

60 타이어의 회전반경이 0.3m인 자동차에서 타이어의 회전수가 800rpm으로 달릴 때 회전토크가 15kgf·m이라면 구동력은?

① 45kgf
② 50kgf
③ 60kgf
④ 70kgf

해설 구동력 $F = \frac{T}{r} = \frac{15}{0.3} = 50kgf$
[T : 회전력(m-kgf), r : 타이어 반지름(m)]

61 충전장치정비 시에 안전에 위배되는 것은?

① 급속충전기로 충전을 하기 전에 점화스위치를 OFF하고 배터리케이블을 분리한다.
② 발전기 B단자를 분리한 후 엔진을 고속회전하지 않는다.
③ 발전기 출력전압이나 전류를 점검할 때는 메가옴 테스터기를 활용한다.
④ 접지극성에 주의한다.

해설 메가옴 테스터기는 절연저항측정기이다.

62 자동차용 컴퓨터통신방식 중 CAN(Controller Area Network)통신에 대한 설명으로 틀린 것은?

① 일종의 자동차전용프로토콜이다.
② 전장회로의 이상상태를 컴퓨터를 통해 점검할 수 있다.
③ 차량용통신으로 적합하나 배선수가 현저하게 많다.
④ 독일의 로버트보쉬사가 국제특허를 취득한 컴퓨터통신방식이다.

해설 CAN통신은 디지털신호를 주고받아 2개의 선으로만 구성되어 배선의 무게가 가볍다.

63 배터리 측에서 암전류(방전전류)를 측정하는 방법으로 옳은 것은?

① 배터리 '+'측과 '-'측의 전류가 서로 다르기 때문에 반드시 배터리 '+'측에서만 측정하여야 한다.
② 디지털멀티미터를 사용하여 암전류를 점검할 경우 탐침을 배터리 '+'측에서 병렬로 연결한다.
③ 클램프타입전류계를 이용할 경우 배터리 '+'측과 '-'측 배선 모두 클램프 안에 넣어야 한다.
④ 배터리 '+'측과 '-'측 무관하게 한 단자를 탈거하고 멀티미터를 직렬로 연결한다.

해설 전류의 측정은 단자를 탈거하고 멀티미터를 직렬로 연결한다.

64 시동 후 냉각수온도센서(부특성서미스터)의 출력전압은 수온이 올라감에 따라 어떻게 변화하는가?

① 변화없다.
② 크게 상하로 움직인다.
③ 계속 상승하다 일정하게 된다.
④ 엔진온도상승에 따라 전압값이 감소한다.

해설 부특성서미스터는 온도가 올라가면 저항이 감소하고, 온도가 내려가면 전압값이 상승하게 된다.

65 다음 회로에서 릴레이코일선이 단선되어 릴레이가 작동되지 않는다. 각각 e점, f점의 전압값으로 맞는 것은?

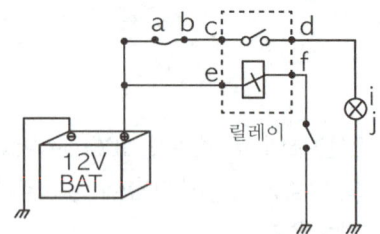

① e : 12, f : 12
② e : 12, f : 0
③ e : 0, f : 12
④ e : 0, f : 0

해설 e는 배터리전원 12v가 나오며 f는 단선이므로 0v이다.

66 버튼엔진시동시스템에서 주행 중 엔진정지 또는 시동꺼짐에 대비하여 FOB키가 없을 경우에도 시동을 허용하기 위한 인증타이머가 있다. 이 인증타이머의 시간은?

① 10초   ② 20초
③ 30초   ④ 40초

해설 30초 동안 키가 없어도 시동이 가능한 사전인증 기능이 있다.

67 기계·기구의 정밀도검사기준 중 전조등시험기의 광축편차는 어느 범위의 허용오차 이내여야 하는가?

① ±(1/3)°   ② ±(1/6)°
③ ±(1/5)°   ④ ±(1/4)°

68 NPN형 파워TR에서 접지되는 단자는?

① 캐소드   ② 이미터
③ 베이스   ④ 컬렉터

해설 TR에서 컬렉터는 점화코일 -단자에, 베이스는 ECU에, 이미터는 접지되어 있다.

정답 63 ④ 64 ④ 65 ② 66 ③ 67 ② 68 ②

69 자동차전조등의 등화중심점이 지상 1120 mm 높이로 취부되어 있다. 전조등주광축의 하향진폭은 전방 10m에서 얼마 이내로 조정되어야 하는가?

① 0.300m
② 0.312m
③ 0.336m
④ 0.348m

해설 전조등 높이의 30% 이내이므로 0.336m이다.

70 점화장치에 대한 설명으로 틀린 것은?

① 무접점식점화장치에서 점화펄스발생기로 주로 홀센서 또는 유도센서가 사용된다.
② 홀반도체에 작용하는 자속밀도가 무시해도 좋을 만큼 낮을 때, 홀전압은 최대가 된다.
③ 유도센서에서 펄스발생용로터와 스테이터를 형성하는 철심이 마주 볼 때의 공극은 대략 0.5mm 정도이다.
④ CD(축전기 방전식 점화장치)에서 축전기에 충전되는 에너지수준은 충전전압의 제곱에 비례한다.

해설 홀반도체에 작용하는 자속밀도가 클 때 홀전압이 최대가 된다.

71 비상등은 정상작동되나 좌측방향지시등이 작동하지 않을 때 관련 있는 부품은?

① 플래셔유닛
② 비상등스위치
③ 턴시그널스위치
④ 턴시그널전구

해설 턴시그널스위치가 방향지시등을 조작한다.

72 하이브리드자동차에서 엔진정지 금지조건이 아닌 것은?

① 브레이크부압이 낮은 경우
② 하이브리드 모터시스템이 고장인 경우
③ 엔진의 냉각수온도가 낮은 경우
④ D레인지에서 차속이 발생한 경우

해설 엔진정지 금지조건은 엔진에 이상발생을 미리 인지하여 차량의 안정적인 주행을 도모하며, D레인지 차속이 변경되었다는 것은 운전자의 의지에 따른 정상적인 주행조건이다.

73 자동차냉방장치의 구성부품 중에서 액화된 고온·고압의 냉매를 저온·저압의 냉매로 만드는 역할을 하는 것은?

① 압축기 ② 응축기
③ 증발기 ④ 팽창밸브

74 전자동에어컨장치(Full Auto Conditioning)에서 입력되는 센서가 아닌 것은?

① 대기압센서 ② 실내온도센서
③ 핀써모센서 ④ 일사량센서

해설 대기압센서는 연료량분사조절을 위한 입력신호이다.

75 12V용 24W 방향지시등 전구의 저항을 단품측정하였더니 약 0.5~1Ω정도가 측정되었을 경우, 전구의 상태판단으로 가장 적합한 것은?

① 일반적으로는 정상이라고 판단할 수 있다.
② 전구 내부에서 단락된 것이다.
③ 전구의 저항이 커진 것이다.
④ 전구의 필라멘트가 단선되었다.

정답 69 ③ 70 ② 71 ③ 72 ④ 73 ④ 74 ① 75 ①

해설 전구의 저항이 약 0.5~1Ω 정도가 측정되었으므로 코일길이에 따른 정상적인 저항이며 단선 시 0, 단락 시 무한대가 나온다.

76 방향지시등의 점멸주기가 빨라지는 원인이 아닌 것은?

① 충전전압이 높아 회로 내 전압이 높게 걸린다.
② 방향지시등회로와 후진등회로가 단락되었다.
③ 플래셔유닛의 고장이나 제원이 다르다.
④ 램프의 저항이 규정값보다 낮은 것을 사용하였다.

해설 방향지시등회로와 후진등회로가 단락되면 느려지거나 작동하지 않는다.

77 다음 중 하이브리드자동차에 적용된 이모빌라이저시스템의 구성품이 아닌 것은?

① 스마트라(Smatra)
② 트랜스폰더(Transponder)
③ 안테나코일(Coil Antenna)
④ 스마트키유닛(Smart Key Unit)

해설
• 스마트라 : 키에 내장된 트랜스폰더와 통신
• 트랜스폰더 : 차량의 코드를 키에 저장
• 코일안테나 : IGN Key가 내장된 안테나코일

78 병렬형(Parallel) TMED(Transmission Mounted Electric Device) 방식의 하이브리드자동차(HEV)의 주행패턴에 대한 설명으로 틀린 것은?

① 엔진OFF 시에는 EOP(Electric Oil Pump)를 작동해 자동변속기 구동에 필요한 유압을 만든다.
② 엔진단독 구동 시에는 엔진클러치를 연결하여 변속기에 동력을 전달한다.
③ EV모드주행 중 HEV주행모드로 전환할 때 엔진동력을 연결하는 순간 쇼크가 발생할 수 있다.
④ HEV주행모드로 전환할 때 엔진회전속도를 느리게 하여 HEV모터 회전속도와 동기화되도록 한다.

해설 모터와 변속기가 연결되어 있으므로 엔진속도를 조절하여 동기화할 필요가 없다.

79 자동차전기회로의 전압강하에 대한 설명이 아닌 것은?

① 저항을 통하여 전류가 흐르면 전압강하가 발생한다.
② 전압강하가 커지면 전장품의 기능이 저하되므로 전선의 굵기는 알맞은 것을 사용해야 한다.
③ 회로에서 전압강하의 총량은 회로의 공급전압과 같다.
④ 전류가 적고 저항이 클수록 전압강하도 커진다.

해설 전류가 크고 저항이 클수록 전압강하도 커진다.

80 냉방사이클 내부의 압력이 규정치보다 높게 나타나는 원인으로 옳지 않은 것은?

① 냉매의 과충전
② 컴프레서의 손상
③ 리시버드라이어의 막힘
④ 냉각팬작동불량

해설 에어컨컴프레서가 손상되면 압력이 형성되지 않아 규정압력이 낮아진다.

정답 76 ② 77 ④ 78 ④ 79 ④ 80 ②

1회 자동차정비산업기사 필기시험

2014. 3. 2. 시행

01 M5×0.8로 표기되는 나사에 관한 설명으로 옳지 않은 것은?

① 미터나사이다.
② 나사의 피치는 0.8mm이다.
③ 나사를 180° 회전시키면 리드는 0.4mm이다.
④ 암나사작업을 위해 지름 5mm의 드릴이 필요하다.

해설 나사의 호칭설명
- M : 미터나사
- 5 : 호칭 지름
- 0.8 : 피치
- 피치(1회전)가 0.8mm이므로 180° 회전시키면, 리드는 0.4mm 이동한다.

02 지름 d, 길이 l인 전동축에서 비틀림각이 1°인 것을 0.25°로 하기 위하여 축지름만을 설계 변경한다면 얼마로 하면 되겠는가?

① $\sqrt{2}\,d$
② $2d$
③ $\sqrt[3]{2}\,d$
④ $\sqrt[3]{4}\,d$

해설 바하의 축공식 $\theta = \dfrac{584\,Tl}{G d^4}$ 에서 0.25°로 변경하면
$\dfrac{1}{4}$이므로 $d^4 = 4$
∴ $d = \sqrt{2}$

03 금속재료의 가공경화로 생긴 잔류응력제거 및 절삭성향상 등을 개선시키는 열처리방법으로 가장 적합한 것은?

① 풀림 ② 뜨임
③ 코팅 ④ 담금질

해설
- 풀림 : 노안에서 서서히 냉각시켜 강의 경도를 연하게 하는 것으로, 가공경화로 생긴 잔류응력 제거, 절삭성향상, 냉간가공성 등을 개선시키는 열처리방법
- 뜨임 : 일정한 온도로 가열한 후 냉각시켜 인성을 회복시키는 조작
- 코팅 : 모재에 엷은 막을 덮어 씌워 표면의 질을 향상시키는 일
- 담금질 : 강을 일정온도 이상 가열하고 그 온도에서 충분한 시간을 유지한 다음, 물이나 기름에 급랭시켜 강하게 하거나 경도를 높이는 조작

04 지름 20mm의 드릴로 연강판에 구멍을 뚫을 때, 회전수가 200rpm이면 절삭속도는 몇 m/min인가?

① 12.6 ② 15.5
③ 17.6 ④ 75.3

해설 절삭속도 $V = \dfrac{\pi DN}{1000} = \dfrac{\pi \times 20 \times 200}{1000} = 12.56\,\text{m/min}$

05 모듈이 6이고, 중심거리가 300mm, 속도비가 2:3인 외접하는 표준스나이퍼기어의 작은 기어 바깥지름은 얼마인가?

① 240mm ② 252mm
③ 360mm ④ 372mm

정답 01 ④ 02 ① 03 ① 04 ① 05 ②

해설 기어의 중심거리 $L = \dfrac{D_1 + D_2}{2} = 300\text{mm}$에서
$D_1 + D_2 = 600\text{mm}$
속도비가 2 : 3이므로
지름비는 360mm : 240mm
작은기어는 240mm이고
바깥지름은 240+2M=252mm

06 직경 4cm의 원형단면봉에 200kN의 인장하중이 작용할 때 봉에 발생하는 인장응력은 약 몇 N/mm²인가?

① 159.15 ② 169.42
③ 171.56 ④ 181.85

해설 응력 $\sigma = \dfrac{W}{A} = \dfrac{200000}{\dfrac{\pi}{4} \times 40^2} = 159.15\text{N}/\text{mm}^2$

07 주조할 때 주형에 접한 표면을 급랭시켜 표면은 시멘타이트가 되게 하고, 내부는 서서히 냉각시켜 펄라이트가 되게 한 주철은?

① 백주철 ② 회주철
③ 칠드주철 ④ 가단주철

해설
- 백주철 : 탄소, 규소의 양이 적을 때 생기며 파단면이 백색인 탄화철(Fe_3C)
- 회주철 : 주철 중에서 유리(遊離)된 탄소와 Fe_3C가 혼재
- 칠드주철 : 주물의 필요부분만 금형에 접촉시켜 급랭한 표면(시멘타이트)은 매우 단단하고 내부(펄라이트)는 서서히 냉각되어 연하다.
- 가단주철 : 인성을 증가시키기 위해 가열한 후 노 속에서 천천히 냉각시켜 만든 것

08 일명 미끄럼키라고도 하며 회전토크를 전달함과 동시에 보스가 축 방향으로 이동할 수 있는 키는?

① 평키 ② 새들키
③ 페더키 ④ 반달키

해설 페더키
회전력전달과 동시에 보스를 축방향으로 미끄럼시킬 수 있는 키

09 회로 내의 압력상승을 제한하여 설정된 압력의 오일공급을 하는 것은?

① 릴리프밸브 ② 방향제어밸브
③ 유량제어밸브 ④ 유압구동기

해설 릴리프밸브란 회로 내의 압력상승을 제한하여 회로를 보호하고 설정된 압력의 오일공급을 하는 밸브를 말한다.

10 2개의 금속편 끝을 각각 용융점 근처까지 가열하여 양끝을 접촉시켜 압력을 가하여 접합시키는 작업은?

① 단조 ② 압출
③ 압연 ④ 압접

해설
- 단조 : 해머 또는 프레스로 공작물을 타격 또는 압력을 가하여 가공
- 압출 : 파이프 등을 제작할 때 소성이 큰 재료에 강력한 압력으로 다이를 통과시켜 가공
- 압연 : 두 개의 회전하는 롤러 사이에 소재를 통과시켜 성형하는 방법
- 압접 : 2개의 금속편 끝을 각각 용융점 근처까지 가열하여 양끝을 접촉시켜 압력을 가하여 접합

11 너비 6cm, 높이 8cm 직사각형 단면에서 사용할 수 있는 최대굽힘모멘트의 크기는 몇 N·m인가?(단, 허용응력은 10 N/mm²이다)

① 64 ② 640
③ 6400 ④ 64000

정답 06 ① 07 ③ 08 ③ 09 ① 10 ④ 11 ②

해설 굽힘응력 $\sigma = \dfrac{M}{Z}$, $Z = \dfrac{1}{6}bh^2$

[Z : 단면계수(mm³), b : 너비(mm), h : 높이(mm)]

∴ $M = \sigma \times \dfrac{1}{6}bh^2 = 10 \times \dfrac{1}{6} \times 60 \times 80^2$
$= 640000 \text{Nmm} = 640 \text{Nm}$

12 절삭공구용특수강에 속하는 것은?

① 강인강   ② 침탄강
③ 고속도강 ④ 스테인리스강

해설
- 구조용특수강 : 강인강, 스프링강, 쾌삭강
- 공구용특수강 : 고속도강, 다이스강, 합금공구강

13 회전축의 흔들림검사에 가장 적합한 측정기는?

① 게이지블록   ② 다이얼게이지
③ 마이크로미터 ④ 스테인리스강

해설 다이얼게이지
회전축의 흔들림(런아웃), 축의 휨을 측정할 수 있다.

14 그림과 같은 구조물에서 AB부재에 작용하는 인장력은 약 몇 N인가?

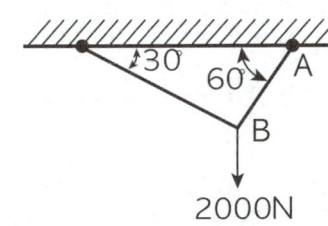

① 1232   ② 1309
③ 1732   ④ 2309

해설 인장력 $F = W \cdot \cos 30° = 2000 \times \dfrac{\sqrt{3}}{2} = 1732 \text{N}$

15 축의 비틀림강도를 고려하여 원형축에 비틀림모멘트를 가했을 때 비틀림각을 구할 수 있다. 비틀림각에 관한 설명으로 옳지 않은 것은?

① 비틀림모멘트와 비틀림각은 비례한다.
② 비틀림각은 극관성모멘트에 비례한다.
③ 횡탄성계수가 작을수록 비틀림각은 증가한다.
④ 축의 길이가 증가할수록 비틀림각은 증가한다.

해설 비틀림각과 비틀림모멘트는 비례하고, 비틀림각은 극관성모멘트와 반비례한다.

16 다음 중 내열용 알루미늄합금에 해당되지 않는 것은?

① Y합금(Y-alloy)
② 두랄루민(Duralumin)
③ 로엑스(Lo-Ex)
④ 코비탈륨(Cobitalium)

해설 두랄루민은 단조용 알루미늄합금이다.

17 4포트3위치 방향전환밸브의 중간위치형식 중 센터바이패스형이라고도 하며 중립위치에서 펌프를 무부하시킬 수 있고 실린더를 임의의 위치에 고정시킬 수 있는 것은?

① ABR접속형   ② 오픈센터형
③ 탠덤센터형   ④ 클로즈센터형

해설
- ABR접속형 : 중립위치에서 A, B작업포트가 R배기포트에 접속되어 압축공기를 배출하는 밸브
- 오픈센터형 : 중립위치에서 닫힌 모든 포트를 열어주는 밸브

12 ③ 13 ② 14 ③ 15 ② 16 ② 17 ③

- 탠덤센터형 : 중립위치에서 펌프를 무부하시켜 실린더를 임의의 위치에 고정하는 밸브
- 클로즈센터형 : 중립위치에서 통하고 있는 흐름을 닫아주는 밸브

18 카바이트(CaC_2)를 물에 넣으면 아세틸렌가스와 생석회가 생성되는 다음 화학식에서 밑줄 친 부분에 들어갈 물질의 분자식으로 옳은 것은?

$$CaC_2 + 2H_2O \rightarrow \underline{\quad\quad} + Ca(OH)_2$$

① CO_2 ② C_2H_2
③ CH_3OH ④ $C_2(OH)_2$

19 자동차현가장치의 코일스프링이 인장 또는 수축될 때 감겨있는 코일 자체에 작용하는 가장 주된 응력은?

① 충격하중에 의한 전단응력
② 전단하중에 의한 전단응력
③ 굽힘모멘트에 의한 굽힘응력
④ 비틀림모멘트에 의한 전단응력

해설 코일스프링은 코일의 비틀림전단응력을 이용한 것이다.

20 다음 중 압축기 뒤에 설치되어 압축공기를 저장하는 공기탱크에 관한 설명으로 옳지 않은 것은?

① 맥동을 방지하거나 평준화한다.
② 압력용기이므로 법적규제를 받는다.
③ 비상 시에도 일정시간운전을 가능하게 한다.
④ 다량의 공기소비 시 급격한 압력상승을 방지한다.

해설 공기탱크의 압축공기가 빠져나가므로 압력은 내려간다.

21 자동차기관에서 피스톤의 구비조건으로 틀린 것은?

① 무게가 가벼워야 한다.
② 내마모성이 좋아야 한다.
③ 열의 보온성이 좋아야 한다.
④ 고온에서 강도가 높아야 한다.

해설 피스톤의 구비조건
- 무게가 가벼울 것
- 내마모성이 클 것
- 고온에서 강도가 높을 것
- 열팽창률이 적고, 열전도율이 좋을 것

22 LPG기관의 믹서에 장착된 메인듀티 솔레노이드밸브의 파형에서 작동구간에 해당하는 것은?

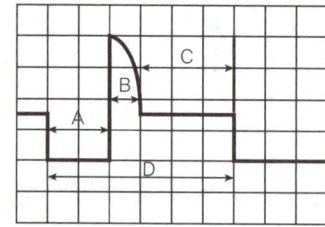

① A구간
② B구간
③ C구간
④ D구간

해설
- A구간 : 솔레노이드밸브가 작동하여 솔레노이드가 통전되는 구간
- B구간 : 전류를 차단하여 서지전압이 발생하는 구간
- C구간 : 코일의 전류가 차단되는 구간
- D구간 : 1사이클전체구간

23 LPG기관에서 공전회전수의 안정성을 확보하기 위해 혼합된 연료를 믹서의 스로틀바이패스 통로를 통하여 추가로 보상하는 것은?

① 메인듀티 솔레노이드밸브
② 대시포트
③ 공전속도조절밸브
④ 스로틀위치센서

해설 ISC시동꺼짐이나 기관부조를 방지하기 위해 공전회전수를 조절한다.

24 자동차로 15km의 거리를 왕복하는데 40분이 걸렸고 연료소비는 1830cc이었다면 왕복 시 평균속도와 연료소비율은 약 얼마인가?

① 23km/h, 12km/l
② 45km/h, 16km/l
③ 50km/h, 20km/l
④ 60km/h, 25km/l

해설 속도 = $\frac{거리}{시간}$, 연료소비율 = $\frac{거리}{연료소비량}$ 에서

속도 = $\frac{15 \times 2}{\frac{40}{60}}$ = 45km/h,

연료소비율 = $\frac{15 \times 2}{1.83}$ = 16.39km/l

25 전자제어가솔린엔진에서 엔진의 점화시기가 지각되는 이유는?

① 노크센서의 시그널이 입력될 경우
② 크랭크각센서의 간극이 너무 클 경우
③ 점화코일에 과전압이 나타날 경우
④ 인젝터의 분사시기가 늦어졌을 경우

해설 노크센서신호가 입력되면 ECU는 점화시기를 조절한다.

26 전자제어 희박연소기관의 연비가 향상되는 설명으로 틀린 것은?

① 흡기에 강한 스월(Swirl)이 형성되어 희박한 공연비에서도 연소가 가능해진다.
② 기존엔진에 비해 연소실 온도가 상대적으로 낮아 열손실이 감소된다.
③ 연소온도가 상승함에 따라 열해리가 발생되며 배기온도가 상승되어 연소효율이 좋아진다.
④ 전영역산소센서를 사용하므로 피드백제어영역이 넓어지며 제어하는 공기과잉률이 높아진다.

해설 희박기관은 연소온도가 낮아지므로 열손실이 감소되고, 배기온도가 상승되면 엔진효율이 나빠진다.

27 정비용리프트에서 중량 13500N인 자동차를 3초 만에 높이를 1.8m로 상승시켰을 경우 리프트의 출력은?

① 24.3kW   ② 8.1kW
③ 22.5kW   ④ 10.8kW

해설 출력 = $\frac{힘 \times 거리}{시간}$ = $\frac{13500 \times 1.8}{3}$ = $8100 N \cdot m/s$
$(1W = 1N \cdot m/s)$
∴ $8100 N \cdot m/s = 8.1 KW$

28 전자제어 가솔린연료분사장치에 사용되지 않는 센서는?

① 스로틀포지션센서
② 크랭크각센서
③ 냉각수온센서
④ 차고센서

해설 차고센서는 전자제어현가장치의 입력신호이다.

29 배출가스 중 삼원촉매장치에서 저감되는 요소가 아닌 것은?

① 질소(N₂)
② 일산화탄소(CO)
③ 탄화수소(HC)
④ 질소산화물(NOx)

해설 삼원촉매는 CO, HC, NOx를 저감시키며 질소는 유해배기가스가 아니다.

30 LPG기관과 비교할 때 LPI기관의 장점으로 틀린 것은?

① 겨울철 냉간시동성이 향상된다.
② 봄베에서 송출되는 가스압력을 증가시킬 필요가 없다.
③ 역화발생이 현저히 감소된다.
④ 주기적인 타르배출이 불필요하다.

해설 LPI기관은 고압연소실에 직접분사하기 위해 봄베 내부의 연료펌프에서 고압의 액체 LPG를 토출한다.

31 지르코니아소자의 산소센서출력전압이 1V에 가깝게 나타나면 공연비상태는?

① 희박하다.
② 농후하다.
③ 14.7 : 1 공연비를 나타낸다.
④ 농후하다가 희박한 상태로 되는 경우이다.

해설 산소센서는 이론공연비를 기준으로 피드백하여 공연비가 희박하면 약 100mV, 농후하면 약 900mV를 출력한다.

32 직경×행정이 78mm×78mm인 4행정 4기통의 기관에서 실제흡입된 공기량이 1120.7cc라면 체적효율은?

① 약 55%
② 약 62%
③ 약 75%
④ 약 83%

해설
$$총배기량 = \frac{\pi D^2}{4} LN = \frac{\pi \times 78^2}{4} \times 78 \times 4 = 1490cc$$
$$\therefore 체적효율 = \frac{실제흡입공기량}{이론공기량} \times 100$$
$$= \frac{1120.7}{1490} \times 100 = 75.2\%$$

33 가솔린엔진에서의 노크발생을 감지하는 방법이 아닌 것은?

① 실린더 내의 압력측정
② 배기가스 중의 산소농도측정
③ 실린더블록의 진동측정
④ 폭발의 연속음설정

해설 배기가스의 산소농도는 산소센서가 인젝터와 피드백에 의해 공연비를 제어한다.

34 디젤기관의 연소실에서 간접분사식에 비해 직접분사식의 특징으로 틀린 것은?

① 열손실이 적어 열효율이 높다.
② 비교적 세탄가가 낮은 연료를 필요로 한다.
③ 피스톤이나 실린더 벽으로의 열전달이 적다.
④ 압축 시 방열이 적다.

해설 세탄가는 노킹방지를 위해 높아야 한다.

35 전자제어가솔린기관의 EGR(Exhaust Gas Recirculation)장치에 대한 설명으로 틀린 것은?

① EGR은 NOx의 배출량을 감소시키기 위해 전운전영역에서 작동된다.
② EGR을 사용 시 혼합기의 착화성이 불량해지고, 기관의 출력은 감소한다.
③ EGR량이 증가하면 연소의 안정도가 저하되며 연비도 악화된다.
④ NOx를 감소시키기 위해 연소최고 온도를 낮추는 기능을 한다.

해설 EGR은 연소실의 고부하영역(고온·고압)에서 배출되는 NOx를 줄이기 위해 작동하며 연소온도를 낮추어 배출량을 감소시킨다. 냉각수 온도가 낮거나 저온·공회전 시 작동하지 않는다.

36 유해배출가스(CO, HC 등)를 측정할 경우 시료채취관은 배기관 내 몇 cm 이상 삽입하여야 하는가?

① 20cm   ② 30cm
③ 60cm   ④ 80cm

해설 배기가스검사에서 시료채취관을 배기관 내에 30cm 이상 삽입한다.

37 커먼레일 디젤분사장치의 장점으로 틀린 것은?

① 기관의 작동상태에 따른 분사시기의 변화폭을 크게 할 수 있다.
② 분사압력의 변화폭을 크게 할 수 있다.
③ 기관의 성능을 향상시킬 수 있다.
④ 원심력을 이용해 조속기를 제어할 수 있다.

해설 조속기는 기계식분사장치에서 연료분사량을 조절하는 구성부품이다.

38 기관의 지시마력과 관련이 없는 것은?

① 평균유효압력   ② 배기량
③ 기관회전속도   ④ 흡기온도

해설 지시마력 = $\dfrac{PALZN}{75 \times 60}$ 이므로 온도와는 관계가 없다.

P : 지시평균 유효압력
A : 실린더의 단면적(cm^2)
L : 피스톤행정(m)
N : 분당회전속도(rpm)
Z : 기관의 실린더 수

39 소형전자제어 커먼레일기관의 연료압력 조절방식에 대한 설명 중 틀린 것은?

① 출구제어방식에서 조절밸브작동 듀티값이 높을수록 레일압력은 높다.
② 커먼레일은 일종의 저장창고와 같은 어큐뮬레이터이다.
③ 입구제어방식은 커먼레일 끝 부분에 연료압력조절밸브가 장착되어 있다.
④ 입구제어방식에서 조절밸브작동 듀티값이 높을수록 레일압력은 낮다.

해설 입구제어방식은 연료압력조절밸브에 듀티값이 높아지면(작동) 고압펌프로 이송되는 유량이 적어져 커먼레일의 연료압력이 낮아지게 되고, 출구제어방식은 커먼레일에 압력을 올린 다음 조절밸브작동 듀티가 높을수록(작동) 커먼레일의 리턴라인을 막아 커먼레일의 압력이 높아진다.

40 배출가스정밀검사의 ASM2525모드 검사방법에 관한 설명으로 옳은 것은?

① 25%의 도로부하로 25km/h의 속도로 일정하게 주행하면서 배출가스를 측정한다.
② 25%의 도로부하로 40km/h의 속도로 일정하게 주행하면서 배출가스를 측정한다.

35 ① 36 ② 37 ④ 38 ④ 39 ③ 40 ②

③ 25km/h의 속도로 일정하게 주행하면서 25초 동안 배출가스를 측정한다.
④ 25km/h의 속도로 일정하게 주행하면서 40초 동안 배출가스를 측정한다.

해설 ASM2525 모드란 25%의 도로부하로 25mile (40km/h)의 속도로 주행하면서 배출가스를 측정한다.

41 자동차의 독립현가장치 중에서 쇽업쇼버를 내장하고 있으며 상단은 차체에 고정하고, 하단은 로어컨트롤암으로 지지하는 형식으로 스프링의 아래하중이 가볍고 안티다이브효과가 우수한 형식은?

① 맥퍼슨스트러트 현가장치
② 위시본 현가장치
③ 트레일링암 현가장치
④ 멀티링크 현가장치

해설 맥퍼슨(스트러트)식
스프링 밑 질량이 적어 로드홀딩이 우수하며 구조가 간단하다. 쇽업쇼버 상부인 고무마운팅에 차체를 연결하고 하단은 로어암에 연결한다.

42 자동변속기차량에서 변속기 오일점검과 관련된 내용으로 거리가 먼 것은?

① 유량이 부족하면 클러치작용이 불량하게 되어 클러치의 미끄럼이 생긴다.
② 유량점검은 기관정지상태에서 실시하는 것이 보통의 방법이다.
③ 유량이 부족하면 펌프에 의해 공기가 흡입되어 회로 내에 기포가 생길 우려가 있다.
④ 오일의 색깔이 검은색을 나타내는 것은 오염 및 과열되었기 때문이다.

해설 자동변속기 오일량점검은 시동을 켜고, 기관의 엔진오일량 점검은 시동정지 후 한다.

43 브레이크페달이 점점 딱딱해져서 제동성능이 저하되었다면 그 원인은?

① 브레이크액 부족
② 마스터실린더 누유
③ 슈리턴 스프링장력 변화
④ 하이드로백 내부진공누설

해설 브레이크액 부족이나 마스터실린더 누유 시 베이퍼록으로 인해 페달답력이 사라져 제동이 되지 않는다. 하이드로백 진공누설 시 배력이 사라져 페달이 잘 밟히지 않아 제동성능이 저하된다.

44 자동차가 요철이 심한 노면을 주행할 때 좌우구동륜의 구동토크를 균등하게 분배하는 것은?

① 현가장치
② 차동장치
③ 4WS(Wheel Steering)장치
④ Abs(Anti-lock Brake System)장치

해설 차동장치는 자동차가 노면요철을 주행하거나 회전할 때 노면의 저항을 적게 받는 구동바퀴 쪽으로 동력이 더 많이 전달될 수 있도록 하며 회전수를 적절히 분배하여 구동시키는 장치이다.

45 전자제어제동장치(ABS) 차량이 주행을 시작하여 저·중속구간에 제동을 하지 않았어도 모터 작동소리가 들렸다면 ABS상태는?

① 오작동이므로 불량이다.
② 체크를 위한 작동으로 정상이다.
③ 모터의 고장을 알리는 신호이다.
④ 모듈레이터 커넥터의 접촉 불량이다.

해설 ECU는 시동 후 최초 1회 일정속도 이상에서 ABS 작동모듈을 점검한다.

46 구동력제어장치(Traction Control System)에서 엔진토크 제어방식에 해당하지 않는 것은?

① 주 스로틀밸브제어
② 보조 스로틀밸브제어
③ 연료분사제어
④ 가속 및 감속제어

해설 TCS는 전자제어스로틀과 연료분사량의 조절, 바퀴의 제동을 통하여 미끄럼을 방지하며, 가·감속은 운전자의 페달에 의해 제어된다.

47 브레이크를 밟았을 때 브레이크페달이나 차체가 떨리는 원인으로 거리가 먼 것은?

① 브레이크디스크 또는 드럼의 변형
② 브레이크패드 및 라이닝재질 불량
③ 앞·뒤 바퀴허브 유격과다
④ 프로포셔닝밸브 작동불량

해설 프로포셔닝밸브는 급제동 시 전륜보다 후륜의 제동력을 감소시켜 후륜의 록을 방지한다. 고장 시 전·후륜의 제동력 분배가 되지 않는다.

48 유압식쇽업쇼버의 구조에서 오일이 상·하실린더로 이동하는 작은 구멍의 명칭은?

① 밸브하우징
② 베이스밸브
③ 오리피스
④ 스텝홀

해설 오리피스는 쇽업쇼버실린더에서 오일이 상·하로 이동하는 작은 구멍이다.

49 사이드슬립시험기에서 지시값이 6이라면 1km 당 슬립량은?

① 6mm
② 6cm
③ 6m
④ 6km

해설 사이드슬립시험기의 지시값1은 1km 주행에 1m 슬립된 것이므로 6m이다.

50 어떤 자동차가 60km/h의 속도로 평탄한 도로를 주행하고 있다. 이때 변속비가 3, 종감속비가 2이고 구동바퀴가 1회전하는데 2m 진행할 때, 3km 주행하는데 소요되는 시간은?

① 1분
② 2분
③ 3분
④ 4분

해설 시간당 60km를 주행하므로 분당 1km를 주행한다.
∴ 3분

51 수동변속기차량에서 주행 중 변속을 하고 급가속을 하였을 때 엔진의 회전이 상승해도 차속이 증속되지 않는 원인은?

① 릴리스포크가 마모되었다.
② 파일럿베어링이 파손되었다.
③ 클러치릴리스베어링이 마모되었다.
④ 클러치압력판스프링의 장력이 감소되었다.

해설 클러치디스크의 과다마모나 압력판의 장력저하 시 마찰력이 줄어들어 엔진의 구동력이 변속기로 전달되지 못하고 미끄러진다(슬립).

46 ④ 47 ④ 48 ③ 49 ③ 50 ③ 51 ④

52 그림과 같이 선회중심이 O점이라면 이 자동차의 최소회전반경은?

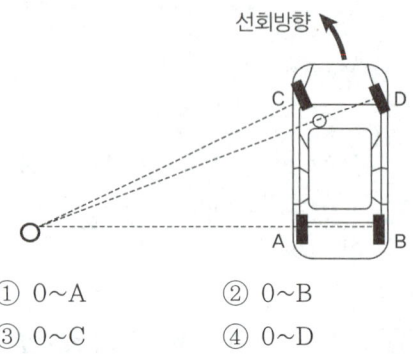

① O~A
② O~B
③ O~C
④ O~D

해설 최소회전반경은 앞바퀴의 선회반대쪽 바깥바퀴를 기준으로 한다.

53 열에 의해 타이어의 고무나 코드가 용해 및 분리되는 현상은?

① 히트세퍼레이션(Heat Separation)현상
② 스탠딩웨이브(Standing Wave)현상
③ 하이드로플래닝(Hydro Planing)현상
④ 이상과열(Over Heat)현상

해설
- 히트세퍼레이션현상 : 열에 의해 타이어의 고무나 코드가 용해 및 분리되는 현상
- 스탠딩웨이브현상 : 내압에 의해 타이어 접지면의 변형이 원상태로 되돌아오는 속도보다 타이어 회전속도가 빠르면, 타이어의 변형이 복원되지 않고 물결모양이 생기는 현상
- 하이드로플래닝현상 : 주행 중 물이 고인 도로를 고속으로 주행할 때 타이어트레드가 물을 완전히 배출시키지 못해 노면과 타이어의 마찰력이 상실되는 현상

54 브레이크페달에 수평방향으로 150kgf의 힘을 가했을 때 피스톤의 면적이 10cm²라면 마스터실린더에 형성되는 유압(kgf/cm²)은?

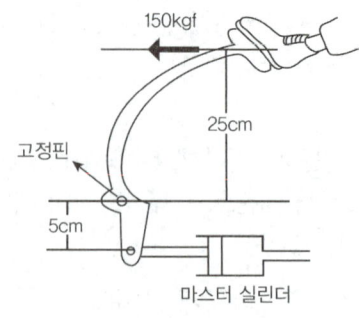

① 66
② 75
③ 85
④ 90

해설 $T = F \times L$에서
$150 \text{kgf} \times 25 = W \times 5$
$W = 750 \text{kgf}$
압력 $P = \dfrac{W}{A} = \dfrac{750}{10} = 75 \text{kgf/cm}^2$

55 자동변속기차량에서 출발 및 기어변속은 정상적으로 이루어지거나 고속주행 시 성능이 저하되는 원인으로 옳은 것은?

① 출력축 속도센서 신호선단선
② 토크컨버터 스테이터 고착
③ 매뉴얼밸브 고착
④ 라인압력 높음

해설 스테이터는 오일의 흐름방향을 바꿔 토크를 증가시킨다.

56 기관회전수가 2000rpm, 변속비가 2:1, 종감속비가 5:1인 자동차가 선회주행을 하고 있을 때 자동차 좌측바퀴가 10km/h 속도로 주행한다면 우측바퀴의 속도는? (단, 바퀴의 원둘레 : 120cm)

① 10.2km/h
② 14.6km/h
③ 18.8km/h
④ 20.2km/h

해설 자동차 주행속도 $V = \pi D \times \dfrac{N}{r + r_f} \times \dfrac{60}{1000}$

[V : 주행속도(Km/h), D : 바퀴의 지름(m)
N : 엔진의 회전속도(rpm), r : 변속비,
r_f : 종감속비]

1개 바퀴의 속도 $V = \dfrac{1.2 \times 2000}{2 \times 5} \times \dfrac{60}{1000}$

=14.4km/h에서 양쪽을 합하여 28.8km/h일 때 좌측이 10km/h이므로 우측은 18.8km/h이다.

57 무단변속기(CVT)의 구동방식이 아닌 것은?

① 스테이터조합형
② 벨트드라이브식
③ 트렉션드라이브식
④ 유압모터 · 펌프조합형

해설 무단변속기의 종류
벨트드라이브식, 트랙션드라이브식, 유압모터 · 펌프조합식

58 바퀴정렬의 토인에 대한 설명으로 옳은 것은?

① 정밀한 측정을 위해 타이어 공기압은 규정보다 10% 정도 높여준다.
② 토인은 차량의 주행 중 조향조작력을 감소시키기 위해 둔 것이다.
③ 토인의 조정은 양쪽 타이로드를 같은 양만큼 동일하게 조정해야 한다.
④ 토인은 앞바퀴를 정면에서 보았을 때 윗부분이 아래 부분보다 외측으로 벌어진 것을 의미한다.

해설 토인이란 앞바퀴를 위에서 보았을 때 앞부분이 뒷부분보다 좁은 것을 말하며, 토인의 양쪽 타이로드 양이 다르면 사이드슬립의 원인이 된다.

59 전자제어제동장치(ABS)의 효과에 대한 설명으로 옳은 것은?

① 코너링주행상태에서만 작동한다.
② 눈길, 빗길 등의 미끄러운 노면에서는 작동이 안 된다.
③ 제동 시 바퀴의 록(Lock)이 일어나지 않도록 한다.
④ 급제동 시 바퀴의 록(Lock)이 일어나도록 한다.

해설 제동 시 바퀴의 록이 일어나지 않아 제동거리를 단축시키고 바퀴의 미끄러짐이 없다.

60 수동변속기 차량의 클러치디스크에서 클러치연결동작 시에 유연성을 보장하고 평면압착이 가능하게 해줌으로써 동력전달을 확실하게 해주는 것은?

① 페이싱리벳   ② 토션댐퍼
③ 쿠션스프링   ④ 피벗링

해설 쿠션스프링은 직각방향의 충격흡수 및 편마멸, 변형, 파손을 방지한다.

61 테스트램프를 이용한 12V 전장회로점검에 대한 설명으로 틀린 것은?

① 60W전구가 장착된 테스트램프로 (+)전원을 이용하여 전동냉각팬 작동시험이 가능하다.
② 다이오드가 장착된 테스트램프는 (+)전원을 이용하여 전동냉각팬 작동시험이 불가능하다.
③ 동일한 규격의 테스트램프를 연결하여 6V전원(배터리전원의 1/2)을 만들 수 있다.
④ 60W 전구가 장착된 테스트램프로 (+)전원을 ECU에 인가 시 ECU가 손상되지 않는다.

정답 57 ① 58 ③ 59 ③ 60 ③ 61 ④

해설 테스트램프로 (+)전원을 ECU에 인가 시 ECU가 손상된다.

62 발광다이오드(LED : Light Emitting Diode)에 대한 설명으로 틀린 것은?

① 소비전력이 작다.
② 응답속도가 빠르다.
③ 전류가 역방향으로 흐른다.
④ 백열전구에 비하여 수명이 길다.

해설 발광다이오드는 순방향전압을 걸면 빛을 발산하며 소비전력이 작고 응답속도가 빠르다. 제너다이오드는 일정전압에서 역방향으로 전류이동이 가능하다.

63 전압강하와 누전 등 배전기의 단점을 보완하기 위해 전자적으로 점화를 컨트롤하는 방식은?

① 전자배전점화방식(DLI)
② 콘덴서방전점화방식(Condenser)
③ 접점식점화모듈(Module)
④ 포인트이그니션(Ignition)

해설 전자배전점화방식(DLI : Distributor Less Ignition)은 배전기가 없이 파워트랜지스터의 작동에 따라 고전압을 발생하는 장치이다.

64 축전지를 20시간 동안 2A씩 계속 방전시켜 방전종지전압에 도달하였다면 이 축전지의 용량(Ah)은?

① 20
② 40
③ 60
④ 80

해설 축전지용량=방전전류×방전시간
∴ 축전지용량=2A×20h=40Ah

65 코일의 권수비가 그림과 같았을 때 1차코일의 전류단속에 의해 350V의 유도전압을 얻었다면 2차코일에서 발생하는 전압은?(단, 코일의 직경은 동일하다)

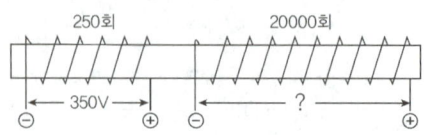

① 0V
② 2800V
③ 28000V
④ 35000V

해설 $E_2 = \dfrac{N_2}{N_1} E_1 = \dfrac{20000}{250} \times 350 = 28000\,V$

[E_2 : 2차전압, E_1 : 1차전압, N_1 : 1차코일권수, N_2 = 2차코일권수]

66 전자제어디젤차량의 P.T.C(Positive-Temperature Coefficient) 히터에 대한 설명으로 틀린 것은?

① 공기가열식히터이다.
② 작동시간에 제한이 없는 장점이 있다.
③ 배터리전압이 규정치보다 낮아지면 OFF된다.
④ 공전속도(약 700rpm) 이상에서 작동된다.

해설 냉간 시 작동하고, 일정온도 이상 올라가면 OFF된다.

67 스마트키시스템에서 전원분배모듈(Power Distribution Module)의 기능이 아닌 것은?

① 스마트키시스템 트랜스폰더 통신
② 버튼시동관련 전원공급릴레이 제어
③ 발전기부하응답 제어
④ 엔진시동버튼 LED 및 조명 제어

정답 62 ③ 63 ① 64 ② 65 ③ 66 ② 67 ③

해설 전원분배모듈의 기능
- 스마트키와 트랜스폰더 통신
- 버튼시동관련 전원공급릴레이 제어
- 기동전동기전원 제어
- 엔진시동버튼 LED 및 조명 제어
- PDM고장진단 기능

68 스마트정션박스(Smart Junction Box)의 기능에 대한 설명으로 틀린 것은?

① Fail Safe Lamp 제어
② 에어컨압축기릴레이 제어
③ 램프소손방지를 위한 PWM 제어
④ 배터리세이버 제어

해설 스마트정션박스는 기존 정션박스기능과 CAN통신·제어·진단기능을 수행한다. 에어컨 압축기는 CAN통신·제어하지 않는다.

69 점화파형에서 점화전압이 기준보다 낮게 나타나는 원인으로 틀린 것은?

① 2차코일저항 과소
② 규정 이하의 점화플러그 간극
③ 높은 압축압력
④ 농후한 혼합기공급

해설 압축압력이 높으면 점화전압이 높아진다.

70 방향지시등의 점멸횟수를 측정한 결과 10초 동안 18회 점멸하였을 때 안전기준에 맞게 판정한 것은?

① 108회/분(부적합)
② 108회/분(적합)
③ 90회/분(적합)
④ 90회/분(부적합)

해설 자동차안전기준에서 방향지시등은 매분 60회 이상 120회 이하의 일정한 주기로 점멸해야 한다. 10초당 18회이므로 분당 108회로 적합하다.

71 교류발전기에서 최대출력전압이 나올 때 발전기하우징과 축전지(-)터미널간의 전압은?

① 약 0~0.2V
② 약 1~3V
③ 약 3~5V
④ 약 12.5~14.5V

해설 발전기하우징은 차체와 접지되어 있으므로 전압은 0V이다.

72 주행거리, 현재 연료로 주행할 수 있는 주행가능거리, 평균속도 및 주행시간 등 주행에 관련된 각종 정보들을 LCD를 이용해 화면에 표시해주는 운전자 정보전달 장치는?

① 메모리컴퓨터   ② 트립컴퓨터
③ 블랙박스   ④ 자율항법장치

해설 트립컴퓨터란 운전자에게 주행에 관련된 각종 정보를 디스플레이에 표시해 주는 장치이다.

73 그림에서 크랭크축 벨트풀리의 회전수가 2600rpm일 때 발전기 벨트풀리의 회전수는?(단, 벨트와 풀리는 미끄럼이 없고 수치는 반경임)

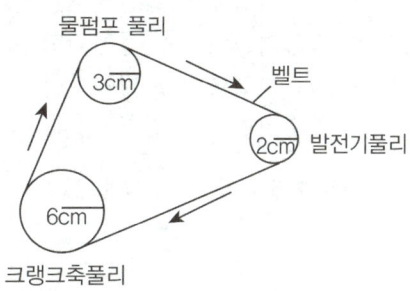

① 867rpm   ② 3900rpm
③ 5200rpm   ④ 7800rpm

해설 $C_p : A_p = C_r : A_r$
[C_p : 크랭크축 풀리 반지름,
A_p : 발전기 풀리 반지름,
C_r : 크랭크축 회전수, A_r : 발전기 회전수]
$A_r = \dfrac{C_p}{A_p} \times C_r = \dfrac{6}{2} \times 2600 = 7800 \text{rpm}$

74 자동차안전기준에 관한 규칙에서 전조등 주행빔의 진폭기준으로 옳은 것은?

① 전방 3m 거리에서 상향진폭은 100mm 이내
② 전방 3m 거리에서 좌우측진폭은 300mm 이내
③ 전방 10m 거리에서 상향진폭은 150mm 이내
④ 전방 10m 거리에서 하향진폭은 등화설치높이의 10분의 3 이내

해설 전조등안전기준에서 전방 10m 거리에서 상향진폭은 10cm 이하, 하향진폭은 등화설치높이의 3/10 이내

75 경음기에서 구조적으로 음의 크기가 조절되는 곳은?

① 경음기릴레이 접점의 간극
② 경음기스위치의 접점저항
③ 경음기회로의 콘덴서용량
④ 경음기의 에어갭

해설 경음기부품에 달려있는 에어갭으로 조정

76 고속도로에서 차량속도가 증가되면 엔진 온도가 하강하고 실내히터에 나오는 공기가 따뜻하지 않은 원인으로 옳은 것은?

① 엔진냉각수 양이 적다.
② 방열기내부의 막힘이 있다.
③ 서모스탯이 열린 채로 고착되었다.
④ 히터열교환기내부에 기포가 혼입되었다.

해설 서모스탯이 열린 채로 고착되면 냉각수가 계속순환되어 과냉각되며, 냉각수가 차가워져 히터의 온도가 올라가지 않는다.

77 아날로그미터의 장점과 디지털미터의 장점을 살린 전자제어방식의 계기판은?

① 교차코일식계기
② 바이메탈식계기
③ 스텝모터식계기
④ 서미스터식계기

해설 스텝모터식계기는 디지털신호를 이용하여 기계적인 축운동으로 지침을 표시한다.

78 전조등에서 조도부족의 원인으로 틀린 것은?

① 렌즈 안팎의 물방울 부착에 의한 굴절
② 전구의 장시간사용에 의한 열화
③ 정격용량초과 전구사용
④ 스프링약화에 의한 주광축의 처짐

해설 정격용량을 초과한 전구를 사용하면 소비전력이 많아져 밝아진다.

79 하이브리드자동차에서 기동발전기(Hybrid Starter & Generator)의 교환방법으로 틀린 것은?

① 안전스위치를 OFF하고, 5분 이상 대기한다.
② HSG교환 후 반드시 냉각수보충과 공기빼기를 실시한다.
③ HSG교환 후 진단장비를 통해 HSG 위치센서(레졸버)를 보정한다.
④ 점화스위치를 OFF하고, 보조배터리의 (-)케이블은 분리하지 않는다.

해설 하이브리드고전압장치 정비 시 반드시 안전스위치와 점화스위치를 OFF하고 5분 이상 대기한다.

80 하이브리드자동차 계기판에 있는 오토스톱(Auto Stop)의 기능에 대한 설명으로 옳은 것은?

① 배출가스저감
② 엔진오일온도 상승방지
③ 냉각수온도 상승방지
④ 엔진재시동성 향상

해설 오토스톱은 차량이 정차할 경우 엔진을 정지시켜 공회전을 통한 연료소비 및 배출가스를 저감시킨다.

79 ④ 80 ①

2회 자동차정비산업기사 필기시험

2014. 5. 25. 시행

01 동력 축에서 마력을 ps, 허용전단응력 τ (kgf/mm²) 매분회전수 n(rpm), 축의 지름을 d라고 할 때 축의 지름(cm)을 구하는 식은?

① $d = 7.15 \sqrt[3]{\dfrac{ps}{\tau n}}$

② $d = 7150 \sqrt[3]{\dfrac{ps}{\tau n}}$

③ $d = 79.2 \sqrt[3]{\dfrac{ps}{\tau n}}$

④ $d = 7920 \sqrt[3]{\dfrac{ps}{\tau n}}$

해설 축의 전달동력 $H = \dfrac{2\pi TN}{75 \times 60}$ 에서

축지름 cm로 바꾸면 $H = \dfrac{2\pi TN}{75 \times 60 \times 100}$ 이며

T로 정리하여 $T = \dfrac{225000H}{\pi N}$

동력축은 비틀림 모멘트를 받으므로

비틀림 모멘트 $T = \dfrac{\pi d^3}{16}\tau = \dfrac{225000H}{\pi N}$ 에서

$d = 71.5 \sqrt[3]{\dfrac{H}{\tau N}} = 71.5 \sqrt[3]{\dfrac{ps}{\tau N}}$

02 모듈 3, 잇수 30인 표준스퍼기어의 외경은 몇 mm인가?

① 85 ② 96
③ 105 ④ 116

해설 모듈 $M = \dfrac{지름 D}{잇수 Z}$

$D = M \times Z = 3 \times 30 = 90mm$ 에서
외경 $D_0 = D + 2M = 90 + 2 \times 3 = 96mm$

03 원심펌프송출유량이 0.3m³/min이고, 관로의 손실수두가 8m이다. 펌프중심에서 1.5m 아래 있는 저수지에서 물을 흡입하여 펌프중심에서 15m의 높이의 탱크로 양수할 때 펌프의 동력은 몇 kW인가?

① 1
② 1.2
③ 2
④ 2.2

해설 동력 $L = \dfrac{\gamma \cdot Q \cdot H}{102 \times 60 \times \eta}$ 에서

[γ : 비중량, Q : 유량, H : 양정, η : 펌프의 효율]

$L = \dfrac{1000 \times 0.3 \times (8 + 1.5 + 15)}{102 \times 60} = 1.2kW$

04 2500rpm으로 회전하면서 25kW을 전달하는 전동축이 있다. 이 전동축의 비틀림모멘트는 몇 N·m인가?

① 7.5
② 9.6
③ 70.2
④ 95.5

해설 축의 전달동력 $H = \dfrac{2\pi TN}{102}$ 에서

$1kgf = 9.8N$, min을 sec로 바꿔주면

$H = \dfrac{2\pi TN}{9.8 \times 60 \times 102}$

$T = \dfrac{9.8 \times 102 \times 60 \times 25}{2 \times \pi \times 2500} = 95.5Nm$

정답 01 ① 02 ② 03 ② 04 ④

05 압출가공에 관한 설명으로 옳지 않은 것은?

① 속이 빈 용기를 만들 때에는 충격압출이 적합하다.
② 납파이프나 건전지케이스를 생산하는데 적합하다.
③ 단면의 형태가 다양한 직선, 곡선제품의 생산이 가능하다.
④ 압출에 의한 표면결함은 소재온도와 가공속도를 늦춤으로써 방지할 수 있다.

해설 연질의 납, 주석, 알루미늄, 아연 등과 같은 가공재료에 강한 압력을 가하여 다이를 통과시키면 소성변형되는 가공법으로 속이 빈 용기를 만드는 데 적합하며 압출에 의한 표면결함은 소재온도와 가공속도를 늦춤으로써 방지할 수 있다.

06 나사의 끝을 침탄처리한 작은 나사로서, 주로 얇은 판의 연결에 사용하며, 암나사를 만들지 않고 드릴구멍에 끼워 암나사를 내면서 조여지는 나사는?

① 볼나사(Ball Screw)
② 세트스크루(Set Screw)
③ 태핑나사(Tapping Screw)
④ 작은나사(Machine Screw)

해설
• 볼나사 : 수나사와 암나사의 홈에 볼이 들어있어 운동전달에 사용
• 세트스크루 : 고정나사로 나사의 끝을 이용하여 축에 바퀴를 고정시키거나 풀림을 방지
• 태핑나사 : 나사의 끝을 침탄처리한 작은 나사로서, 주로 얇은 판의 연결에 사용

07 펌프에서 캐비테이션이 발생하였을 때 나타나는 현상이 아닌 것은?

① 소음이 발생한다.
② 양정과 유량이 감소한다.
③ 침식 및 부식현상이 발생한다.
④ 기포가 발생하여 마모를 방지한다.

해설 캐비테이션현상이란 물이 증기압 이하로 되어 기포에 의해 소음, 침식, 마모가 급격히 증가되는 현상이다.

08 나사산의 각도는 60도이고, 보통 나사와 가는 나사가 있으며 미국, 영국, 캐나다 등 세 나라의 협정나사로서 ABC나사라고도 하는 것은?

① 관용나사
② 사다리꼴나사
③ 톱니나사
④ 유니파이나사

해설 유니파이나사
삼각나사의 일종으로 보통나사와 가는 나사가 있고 나사산의 각도는 60도이다.

09 다음 중 세라믹스의 종류에 해당하지 않는 것은?

① 산화물계   ② 황화물계
③ 탄화물계   ④ 질화물계

해설 세라믹스는 산화물계, 탄화물계, 질화물계 등의 구조재료, 내열재료로 사용된다.

10 압축코일스프링에서 왈(Wahl)의 수정계수를 사용하여 전단응력을 구하고자 할 때 필요한 설계인자가 아닌 것은?

① 소선의 지름
② 스프링의 지름
③ 설계압축하중
④ 재료의 전단탄성계수

해설 왈의 수정계수

전단응력 $\tau = \dfrac{8DW}{\pi d^3}$

[D : 스프링의 지름, W : 설계압축하중, d : 소선의 지름]

11 다음 중 아크용접에서 언더컷(Under Cut)이 가장 많이 나타나는 조건은?

① 운봉불량, 전류과대일 때
② 고전압, 고용접속도일 때
③ 전류부족, 저용접속도일 때
④ 피복제조성불량, 전류부족일 때

해설 언더컷의 발생원인
모재가 파여져 용접금속이 채워지지 않아 홈이 되어서 남아있는 것이며, 원인은 전류가 너무 높을 때, 아크길이가 너무 길 때, 용접봉선택이 부적당, 용접속도가 너무 빠를 때 등이 있다.

12 길이 3m의 4각 단면봉이 압축하중을 받아 0.0002의 세로변형률을 일으켰다면 수축량은 몇 cm인가?

① 0.0006   ② 0.0015
③ 0.015   ④ 0.06

해설 세로변형률 $\epsilon = \dfrac{\lambda}{\ell}$ 에서

[λ : 변형량(cm), ℓ : 길이(cm)]
$\lambda = \epsilon \cdot \ell = 300 \times 0.0002 = 0.06$ cm

13 사형주조와 비교한 다이캐스팅의 장점에 관한 설명으로 옳지 않은 것은?

① 단면이 얇은 주물의 주조가 가능하다.
② 제품의 크기가 대형주물주조에 적합하다.
③ 아연, 알루미늄 합금의 대량생산용으로 사용한다.
④ 주물의 형상이 정확하고 끝손질할 필요가 거의 없다.

해설 다이캐스팅의 장점
• 단면이 얇은 주물의 주조가 가능하다.
• 아연, 알루미늄 합금의 대량생산용으로 사용한다.
• 주물의 형상이 정확하고 끝손질할 필요가 거의 없다.
• 동일한 재질 사용 시 기계적, 물리적 성질이 우수하다.

14 다음 중 보의 처짐량을 구하는 방법이 아닌 것은?

① 중첩법을 이용하는 방법
② 면적모멘트를 이용하는 방법
③ 소성에너지를 이용하는 방법
④ 처짐곡선의 미분방정식을 이용하는 방법

해설 소성에너지가 아닌 탄성에너지를 이용하는 방법이 있다.

15 강화유리란 보통판유리를 600℃ 정도의 가열온도로 열처리한 것인데 다음 중 강화유리의 특징으로 볼 수 없는 것은?

① 안전성이 높다.
② 유리의 강도가 크다.
③ 유리파편의 결정질이 크다.
④ 곡선유리의 자유화가 쉽다.

해설 깨지더라도 조각이 모나지 않게 작은 콩알모양으로 부수어 진다.

16 기계의 분진이나 쇠부스러기를 청소하기 위해서 사용하는 것은?

① 줄   ② 브러시
③ 정   ④ 스크레이퍼

해설 줄, 정, 스크레이퍼는 가공작업을 위한 공구이다.

정답 11 ① 12 ④ 13 ② 14 ③ 15 ③ 16 ②

17 다음 중 밀링머신에서 사용되는 부속장치가 아닌 것은?

① 분할대
② 래크절삭장치
③ 슬로팅장치
④ 릴리이빙장치

해설 밀링머신부속장치
아버, 바이스, 분할대, 회전테이블장치, 슬로팅장치, 래크절삭장치

18 기계의 작동유가 갖추어야 할 일반적인 특성으로 옳지 않은 것은?

① 윤활성
② 유동성
③ 기화성
④ 내산성

해설 작동유의 구비조건
점도가 적당할 것, 윤활성, 유동성, 내산성, 방청성이 있을 것, 압축성이 적을 것

19 탄소강에 함유되어 있는 원소 중 연신율을 감소시키지 않고도 강도를 증가시키며, 고온에서 소성을 증가시켜 주조성을 좋게 하는 원소는?

① 인(P)   ② 황(S)
③ 망간(Mn) ④ 규소(Si)

해설
• 인(P) : 경도, 인장강도, 절삭성을 향상시키며 연성을 감소
• 황(S) : 가장 유해한 원소로 인장강도, 연신율, 충격값을 크게 저하
• 망간(Mn) : 연신율을 감소시키지 않고 강도를 증가, 고온에서 소성을 증가시켜 주조성, 내마멸성, 담금질이 좋아지고, 황에 의하여 일어나는 적열취성을 방지
• 규소(Si) : 강의 경도, 탄성계수, 인장력을 높여주고 전자기적 성질을 개선

20 공기압축기에서 생산된 압축공기를 탱크에 저장하는 경우 공기탱크의 압력이 설정압력에 도달하면 압축공기를 토출하지 않는 무부하운전이 되게 하는 것은?

① 언로드밸브(Unload Valves)
② 릴리프밸브(Relief Valves)
③ 시퀀스밸브(Sequence Valves)
④ 카운터밸런스밸브(Counter Balance Valves)

해설
• 언로드밸브 : 압축공기를 탱크에 저장하는 경우 공기탱크의 압력이 설정압력에 도달하면 압축공기를 토출하지 않고 무부하운전이 되게 하는 밸브
• 릴리프밸브 : 회로 내의 압력이 설정압력 이상이 되면 밸브가 열려 회로 내의 압력이 설정압력 이상으로 상승하는 것을 방지하는 밸브
• 시퀀스밸브 : 미리 정해진 순서에 따라 제어의 각 단계를 차례로 제어
• 카운터밸런스밸브 : 한 방향의 흐름은 규제된 방향의 흐름이며 반대쪽 방향의 흐름은 자유인 밸브

21 전자제어기관의 연료분사량 보정으로 거리가 먼 것은?

① 흡기온보정
② 냉각수온보정
③ 시동보정
④ 초크증량보정

해설 전자제어엔진에서 흡기온도보정, 시동 시 연료보정, 냉간 시 보정, 축전지전압 보정, 가·감속 시 보정을 한다.

22 왕복피스톤식 내연기관의 기본사이클에 속하지 않는 것은?

① 정적사이클   ② 정압사이클
③ 정온사이클   ④ 합성사이클

해설 내연기관의 사이클
- 오토사이클 – 정적사이클
- 디젤사이클 – 정압사이클
- 사바테사이클 – 복합(합성)사이클

해설 언더스퀘어 또는 장행정엔진은 엔진회전속도가 느리고, 회전력이 커서 힘을 필요로 하는 엔진에 사용된다.

23 터보차저의 구성부품 중 과급기케이스 내부에 설치되며, 공기의 속도에너지를 유체의 압력에너지로 변하게 하는 것은?

① 디퓨저 ② 루트과급기
③ 날개바퀴 ④ 터빈

해설 디퓨져는 과급장치에서 속도에너지를 유체의 압력에너지로 바꾸는 장치이다.

26 전자제어 연료분사장치에서 피에조저항을 이용하여 절대압력을 전압값으로 변화시키는 센서는?

① 흡기온도센서
② 스로틀포지션센서
③ 에어플로센서(열선식)
④ 대기압센서

해설 대기압센서, 연료압력센서, 오일압력센서 등은 압력을 가하면 전압이 발생하는 피에조저항(압전 센서)을 이용한다.

24 자동차용 연료인 LPG에 대한 설명으로 틀린 것은?

① 기체가스는 공기보다 무겁다.
② 연료의 저장은 가스상태로 한다.
③ 연료는 탱크용량의 85%까지 충전한다.
④ 탱크 내 온도상승에 의해 압력상승이 일어난다.

해설 LPG연료는 충전 시 압축하여 액체상태로 봄베에 담긴다.

27 내연기관 윤활유 분류에 적용되는 검사 항목이 아닌 것은?

① 저온유동성
② 증발성
③ 산화안정성
④ 압축성

25 언더스퀘어엔진에 대한 설명으로 옳은 것은?

① 속도보다 힘을 필요로 하는 중·저속형엔진에 주로 사용된다.
② 피스톤의 행정이 실린더 내경보다 작은 엔진을 말한다.
③ 엔진회전속도가 느리고 회전력이 작다.
④ 엔진회전속도가 빠르고 회전력이 크다.

28 실린더안지름 60mm, 행정 60mm인 4실린더기관의 총 배기량은?

① 약 750.4cc
② 약 678.6cc
③ 약 339.2cc
④ 약 169.7cc

해설 총 배기량 $= \dfrac{\pi D^2 LN}{4} = \dfrac{\pi \times 60^2 \times 60 \times 4}{4 \times 1000} = 678.6 cc$

정답 23 ① 24 ② 25 ① 26 ④ 27 ④ 28 ②

29 자동차 배기소음측정에 대한 내용으로 옳은 것은?

① 배기관이 2개 이상인 경우 인도 측과 먼 쪽의 배기관에서 측정한다.
② 회전속도계를 사용하지 않은 경우 정지가동상태에서 원동기 최고회전속도로 배기소음을 측정한다.
③ 원동기의 최고출력 시의 75% 회전속도로 4초 동안 운전하여 평균소음도를 측정한다.
④ 배기관 중심선에 45°±10°의 각을 이루는 연장선 방향에서 배기관 중심높이보다 0.5m 높은 곳에서 측정한다.

해설 배기관 중심선에 45°±10°의 각을 이루는 연장선 방향에서 배기관 중심높이에서 측정하며, 배기관이 2개 이상인 경우 인도 측과 가까운 쪽의 배기관에서 측정하고, 원동기 최고출력 시의 75% 회전속도로 4초 동안 운전하여 최고소음도를 측정한다.

30 인젝터클리너를 사용하여 가솔린자동차의 인젝터를 청소 후, 인젝터팁(tip) 부분이 강한 약품에 의하여 손상된 경우 발생할 수 있는 문제점은?

① 유해배기가스가 증가한다.
② 매연이 감소한다.
③ 연료소비량이 감소한다.
④ 엔진회전력이 감소한다.

해설 인젝터손상 시 연료소비량이 증가하고 유해배기가스가 증가한다.

31 전자제어 연료분사기관에서 흡입공기온도는 35℃, 냉각수온도가 60℃일 때 연료분사량보정은?(단, 분사량 보정 기준은 흡입공기온도는 20℃, 냉각수온온도는 80℃이다)

① 흡기온보정-증량, 냉각수온보정-증량
② 흡기온보정-증량, 냉각수온보정-감량
③ 흡기온보정-감량, 냉각수온보정-증량
④ 흡기온보정-감량, 냉각수온보정-감량

해설 흡기온도가 보정기준보다 높으므로 감량, 냉각수온이 기준보다 낮으므로 연료분사량을 증량시킨다.

32 경유를 사용하는 자동차의 조속기 봉인방법으로 틀린 것은?

① 납·봉인방법은 3선 이상으로 꼰 철선과 납덩이를 사용하여 압축봉인할 경우 조정나사 등에는 재봉인을 위한 구멍을 뚫지 않아도 된다.
② cap seal 봉인방법은 조속기조정나사에 cap을 사용하여 봉인하여야 한다.
③ 봉인cap 방법은 조속기조정나사를 cap고정 bolt로 고정하고 cap을 씌운 후 그 표면에 납을 사용하여 봉인하여야 한다.
④ 용접방법은 조속기조정나사를 고정시킨 후 환형철판 등으로 용접하여 봉인하여야 한다.

해설 납·봉인방법은 3선 이상으로 꼰 철선과 납덩이를 사용하여 압축봉인할 경우 조정나사 등에는 재봉인을 위한 구멍을 뚫어야 한다.

33 운행차 배출가스 정기검사의 휘발유자동차 배출가스측정 및 읽는 방법에 관한 설명으로 틀린 것은?

① 배출가스측정기 시료채취관을 배기관 내에 20cm 이상 삽입하여야 한다.
② 일산화탄소는 소수점 둘째자리에서 절삭하여 0.1% 단위로 최종측정치를 읽는다.
③ 탄화수소는 소수점 첫째자리에서 절삭하여 1ppm 단위로 최종측정치를 읽는다.
④ 공기과잉률은 소수점 둘째자리에서 0.01 단위로 최종측정치를 읽는다.

해설 배출가스측정기 시료채취관을 배기관 내에 30cm 이상 삽입하여야 한다.

34 LP가스를 사용하는 자동차에서 차량전복 등 비상사태발생 시 LP가스연료를 차단하는 것은?

① 영구자석
② 긴급차단 솔레노이드밸브
③ 체크밸브
④ 감압밸브

해설 긴급차단 솔레노이드밸브는 자동차가 차량전복 등 비상사태로 인해 엔진정지 시 솔레노이드밸브가 off되고 연료를 차단하여 폭발의 위험을 방지한다.

35 희박상태일 때 지르코니아 고체전해질에 정(+)의 전류를 흐르게 하여 산소를 펌핑셀 내로 받아들이고, 그 산소는 외측전극에서 일산화탄소(CO) 및 이산화탄소(CO_2)를 환원하는 특징을 가진 것은?

① 티타니아산소센서
② 갈바닉산소센서
③ 압력산소센서
④ 전영역산소센서

해설 전영역산소센서는 이론공연비보다 넓은 범위의 공연비를 측정하는 산소센서로, 린번엔진, GDI엔진 등의 초희박연소엔진에 사용된다.

36 가솔린기관에서 흡기관의 진공이 누설될 경우 나타나는 현상과 거리가 먼 것은?

① 엔진부조
② 엔진출력부족
③ 유해배출가스과다
④ 연료증발가스발생

해설 증발가스는 연료공급라인이나 연료탱크누유 시 발생한다.

37 전자제어 가솔린분사장치에서 인젝터의 분사시간을 결정하는 데 이용되는 신호가 아닌 것은?

① 유온신호
② 흡입공기량신호
③ 냉각수온신호
④ 흡기온도신호

해설 가솔린연료분사장치는 흡입공기량과 크랭크각센서로 기본분사량을 결정하고, 시동 시, 냉간 시, 흡기온도보정, 축전지전압보정, 가 · 감속 시 연료차단 등을 수행한다.

38 전자제어가솔린기관에서 공회전 중 연료압력조절기(레귤레이터)의 진공호스를 분리 후 흡기관의 진공포트는 막았을 때 설명으로 옳은 것은?

① 연료압력이 상승한다.
② 시동이 꺼진다.
③ 기관회전수가 계속 올라간다.
④ 연료펌프가 멈춘다.

정답 33 ① 34 ② 35 ④ 36 ④ 37 ① 38 ①

해설 연료압력조절기는 진공포트에 의해 연료압력이 일정하게 조절되므로 진공포트를 막으면 진공에 해당하는 만큼 연료압력이 상승한다.

39 가솔린기관의 열손실을 측정한 결과 냉각수에 의한 손실이 25%, 배기 및 복사에 의한 손실이 35%였다. 기계효율이 90%이면 정미효율은?

① 54%
② 36%
③ 32%
④ 20%

해설 정미열효율=[100−(배기 및 복사손실+냉각손실)]×기계효율
=100−(35+25)×0.9=36%

40 100% 물로 냉각수를 사용할 경우 발생할 수 있는 현상으로 틀린 것은?

① 비등점이 낮고 오버히트 발생
② 부식에 의한 냉각계통의 스케일 발생
③ 빙점의 상승으로 기관동파 발생
④ 냉각효과상승으로 과랭현상 발생

해설 냉각수의 물과 부동액의 비율은 빙점과 비등점을 조절하고 냉각효과와는 무관하다.

41 싱글피니언 유성기어장치에서 유성기어 캐리어를 고정하고 선기어를 구동하였을 때 링기어 출력을 얻는 목적으로 옳은 것은?

① 역전을 할 목적으로 활용된다.
② 속도를 증속시킬 목적으로 활용된다.
③ 속도변화가 없도록 직결시킬 목적으로 활용된다.
④ 속도를 감속시킬 목적으로 활용된다.

해설 유성기어캐리어를 고정하고 선기어를 구동하면 링기어는 역전감속한다.

42 자동차의 앞차축이 사고로 뒤틀어져서 왼쪽 캐스터각이 뒤쪽으로 5~6°, 오른쪽 캐스터각이 0°가 되었다. 주행 중 발생할 수 있는 현상은?

① 오른쪽으로 쏠리는 경향이 있다.
② 왼쪽으로 쏠리는 경향이 있다.
③ 정상적인 조향이 어렵다.
④ 쏠리는 경향에는 변화가 없다.

해설 왼쪽은 정(+)의 캐스터가 오른쪽은 0의 캐스터로 눌려 오른쪽으로 끌리는 경향이 발생한다.

43 운행자동차의 주제동장치의 제동능력검사 시 좌·우 바퀴의 제동력차이기준은?

① 당해 축중의 8% 이상
② 당해 축중의 8% 이하
③ 당해 축중의 20% 이상
④ 당해 축중의 20% 이하

해설 자동차안전기준에 의해 제동장치의 제동능력에서 좌·우 바퀴의 제동력차이는 당해 축중의 8% 이하이어야 한다.

44 어떤 자동차의 공차질량이 1510kg일 때 공차중량은?

① 약 14808N
② 약 14808kgf
③ 약 15100N
④ 약 15100kgf

해설 중량=질량×중력가속도=1510×9.8
=14798kgf·m/s²
=14798N

39 ② 40 ④ 41 ① 42 ① 43 ② 44 ①

45 수동변속기에서 입력축의 회전토크가 150kgf·m이고, 입력회전수가 1000rpm일 때 출력축에서 1000kgf·m의 토크를 내려면 출력축의 회전수는?

① 1670rpm
② 1500rpm
③ 667rpm
④ 150rpm

해설 출력축회전수 = $\dfrac{\text{입력축회전력}}{\text{출력축회전력}} \times \text{입력축회전수}$
= $\dfrac{150}{1000} \times 1000 = 150\,\text{rpm}$

46 클러치판에 구성되어 있는 비틀림코일스프링의 역할은?

① 클러치판의 밀착을 더 크게 한다.
② 압력판과 마찰판의 마멸을 크게 한다.
③ 클러치판중심부 스플라인의 마모를 방지한다.
④ 클러치가 접속될 때 회전충격을 흡수한다.

해설 허브와 클러치디스크 사이에 비틀림코일스프링을 설치하여, 회전충격을 흡수한다.

47 휠의 정적(Static)불평형으로 인해 바퀴가 상하로 진동하는 현상은?

① 시미(Shimmy)
② 트램핑(Tramping)
③ 스탠딩웨이브(Standing Wave)
④ 하이드로플래닝(Hydro Planing)

해설 타이어가 정적불평형으로 인해 상하로 움직이는 트램핑현상, 동적불평형으로 인해 좌우로 움직이는 시미현상이 발생한다.

48 앞·뒤 바퀴 모두정렬(All Wheel Alignment)할 필요성으로 거리가 먼 것은?

① 타이어의 마모가 최소가 되도록 한다.
② 주행방향을 항상 올바르게 유지시켜 안정성을 준다.
③ 전·후륜이 역방향으로 되어 일렬주차 시 편리하다.
④ 조향휠에 복원성을 향상시킨다.

해설 전·후륜이 역방향으로 되는 것은 4륜조향장치의 특성이다.

49 유압식동력조향장치의 오일펌프 압력시험에 대한 설명으로 틀린 것은?

① 유압회로 내의 공기빼기작업을 반드시 실시해야 한다.
② 엔진의 회전수를 약 1000±100rpm으로 상승시킨다.
③ 시동을 정지한 상태에서 압력을 측정한다.
④ 컷오프밸브를 개폐하면서 유압이 규정값 범위에 있는지 확인한다.

해설 유압식동력장치는 크랭크축풀리에 벨트로 연결되어 구동되므로 시동이 정지되면 파워스티어링 펌프도 구동하지 않아 압력이 발생하지 않는다.

50 자동변속기차량에서 변속패턴을 결정하는 가장 중요한 입력신호는?

① 차속센서와 인히비터스위치
② 차속센서와 스로틀포지션센서
③ 엔진회전수와 유온센서
④ 인히비터스위치와 스로틀포지션센서

해설 차량의 변속은 주행상태에 따른 차량의 속도와 운전자의 의지에 따른 스로틀페달의 양에 따라 달라진다.

정답 45 ④ 46 ④ 47 ② 48 ③ 49 ③ 50 ②

51 선회 시 조향각을 일정하게 유지하여도 선회반지름이 작아지는 현상은?

① 오버스티어링　② 어퍼스티어링
③ 다운스티어링　④ 언더스티어링

해설 언더스티어
조향각을 일정하게 하고 선회 시 선회반경이 커지는 현상이다. FF차량에서 발생한다.

52 전자제어현가장치에서 노면의 상태 및 주행조건에 따른 자세변화에 대하여 제어하는 것과 거리가 먼 것은?

① 안티롤제어
② 안티피치제어
③ 안티바운스제어
④ 안티트램핑제어

해설 안티트램핑제어라는 용어는 없다.

53 브레이크 마스터실린더의 지름이 5cm이고 푸시로드의 미는 힘이 1000N일 때 브레이크파이프 내의 압력(kPa)은?

① 약 5.093kPa　② 약 50.93kPa
③ 약 509.3kPa　④ 약 5093kPa

해설 실린더의 단면적

$A = \dfrac{\pi \times 5^2}{4} = 19.635 \text{cm}^2$

압력 $P = \dfrac{W}{A}(\text{kgf/cm}^2) = \dfrac{1000}{19.635} = 50.93 \text{N/cm}^2$

$1\text{N/cm}^2 = 10\text{kPa}$
∴ 509.3kPa

54 수동변속기에서 기어변속을 할 때 마찰음이 심한 원인으로 가장 옳은 것은?

① 기관크랭크축의 정렬불량
② 릴리즈스프링의 장력약화
③ 싱크로나이저의 고장
④ 변속기입력축의 정렬불량

55 전자식제동분배(Electronic Brake-force Distribution)장치에 대한 설명으로 틀린 것은?

① 기존의 프로포셔닝밸브에 비하여 제동거리가 증가된다.
② 뒷바퀴 제동압력을 연속적으로 제어함으로써 스핀현상을 방지한다.
③ 프로포셔닝밸브를 설치하지 않아도 된다.
④ 뒷바퀴의 유압을 좌우 각각 독립적으로 제어가 가능하므로 선회하면서 제동할 때 안정성이 확보된다.

해설 전자식제동분배이므로 프로포셔닝밸브보다 제동거리가 단축된다.

56 자동차의 제동안전장치가 아닌 것은?

① 드래그링크장치
② ABS(Anti-lock Brake System)장치
③ 2계통브레이크장치
④ 로드센싱프로포셔닝 밸브장치

해설 드래그링크는 피트먼암과 조향너클을 연결하는 장치이다.

57 자동변속기 토크컨버터의 스테이터가 정지하는 경우는?

① 터빈이 정지하고 있을 때
② 터빈회전속도가 펌프속도와 같을 때
③ 터빈회전속도가 펌프속도 2배일 때
④ 터빈회전속도가 펌프속도 3배일 때

해설 터빈이 정지 시 스테이터를 통해 오일의 흐름이 변환되어 터빈의 회전력이 증대되며, 펌프속도와 같게 되면 스테이터는 펌프와 일체로 회전한다.

51 ①　52 ④　53 ③　54 ③　55 ①　56 ①　57 ①

58 타이어에 대한 설명으로 틀린 것은?

① 바이어스타이어는 카커스의 코드가 사선방향으로 설치되어 있다.
② 선회 시 원심력에 따른 코너링포스를 발생시켜 토크스티어 현상에 도움이 된다.
③ 레이디얼타이어는 카커스의 코드방향이 원둘레방향의 직각방향으로 배열되어 있다.
④ 스노우타이어는 타이어의 트레드폭을 크게 한 타이어다.

해설 선회 시 원심력에 따른 코너링포스를 발생시켜 접지력을 향상시킨다.

59 브레이크의 제동력배분을 앞쪽보다 뒤쪽을 작게 해주는 밸브로 옳은 것은?

① 언로드밸브
② 체크밸브
③ 프로포셔닝밸브
④ 안전밸브

해설 프로포셔닝밸브는 급제동 시 전륜보다 후륜의 제동력을 감소시켜 후륜의 록을 방지한다. 고장 시 전·후륜의 제동력분배가 되지 않는다.

60 전자제어현가장치에서 자세제어를 위한 입력신호로 틀린 것은?

① 차속센서
② 스로틀포지션센서
③ 조향각센서
④ 충돌감지센서

해설 충돌감지센서는 에어백장치의 입력신호이다.

61 운행차량 자동차전조등의 광도 및 광축 측정조건으로 틀린 것은?

① 자동차는 예비운전이 되어 있는 공차상태에 운전자 1인이 승차한 상태로 한다.
② 자동차의 축전지는 충전한 상태로 한다.
③ 자동차의 원동기는 공회전상태로 한다.
④ 4등식전조등의 경우 측정하지 아니하는 등화는 빛을 발산하는 상태로 한다.

해설 4등식전조등의 경우 측정하지 않는 등화는 발산하는 빛을 차단해야만 다른 등화장치측정에 영향을 수지 않는다.

62 전조등시험기 사용 시 준비사항으로 틀린 것은?

① 타이어공기압을 규정으로 한다.
② 시험기 설치장소가 수평상태이어야 한다.
③ 차량의 앞차축이 지면에서 10cm 이상 들어 올려진 상태이어야 한다.
④ 축전지성능이 정상상태이어야 한다.

해설 타이어공기압을 표준공기압으로 맞춰 놓고 설치장소가 수평상태이어야 한다.

63 ECU에서 제어하는 에어컨릴레이에 다이오드를 부착하는 이유는?

① 점화신호오류 방지
② 릴레이를 보호하기 위해
③ 서지전압에 의한 ECU 보호
④ 정밀한 제어를 위해

정답 58 ② 59 ③ 60 ④ 61 ④ 62 ③ 63 ③

[해설] 에어컨릴레이에 다이오드를 부착하는 이유는 에어컨스위치 off 시 역기전력에 의해 ECU가 파손되는 것을 보호하기 위함이다.

64 에어백제어장치의 입력요소가 아닌 것은?

① 시트벨트스위치
② 프리텐셔너
③ 임팩트센서
④ 조향각센서

[해설] 조향각센서는 전자제어현가장치의 입력요소이다.

65 이모빌라이저의 구성품으로 틀린 것은?

① 트랜스폰더   ② 코일안테나
③ 엔진ECU   ④ 스마트키

[해설] 이모빌라이저시스템의 구성품
엔진ECU, 스마트라, 트랜스폰더, 코일안테나

66 자동차관리법 시행규칙에 의거 전방 10m 거리에서 전조등주광축의 상하진폭은?

① 상향진폭 : 10cm 이내,
　하향진폭 : 30cm 이내
② 상향진폭 : 5cm 이내,
　하향진폭 : 30cm 이내
③ 상향진폭 : 3cm 이내,
　하향진폭 : 30cm 이내
④ 상향진폭 : 1cm 이내,
　하향진폭 : 30cm 이내

[해설]
• 좌우진폭은 10m 거리에서 좌우 30cm 이내(단, 좌측전조등의 경우 좌측방향 진폭은 15cm 이내)
• 상향진폭은 10cm 이내, 하향진폭은 등화설치 높이의 3/10 이내(단, 운행자동차의 경우 30cm 이내)

67 릴레이를 탈거한 상태에서 릴레이커넥터를 그림과 같이 점검할 경우 테스트램프가 점등하는 라인(단자)은?

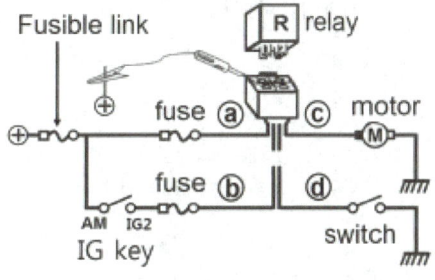

① ⓐ   ② ⓑ
③ ⓒ   ④ ⓓ

[해설] +가 연결되어 있으므로 스위치나 릴레이와 관계없는 ⓒ에서 접지와 연결되어 점등된다.

68 하이브리드자동차 고전압배터리 충전상태(SOC)의 일반적인 제한영역은?

① 20~80%   ② 55~86%
③ 86~110%   ④ 110~140%

[해설] 하이브리드자동차의 고전압배터리 충전상태(SOC)는 최소 20%~최대 80%를 벗어나지 않는다.

69 교류발전기에서 스테이터의 결선방법에 따른 전압 또는 전류에 대한 내용으로 틀린 것은?

① Y결선의 선간전압은 상전압의 $\sqrt{3}$배이다.
② △결선의 선간전류는 상전류의 $\sqrt{3}$배이다.
③ Y결선의 선간전류는 상전류와 같다.
④ △결선의 선간전압은 상전압의 3배이다.

[해설] △결선의 선간전압은 상전압과 같다

70 차량의 전기배선방식에서 복선식사용에 대한 내용으로 틀린 것은?

① 접촉불량 방지
② 전압강하량 증가
③ 큰 전류가 흐르는 회로에 사용
④ 전조등회로에 사용

해설 복선식은 전조등 같은 큰 전류가 흐르는 장치에 사용되며 접촉불량을 방지하기 위해 사용한다.

71 충전계통의 고장상태임에도 축전지만으로 점화 및 각종등화장치 등을 작동시킬 수 있는 최대시간을 표시한 것은?

① 550 CCA
② RC 75min
③ 60 AH
④ CMF 120

해설 RC 75min는 보유용량 75분이란 뜻으로 발전기 고장 시 축전지만으로 운행할 수 있는 최대시간을 의미한다.

72 그림과 같이 콜게이션(Corrugation)을 건너뛰는 비정상적인 방전현상은?

① 코로나방전현상
② 오로라방전현상
③ 플래시오버현상
④ 타코미터현상

해설 전극에서 누설전류가 흘러나오는 것(플래시오버)을 방지하기 위해 리브(턱)모양을 둔다.

73 그림에서 A와 B는 입력이고 Q가 출력일 때 논리회로로 표현하면?

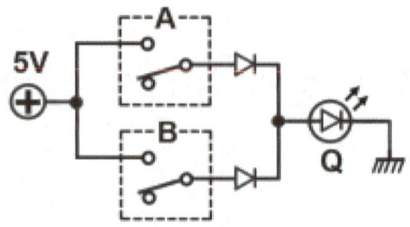

① AND회로
② OR회로
③ NOT회로
④ NAND회로

해설 A와 B 둘 중 하나만 연결되어도 출력이 나오는 OR회로이다.

74 자동에어컨시스템에서 계속되는 냉방으로 증발기가 빙결되는 것을 방지할 목적으로 사용되는 센서는?

① 일사량센서
② 핀서모센서
③ 실내온도센서
④ 외기온도센서

해설 핀서모센서는 증발기코어핀의 온도를 검출한다.

75 전자제어기관에서 점화플러그 간극이 규정보다 큰 경우 해당 실린더의 점화파형은?

① 점화시간이 길어진다.
② 점화전압이 높아진다.
③ 피크전압이 낮아진다.
④ 드웰시간이 짧아진다.

해설 점화플러그 간극이 크면 점화요구전압이 높아지므로 점화전압이 높아진다.

76 기관회전수가 750rpm, 착화지연시간이 2ms, 착화 후 최대폭발압력이 나타날 때까지 시간이 2ms일 때 ATDC 10°에서 최대압력이 발생되게 하는 점화시기는?

① ATDC 6°
② BTDC 6°
③ BTDC 8°
④ BTDC 18°

해설 연소지연시간동안 크랭크축 회전각도
$= 6 \cdot N \cdot T$
[N : 엔진회전수, T : 연소지연시간]
착화지연시간과 연소지연의 합이 4ms이므로
$6 \times 750 \times \dfrac{4}{1000} = 18°$
지연시간에 크랭크축은 18° 회전하므로
$18 - 10 = 8°$
∴ BTDC 8°에서 점화된다.

77 방향지시등은 차체너비의 몇 % 이상 간격을 두고 설치하여야 하는가?

① 20% ② 30%
③ 50% ④ 70%

해설 자동차안전기준에 의거, 방향지시등은 차체너비의 50% 이상의 간격을 두고 설치할 것

78 그림과 같은 인젝터파형에 대한 설명으로 틀린 것은?

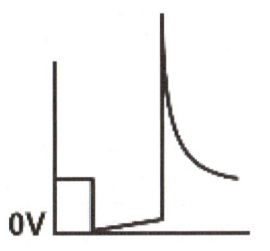

① 인젝터전압파형에서 니들밸브의 작동여부를 판단할 수 있다.
② 0V를 유지하다 인젝터구동용TR의 작동 시 전압은 12V 상승한다.
③ 전압파형에서 인젝터의 작동시간을 구할 수 있다.
④ 인젝터작동시간의 전압기울기로 배선(라인)저항유무를 확인할 수 있다.

해설 인젝터는 비작동 시 배터리전원 12V로 대기하다가 전원이 인가되면 TR이 작동하여 전압은 0V로 하강한다.

79 그림과 같은 회로의 동작에 대한 설명으로 가장 옳은 것은?

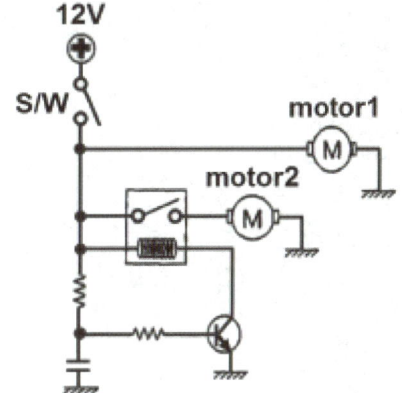

① 스위치 on 시 모터1과 2는 동시에 동작한다.
② 스위치 on 시 모든 모터가 동시에 동작 후 모터2만 멈춘다.
③ 스위치 on 시 모터1이 동작하고 잠시 후 모터2가 동작한다.
④ 스위치 on 시 모터1만 동작하고 스위치 off 시 모터2가 동작한다.

해설 스위치 on 시 모터1이 즉시 작동하고, 잠시 후 콘덴서가 충전되면 TR이 on되어 모터2가 동작한다.

80 하이브리드자동차에서 고전압배터리제어기(Battery Management System)의 역할에 대한 설명으로 틀린 것은?

① 충전상태제어
② 파워제한
③ 냉각제어
④ 저전압릴레이제어

해설 BMS는 SOC(충전상태제어), 파워제한, 냉각제어, 릴레이제어, 셀밸런싱, 고장진단 등을 수행한다.

3회 자동차정비산업기사 필기시험

2014. 8. 17. 시행

01 다음 중 큐폴라의 규격에 해당하는 것은?
① 매시간당 용해되는 철의 무게
② 24시간당 용해되는 철의 무게
③ 1회에 용해할 수 있는 철의 무게
④ 1회 용해하는데 사용된 코크스의 무게

해설 노의 규격표시 중 매시간당 용해되는 철의 무게를 ton으로 표시한다.

02 500℃ 이상의 고온에서 장시간 사용하는 연강재료의 안전계수를 구할 때의 기초강도는?
① 항복점   ② 극한강도
③ 허용응력 ④ 크리프한도

해설 크리프(crep)
높은 온도에서 시간이 흐르면서 변형이 증가되는 현상으로 변형한계를 크리프한계라 한다.

03 비틀림을 받는 원형단면 축의 극관성모멘트는?(단, d는 원형단면의 지름이다)
① $\pi d^3/16$ ② $\pi d^3/32$
③ $\pi d^4/16$ ④ $\pi d^4/32$

04 그림과 같은 코일스프링장치에서 W는 작용하는 하중, 스프링상수를 K_1, K_2라 할 경우, 합성스프링상수를 바르게 표현한 것은?

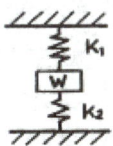

① K_1+K_2
② $1/(K_1+K_2)$
③ $(K_1 \cdot K_2)/(K_1+K_2)$
④ $(K_1+K_2)/(K_1 \cdot K_2)$

해설 병렬연결 : $k = k_1 + k_2 \cdots$

05 그림과 같은 단순보에서 R_A와 R_B의 값으로 적절한 것은?

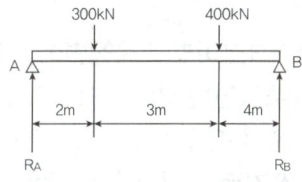

① $R_A=396.8kN$, $R_B=303.2kN$
② $R_A=411.1kN$, $R_B=288.9kN$
③ $R_A=432.3kN$, $R_B=267.7kN$
④ $R_A=467.4kN$, $R_B=232.6kN$

해설 $P_1 l_1 + P_2 l_2 - R_B l = 0$에서
$R_B = \dfrac{P_1 l_1 + P_2 l}{l} = \dfrac{(3000 \times 2) + 4000(2+3)}{2+3+4}$
$= 288.9 KN$
$R_A = P_1 + P_2 - R_B = 300 + 400 - 288.9 = 411.1 KN$

06 다음 중 연삭재료로 사용되는 재료가 아닌 것은?
① 석면   ② 산화크롬
③ 산화철   ④ 알루미나

01 ① 02 ④ 03 ④ 04 ① 05 ② 06 ① 정답

해설 석면은 가늘고 긴 섬유구조를 갖고 있는 물질로서 단열제, 절연제에 사용되었으나 지금은 유해하여 사용이 금지되었다(연삭제: 다이아몬드, 알루미나, 산화크롬, 산화철, 규석, 규조토 등).

07 세로방향으로 쪼개져 있어 구멍의 크기나 핀보다 작아도 망치로 때려 박을 수 있는 핀으로 충격이나 진동을 받는 곳에 사용하며 지지력이 매우 큰 장점이 있는 핀은?

① 스냅(Snap)핀
② 스프링(Spring)핀
③ 평행(Parallel)핀
④ 테이퍼(Taper)핀

해설 스프링핀은 세로방향으로 쪼개져 있어 구멍의 크기나 핀보다 작아도 망치로 때려 박을 수 있는 핀이다.

08 마이크로미터의 측정면이나 블록게이지의 측정면과 같이 비교적 작고, 정밀도가 높은 측정물의 평면도검사에 사용하는 측정기로 가장 적합한 것은?

① 옵티컬플랫(Optical Flat)
② 윤곽투영기(Profile Projector)
③ 컴비네이션세트(Combination Set)
④ 오토콜리메이터(Auto-collimator)

해설 광학유리로서 만들어진 정확한 평행평면정반으로 평행도를 측정하는 측정기이다.

09 다음 중 황동의 구멍뚫기작업에 사용하는 드릴의 날끝각으로 가장 적절한 것은?

① 60°   ② 100°
③ 118°   ④ 140°

10 소성가공법에서 판금가공의 종류가 아닌 것은?

① 굽힘가공   ② 타출가공
③ 압출가공   ④ 전단가공

해설 압출가공은 컨테이너 속에 있는 재료를 램으로 눌러 빼는 가공방법으로 봉, 선, 파이프 등의 제작에서 사용된다.

11 단면이 60mm×35mm인 장방형 보에 발생하는 압축응력이 5N/mm²일 경우, 몇 kN의 압축력이 작용하는가?

① 5.75kN   ② 10.5kN
③ 21.0kN   ④ 42.0kN

해설 압축응력 $\sigma = \dfrac{P}{A} = \dfrac{P}{bh}$ 에서
$P = \sigma \times b \times h = 5 \times 60 \times 35 = 10500\text{N} = 10.5\text{KN}$

12 평벨트풀리의 벨트접촉면의 중앙부가 약간 높은 이유로 가장 적절한 것은?

① 벨트의 중량을 감소시키기 위하여
② 벨트의 접촉각을 크게 하기 위하여
③ 벨트가 마모되는 것을 방지하기 위하여
④ 벨트가 벗겨지는 것을 방지하기 위하여

해설 벨트인장 시 벨트의 중앙부가 눌려 접촉각이 커진다.

13 내연기관실린더, 실린더헤드 등에 사용되는 재료로서 주철 중 탄소의 일부가 유리되어 흑연화되어 있는 것을 무엇이라 하는가?

① 회주철   ② 백주철
③ 반주철   ④ 가단주철

정답 07 ② 08 ① 09 ③ 10 ③ 11 ② 12 ② 13 ①

해설 회주철
주철을 주형에 주입할 때, 벽두께의 차이에 의해 냉각속도가 지극히 느린 경우에 탄소가 흑연의 형태로 많이 석출하기 때문에 파단면이 회색을 띠는 주철이다.

14 티탄 및 티탄합금에 관한 설명으로 옳지 않은 것은?

① 티탄의 비중은 약 4.51로 철에 비해 가볍고 강도가 크다.
② 티탄합금은 저온에서 특히 강도가 크고 내식성, 내마모성이 우수하다.
③ 열처리된 티탄합금은 다른 구조용재료에 비해 항복비와 내구비가 높다.
④ 티탄합금은 티탄의 성질을 개선하기 위하여 Al, Sn, Mn, Fe, Mo, V 등의 합금원소를 첨가한다.

해설 티탄합금은 고온에서 강도가 크고 내식성, 내마모성이 우수하다.

15 유니버설이음(Universal Joint)에 관한 설명으로 옳은 것은?

① 두 축이 평행하고 있을 때 사용하는 클러치이다.
② 두 축이 교차하고 있을 때 사용하는 크랭크축이다.
③ 두 축이 직교할 때 사용되고 운전 중 단속할 수 있다.
④ 두 축이 교차하는 경우에 사용되는 커플링의 일종이다.

해설 유니버설이음은 십자형조인트 또는 훅조인트라고도 하며 구조가 간단하고 작동이 확실하며, 큰 동력을 전달할 수 있다.

16 나사의 효율을 바르게 표기한 것은?

① 리드각 / 나사각
② 나사에 준 일량 / 나사가 이룬 일량
③ 나사가 이룬 일량 / 나사에 준 일량
④ 마찰이 있는 경우의 회전력 / 마찰이 없는 경우의 회전력

17 가스용접에서 아세틸렌발생기의 형식에 맞지 않는 것은?

① 주수식 ② 침투식
③ 투입식 ④ 침지식

18 유압작동유가 구비하여야 할 조건으로 옳지 않은 것은?

① 접동부의 마모가 적을 것
② 운전조건범위에서 휘발성이 적을 것
③ 넓은 온도범위에서 점도변화가 적을 것
④ 유압장치에서 사용되는 재료에 대하여 활성일 것

해설 유압유(작동유)의 구비조건
• 열전달률이 높고, 열팽창계수가 작을 것
• 점도지수가 크고, 화학적으로 안정될 것
• 비압축률(비압축성)이 높을 것
• 증기압이 낮고, 비점이 높을 것
• 마찰면에 윤활성이 좋을 것
• 적정한 점도가 있을 것

19 유량이 20m²/sec인 사류펌프의 양정이 5m이면 이 펌프의 동력은 얼마인가?(단, 이 유체의 비중량은 9800N/m²으로 한다)

① 98kW   ② 980kW
③ 9800kW ④ 98000kW

14 ② 15 ④ 16 ③ 17 ② 18 ④ 19 ② 정답

해설 동력 $L = \dfrac{\gamma \cdot Q \cdot H}{102 \times \eta}$ 에서

[γ : 비중량, Q : 유량, H : 양정,
η : 펌프의 효율]

$L = \dfrac{1000 \times 20 \times 5}{102} = 980\text{kW}$

20 유압펌프의 입구와 출구에서 진공계 또는 압력계의 지침이 크게 흔들리고 송출량이 급변하는 현상은?

① 수격현상 ② 언로더현상
③ 서징현상 ④ 캐비테이션

해설
- 수격현상 : 밸브를 급격히 닫으면 관 속을 흐르던 액체의 흐름이 급히 감속되며 액체가 가지고 있는 운동에너지는 압력에너지로 변환되어 관 내부에 탄성파가 왕복하게 된다.
- 서징현상 : 유압펌프의 입구와 출구에서 진공계 또는 압력계의 지침이 크게 흔들리고 송출량이 급변하는 현상
- 캐비테이션 : 물이 해당하는 증기압 이하로 되어 증발하면 수중에 있던 공기가 낮은 압력으로 인하여 기포가 발생하는 현상

21 엔진최대출력의 정격회전수가 4000rpm인 경유사용자동차 배출가스 정밀검사방법 중 부하검사의 Lug-Down 3모드에서 3모드에 해당하는 엔진회전수는?

① 2800rpm ② 3000rpm
③ 3200rpm ④ 4000rpm

해설
- Lug-Down 1 : 엔진정격회전수에서 측정
- Lug-Down 2 : 엔진정격회전수의 90%
- Lug-Down 3 : 엔진정격회전수의 80%

22 연료펌프의 체크밸브(Check Valve)가 열린 채로 고장났을 때의 설명으로 가장 거리가 먼 것은?

① 시동이 걸리지 않는다.
② 주행에 큰 영향은 없다.
③ 시동이 지연된다.
④ 연료펌프는 작동된다.

해설 연료의 잔압을 유지하는 장치이며 열린 채 고장나면 베이퍼록으로 시동성이 지연된다.

23 전자제어 연료분사장치에서 분사량보정과 관계없는 것은?

① 아이들스피드액츄에이터
② 수온센서
③ 배터리전압
④ 스로틀포지션센서

해설 전자제어엔진에서 분사량은 흡기온도보정, 시동 시 연료보정, 냉간 시 보정, 축전지전압보정, 가·감속 시 연료분사량을 제어한다. 아이들스피드엑츄에이터는 공회전 시 공기량을 조정한다.

24 전자제어기관에서 주로 질소산화물을 감소시키기 위해 설치한 장치는?

① EGR장치 ② PCV장치
③ PCSV장치 ④ ECS장치

해설 EGR은 고온·고압에서 배출되는 질소산화물을 배기가스를 재순환하여 연소온도를 낮춰 감소시킨다.

25 가솔린기관의 사이클을 공기표준사이클로 간주하기 위한 가정에 속하지 않는 것은?

① 급열은 실린더 내부에서 연소에 의해 행하여진다.
② 동작유체는 이상기체이다.
③ 비열은 온도에 따라 변화하지 않는 것으로 보며, 압축행정과 팽창행정의 단열지수는 같다.
④ 사이클과정을 하는 동작물질의 양은 일정하다.

해설 공기표준사이클은 밀폐된 상태에서 외부에서 열을 공급받는다.

26 어떤 오토기관의 배기가스온도를 측정한 결과 전부하운전 시에는 850℃, 공전 시에는 350℃일 때 각각 절대온도(K)로 환산한 것으로 옳은 것은?(단, 소수점 이하는 제외한다)

① 1850, 1350　② 850, 350
③ 1123, 623　④ 577, 77

해설 절대온도K＝섭씨온도℃+273
850+273＝1123K, 350+273＝623K

27 전자제어가솔린기관에서 냉각수온에 따른 연료증량 보정신호로 사용하는 것으로 엔진냉각수온도를 감지하는 부품은?

① 수온스위치
② 수온조절기
③ 수온센서
④ 수온게이지

해설 냉각수온센서는 부특성서미스터를 사용하여 냉각수의 온도를 측정한다.

28 동일한 배기량으로 피스톤 평균속도를 증가시키지 않고, 기관의 회전속도를 높이려고 할 때의 설명으로 옳은 것은?

① 실린더내경을 작게, 행정을 크게 해야 한다.
② 실린더내경을 크게, 행정을 작게 해야 한다.
③ 실린더내경과 행정을 모두 크게 해야 한다.
④ 실린더내경과 행정을 모두 작게 해야 한다.

해설 실린더내경을 크게, 행정을 작게 한 단행정엔진이 피스톤평균속도를 증가시키지 않고, 기관의 회전속도를 높일 수 있다.

29 기관과 파워트레인시스템에서 네트워크 신호라인의 점검에 대한 내용으로 옳은 것은?

① IG off상태에서 CAN라인의 저항을 측정한다.
② IG on상태에서 CAN라인의 저항을 측정한다.
③ CAN버스라인의 저항은 240Ω이 나타나면 정상이다.
④ CAN버스라인의 저항은 0Ω이 나타나면 단선이다.

해설 CAN통신의 종단저항을 측정하여 60Ω이면 정상이고, 단선 시 120Ω, 단락 시 0Ω이 측정된다.

30 엔진오일의 분류방법 중 점도에 따른 분류는?

① SAE분류
② API분류
③ MPI분류
④ ASE분류

해설 점도에 따라 SAE, 용도에 따라 API로 구분한다.

31 2행정 사이클기관의 소기방식과 관계가 없는 것은?

① 루프소기식
② 단류소기식
③ 횡단소기식
④ 복류소기식

해설 **2행전엔진의 소기방식의 종류**
루프소기식, 단류소기식, 횡단소기식

32 전자제어가솔린기관에서 수온센서의 신호를 이용한 연료분사량보정이 아닌 것은?

① 인젝터분사기간 보정
② 배기온도증량 보정
③ 시동 후 증량 보정
④ 난기증량 보정

해설 배기온도보정은 하지 않는다.

33 광투과식매연측정기의 매연측정방법에 대한 내용으로 옳은 것은?

① 3회 연속 측정한 매연농도를 산술평균하여 소수점 첫째자리 수까지 최종측정치로 한다.
② 3회 측정 후 최대치와 최소치가 10%를 초과한 경우 재측정한다.
③ 시료채취관을 5cm 정도의 깊이로 삽입한다.
④ 매연측정 시 엔진은 공회전상태가 되어야 한다.

해설 광투과식매연측정기는 3회 연속 측정한 매연농도를 산술평균하여 소수점을 버리고 최대 최소치가 5%를 초과한 경우 재측정한다.

34 가솔린기관에서 점화계통의 이상으로 연소가 이루어지지 않았을 때 산소센서(지르코니아 방식)에 대한 진단기에서의 출력값으로 옳은 것은?

① 0~200mV 정도 표시된다.
② 400~500mV 정도 표시된다.
③ 800~1000mV 정도 표시된다.
④ 1500~1600mV 정도 표시된다.

해설 배기가스가 희박하므로 0V에 근접한 0~200mV 정도 표시된다.

35 가솔린기관과 비교한 LPG기관에 대한 설명으로 옳은 것은?

① 저속에서 노킹이 자주 발생한다.
② 프로판과 부탄을 사용한다.
③ 액화가스는 압축행정말 부근에서 완전기체상태가 된다.
④ 타르의 생성이 없다.

해설 LPG연료의 주성분은 부탄이며 겨울철 시동성향상을 위해 프로판을 약간 증량한다.

36 전자제어자동차에서 ECU로 입력되는 신호 중 디지털신호가 아닌 것은?

① 홀센서방식의 차속센서신호
② 에어컨스위치신호
③ 클러치스위치신호
④ 가속페달 위치센서신호

해설 가속페달센서는 2개의 아날로그신호를 측정하여 급발진을 방지한다.

37 LPI기관에서 연료를 액상으로 유지하고 배관파손 시 용기 내의 연료가 급격히 방출되는 것을 방지하는 것은?

① 릴리프밸브
② 과류방지밸브
③ 연료차단밸브
④ 매뉴얼밸브

해설 과류방지밸브는 배관파손 시 용기 내의 연료가 급격히 방출되는 것을 차단하여 폭발의 위험을 방지한다.

38 기관의 가변흡입장치(Variable Intake Control System)의 작동원리에 대한 내용으로 틀린 것은?

① 기관의 저속과 고속에서 기관출력을 향상시킨다.
② 기관이 저속일 때 흡기다기관의 길이를 짧게 한다.
③ 기관이 고속일 때 흡입공기흐름의 회로를 짧게 한다.
④ 기관회전속도에 따라 흡입공기흐름의 회로를 자동적으로 조정하는 것이다.

해설 기관이 저속일 때는 유속을 안정적으로 유지하기 위해 흡기를 길게 하고, 고속에서는 응답성 및 맥동을 줄이기 위해 짧게 한다.

39 48PS를 내는 가솔린기관이 8시간에 120ℓ의 연료를 소비하였다면 제동연료소비율은 몇 g/PS·h인가?(단, 연료의 비중은 0.74이다)

① 약 180   ② 약 231
③ 약 251   ④ 약 280

해설 연료소비량 $PSh = 48 \times 8 = 384 PS \cdot h$

연료의 질량 $= 0.74 \dfrac{\text{kg}}{\ell} \times 120 = 88.8 \text{kg} = 88800\text{g}$

∴ 연료소비율 $= \dfrac{88800\text{g}}{384 PSh} = 231 \text{g}/PSh$

40 디젤기관의 구성품에 속하지 않는 것은?

① 예열장치
② 점화장치
③ 연료분사장치
④ 냉시동보조장치

해설 점화장치는 가솔린 전기점화장치의 부품이다.

41 다음 중 조향장치와 관계없는 것은?

① 스티어링기어
② 피트먼암
③ 타이로드
④ 쇽업쇼버

해설 쇽업쇼버는 현가장치의 부품이다.

42 자동변속기의 오일압력이 너무 낮은 원인으로 틀린 것은?

① 엔진 RPM이 높다.
② 오일펌프마모가 심하다.
③ 오일필터가 막혔다.
④ 릴리프밸브 스프링장력이 약하다.

해설 기관의 동력을 받아 유압펌프가 작동하므로 rpm이 높아야 압력도 올라간다.

43 진공배력장치인 마스터백에서 브레이크를 작동시켰을 때에 대한 설명으로 틀린 것은?(단, 완전제동위치인 경우)

① 진공밸브는 닫히고, 공기밸브는 열린다.
② 파워피스톤의 한쪽은 흡기다기관의 부압이 작용하고 반대쪽은 대기압이 작용한다.
③ 압력차에 의해서 마스터실린더의 푸시로드를 밀어서 제동력을 증가시킨다.
④ 압력차가 막판스프링의 힘보다 크면 피스톤의 페달 쪽으로 움직인다.

해설 압력차가 막판스프링의 힘보다 크면 마스터실린더 쪽으로 움직인다.

정답 38 ② 39 ② 40 ② 41 ④ 42 ① 43 ④

44 총질량 22000kg인 화물자동차가 6.72 m/s²의 감속도로 제동되고 있다. 이때 제동력의 크기는?

① 약 3273.8kN
② 약 3273.8kgf
③ 약 147.8kN
④ 약 147.8kgf

해설 $F = ma = 22000 \times 6.72 = 147840 \text{kgm/s}^2$
     $= 147.8 kN$

45 ABS(Anti-lock Brake System)장치에서 주행 중 급제동하였을 때 작동에 대한 설명으로 틀린 것은?

① 후륜의 조기고착을 방지하여 옆 방향 미끄러짐을 방지한다.
② 고착된 바퀴의 휠실린더에 작용하는 유압을 감압시킨다.
③ 회전하는 바퀴의 휠실린더에 작용하는 유압을 감압시킨다.
④ 후륜의 고착을 방지하여 차체의 스핀으로 인한 전복을 방지한다.

해설 회전하는 바퀴의 휠실린더에 작용하는 유압을 가압하여 제동장치를 작동시킨다.

46 전자제어자동변속기에서 댐퍼 또는 록업클러치가 공회전 시에 작동된다면 나타날 수 있는 현상으로 옳은 것은?

① 엔진시동이 꺼진다.
② 1단에서 2단으로 변속이 된다.
③ 기어변속이 안 된다.
④ 출력이 떨어진다.

해설 바퀴가 정지해 있는 상태에서 기관과 기계적으로 연결되어 시동이 꺼진다.

47 자동변속기에서 고장코드의 기억소거를 위한 조건으로 거리가 먼 것은?

① 이그니션 키는 ON상태여야 한다.
② 자기진단 점검단자가 단선되어야 한다.
③ 출력축 속도센서의 단선이 없어야 한다.
④ 인히비터 스위치커넥터가 연결되어야 한다.

해설 자기진단은 진단커넥터를 연결한 뒤 이그니션키를 ON상태에 두어 측정한다. 자기진단단자가 단선 시 기억소거를 위한 통신이 되지 않는다.

48 동기물림방식 수동변속기에서 입력축과 출력축의 회전속도를 신속하게 일치시켜 기어물림이 원활하게 이루어지게 하는 장치는?

① 싱크로메시기구
② 도그클러치
③ 시프트포크
④ 슬라이딩기어

해설 수동변속기는 입, 출력기어의 회전속도를 동기시키는 싱크로메시기구를 이용하여 변속을 가능하게 한다.

49 주행 중 급제동에 의해 모든 바퀴가 고정된 경우 제동거리를 산출하는 식으로 옳은 것은?(단, L = 제동거리, v : 차속, μ: 타이어와 노면 사이의 마찰계수, g : 중력가속도)

① $L = V^2/(2\mu g)$
② $L = V/(2\mu g)$
③ $L = g/(2\mu V)$
④ $L = \mu/(2\mu g)$

정답 44 ③ 45 ③ 46 ① 47 ② 48 ① 49 ①

50 고무로 피복된 코드를 여러 겹 겹친 층에 해당되며, 타이어에서 타이어골격을 이루는 부분은?

① 카커스부　② 트레드부
③ 숄더부　　④ 비드부

해설 카커스부는 타이어의 형상을 유지하는 뼈대가 되는 중요한 부분으로 플라이(Ply)라 부르는 섬유층으로 구성되어 있다.

51 표와 같은 제원인 승용차의 최소회전반경은 약 몇 m인가?

항목	제원
축거	2300mm
윤거	1040mm
외측전륜의 최대조향각도	30°
내측전륜의 최대조향각도	38°

① 2.6　② 2.9
③ 3.7　④ 4.6

해설 $R = \dfrac{L}{\sin 30°} + r = \dfrac{2300}{\sin 30°} = 4.6\text{m}$

52 제동장치 중 공기브레이크와 관계가 없는 것은?

① 브레이크밸브
② 하이드로릭 브레이크부스터
③ 릴레이밸브
④ 퀵릴리스밸브

해설 하이드로릭 브레이크부스터는 유압식제동장치의 구성부품이다.

53 ABS(Anti-lock Brake System)에서 휠스피드센서(Wheel Speed Sensor)파형의 설명으로 옳은 것은?(단, 마그네틱 픽업코일방식)

① 직류전압파형이 점선으로 나타난다.
② 교류전압파형이다.
③ 에어갭이 적절하면 파형이 접지선과 일치한다.
④ 피크전압은 최소 12V 이상이다.

해설 직류전압파형이 실선으로 나타나거나 에어갭이 불량하면 파형이 접지선과 일치한다. 피크전압은 최소 1V 이상이다.

54 전자제어자동변속기의 댐퍼클러치작동에 대한 설명으로 옳은 것은?

① 작동은 오버드라이브 솔레노이드밸브의 듀티율로 결정된다.
② 페일세이프모드에서 토크확보를 위해 댐퍼클러치를 동작시킨다.
③ 급가속 시는 토크확보를 위해 댐퍼클러치작동을 유지한다.
④ 스로틀포지션센서 개도와 차속 등의 상황에 따라 작동과 비작동이 반복된다.

해설 댐퍼클러치 미작동조건
- 제1속, 후진 시
- 엔진브레이크 작동 시
- 오일온도 60℃ 이하, 냉각수온도 50℃ 이하일 때
- 3속 → 2속으로 down shift 시
- 엔진회전속도 800rpm 이하일 때

55 전자제어현가장치(ECS) 중 차고조절제어기능은 없고 감쇠력만을 제어하는 현가방식은?

① 감쇠력가변식과 세미액티브방식
② 감쇠력가변식과 복합식
③ 세미액티브방식과 복합식
④ 세미액티브방식과 액티브방식

50 ① 51 ④ 52 ② 53 ② 54 ④ 55 ①

56 수동변속기 차량에서 클러치가 미끄러지는 경우가 아닌 것은?

① 클러치페달의 자유간격이 크다.
② 클러치스프링장력이 약하다.
③ 클러치판에 기름이 부착되었다.
④ 클러치판이 마멸되었다.

해설 클러치페달의 자유간격이 크면 동력차단이 충분히 되지 않는다.

57 차륜정렬목적에 해당되지 않는 것은?

① 조향핸들에 복원성을 준다.
② 바퀴가 옆 방향으로 미끄러지는 것과 타이어의 마멸을 최소화한다.
③ 위급상황에서 급제동 시 조향안정성을 제공한다.
④ 조향핸들의 조작력을 작게 하여 준다.

해설 ABS는 위급상황에서 급제동 시 조향안정성을 제공한다.

58 하이드로플래닝현상의 방지법이 아닌 것은?

① 타이어의 공기압력을 표준보다 15~20% 낮춘다.
② 트레드마멸이 적은 타이어를 사용한다.
③ 타이어의 공기압력을 높이고 주행속도를 낮춘다.
④ 마모가 적은 리브패턴타이어를 사용한다.

해설 타이어의 공기압력을 표준보다 15~20% 높인다.

59 동력전달장치에서 차동기어장치의 구조 및 작동에 대한 설명으로 틀린 것은?

① 래크와 피니언기어의 원리를 이용하여 좌·우 바퀴의 회전수를 변화시킨다.
② 피니언기어, 피니언축, 사이드기어로 구성되어있다.
③ 피니언기어는 직진주행 시 자전하고 선회 시 공전한다.
④ 사이드기어는 차동피니언기어와 맞물려 있다.

해설 피니언기어는 직진주행 시 공전하고 선회 시 자전한다.

60 주행안정성과 승차감을 향상시킬 목적으로 전자제어현가장치가 변화시키는 것으로 옳은 것은?

① 토인
② 쇽업쇼버의 감쇠계수
③ 윤중
④ 타이어의 접지력

해설 쇽업쇼버는 상하 운동에너지를 열에너지로 변환시키고 감쇠력이 발생하여 차체의 진동을 흡수하는 역할을 한다.

61 그림과 같은 인젝터회로점검에 대한 설명으로 옳은 것은?

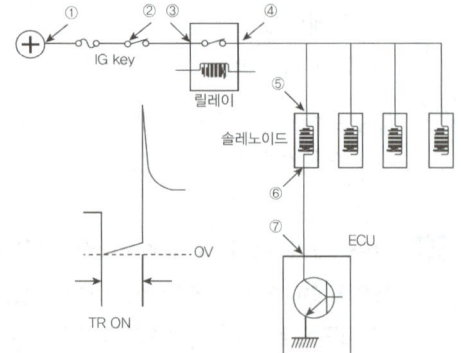

① ⑤번과 접지 사이에서 전압파형 측정 시 인젝터와 ECU간의 접속상태를 알 수 있다.
② 릴레이접점의 저항여부를 판단하기 위한 최적측정장소는 ③과 ④사이 전류측정이다.
③ 인젝터 서지전압측정은 ⑤번과 접지 사이에서 행하는 것이 가장 좋다.
④ IG key ON 후 TR이 off 시 ⑤번과 ⑦번 사이의 전압은 0V 이어야 한다.

해설
- ⑥번과 접지 사이에서 전압파형측정 시 인젝터와 ECU간의 접속상태를 알 수 있다.
- 릴레이접점의 저항여부를 판단하기 위한 최적측정장소는 ③과 ④사이 전압측정이다.
- 인젝터 서지전압측정은 ⑥번과 접지 사이에서 행하는 것이 가장 좋다.

62 주차보조장치에서 차량과 장애물의 거리 신호를 컨트롤유닛으로 보내주는 센서는?

① 초음파센서
② 레이저센서
③ 마그네틱센서
④ 적분센서

해설 초음파센서는 음파를 발생하여 반사되는 시간으로 거리를 계산한다.

63 자동차의 앞면에 안개등을 설치할 경우 1등당 광도로 자동차안전기준에 적합한 것은?

① 10000cd   ② 12000cd
③ 13000cd   ④ 15000cd

해설 안개등을 설치할 경우 1등당 광도는 940~10000cd이다.

64 점화코일에서 1차코일의 권수 200회, 2차코일의 권수 20000회일 때 2차코일에 유기되는 전압은?(단, 1차코일 유기전압은 300V이고 축전지는 12V이다)

① 15000V   ② 25000V
③ 30000V   ④ 50000V

해설 $E_2 = \dfrac{N_2}{N_1} E_1 = \dfrac{20000}{200} \times 300 = 30000\,V$

[E_2 : 2차전압, E_1 : 1차전압, N_1 : 1차코일권수, N_2 : 2차코일권수]

65 점화2차파형에서 점화전압이 높을 수 있는 원인으로 옳은 것은?

① 2차점화회로 내 저항이 감소
② 실린더 내 압축압력이 감소
③ 점화플러그의 간극 커짐
④ 연소실 내 혼합기가 농후

해설 2차점화회로 내 저항이 증가, 실린더 내 압축압력이 증가, 연소실 내 혼합기가 희박

66 점화플러그의 규격표기가 BKR5E일 때 숫자 5의 의미는?

① 열가
② 나사지름
③ 저항내장형 종류
④ 간극

67 교류발전기에서 생성되는 기전력의 크기와 관계가 없는 것은?

① 로터코일의 회전속도
② 스테이터코일의 권수
③ 제너다이오드 전류의 세기
④ 로터코일에 흐르는 전류의 세기

해설 제너다이오드는 순방향으로는 전류가 흐르고 역방향으로는 전류가 흐르지 않아 전압을 정전압으로 유지한다.

68 자동차 뒷면 차량등록번호판 숫자 위의 조도는 각 측정점에서 몇 룩스 이상이어야 하는가?

① 2 ② 4
③ 6 ④ 8

69 순방향으로 전류를 흐르게 하였을 때 빛이 발생되는 반도체는?

① 포토다이오드
② 제너다이오드
③ 발광다이오드
④ 실리콘다이오드

70 L단자와 S단자로 구성된 발전기에서 L단자에 대한 설명으로 틀린 것은?

① L단자는 충전경고등 작동선이다.
② 뒷유리 열선시스템에서도 L단자신호를 사용한다.
③ 시동 후 L단자전압은 시동 전 배터리 전압보다 높다.
④ L단자회로가 단선되면 충전경고등이 점등된다.

해설 L단자는 충전경고등 작동선으로 단선되면 점등될 수 없다.

71 그림과 같은 점화2차파형에서 ①의 파형이 정상이라 할 때 ②와 같이 측정되는 원인으로 옳은 것은?

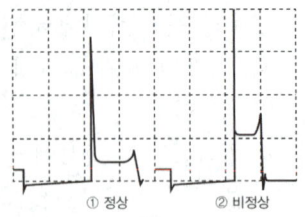
① 정상   ② 비정상

① 압축압력이 규정보다 낮다.
② 점화시기가 늦다.
③ 점화2차라인에 저항이 과대하다.
④ 점화플러그 간극이 규정보다 작다.

해설 0V가 되는 통전시간의 길이는 비슷하여 점화시기는 이상이 없으나 점화시간이 짧고 점화전압과 방전전압이 높은 것으로 볼 때 내부 2차코일 내 저항이 과대하다.

72 그림과 같은 상태에서 86번과 85번 단자에 각각 ① 또는 ②와 같이 측정되는 원인으로 옳은 것은?

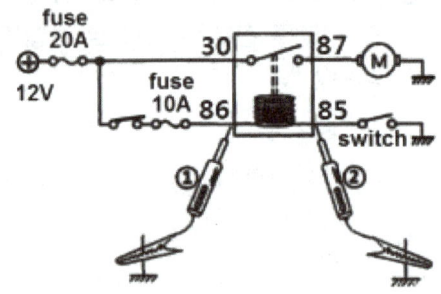

① ①의 상태에서 테스트램프 점등, ②의 상태에서 점등하지 않지만 릴레이가 동작한다.
② ①과 ②, 모든 상태에서 테스트램프가 점등하지만 ①의 상태에서는 릴레이가 동작한다.
③ ①과 ②, 모든 상태에서 테스트램프가 점등하지 않지만 ②의 상태에서는 릴레이가 동작한다.
④ ①의 상태에서 10A 퓨즈 단선, ②의 상태에서는 릴레이가 동작한다.

정답 68 ④ 69 ③ 70 ④ 71 ③ 72 ①

73 자동차냉방장치에서 액화된 고온·고압의 냉매를 저온·저압의 냉매로 바꾸어 주는 부품은?

① 압축기　② 응축기
③ 증발기　④ 팽창밸브

해설
- 압축기 : 냉매는 압축기에서 압축되어 고온·고압상태로 된다.
- 응축기 : 압축기에서 압축된 고온·고압의 냉매는 응축기로 냉각된다.
- 건조기 : 액화된 냉매는 이곳에서 수분의 흡수 및 불순물을 제거하고 공급되도록 한다.
- 팽창밸브 : 팽창밸브는 구멍이 아주 작은 일종의 통로인데 고온·고압의 액체상태인 냉매가 급격히 팽창되어 저온·저압서리상태가 되어 증발기로 들어간다.
- 증발기 : 서리상태의 냉매는 송풍기를 통해 유입된 공기에서 증발잠열을 빼앗아 공기를 냉각시킨다.

74 자동차의 방향지시기가 13초 동안에 15회 점멸하였다면 분당점멸회수는 약 얼마인가?

① 16회　② 52회
③ 56회　④ 69회

해설 자동차안전기준에서 방향지시등은 매분 60회 이상 120회 이하의 일정한 주기로 점멸해야한다. 13초당 15회이므로 분당 69회이다.

75 전자제어에어컨장치에서 컨트롤유닛에 입력되는 요소가 아닌 것은?

① 외기온도센서
② 일사량센서
③ 습도센서
④ 블로워센서

해설 전자제어에어컨장치에서 컨트롤유닛의 출력요소 중 블로워모터를 제어하여 풍량을 조절한다.

76 물질을 이루고 있는 입자인 원자의 설명으로 틀린 것은?(단, 정형원소로 제한한다)

① 원자의 가장 바깥쪽 궤도에 있는 전자를 자유전자라고 한다.
② 전자 1개의 전기량은 양자 1개의 전기량과 같다.
③ 최외곽궤도에 전자가 8개가 안 될 경우 근처의 원자와 결합하여 8개를 맞추려는 성질이 있다.
④ 최외곽궤도 내 전자가 8개일 경우 가장 안정적이다.

해설 원자의 가장 바깥쪽 궤도에 있는 전자를 가전자라고 하고 궤도를 벗어난 전자를 자유전자라 한다.

77 하이브리드 전기자동차에서 언덕길을 내려갈 때 배터리를 충전시키는 모드는?

① 가속모드
② 공회전모드
③ 회생제동모드
④ 정속주행모드

78 기관종합진단기(EH는 튠업기)의 점화파형 측정모드에서 점화순서에 따라 파형이 표시되게 하고자 할 때 점화2차픽업 외에 필요한 것은?

① 트리거픽업
② 2차고압케이블선
③ 볼트옴리드선
④ 점퍼와이어

해설 점화2차측정 시 트리거픽업을 1번 고압케이블에 설치한다.

79 전압변화에 따른 지시오차방지를 위하여 전압조정기가 설치된 연료계는?

① 서모스탯바이메탈식
② 바이메탈저항식
③ 연료면표시기식
④ 밸런싱코일식

80 하이브리드에 적용되는 오토스톱기능에 대한 설명으로 옳은 것은?

① 모터주행을 위해 엔진을 정지
② 위험물 감지 시 엔진을 정지시켜 위험을 방지
③ 엔진에 이상이 발생 시 안전을 위해 엔진을 정지
④ 정차 시 엔진을 정지시켜 연료소비 및 배출가스 저감

정답 79 ② 80 ④

1회 자동차정비산업기사 필기시험

2015. 3. 8. 시행

01 주석계 화이트메탈에 관한 설명으로 틀린 것은?

① Sn-Sb-Cu계 합금이다.
② 배빗메탈이라고도 한다.
③ 베어링용합금이다.
④ 고속, 고하중용 베어링으로는 사용할 수 없다.

해설 화이트메탈은 Sn-Sb-Cu계열의 베어링합금으로 배빗메탈이라고도 한다.

02 응력에 관한 설명으로 옳지 않은 것은?

① 보에서 굽힘으로 인하여 발생하는 최대인장응력은 중립축으로부터 가장 먼 거리에서 나타난다.
② 사용응력은 허용응력보다 작은 값이어야 한다.
③ 충격에 의해 생기는 응력은 정하중으로 작용하는 경우의 3배가 된다.
④ 두 축 방향으로 작용하는 응력을 2축응력이라 한다.

해설 충격에 의해 생기는 응력은 정하중으로 작용하는 경우의 2배가 된다.

03 유압제어밸브의 기능에 따른 분류 중 유량제어밸브는?

① 스로틀밸브
② 카운터밸런스밸브
③ 시퀀스밸브
④ 릴리프밸브

해설 유량제어밸브의 종류에는 스로틀밸브(Throttle Valve, 교축밸브), 분류밸브(Dividing Valve), 니들밸브(Needle Valve), 오리피스밸브(Orifice Valve), 속도제어밸브, 급속배기밸브 등이 있다.

04 아크용접에서 언더컷(Under Cut)은 어떤 조건일 때 가장 많이 나타나는가?

① 전류부족, 용접속도 빠름
② 전류과대, 용접속도 느림
③ 전류과대, 용접속도 빠름
④ 전류부족, 용접속도 느림

해설 언더컷의 발생주요원인
- 용접전류가 너무 높을 때
- 아크길이가 너무 길 때
- 용접봉 선택이 부적당할 때
- 용접속도가 너무 빠를 때

05 리벳이음을 용접이음과 비교한 설명으로 틀린 것은?

① 용접이음과 같이 강판 등을 영구적으로 접합할 때 사용한다.
② 경합금을 이용할 때에는 용접이음보다 신뢰성이 떨어진다.
③ 구조물 등에서 현장조립할 때에는 용접이음보다 쉽다.
④ 용접이음과는 달리 초기응력에 의한 잔류변형이 생기지 않으므로 취약파괴가 일어나지 않는다.

정답 01 ④ 02 ③ 03 ① 04 ③ 05 ②

해설	리벳이음의 장점	리벳이음의 단점
	용접이음과 달리 고열에 의한 잔류응력이 발생하지 않으므로 취성파괴가 일어나지 않는다.	기밀을 요하는 결합에는 부적합하다.
	대형구조물일 경우 현장 조립을 할 때 용접이음보다 쉽다.	이음부분판재의 두께에 제한을 받는다.
	경합금 등 용접이 곤란한 재료에도 신뢰성이 크다.	이음부분이 겹쳐져야 하므로 모재의 낭비가 있으며, 무게가 무거워진다.

06 Al, Cu 및 Mg으로 구성된 합금에서 인장강도가 크고 시효경화를 일으키는 (고강도)알루미늄 합금은?

① Y합금
② 두랄루민
③ 로엑스
④ 실루민

해설 시효경화
열처리나 가공에 의하여 조직이 불안정상태에 있는 금속이나 합금은 안정상태로 되돌아가려는 경향이 있다. 이들의 여러 가지 성질이 시간이 지남에 따라서 서서히 변화하는 현상을 시효라 하며, 시효에 의해 합금이 단단해지는 현상이다.

07 테이퍼가 있는 일종의 쐐기로서 축과 축을 결합하는 경우와 축 방향으로 작용하는 압축력이나 인장력에 대해서 풀리지 않도록 부품을 결합할 때 사용하는 기계요소는?

① 와셔　　② 코터
③ 핀　　　④ 스플라인

해설 코터는 한쪽 또는 양쪽에 기울기를 갖는 쐐기이며, 축의 회전력을 전달하기 보다는 인장력이나 압축력을 받는 2개의 축을 연결하는 요소이다.

08 측정치의 통계적용어에 관한 설명으로 옳은 것은?

① 치우침(Bias)-참값과 모평균과의 차이
② 편차(Deviation)-측정치와 참값과의 차이
③ 잔차(Residual)-측정치와 모평균과의 차이
④ 오차(Error)-측정치와 시료평균과의 차이

해설
• 오차 : 어떤 양을 측정하는 경우에 그 참값을 구하기는 불가능하며, 측정치와 참값 사이에 발생하는 차이이다.
• 편차 : 각 수치와 대표치와의 차이이다. 편차의 절대치합계를 나눈 것을 평균편차라 한다.
• 잔차 : 측정값 등에서 얻어진 가장 확실한 값과 이론값의 차이다.

09 재료의 인장강도가 4500N/mm²인 연강재의 허용응력이 375N/mm²이라면 안전율은?

① 13
② 11
③ 12
④ 10

해설 $S = \dfrac{\sigma u}{\sigma a}$

[S : 안전율, σu : 인장강도, σa : 허용인장응력]

∴ $\dfrac{4500}{378} = 12$

10 유압유의 구비조건이 아닌 것은?

① 적당한 점도가 있을 것
② 비압축성일 것
③ 열을 흡수·기화할 수 있을 것
④ 녹이나 부식을 방지할 수 있을 것

해설 유압유(작동유)의 구비조건
- 열전달률이 높고, 열팽창계수가 작을 것
- 점도지수가 크고, 화학적으로 안정될 것
- 비압축성일 것
- 비점이 높을 것
- 윤활성이 좋을 것
- 적정한 점도가 있을 것

11 스프링백 현상은 어느 작업 시 가장 많이 발생하는가?
① 열처리　　② 절삭
③ 용접　　　④ 프레스

해설 스프링백(Spring Back)이란 소성재료를 굽힘가공을 할 때 재료를 굽힌 후 힘을 제거하면 판재의 탄성으로 인하여 탄성변형부분이 원래의 상태로 복귀하여 그 굽힘각도나 굽힘반지름이 열려 커지는 현상이다.

12 전동용 평벨트(Belt)재료의 구비조건이 아닌 것은?
① 탄성이 작을 것
② 열이나 기름에 강할 것
③ 인장강도가 클 것
④ 마찰계수가 클 것

13 탄소강의 조직 중 경도가 가장 큰 조직은?
① 오스테나이트　② 마르텐사이트
③ 펄라이트　　　④ 페라이트

해설 각 조직의 경도순서
시멘트 > 마르텐사이트 > 트루스타이트 > 소르바이트 > 펄라이트 > 오스테나이트 > 페라이트

14 열처리의 담금질액 중 냉각속도가 가장 빠른 것은?
① 비눗물　　② 기름
③ 물　　　　④ 소금물

해설 냉각속도가 가장 빠른 열처리의 담금질액체는 소금물이다.

15 드릴링머신에서 할 수 없는 작업은?
① 코킹　　② 카운터싱킹
③ 리밍　　④ 카운터보링

해설 드릴링머신작업에는 드릴링, 보링, 리밍, 카운터보링, 탭 작업, 카운터싱킹, 스폿페이싱 등이 있다.

16 프레스전단작업에서 판재를 펀치로 뽑기 하는 작업은?
① 트리밍(Trimming)
② 노칭(Notching)
③ 브로칭(Broaching)
④ 블랭킹(Blanking)

해설
- 노칭 : 재료 또는 부품의 가장자리를 여러 모양으로 따내는 가공이다.
- 트리밍 : 판재를 드로잉가공으로 만든 후 둥글게 절단하는 작업이다.
- 브로칭 : 브로치라는 기구를 이용하여 공작물의 표면 또는 구멍의 내면에 여러 가지 형태의 절삭가공을 할 수 있다.
- ※ 블랭킹프레스작업에서 다이구멍 속으로 떨어지는 쪽이 제품으로 되고, 외부에 남아있는 부분은 스크랩이 되는 가공이다.

17 수면에서 5m 높이에 설치된 펌프가 펌프로부터 높이 30m인 곳에 매초 1m²의 물을 보내려면 이론상 동력은 약 몇 kW가 필요한가?
① 400　　② 294
③ 343　　④ 245

11 ④　12 ①　13 ②　14 ④　15 ①　16 ④　17 ③　**정답**

해설 H = Ha + H₁ + H₂
$H_{kW} = \dfrac{\gamma QH}{102}$
[H_{kW} : 출력, γ : 유체의 비중,
Q : 유량, H : 총양정]
∴ $\dfrac{1000 \times 1 \times 35}{102} = 343 kW$

18 외경이 내경(d_1)의 2배인 중공축과 같은 비틀림모멘트를 전달하는 중심축의 직경은?

① $2.74d_1$ ② $1.96d_1$
③ $2.47d_1$ ④ $1.55d_1$

19 탄소강의 응력-변형곡선에서 항복점은?

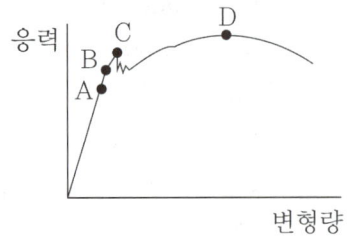

① B ② A
③ C ④ D

해설 A : 비례한계, B : 탄성한계,
C : 항복점, D : 인장강도

20 탄성한도 내에서 인장하중을 받는 봉에 발생하는 응력에 의한 단위체적당 저장되는 탄성에너지가 U_1일 때 봉에 발생하는 인장응력이 2배가 되면 단위체적당 저장되는 탄성에너지는?

① $2 \cdot U_1$
② $(1/2) \cdot U_1$
③ $(1/4) \cdot U_1$
④ $4 \cdot U_1$

21 디젤기관의 기계식연료분사장치 중 연료의 분사량을 조절하는 것은?

① 타이머
② 연료여과기
③ 조속기
④ 연료공급펌프

해설 조속기는 분사펌프에 설치되어 있으며, 기관의 회전속도나 부하의 변동에 따라 연료분사량을 조절하는 장치이다.

22 기관의 공기과잉률에 대한 설명으로 맞는 것은?

① 연료의 중량에 대한 실제공기량과의 비를 말한다.
② 실제운전에서 흡입된 공기량을 이론상 완전연소에 필요한 공기량으로 나눈 값을 말한다.
③ 이론혼합비와 실제소비한 공기가 1:1 인 것을 말한다.
④ 공기과잉률은 이론공기량에 대한 연료의 중량비를 말한다.

해설 공기과잉률
기관의 실제운전상태에서 흡입된 공기량을 이론상 완전연소에 필요한 공기량으로 나눈 값

23 밸브스프링의 서징(Surging)현상방지법으로 틀린 것은?

① 부등피치스프링을 사용한다.
② 피치가 서로 다른 이중스프링을 사용한다.
③ 원추형스프링을 사용한다.
④ 밸브스프링 고유진동수를 밸브개폐횟수와 같게 한다.

해설 **밸브스프링의 서징방지방법**
- 원뿔형스프링을 사용한다.
- 양정 내에서 충분한 스프링정수를 얻도록 한다.
- 부등피치스프링을 사용한다.
- 이중스프링을 사용한다.

24 흡기매니폴드 압력변화를 피에조(Piezo) 소자를 이용하여 측정하는 센서는?

① 크랭크포지션센서
② MAP센서
③ 수온센서
④ 차량속도센서

해설 MAP센서는 흡입매니폴드 압력변화를 피에조소자에 의해 흡입공기량을 측정한다.

25 전자제어가솔린기관에서 일정회전수 이상으로 상승 시 엔진의 과도한 회전을 방지하기 위한 제어는?

① 가속보정제어
② 연료차단제어
③ 희박연소제어
④ 출력중량보정제어

해설 **연료차단제어**
엔진의 과도한 회전을 방지하기 위한 제어

26 기관의 플라이휠과 관계없는 것은?

① 동력을 전달한다.
② 링기어를 설치하여 기관의 시동을 걸 수 있게 한다.
③ 회전력을 균일하게 한다.
④ 무부하상태로 만든다.

해설 플라이휠은 기관의 맥동적인 출력을 관성을 이용하여 원활한 출력으로 바꾸는 장치이다.

27 운행차정기검사에서 소음도검사 전 확인항목의 검사방법으로 맞는 것은?

① 경음기의 추가부착여부를 눈으로 확인하거나 5초 이상 작동시켜 귀로 확인
② 소음덮개 등이 떼어지거나 훼손되었는지 여부를 눈으로 확인
③ 타이어의 접지압력의 적정여부를 눈으로 확인
④ 배기관 및 소음기의 이음상태를 확인하기 위해 소음계로 검사확인

해설 **소음도검사 전 확인항목의 검사방법**
- 소음덮개 : 소음덮개 등이 떼어지거나 훼손되었는지를 육안검사
- 배기관 및 소음기 : 자동차를 들어 올려 배기관 및 소음기의 이음상태 및 배출가스유출 확인
- 경음기 : 육안검사나 3초 이상 작동시켜 경음기를 추가로 부착하였는지를 귀로 확인
- 경적소음도 측정 : 자동차의 시동을 꺼놓은 상태에서 암소음을 보정하여 측정

28 가솔린기관에서 노크발생을 억제시키는 방법으로 거리가 가장 먼 것은?

① 흡기온도를 저하시킨다.
② 점화시기를 빠르게 한다.
③ 회전속도를 높인다.
④ 옥탄가가 높은 연료를 사용한다.

해설 **가솔린기관의 노크방지방법**
- 화염전파거리를 짧게 한다.
- 옥탄가가 높은 연료를 사용한다.
- 혼합가스를 진하게 한다.
- 압축비, 흡기온도, 혼합가스 및 냉각수온도를 낮춘다.
- 점화시기를 알맞게 조정한다.
- 연료의 착화지연을 길게 한다.
- 와류를 발생시킨다.

29 LPG를 사용하는 자동차의 봄베에 부착 되지 않는 것은?

① 안전밸브
② 송출밸브
③ 충전밸브
④ 메인듀티 솔레노이드밸브

해설 메인듀티 솔레노이드밸브는 믹서에 설치된다.

30 밸브의 양정이 15mm일 때 일반적으로 밸브의 지름은 약 얼마인가?

① 60mm   ② 30mm
③ 40mm   ④ 50mm

해설 $d = 4h$
[d : 밸브지름, h : 밸브양정]
∴ $4 \times 15mm = 60mm$

31 엔진의 크랭크축 휨을 측정할 때 반드시 필요한 기기가 아닌 것은?

① 블록게이지
② 다이얼게이지
③ V블록
④ 정반

해설 크랭크축의 휨을 측정하고자 할 때에는 정반, V블록, 다이얼게이지를 준비한다.

32 전자제어기관에서 흡입하는 공기량 측정 방법으로 가장 거리가 먼 것은?

① 흡기다기관부압
② 피스톤직경
③ 스로틀밸브열림각
④ 칼만와류발생주파수

해설 공기량측정방법은 스로틀밸브열림각, 흡기다기관부압, 칼만와류의 주파수 등이다.

33 액상LPG의 압력을 낮추어 기체상태로 변환시켜 연료를 공급하는 장치는?

① 베이퍼라이저(Vaporizer)
② 대시포트(Dash Pot)
③ 믹서(Mixer)
④ 봄베(Bombe)

해설 베이퍼라이저(Vaporizer, 감압기화장치)는 액상 LPG를 감압, 기화시켜 일정압력으로 기화량을 조절한다.

34 전자제어기관에서 연료분사피드백에 사용하는 센서는?

① 스로틀위치센서
② 수온센서
③ 에어플로어센서
④ 산소센서

해설 공연비를 피드백(Feed Back) 제어할 때 사용하는 것은 산소센서이다.

35 전자제어가솔린엔진의 맵센서에 대한 설명 중 거리가 가장 먼 것은?

① ECU에서는 맵센서의 신호를 이용해 공연비를 제어한다.
② 맵센서는 차량의 주행상태에 다른 부하를 계산하는 용도로도 활용된다.
③ 맵센서 제어상태를 공연비입력값을 통해 파악할 수 있다.
④ 맵센서의 신호의 결과에 따라 산소센서의 출력이 달라진다.

해설 맵(MAP)센서는 흡기다기관의 진공도(절대입력)로 흡입공기량을 검출하며, ECU에서 맵센서의 신호를 이용해 공연비를 제어한다.

정답 29 ④ 30 ① 31 ① 32 ② 33 ① 34 ④ 35 ③

36 전자제어엔진에서 분사량은 인젝터 솔레노이드코일의 어떤 인자에 의해 결정되는가?

① 저항치
② 전압차
③ 코일권수
④ 통전시간

해설 전자제어기관에서 연료분사량은 ECU에서 출력하는 인젝터 솔레노이드코일의 통전시간에 의해 조정된다.

37 디젤노킹(Knocking) 방지책으로 틀린 것은?

① 착화성이 좋은 연료를 사용한다.
② 실린더 냉각수온도를 높인다.
③ 압축비를 높게 한다.
④ 세탄가가 낮은 연료를 사용한다.

해설 세탄가가 높은 연료를 사용한다.

38 내연기관의 열손실을 측정한 결과 냉각수에 의한 손실이 30%, 배기 및 복사에 의한 손실이 30%였다. 기계효율이 85%라면 정미열효율은?

① 30% ② 28%
③ 32% ④ 34%

해설 지시효율 = 1-(0.3+0.3) = 0.4 = 40%
정미효율 = 지시효율 × 기계효율
= (0.4 × 0.85) × 100 = 34%

39 디젤기관의 회전속도가 1800rpm일 때 20°의 착화지연시간은 약 얼마인가?

① 2.75ms ② 0.13ms
③ 66.16ms ④ 1.85ms

해설 $It = 6Rt$
[It : 착화시기, R : 기관회전속도, t : 착화지연시간]
$t = \dfrac{It}{6R}$
$\therefore \dfrac{20 \times 1000}{6 \times 1800} = 1.85\text{ms}$

40 4행정사이클 디젤기관의 분사펌프 제어 래크를 전부하상태로 하고, 최대회전수를 2000rpm으로 하며 분사량을 시험하였더니 1실린더 107cc, 2실린더 115cc, 3실린더 105cc, 4실린더 93cc일 때 수정할 실린더의 수정치범위는 얼마인가? (단, 전부하 시 불균율은 4%로 계산한다)

① 100.8-109.2cc
② 89.7-95.8cc
③ 96.3-100.6cc
④ 100.1-100.5cc

해설 평균연료분사량 = $\dfrac{107+115+105+93}{4} = 105\text{cc}$
불균율이 4%이므로 105cc × 0.04 = 4.2cc
(-) 불균율 = 105cc - 4.2 = 100.8cc
(+) 불균율 = 105cc + 4.2 = 109.2cc

41 사고 후에 측정한 제동궤적(Skid Mark)은 40m이었고, 사고 당시의 제동감속도는 6m/s²이다. 사고상황에서 제동 시 주행속도는?

① 144km/h ② 86.4km/h
③ 43.2km/h ④ 57.6km/h

해설 $S = \dfrac{V^2}{2 \times 3.6^2 \times \alpha}$
[S : 제동거리, V : 제동할 때의 주행속도, α : 감속도]
$48 = \dfrac{V^2}{2 \times 3.6^2 \times 6}$
$V = \sqrt{48 \times 2 \times 3.6^2 \times 6} = 86.4\text{km/h}$

정답 36 ④ 37 ④ 38 ④ 39 ④ 40 ① 41 ②

42 브레이크 페달을 밟았을 때 소음이 나거나 밀리는 현상의 원인 중 거리가 가장 먼 것은?

① 백플레이트나 캘리퍼의 설치볼트 이완
② 브레이크패드나 라이닝의 경화
③ 디스크의 불균일한 마모 및 균열
④ 프로포셔닝밸브의 작동불량

43 유압식조향장치에 비해 전동식조향장치(MDPS)의 특징이 아닌 것은?

① 차량속도별 정확한 조향력제어가 가능하다.
② 부품수가 많아 경량화가 어렵다.
③ 오일을 사용하지 않아 친환경적이다.
④ 연비향상에 도움이 된다.

[해설] 전동식조향장치(MDPS)의 특징

전동식조향장치의 장점	전동식조향장치의 단점
• 연료소비율이 향상된다. • 에너지소비가 적으며, 구조가 간단하다. • 기관의 가동이 정지된 때에도 조향조작력 증대가 가능하다. • 조향특성튜닝이 쉽다. • 기관룸 레이아웃설정 및 모듈화가 쉽다. • 유압제어장치가 없어 환경친화적이다. • 차량속도별 정확한 조향력제어가 가능하다.	• 전동기의 작동소음이 크고, 설치자유도가 적다. • 유압제어에 비하여 조향핸들의 복원력이 낮다. • 조향조작력의 한계 때문에 중대형자동차에는 사용이 불가능하다. • 조향성능을 향상시키고 관성력이 낮은 전동기의 개발이 필요하다.

44 진동을 흡수하고 스프링의 부담을 감소시키기 위한 장치는?

① 비틀림막대스프링
② 공기스프링
③ 쇽업쇼버
④ 스태빌라이저

[해설] 쇽업쇼버는 도로면에서 발생한 스프링의 진동을 신속하게 흡수하여 승차감을 향상시키기 위해 설치하는 기구이다.

45 2세트의 유성기어장치를 연이어 접속시키되 선기어를 1개만 사용하는 방식은?

① 평행축기어방식 ② 심프슨식
③ 벤딕스식   ④ 라비뇨식

[해설] 심프슨형식(Simpson Type)은 2세트의 단일 유성기어장치를 연이어 접속시키며 1개의 선기어를 공동으로 사용한다.

46 듀티 30%인 변속 솔레노이드의 주파수가 366Hz일 때 주기는 약 얼마인가?

① 2.73ms   ② 1.09ms
③ 10.9ms   ④ 27.3ms

[해설] $t = \dfrac{1}{f}$
[T : 주기(m/s), f : 주파수(Hz)]
$\therefore \dfrac{1 \times 1000}{366} = 2.73\text{ms}$

47 레이디얼타이어의 장점이 아닌 것은?

① 선회 시에도 트레드의 변형이 적어 접지면적이 감소되는 경향이 적다.
② 보강대의 벨트를 사용하기 때문에 하중에 의한 트레드가 잘 변형된다.
③ 로드홀딩이 우수하며 스탠딩웨이브가 잘 일어나지 않는다.
④ 타이어단면의 편평률을 크게 할 수 있다.

[해설] 보강대의 벨트가 튼튼해 트레드가 하중에 의한 변형이 적다.

정답 42 ④ 43 ② 44 ③ 45 ② 46 ① 47 ②

48 마찰클러치의 마찰면을 6개의 코일스프링이 각각 450N의 힘으로 압착하고 있다. 마찰계수가 0.35라면 마찰면의 한 면에 작용하는 마찰력의 크기는?

① 945N　② 2700N
③ 1285N　④ 7714N

해설 $Fp = N \times P \times \mu$
[Fp : 마찰력의 크기, N : 코일스프링의 수, P : 압착하는 힘, μ : 마찰계수]
∴ $6 \times 450N \times 0.35 = 945N$

49 동력조향장치가 고장일 경우 수동조작이 가능하도록 하는 장치는?

① 밸브스풀　② 안전체크밸브
③ 압력조절밸브　④ 인넷밸브

해설 안전체크밸브는 동력조향장치가 고장이 났을 때 수동조작을 하기 위한 밸브이다.

50 휴대용 진공펌프시험기로 점검할 수 있는 항목 중 가장 거리가 먼 것은?

① 브레이크하이드로백 점검
② 서모밸브 점검
③ 라디에이터캡 점검
④ EGR밸브 점검

51 어느 승용차로 정지상태에서부터 100km/h까지 가속하는데 6초 걸렸다. 이 자동차의 평균가속도는?

① 약 $4.63 m/s^2$　② 약 $8.34 m/s^2$
③ 약 $6.0 m/s^2$　④ 약 $16.67 m/s^2$

해설 $a = \dfrac{V_2 - V_1}{t}$
∴ $\dfrac{100 \times 1000}{3600 \times 6} \fallingdotseq 4.63 m/s^2$

52 노면과 직접접촉은 하지 않고 충격에 완충작용을 하며 타이어규격과 기타정보가 표시되는 부분은?

① 트레드(Tread)부
② 카서스(Carcass)부
③ 사이드월(Side Wall)부
④ 비드(Bead)부

해설 사이드월부는 노면과 직접접촉은 하지 않으며, 주행 중 완충작용을 하는 부분으로 타이어 정보가 표시된 부분이다.

53 수동변속기의 클러치차단 불량원인은?

① 릴리스실린더 소손
② 스프링장력 약화
③ 클러치판 과다마모
④ 자유간극 과소

해설 클러치의 차단이 불량한 원인은 유압계통에 공기가 유입, 마스터실린더 불량, 릴리스실린더 불량 등이다.

54 아래 그림은 어떤 자동차의 뒤차축이다. 스프링 아래 질량의 고유진동 중 X축을 중심으로 회전하는 진동은?

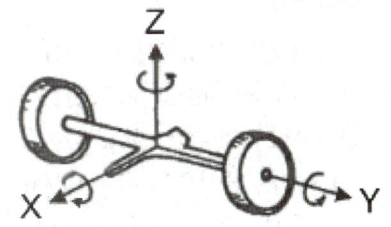

① 휠트램프
② 휠홉
③ 와인드업
④ 롤링

해설
- 휠홉(Wheel Hop) : 뒤차축이 Z방향의 상하평행운동을 하는 진동
- 휠트램프(Wheel Tramp) : 뒤차축이 X축을 중심으로 회전하는 진동
- 와인드업(Wind Up) : 뒤차축이 Y축을 중심으로 회전하는 진동

55 하이브리드차량의 구동바퀴에서 발생하는 운동에너지를 전기적에너지로 변환시켜 고전압배터리로 충전하는 모드는?

① 변속기발전모드
② 회생제동모드
③ 언덕길 밀림방지모드
④ ISG(Idle Stop & Go)모드

해설
- ISG(Idle Stop & Go)모드 또는 오토스톱(Auto Stop)모드 : 연비와 배출가스저감을 위해 자동차가 정지할 때에는 기관의 작동을 정지한다.
- 회생재생모드(감속모드) : 전동기는 바퀴에 의해 구동되어 감속할 때 발생하는 운동에너지를 전기에너지로 변환시켜 고전압축전지를 충전한다.

56 전자제어제동장치에서 앞바퀴유압회로의 중간에 설치되어있고 제동 시 앞바퀴에 작용되는 유압의 상승을 지연시키는 밸브는?

① 로드센싱 프로포셔닝밸브(Load Sensing Proportioning Valve)
② G밸브(Gravitation Valve)
③ 미터링밸브(Metering Valve)
④ P밸브(Proportioning Control Valve)

57 자동변속기에서 댐퍼클러치가 작동되는 경우로 가장 알맞은 것은?

① 급경사로 내리막길에서 엔진브레이크가 작동될 때
② 엔진의 냉각수온도가 50℃ 이하일 때
③ 4단변속 후 스로틀개도가 크지 않을 때
④ 1속 및 후진 시

해설 댐퍼클러치가 작동되지 않는 조건
- 제1속 및 후진 및 엔진브레이크가 작동될 때
- ATF의 유온이 65℃ 이하, 냉각수온도가 50℃ 이하일 때
- 제3속에서 제2속으로 시프트다운될 때
- 엔진회전수가 800rpm 이하에서 스로틀밸브의 열림이 클 때

58 4륜조향장치(4 Wheel Steering System)의 장점으로 틀린 것은?

① 고속직진성이 좋다.
② 선회 시 균형이 좋다.
③ 차선변경이 용이하다.
④ 최소회전반경이 커진다.

해설 최소회전반경을 단축시킨다.

59 수동변속기의 마찰클러치에 대한 설명으로 틀린 것은?

① 클러치 릴리스베어링과 릴리스레버 사이의 유격은 없어야 한다.
② 클러치조작기구는 케이블식 외에 유압식을 사용하기도 한다.
③ 다이어프램스프링식은 코일스프링식에 비해 구조가 간단하고 단속작용이 유연하다.
④ 클러치디스크의 비틀림코일스프링은 회전충격을 흡수한다.

해설 클러치페달의 유격이 없으면 계속 다이어프램스프링이 눌려 클러치가 미끄러진다.

정답 55 ② 56 ③ 57 ③ 58 ④ 59 ①

60 브레이크장치의 라이닝에 발생하는 페이드현상을 방지하는 조건이 아닌 것은?

① 열팽창이 적은 재질을 사용하고, 드럼은 변형이 적은 형상으로 제작한다.
② 마찰계수의 변화가 적으며, 마찰계수가 적은 라이닝을 사용한다.
③ 주제동장치의 과도한 사용을 금한다 (엔진브레이크 사용).
④ 드럼의 방열성을 향상시킨다.

해설 마찰계수가 적으면 자동차가 미끄러지고 브레이크가 작동하지 않는다.

61 다음은 다이오드를 이용한 자동차용 전구회로이다. 옳은 것은?

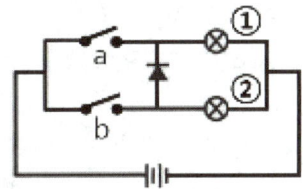

① 스위치 b가 ON일 때 전구 ②만 점등된다.
② 스위치 a가 ON일 때 전구 ①만 점등된다.
③ 스위치 a가 ON일 때 전구 ①, ②가 모두 점등된다.
④ 스위치 b가 ON일 때 전구 ①만 점등된다.

62 에어백장치에서 승객의 안전벨트착용여부를 판단하는 것은?

① 충돌센서
② 승객시트부하센서
③ 버클센서
④ 안전센서

해설
- 시트부하센서 : 압력저항소자들을 결합하여 제작한 매트상의 압력분포로부터, ECU는 승객의 몸무게와 착석위치 및 움직임을 계산한다.
- 충돌센서 : 자동차의 충돌상태 즉 가·감속을 산출하는 것이며, 평상적으로 주행할 때와 급가속 또는 급감속할 때를 명확하게 구분하여 운전자의 안전을 확보한다.
- 벨트버클센서 : 마이크로스위치 또는 홀센서를 이용하여 탑승자가 안전벨트를 착용하였는지 여부를 확인할 수 있다.
- 안전센서 : 충돌할 때 기계적으로 작동한다. 센서 한쪽은 전원과 연결되어 있고 다른 한쪽은 에어백모듈과 연결되어 있어 주행 중 충돌이 발생하면 센서 내부에 설치된 자석이 관성에 의하여 자동차 진행방향으로 움직여 리드스위치를 작동시키면 전원이 안전센서를 통과하여 에어백모듈로 전달된다.

63 점화플러그의 열가(Heat Range)를 좌우하는 요인으로 거리가 먼 것은?

① 연소실의 형상과 체적
② 절연체 및 전극의 열전도율
③ 화염이 접촉되는 부분의 표면적
④ 엔진냉각수의 온도

해설 점화플러그 열가를 결정하는 요인에는 절연체 및 전극의 열전도율, 연소실형상과 체적, 화염이 접촉되는 부분의 면적 등이다.

64 자동공조장치(Full Auto Air-conditioning System)에 대한 설명으로 틀린 것은?

① 실내/실외가 센서의 신호에 따라 에어컨 시스템의 제어를 최적화한다.
② 온도설정에 따라 믹스액츄에이터 도어의 개방정도를 조절한다.
③ 파워트랜지스터의 베이스전류를 가변하여 송풍량을 제어한다.
④ 핀서모센서는 에어컨라인의 빙결을 막기 위해 콘덴서에 장착되어 있다.

해설 핀서모센서(Fin Thermo Sensor)는 부특성서미스터로 온도에 따른 저항이 반비례하는 특성을 이용하여 증발기의 온도를 감지해 냉방 중 에버포레이터가 빙결되는 것을 방지한다.

65 전류의 자기작용을 자동차에 응용한 예로 알맞지 않은 것은?

① 릴레이의 작동
② 스타팅모터의 작동
③ 시거라이터의 작동
④ 솔레노이드의 작동

해설 **전류의 작용**
- 발열작용 : 시거라이터, 전구, 예열플러그 등에서 이용
- 화학작용 : 전기도금, 축전지 등에서 이용
- 자기작용 : 기동전동기, 릴레이, 솔레노이드, 발전기 등에서 이용

66 자동전조등은 외부빛의 밝기를 감지하여 자동으로 미등 및 전조등을 점등시켜준다. 이때 필요한 센서는?

① 조도센서
② 중력(G)센서
③ 초음파센서
④ 조향각속도센서

해설 조도센서(Fllumination Sensor)는 자동전조등에서 외부빛의 밝기를 감지하여 자동으로 미등 및 전조등을 점등시켜준다.

67 기동전동기의 오버러닝클러치(Overrunning Clutch)에 대한 설명으로 틀린 것은?

① 한 쪽 방향으로만 동력을 전달하며 일방향클러치라고도 한다.
② 시동 후 피니언기어와 기동전동기 계자코일이 차단되어 기동전동기를 보호한다.
③ 엔진이 시동된 후, 엔진의 회전으로 인해 기동전동기가 파손되는 것을 방지하는 장치이다.
④ 오버러닝클러치의 종류는 롤러식, 스프래그식, 다판클러치식이 있다.

해설 시동 후 기동전동기의 피니언기어와 링기어가 물렸을 때 오버러닝 클러치가 헛돌며 기동전동기가 파손되는 것을 방지하는 장치이다.

68 번호등 검사에서 안전기준에 부적합한 경우는?

① 등록번호판 숫자 위의 조도가 8룩스 이상일 것
② 전조등과 별도로 소등할 수 없는 구조일 것
③ 등광색은 황색 또는 호박색
④ 차폭등과 별도로 소등할 수 없는 구조일 것

해설 등광색은 백색으로 할 것

69 교류발전기의 전압조정기에서 출력전압을 조정하는 방법은?

① 코일의 굵기변경
② 코일의 권수변경
③ 자속의 크기변경
④ 회전 토크변경

해설 교류발전기의 전압조정기에서 출력전압은 로터의 자속 크기를 변경시켜 조정한다.

70 자동차로 인한 소음과 암소음의 측정치의 차이가 5dB인 경우 보정치로 알맞은 것은?

① 3dB ② 2dB
③ 5dB ④ 4dB

해설 자동차로 인한 소음과 암소음의 측정치의 차이가 5dB인 경우 보정치는 2dB이다.

71 트랜지스터식 점화장치는 트랜지스터의 무슨 작용을 이용하여 전압을 유기시키는가?

① 스위칭작용 ② 충·방전작용
③ 자기유도작용 ④ 상호유도작용

해설 트랜지스터의 스위칭작용을 이용하여 2차전압을 유기시킨다.

72 윈드실드와이퍼가 작동하지 않을 때 고장원인이 아닌 것은?

① 와이퍼블레이드 노화
② 전동기 전기자코일의 단선 또는 단락
③ 전동기브러시 마모
④ 퓨즈 단선

73 14V 배터리에 연결된 전구의 소비전력이 60W이다. 배터리의 전압이 떨어져 12V가 되었을 때 전구의 실제전력은 약 몇 W인가?

① 3.2 ② 26.5
③ 59.2 ④ 44.1

해설 $P = \dfrac{E^2}{R}$
[P : 전력, E : 전압, R : 저항]
∴ $\dfrac{12^2}{3.27} = 44.1 W$

$R = \dfrac{E^2}{P}$
∴ $\dfrac{14^2}{60} = 3.27 \Omega$

74 점화요구전압에 대한 설명으로 틀린 것은?

① 스파크방전이 가능한 전압을 점화요구전압이라고 한다.
② 흡입혼합기의 온도가 높을수록 점화요구전압은 낮아진다.
③ 압축압력이 높을수록 점화요구전압은 작아진다.
④ 점화플러그의 간극이 넓을수록 점화요구전압은 커진다.

해설 압축압력이 높을수록 점화요구전압은 커진다.

75 하이브리드자동차의 고전압배터리시스템 제어특성에서 모터구동을 위하여 고전압배터리가 전기에너지를 방출하는 동작모드로 맞는 것은?

① 접지모드
② 방전모드
③ 제동모드
④ 충전모드

해설 방전모드란 모터구동을 위하여 고전압배터리가 전기에너지를 방출하는 모드이다.

76 12V 배터리에 저항 5개를 직렬로 연결한 결과 24V의 전류가 흘렀다. 동일한 배터리에 동일한 저항 6개를 직렬연결하면 얼마의 전류가 흐르는가?

① 50A ② 20A
③ 30A ④ 60A

해설 $I=\dfrac{E}{R}$에서 $24A=\dfrac{12V}{5x}$

$\therefore x = 0.1\Omega$

$\therefore \dfrac{12V}{0.1\Omega \times 6} = 20A$

77 자동차의 안전기준에 따라 주행전조등회로와 연동해서 작동하는 회로는?

① 후진등회로
② 방향지시등회로
③ 제동등회로
④ 번호등회로

78 병렬형(Parallel) TMED(Transmission Mounted Electric Device)방식의 하이브리드자동차(HEV)에 대한 설명으로 틀린 것은?

① 주행 중 엔진시동을 위한 HSG가 있다.
② 모터단독구동이 가능하다.
③ 모터가 엔진과 연결되어 있다.
④ 모터가 변속기에 직결되어 있다.

해설 병렬형 TMED방식의 HEV는 모터가 변속기 직결되어 있고, 모터단독구동이 가능하며, 주행 중 엔진시동을 위한 HSG(Hybrid Starter Generator)가 있다.

79 공기정화용 에어필터에 관련된 내용으로 틀린 것은?

① 필터가 막히면 블로워모터의 송풍량이 감소된다.
② 컴비네이션필터는 공기 중의 이물질과 냄새를 함께 제거한다.
③ 필터가 막히면 블로워모터의 소음이 감소된다.
④ 파티클필터는 공기 중의 이물질만 제거한다.

해설 차량 실내의 이물질 및 냄새를 제거하여 쾌적한 실내의 환경을 유지시켜 주는 역할을 한다. 먼지 제거용필터와 냄새제거용필터를 추가한 컴비네이션필터를 사용하여 항상 쾌적한 실내의 환경을 유지시킨다. 필터가 막히면 블로워모터의 송풍량이 감소된다.

80 직류발전기의 전기자 총 도체 수가 48, 자극 수가 2, 전기자 병렬회로 수가 2, 각 극의 자속이 0.018Wb이다. 회전수가 1800rpm일 때, 유기되는 전압은?(단, 전기자저항은 무시한다)

① 약 21V   ② 약 28V
③ 약 25.9V   ④ 약 23.5V

해설 ① $kd = \dfrac{P \cdot e}{60a}$

[kd : 정수, P : 전기자 총 도체 수, a : 전기자 병렬회로 수, e : 자극 수]

$\therefore \dfrac{48 \times 2}{60 \times 2} = 0.8$

② $E = kd \times n \times \phi$

[E : 유기되는 전압, n : 매분 당 회전수(rpm), ϕ : 각 극의 자속]

$\therefore 0.8 \times 1800 \times 0.018 = 25.9V$

정답 77 ④ 78 ③ 79 ③ 80 ③

2회 자동차정비산업기사 필기시험

2015. 5. 31. 시행

01 강의 열처리 중 담금질의 주목적은?
① 인성증가
② 재질의 경화
③ 균열방지
④ 잔류응력제거

해설 담금질은 강의 강도를 증가시키기 위하여 변태점보다 30~50℃ 높게 가열한 후 급랭하여 재료를 경화시키는 열처리이다.

02 연강재료를 인장시험할 때, 비례한도 내에서 응력(P)과 변형률(ε)과의 관계는?
① $P \propto \varepsilon$
② $P \propto (1/\varepsilon)$
③ $P \propto \varepsilon^2$
④ $P \propto (1/\varepsilon^2)$

03 먼지, 모래 등이 들어가기 쉬운 곳에 가장 적합한 나사는?
① 사다리꼴나사
② 톱니나사
③ 둥근나사
④ 사각나사

해설 둥근나사는 시멘트기계와 같이 모래, 먼지 등이 들어가기 쉬운 부분에 주로 사용된다.

04 그림과 같이 물체 A와 바닥 B의 표면에 수직하중(P) 150N 이 작용할 때 물체 A를 이동시켜 150N의 마찰력(Q)이 발생한다면 마찰각은?

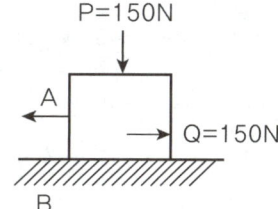

① 90°
② 15
③ 45°
④ 30°

해설 $Q = \mu P$ [Q : 마찰력, μ : 마찰계수, P : 수직하중]
$\tan\theta = \mu$ 이므로 $\frac{150}{150} = 1$
∴ $\tan^{-1}1 = 45°\tan$

05 직관 내의 유체유동에서 마찰에 의한 손실수두와 다른 요인과의 관계를 바르게 설명한 것은?
① 관의 길이에 반비례한다.
② 관의 지름에 반비례한다.
③ 중력가속도가 비례한다.
④ 유속의 제곱에 반비례한다.

해설 손실수두는 관의 지름에 반비례한다.

06 전동용기계요소인 기어(Gear)에서 두 축이 만나지도 평행하지도 않는 기어가 아닌 것은?
① 베벨기어(Bevel Gear)
② 웜과 웜기어(Worm And Worm Gear)
③ 하이포이드기어(Hypoid Gear)
④ 스크류기어(Screw Gear)

해설 두 축이 만나지도 평행하지도 않는 기어로는 하이포이드기어, 스크류기어, 웜과 웜기어가 있다.

정답 01 ② 02 ① 03 ③ 04 ③ 05 ② 06 ①

07 벨트풀리(Belt Pulley)와 같은 원형모양의 주형제작에 편리한 주형법은?

① 조립주형법 ② 회전주형법
③ 혼성주형법 ④ 고르게주형법

해설 회전주형법
벨트풀리와 같이 모형이 중심에 대칭인 부품을 조형할 때 사용하는 방법으로 지면이 받침대와 회전목마 사이에 판상의 모형을 고정하고 회전시켜 사용한다.

08 베인펌프(Vane Pump)의 형식은?

① 축류식   ② 왕복식
③ 회전식   ④ 원심식

해설 베인펌프는 원통형 케이스 안에 편심회전자가 회전하며 베인이 액체를 압송하는 형식이다. 회전식 펌프의 종류에는 기어펌프, 베인펌프, 나사펌프 등이 있다.

09 연삭숫돌에서 연삭이 진행됨에 따라 입자의 날 끝이 자동적으로 닳아 떨어져 커터의 바이트처럼 연삭하지 않아도 되는 현상은?

① 드레싱   ② 트리밍
③ 글레이징 ④ 자생작용

해설 연삭관련용어
- 드레싱 : 연삭숫돌표면에 무뎌진 입자나 칩을 제거하여 본래의 형태로 숫돌을 수정하는 것
- 트루잉 : 숫돌의 연삭면을 숫돌과 축에 대하여 평행한 형태로 성형시키는 것
- 글레이징 : 숫돌바퀴의 입자가 마멸에 의해 납작하게 된 그대로 연삭되는 상태
- 로딩 : 숫돌입자의 표면이나 기공에 칩이 끼어 연삭성이 나빠지는 현상
- 자생작용 : 연삭숫돌이 자동적으로 닳아 떨어져 나가서 새로운 날을 형성하므로 커터와 바이트처럼 연삭하지 않아도 되는 현상

10 길이 500mm의 봉이 인장하중을 받아 0.5mm만큼 늘어났을 때, 인장변형률은?

① 0.001
② 1000
③ 100
④ 0.01

해설
$\varepsilon = \dfrac{l'}{l}$

[ε : 변형률, l' : 늘어난 길이, l : 본래의 길이]

$\therefore \dfrac{0.5}{500} = 0.001$

11 칠드주철에 관한 설명으로 옳지 않은 것은?

① 칠드층을 만들기 위해 Si가 많은 재료를 사용한다.
② 백선화된 부분은 시멘타이트가 형성되어 강도가 크고 취성이 있다.
③ 압연용롤러와 기차의 바퀴 등에 사용되며 내마모성이 큰 주물이다.
④ 내부는 인성이 있는 회주철로서 취약하지 않아 잘 파손되지 않는다.

해설 표면이 단단하여 내마멸성이 좋고, 인성이 좋으며, 내충격성이 요구되는 압연용롤러, 차량, 각종 파쇄기의 부품, 제지용롤 등에 쓰인다.

12 아크용접작업에서 용접결함과 가장 거리가 먼 것은?

① 전류의 세기
② 아크의 길이
③ 운봉속도
④ 용접봉심선의 굵기

해설 용접결함은 운봉속도, 아크의 길이, 전류의 세기 등에 영향을 받는다.

13 비틀림모멘트를 받는 원형단면 축에 발생되는 최대전단응력은?

① 축 지름이 증가하면 최대전단응력은 감소한다.
② 축의 단면적이 증가하면 최대전단응력은 증가한다.
③ 단면계수가 감소하면 최대전단응력은 감소한다.
④ 가해지는 토크가 증가하면 최대전단응력은 감소한다.

[해설] 비틀림모멘트를 받는 원형단면 축에서 축 지름이 증가하면 최대전단응력은 감소한다.

14 판금가공(Sheet Metal Working)의 종류에 해당되지 않는 것은?

① 성형가공
② 단조가공
③ 접합가공
④ 전단가공

[해설] 판금가공의 종류에는 접합, 성형, 타출, 펀칭, 전단, 굽힘, 트리밍, 세이빙 등이 있다.

15 지름이 4mm인 강선이 그림과 같이 반지름이 500mm인 원통 위에서 휘어져 있을 때 최대굽힘응력은 몇 kgf/cm²인가? (단, E=2.0×10⁶kgf/cm²이다)

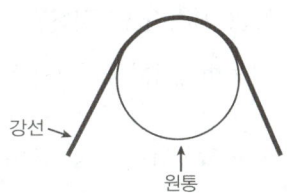

① 1593.6
② 796.8
③ 7968
④ 15936

16 그림과 같은 마이크로미터의 측정값은?

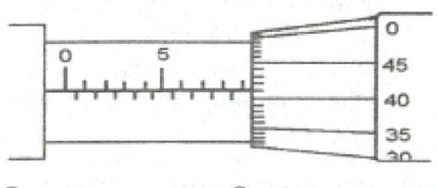

① 9.91mm
② 5.91mm
③ 9.41mm
④ 5.41mm

17 원심펌프에서 케이싱(Casing)을 스파이럴(Spiral)로 만드는 가장 중요한 이유는?

① 손실을 적게 하기 위하여
② 축추력을 방지하기 위하여
③ 공동현상(Cavitation)을 적게 하기 위하여
④ 축을 모터와 직결하기 위하여

[해설] 원심펌프의 케이싱을 스파이럴로 만드는 이유는 손실을 적게 하기 위함이다.

18 보의 길이 300mm, 지름 50mm인 원형단면의 외팔보가 있다. 이 보에 생기는 최대처짐을 0.2mm 이하로 제한한다면 보의 자유단에 작용시킬 수 있는 집중하중은 최대 약 몇 Pa인가?

① 1400
② 1500
③ 1600
④ 1700

19 비금속재료 중 하나인 합성수지의 일반적인 특징으로 틀린 것은?

① 열에 약하다.
② 투명한 것이 많고 착색이 용이하다.
③ 가공성이 좋고 성형이 간단하다.
④ 전기전도성이 좋다.

해설 **합성수지의 성질**
- 가볍고 튼튼하며 착색이 자유롭다.
- 내식성 및 전기절연성이 좋다.
- 가공성이 크고 성형이 간단하다.
- 열에 약하며 내마모성이나 내구성이 떨어진다.

20 키가 사용되지 않은 곳은?
① 벨트풀리 ② 커플링
③ 체인   ④ 기어

21 기관의 윤활유소비증대에 가장 영향을 주는 것은?
① 새 여과기의 사용
② 타이밍체인텐셔너의 마모
③ 실린더와 피스톤링의 마멸
④ 기관의 장시간 운전

해설 **윤활유소비증대의 원인**
- 기관연소실 내에 유입되어 연소
- 열에 의한 증발로 방출
- 오일실에서의 누설
- 실린더와 피스톤링의 마멸
- 밸브가이드실의 마모

22 전자제어 디젤연료분사방식 중 다단분사에 대한 설명으로 가장 적합한 것은?
① 분사시기를 늦추면 촉매환원성분인 HC가 감소된다.
② 다단분사는 연료를 분할하여 분사함으로써 연소효율이 좋아지며 PM과 NOx를 동시에 저감시킬 수 있다.
③ 후분사는 소음감소를 목적으로 한다.
④ 후분사 시기를 빠르게 하면 배기가스온도가 하강한다.

해설 다단분사는 예비분사, 주분사, 사후분사의 3단계로 이루어지며, 다단분사는 연소효율이 좋아지며 PM과 NOx를 동시에 저감시킬 수 있다.

23 LPG기관의 연료제어관련 주요구성부품에 속하지 않은 것은?
① 액상기상 솔레노이드밸브
② 긴급차단 솔레노이드밸브
③ 퍼지컨트롤 솔레노이드밸브
④ 베이퍼라이저

24 전자제어 디젤연료분사장치(Common Rail System)에서 예비분사에 대한 설명 중 가장 옳은 것은?
① 예비분사는 인젝터의 노후화에 따른 보정분사를 실시하여 엔진의 출력저하 및 엔진부조를 방지하는 분사이다.
② 예비분사는 주분사 이후에 미연가스의 완전연소와 후처리장치의 재연소를 위해 이루어지는 분사이다.
③ 예비분사는 연소실의 연소압력상승을 부드럽게 하여 소음과 진동을 줄여준다.
④ 예비분사는 디젤엔진의 단점인 시동성을 향상시키기 위한 분사를 말한다.

해설 예비분사(파일럿분사)란 주연소 이전에 연료를 분사하여 연소실의 압력 및 온도를 상승시켜 착화지연기간을 감소시키고 부드럽게 이루어지도록 하여 기관의 소음과 진동을 줄인다.

25 TPS(스로틀포지션센서)에 관한 사항으로 가장 거리가 먼 것은?
① 자동변속기차량에서는 TPS신호를 이용하여 변속단을 만드는데 사용된다.
② 스로틀바디의 스로틀축과 같이 회전하는 가변저항기이다.
③ 피에조타입을 많이 사용한다.
④ TPS는 공회전상태에서 기본값으로 조정한다.

해설 피에조방식은 대기압센서, MAP센서 등 압력관련센서에 사용된다.

26 전자제어가솔린기관에서 연료압력이 높아지는 원인이 아닌 것은?

① 연료압력조절기의 진공 불량
② 연료펌프 체크밸브의 불량
③ 연료리턴라인의 막힘
④ 연료리턴호스의 막힘

해설 체크밸브는 연료계통에 잔압을 유지시켜 엔진의 재시동성능을 향상시키고, 고온일 때 베이퍼록 현상을 방지한다.

27 전자제어디젤기관이 주행 후 시동이 꺼지지 않는다. 가능한 원인 중 거리가 가장 먼 것은?

① 터보차저 윤활회로고착 또는 마모
② 엔진오일 과다주입
③ 엔진컨트롤모듈 내부 프로그램 이상
④ 전자식 EGR컨트롤밸브 열림 고착

28 전자제어 가솔린분사장치의 기본분사시간을 결정하는데 필요한 변수는?

① 크랭크각과 스로틀밸브의 열린 각
② 흡입공기량과 엔진회전속도
③ 냉각수온도와 배터리전압
④ 흡입공기의 온도와 대기

29 등온, 정압, 정적, 단열과정을 P-V 선도에 아래와 같이 도시 하였다. 이 중에서 단열과정의 곡선은?

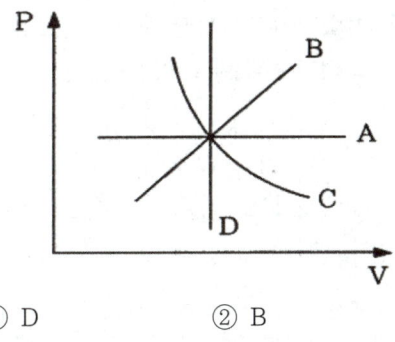

① D ② B
③ C ④ A

30 오토사이클의 압축비가 8.5일 경우 이론열효율은?(단, 공기의 비열비는 1.4이다)

① 57.5%
② 52.4%
③ 49.6%
④ 54.6%

해설 $\eta o = 1 - (\frac{1}{\varepsilon})^{k-1}$

[ηo : 오토사이클의 이론열효율, ε : 압축비, k : 비열비]

∴ $1 - (\frac{1}{8.5})^{0.4} = 57.5\%$

31 밸브의 서징(Surging)현상 방지대책으로 틀린 것은?

① 피치가 서로 다른 이중스프링을 사용한다.
② 피치가 일정한 코일을 사용한다.
③ 밸브스프링의 고유진동수를 높인다.
④ 원추형스프링을 사용한다.

해설 밸브스프링 서징방지방법
• 양정 내에서 충분한 스프링정수를 얻도록 한다.
• 원뿔형스프링을 사용한다.
• 부등피치스프링을 사용한다.
• 이중스프링을 사용한다.

32 가솔린기관에서 인젝터의 연료분사량에 직접적으로 관계되는 것은?

① 인젝터의 니들밸브유효행정
② 인젝터의 니들밸브지름
③ 인젝터의 솔레노이드코일 통전시간
④ 인젝터의 솔레노이드코일 차단전류

해설 전자제어기관에서 연료분사량은 ECU에서 출력하는 인젝터 솔레노이드코일의 통전시간에 의해 조정된다.

33 기관의 연소속도에 대한 설명 중 틀린 것은?

① 공기과잉률이 크면 클수록 연소속도는 빨라진다.
② 연소실 내의 난류의 강도가 커지면 연소속도는 빨라진다.
③ 흡입공기의 온도가 높으면 연소속도는 빨라진다.
④ 일반적으로 최대출력 공연비영역에서 연소속도가 가장 빠르다.

해설 연소속도는 최대출력영역에서 가장 빠르며, 흡입공기의 온도, 연소실내의 난류가 커지면 연소속도는 빨라진다.

34 총배기량이 1254cc이고, 실린더수가 4인 가솔린엔진의 압축비가 6.6이다. 이 엔진의 연소실체적은 약 몇 cc인가?

① 313.5   ② 56
③ 190   ④ 47.5

해설 총배기량이 1254cc이므로

배기량은 $\frac{1254}{4} = 313.5cc$

$Vc = \frac{Vs}{(\varepsilon - 1)}$

[Vs : 배기량(행정체적),

ε : 압축비, Vc : 연소실체적]

$\therefore \frac{313.5}{(6.6-1)} = 56cc$

35 연료증발가스를 활성탄에 흡착저장 후 엔진웜업 시 흡기매니폴드로 보내는 부품은?

① 차콜캐니스터   ② PCV장치
③ 플로트챔버   ④ 삼원촉매장치

해설 가솔린엔진에서는 연료증발가스를 캐니스터에 포집하였다가 엔진이 정상적인 온도로 가동되면 흡기다기관으로 보내어 연소시킨다.

36 OBD-2 시스템차량의 엔진경고등 점등관련 두 정비사의 의견 중 맞는 것은?

- 정비사 KIM : 주유 후 연료캡을 확실히 잠그지 않으면 점등될 수 있다.
- 정비사 LEE : 증발가스누설 테스트 결과 미량누설이 감지되면 점등되지 않는다.

① 정비사 KIM만 옳다.
② 정비사 LEE만 옳다.
③ 두 정비사 모두 옳다.
④ 두 정비사 모두 틀리다.

37 다음은 배출가스정밀검사에 관한 내용이다. 정밀검사모드로 맞는 것을 모두 고른 것은?

1. ASM2525 모드
2. KD147 모드
3. Lug Down 3 모드
4. CVS-75 모드

① 1,2   ② 1,2,3
③ 2,3,4   ④ 1,3,4

정답 32 ③ 33 ① 34 ② 35 ① 36 ① 37 ②

해설 운행차량 배출가스정밀검사의 검사모드
- ASM2525 모드 : 차량의 도로부하 마력의 25%에 해당하는 부하마력을 설정하고 40km/h (25mile)의 속도로 주행하면서 배출가스를 측정하는 방법이다.
- KD147 모드 : 경유를 사용하는 차량에서 실제로 구동축을 구동시켜 우리나라 출근 및 퇴근할 때의 주행하는 도로구간을 선정하여 이때 측정되는 매연의 최고수치를 기록하여 적합여부를 판단하는 방법이다.
- Lug-down 3 모드 : 경유를 사용하는 차량을 섀시동력기계에서 가속페달을 최대로 밟은 상태로 주행하면서 기관정격회전속도에서 1모드, 기관정격회전속도의 90%에서 2모드, 기관정격회전속도의 80%에서 3모드로 구성하여 기관의 출력, 기관의 회전속도, 매연농도를 측정하는 방법이다.

38 LPI차량이 시동이 걸리지 않는다. 다음의 원인 중 거리가 가장 먼 것은?(단, 크랭킹은 가능하다)

① 연료차단 솔레노이드밸브 불량
② 연료필터 막힘
③ key-off 시 인젝터에서 연료 누유
④ 인히비터스위치 불량

39 자동차 및 자동차부품의 성능과 기준에 관한 규칙 중 자동차의 연료탱크, 주입구 및 가스배출구의 적합기준으로 옳지 않은 것은?

① 배기관의 끝으로부터 20cm 이상 떨어져 있을 것(연료탱크를 제외한다)
② 노출된 전기단자 및 전기개폐로부터 20cm 이상 떨어져 있을 것(연료탱크를 제외한다)
③ 차실 안에 설치하지 아니하여야 하며, 연료탱크는 차실과 벽 또는 보호판 등으로 격리되는 구조일 것
④ 연료장치는 자동차의 움직임에 의하여 연료가 새지 아니하는 구조일 것

해설 자동차의 연료탱크, 주입구 및 가스배출구 기준
- 배기관의 끝으로부터 30cm 이상 떨어져 있을 것
- 노출된 전기단자 및 전기개폐기로부터 20cm 이상 떨어져 있을 것
- 연료탱크는 차실과 벽 또는 보호판 등으로 격리되는 구조일 것
- 연료장치는 자동차의 움직임에 의하여 연료가 새지 아니하는 구조일 것

40 전자제어 가솔린기관에서 티타니아산소센서의 출력전압이 약 4.3~4.7V로 높으면 인젝터의 분사시간은?

① 길어진다.
② 짧아진다.
③ 길어졌다 짧아진다.
④ 짧아졌다 길어진다.

해설 티타니아산소센서는 연료가 1V에서 농후하며 4.5V에서 희박하므로 연료분사시간을 길게 하여 이론공연비로 맞추어 준다.

41 조향장치에서 조향휠의 유격이 커지고 소음이 발생할 수 있는 원인으로 거리가 가장 먼 것은?

① 타이로드엔드 조임부분의 마모 및 풀림
② 스티어링기어박스 장착볼트의 풀림
③ 요크플러그의 풀림
④ 등속조인트의 불량

42 FR 방식의 자동차가 주행 중 디퍼렌셜장치에서 많은 열이 발생한다면 고장원인으로 거리가 가장 먼 것은?

① 추진축의 밸런스웨이트 이탈

② 오일양 부족
③ 프리로드 과소
④ 기어의 백래시 과소

43 자동변속기에서 급히 가속페달을 밟았을 때, 일정속도범위 내에서 한 단 낮은 단으로 강제변속이 되도록 하는 장치는?

① 킥다운스위치 ② 스로틀밸브
③ 매뉴얼밸브   ④ 거버너밸브

해설 킥다운스위치는 자동변속기를 장착한 차량에서 가속페달을 갑자기 밟았을 때 강제적으로 한 단계 낮은 단으로 변속되도록 한다.

44 자동차의 구동력을 크게 하기 위해서는 구동바퀴의 회전토크 T와 반경 R을 어떻게 해야 하는가?

① T는 작게, R은 크게 한다.
② T는 크게, R은 작게 한다.
③ T와 R 모두 크게 한다.
④ T와 R 모두 작게 한다.

해설 구동력을 크게 하기 위해서는 $F=\dfrac{T}{R}$ 이므로 축의 회전토크 T는 크게 하고, 구동바퀴의 반경 R은 작게 한다.

45 앞차축의 구조형식이 아닌 것은?

① 엘리옷형   ② 역엘리옷형
③ 마아몬형   ④ 역마아몬형

해설 앞차축의 구조형식
- 엘리옷형 : 앞차축 양끝 부분이 요크(Yoke)로 되어 조향너클이 설치되고 킹핀은 조향너클에 고정된다.
- 역엘리옷형 : 조향너클에 요크가 설치되어, 킹핀은 앞차축에 고정되고 조향너클은 부싱을 사이에 두고 설치된다.
- 마아몬형 : 앞차축 윗부분에 조향너클이 설치되며, 킹핀이 아래쪽으로 돌출되어 있다.

46 변속기에서 싱크로메시기구가 작동하는 시기는?

① 변속기어가 물릴 때
② 클러치페달을 밟을 때
③ 클러치페달을 놓을 때
④ 변속기어가 풀릴 때

해설 싱크로메시(동기물림)기구는 수동변속기에서 기어가 물릴 때 회전속도를 동기시켜 기어의 변속이 부드럽게 이루어지도록 하는 기구이다.

47 전자제어제동장치의 목적이 아닌 것은?

① 제동 시 미끄러짐을 방지하여 차체의 안전성을 유지한다.
② 앞바퀴의 잠김을 방지하여 조향능력이 상실되는 것을 방지한다.
③ 후륜을 조기에 고착시켜 옆 방향 미끄러짐을 방지한다.
④ 미끄러운 노면에서 전자제어에 의해 제동거리를 단축한다.

해설 ABS의 설치목적
- 앞바퀴의 잠김을 방지하여 조향능력의 상실, 전복을 방지한다.
- 차량의 차체안정성을 유지하고 미끄러운 노면에서 제동거리를 단축한다.

48 동력조향장치의 종류 중 파워실린더를 스티어링기어박스 내부에 설치한 형식은?

① 세퍼레이터형 ② 인티그럴형
③ 콤바인드형   ④ 링키지형

해설 인티그럴형은 조향기어박스 내부에 동력실린더와 제어밸브가 설치되어 조향 축에 의해 직접 작동하기 때문에 응답성이 좋다.

49 싱글피니언 유성기어장치를 사용하는 오버드라이브장치에서 링기어를 회전시키면 유성기어 캐리어는 어떤 상태가 되는가?

① 회전수는 링기어보다 느리게 된다.
② 캐리어는 선기어와 링기어 사이에 고정된다.
③ 반대방향으로 링기어 사이에 고정된다.
④ 링기어와 함께 일체로 회전하게 된다.

해설 선기어가 고정된 상태에서 링기어를 회전시키면 유성기어 캐리어의 회전수는 링기어보다 느려진다.

50 자동차의 변속기에서 제3속의 감속비 1.5, 종감속 구동피니언기어의 잇수 5, 링기어의 잇수 22, 구동바퀴의 타이어유효반경 280mm, 엔진회전수 3300rpm으로 직진주행하고 있다. 이 자동차의 주행속도는?(단, 타이어의 미끄러짐은 무시한다)

① 약 26.4km/h
② 약 52.8km/h
③ 약 128.4km/h
④ 약 116.2km/h

해설 $Rf = \dfrac{Rz}{Pz}$

[Rf : 종감속비, Rz : 링 기어의 잇수, Pz : 구동 피니언의 잇수]

$\therefore \dfrac{22}{5} = 4.4$

$V = \pi D \times \dfrac{E_N}{Rt \times Rf} \times \dfrac{60}{1000}$

[V : 자동차의 시속(km/h), D : 타이어지름(m), E_N : 기관 회전수(rpm), Rt : 변속비, Rf : 종감속비]

$\therefore 3.14 \times 0.28 \times 2 \times \dfrac{3300}{1.5 \times 4.4} \times \dfrac{60}{1000}$

$= 52.75 \text{km/h}$

51 승용차용 타이어의 표기법으로 잘못된 것은?

[보기]
205 / 65 / R 14
ㄱ   ㄴ   ㄷ ㄹ

① ㄱ : 단면폭(205mm)
② ㄴ : 편평비(65%)
③ ㄷ : 래이디얼(R)구조
④ ㄹ : 림외경(14mm)

해설 205/65 R14에서 205는 타이어폭 205mm, 65는 편평비 65%, R은 레이디얼 구조, 14는 타이어내경(inch)을 표시한다.

52 전자제어서스펜션(ECS)시스템의 제어 기능이 아닌 것은?

① 안티피칭제어
② 차속감응제어
③ 안티다이브제어
④ 안티요잉제어

해설 자세제어에는 안티스쿼트제어, 안티다이브제어, 안티롤링제어, 안티피칭제어, 안티바운싱제어, 안티세이크, 차속감응제어 등이 있다.

53 기관정지 중에도 정상작동이 가능한 제동장치는?

① 기계식주차브레이크
② 공기식주브레이크
③ 배력식주브레이크
④ 와전류리타더브레이크

해설 기계식주차브레이크는 기관정지 중에도 정상작동이 가능하다.

54 훅조인트라고도 하며 구조가 간단하고 작동이 확실하며, 큰 동력을 전달할 수 있는 자재이음의 형식은?

① 플렉시블조인트
② 십자형조인트
③ 트러니언조인트
④ 등속조인트

[해설] 십자형조인트는 훅조인트라고도 하며 구조가 간단하고 작동이 확실하며, 큰 동력을 전달할 수 있다.

55 선회주행 중 뒷바퀴에 발생되는 코너링 포스가 크게 되어 회전반경이 점점 커지는 현상은?

① 트램핑현상
② 안티록현상
③ 언더스티어링현상
④ 오버스티어링현상

[해설]
- 오버스티어링 : 선회할 때 선회반지름이 작아지는 현상이다.
- 언더스티어링 : 선회할 때 선회반지름이 커지는 현상이다.

56 TCS(Traction Control System)의 특징과 가장 거리가 먼 것은?

① 선회안정성향상
② 변속유압제어
③ 트레이스(Trace)제어
④ 구동슬립(Slip)률제어

[해설] TCS의 제어에는 슬립제어, 트레이스제어, 선회안정성향상 등이 있다.

57 ABS(Anti-lock Brake System)시스템에 대한 두 정비사의 의견 중 옳은 것은?

> - 정비사 KIM : 발전기의 전압이 일정전압 이하로 하강하면 ABS경고등이 점등된다.
> - 정비사 LEE : ABS시스템의 고장으로 경고등 점등 시 일반유압제동시스템은 비작동한다.

① 정비사 KIM만 옳다.
② 정비사 LEE만 옳다.
③ 두 정비사 모두 옳다.
④ 두 정비사 모두 틀리다.

58 전자제어현가장치의 자세제어 중 안티스쿼트제어의 주요입력신호는?

① 조향휠각도센서, 차속센서
② 스로틀포지션센서, 차속센서
③ 차고센서, G-센서
④ 브레이크스위치, G-센서

[해설] 기준신호는 스로틀포지션센서와 차속센서의 신호이다.

59 토크컨버터에 대한 설명 중 틀린 것은?

① 속도비율이 1일 때 회전력 변환비율이 가장 크다.
② 클러치점(Clutch Point) 이상의 속도비율에서 회전력 변환비율은 1이 된다.
③ 스테이터가 공전을 시작할 때까지 회전력 변환비율은 감소한다.
④ 유체충돌의 손실은 속도비율이 0.6~0.7일 때 가장 작다.

[해설] 토크컨버터의 회전력 변환비율은 회전속도비율 0에서 최대가 된다.

정답 54 ② 55 ③ 56 ② 57 ① 58 ② 59 ①

60 마스터실린더의 단면적이 10cm²인 자동차가 있다. 20N의 힘으로 브레이크페달을 밟았을 경우 휠실린더의 단면적이 20cm²라고 하면 이때의 휠실린더에 작용되는 힘은?

① 60N　　② 30N
③ 40N　　④ 70N

해설 $Bp = \dfrac{Wa}{Ma} \times Wp$

[Bp : 제동력, Wa : 휠실린더피스톤 단면적,
Ma : 마스터실린더 단면적,
Wp : 휠실린더피스톤에 가하는 힘]

∴ $\dfrac{20\text{cm}^2}{10\text{cm}^2} \times 20\text{N} = 40\text{N}$

61 통합운전석 기억장치는 운전석시트, 아웃사이드미러, 조향휠, 룸미러 등의 위치를 설정하여 기억된 위치로 재생하는 편의장치다. 재생금지조건이 아닌 것은?

① 점화스위치가 OFF 되어있을 때
② 변속레버가 위치 "P"에 있을 때
③ 시트관련 수동스위치의 조작이 있을 때
④ 차속이 일정속도(예, 3km/h 이상) 이상일 때

해설 재생금지조건
- 점화스위치가 OFF 되어있을 때
- 자동변속기의 인히비터 "P" 위치스위치가 OFF 일 때
- 시트관련 수동스위치를 조작하는 경우
- 주행속도가 3km/h 이상일 때

62 점화2차파형 회로점검에서 감쇠진동구간이 없을 경우 고장원인으로 가장 적합한 것은?

① 스파크플러그의 오일 및 카본퇴적
② 점화코일의 극성이 바뀜
③ 점화케이블의 절연상태불량
④ 점화코일의 단선

63 계기판의 방향지시등 램프확인결과 좌우 점멸횟수가 다른 원인이 아닌 것은?

① 플래셔유닛의 접지가 단선되었다.
② 플래셔유닛과 한쪽 방향지시등 사이에 회로가 단선되었다.
③ 전구 하나가 단선되었다.
④ 전구의 용량이 서로 다르다.

해설 플래셔유닛과 한쪽 방향지시등 사이에 회로가 단선되었을 때, 방향지시등의 점멸주기가 다른 원인은 전구의 용량이 서로 다를 때, 전구 하나가 단선되었을 때 등이다.

64 하이브리드자동차의 전원제어시스템에 대한 두 정비사의 의견 중 옳은 것은?

- 정비사 KIM : 인버터는 열을 발생하므로 냉각이 중요하다.
- 정비사 LEE : 컨버터는 고전압의 전원을 12볼트로 변환하는 역할을 한다.

① 정비사 LEE만 옳다.
② 정비사 KIM만 옳다.
③ 두 정비사 모두 틀리다.
④ 두 정비사 모두 옳다.

65 자동차의 에어컨에서 냉방효과가 저하되는 원인이 아닌 것은?

① 냉매주입 시 공기가 유입되었을 때
② 압축기작동시간이 짧을 때
③ 실내공기순환이 내기로 되어 있을 때
④ 냉매량이 규정보다 부족할 때

정답 60 ③　61 ②　62 ④　63 ①　64 ④　65 ③

해설 냉방효과가 저하되는 원인은 냉매를 주입할 때 공기가 유입된 경우, 압축기작동시간이 짧을 때, 냉매량이 규정보다 부족할 때이다.

66 미등자동소등제어에서 입력요소로서 틀린 것은?

① 운전석 도어스위치
② 미등스위치
③ 미등릴레이
④ 점화스위치

67 냉방장치의 구조 중 다음의 설명에 해당되는 것은?

> 팽창밸브에서 분사된 액체냉매가 주변의 공기에서 열을 흡수하여 기체냉매로 전환시키는 역할을 하고, 공기를 이용하여 실내를 쾌적한 온도로 유지시킨다.

① 송풍기
② 압축기
③ 증발기
④ 리시버드라이어

해설
- 압축기 : 냉매는 압축기에서 압축되어 고온, 고압 상태로 된다.
- 응축기 : 압축기에서 압축된 고온·고압의 냉매는 응축기로 냉각된다.
- 건조기 : 액화된 냉매는 이곳에서 수분의 흡수 및 불순물을 제거하고 공급되도록 한다.
- 팽창밸브 : 팽창밸브는 구멍이 아주 작은 일종의 통로인데 고온·고압의 액체상태인 냉매가 급격히 팽창되어 저온·저압 서리상태가 되어 증발기로 들어간다.
- 증발기 : 서리상태의 냉매는 송풍기를 통해 유입된 공기에서 증발잠열을 빼앗아 공기를 냉각시킨다.

68 교류발전기에서 축전지의 역류를 방지하는 컷아웃릴레이(역류방지기)가 없는 이유로 옳은 것은?

① 다이오드가 있기 때문이다.
② 트랜지스터가 있기 때문이다.
③ 전압릴레이가 있기 때문이다.
④ 스테이터코일이 있기 때문이다.

해설 AC발전기의 다이오드는 발생한 교류를 직류로 바꾸어 주고, 축전지에서 발전기로 흐르는 역류를 방지한다.

69 자동차의 정기검사에서 전기장치의 검사 기준으로 맞는 것은?

① 변형·느슨함 및 누유가 없을 것
② 축전지의 접속·절연 및 설치상태가 양호할 것
③ 방향지시등, 제동 등의 점등 시간이 양호할 것
④ 전기배선의 손상이 크지 않고 설치상태가 적당할 것

70 자동차 전조등주광축의 하향진폭은 전방 10m에 있어서 등화설치높이의 얼마 이내이어야 안전기준에 적합한가?

① 1/10
② 2/5
③ 3/10
④ 1/5

해설 자동차 전조등주광축의 하향진폭은 전압 10m에 있어서 등화설치높이의 3/10 이내이어야 한다.

71 그림과 같은 회로의 작동상태를 바르게 설명한 것은?

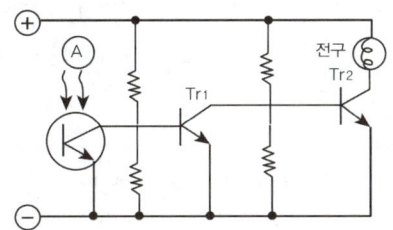

① A에 열을 가하면 전구가 소등한다.
② A가 어두워지면 전구가 점등한다.
③ A가 환해지면 전구가 점등한다.
④ A에 열을 가하면 전구가 점등한다.

해설 포토트랜지스터가 빛을 받으면 Tr_1과 Tr_2가 통전되어 전구가 점등된다.

72 자동차 점화1차파형에 대한 설명으로 틀린 것은?

① 서지전압이 높으면 화염전파시간이 줄어들고, 서지전압이 낮으면 화염전파시간이 늘어난다.
② 점화코일의 (-)측에 흐르는 전압의 변화 또는 파워TR컬렉터의 전압변화가 점화1차파형이다.
③ 파워릴레이를 통과한 전압은 점화코일을 거쳐 파워TR베이스에 대기한다.
④ ECU에서 파워TR베이스에 공급되는 전류를 차단하면 점화코일에는 서지전압이 발생된다.

해설 점화1차파형은 점화코일의 (-)측에 흐르는 전압의 변화이며, 파워TR베이스에 공급되는 전류를 차단하면 점화코일에는 서지전압이 발생된다. 서지전압이 높으면 화염전파시간이 줄어들고, 서지전압이 낮으면 화염전파시간이 늘어난다.

73 다음은 하이브리드자동차에서 사용하고 있는 캐패시터(Capacitor)의 특징을 나열한 것이다. 틀린 것은?

① 충전시간이 짧다.
② 출력의 밀도가 낮다.
③ 단자전압으로 남아있는 전기량을 알 수 있다.
④ 전지와 같이 열화가 거의 없다.

해설 캐패시터는 전자를 그대로 축적해 두고 필요할 때 방전하는 장치이며, 출력밀도가 높고 전지와 같이 열화가 거의 없다.

74 다음 직렬회로에서 저항 R_1에 5mA의 전류가 흐를 때 R_1의 저항값은?

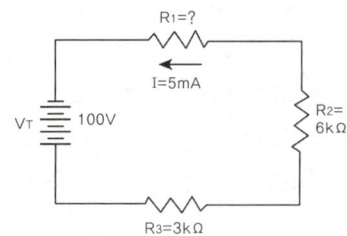

① 15kΩ   ② 9kΩ
③ 11kΩ   ④ 17kΩ

해설 $R = \dfrac{E}{I}$ ∴ $\dfrac{100V}{5mA} = 20kΩ$

$R_1 + 6kΩ + 3kΩ = 20kΩ$ ∴ $R_1 = 11kΩ$

75 가솔린엔진에서 기동전동기의 소모전류가 90A이고, 배터리전압이 12V일 때 기동전동기의 마력은 약 얼마인가?

① 0.735PS   ② 1.36PS
③ 1.47PS   ④ 1.78PS

해설 P=EI
∴ 12V×90A=1080W=1.08kW

1PS는 0.736kw이므로 $\dfrac{1.08}{0.736} = 1.47ps$

76 에어컨라인 압력점검에 대한 설명으로 틀린 것은?

① 엔진시동을 걸어 에어컨압력을 점검한다.
② 에어컨라인압력은 저압 및 고압이 있다.
③ 에어컨라인압력 측정 시 시험기게이지 저압과 고압핸들밸브를 완전히 연다.
④ 시험기게이지에는 저압, 고압, 충전 및 배출의 3개 호스가 있다.

해설 에어컨라인의 압력을 점검하는 경우에는 매니폴드게이지의 저압호스와 고압호스의 피팅에 연결하며, 저압과 고압의 핸들밸브는 잠근 상태에서 점검한다.

77 기전력이 2.8V, 내부저항이 0.15Ω인 전지 33개를 직렬로 접속할 때 1Ω의 저항에 흐르는 전류는 약 얼마인가?

① 11.1A ② 13.2A
③ 15.5A ④ 12.2A

해설 $I = \dfrac{NE}{R＝Nr}$
[I : 저항에 흐르는 전류, E : 가전력, r : 내부저항, N : 전지의 개수, R : 부하의 저항]

∴ $\dfrac{33 \times 2.8}{1 + 33 \times 0.15} = 15.5A$

78 전조등장치에 관련된 내용으로 맞는 것은?

① 전조등회로는 좌우로 직렬연결 되어 있다.
② 실드빔전조등은 렌즈를 교환할 수 있는 구조로 되어 있다.
③ 실드빔전조등 형식은 내부에 불활성 가스가 봉입되어 있다.
④ 전조등을 측정할 때 전조등과 시험기의 거리는 반드시 15m를 유지해야 한다.

해설 • 전조등회로는 좌우로 병렬연결되어 있다.
• 실드빔전조등은 렌즈, 반사경, 필라멘트가 일체로 되어 있으며 내부에 불활성가스가 봉입되어 있다.
• 전조등과 시험기와의 거리는 집광식이 1m, 투영식은 3m이다.

79 스테이터코일의 접속방식 중의 하나로 각 코일의 끝을 차례로 접속하여 둥글게 하고, 각 코일의 접속점에서 하나씩 끌어낸 방식의 결선은?

① 델타결선 ② 이중결선
③ Y결선   ④ 독립결선

해설 델타결선은 스테이터코일의 접속방식 중의 하나로 각 코일의 끝을 차례로 접속하여 둥글게 하고, 각 코일의 접속점에서 하나씩 끌어낸 방식이다.

80 12V를 사용하는 자동차의 점화코일에 흐르는 전류가 0.01초 동안에 50A 변화하였다. 자기인덕턴스가 0.5H일 때 코일에 유도되는 기전력은 얼마인가?

① 6V   ② 504V
③ 2500V ④ 6000V

해설 $V = H\dfrac{I}{t}$
[V : 기전력, H : 상호 인덕턴스, I : 전류, t : 시간(sec)]

∴ $0.5 \times \dfrac{50A}{0.01} = 2500V$

3회 자동차정비산업기사 필기시험

2015. 8. 16. 시행

01 테이퍼구멍을 가진 다이에 재료를 잡아 당겨 통과시켜 가공제품이 다이구멍의 최소단면 형상 치수를 갖게 하는 가공법은?

① 전조가공 ② 절단가공
③ 인발가공 ④ 프레스가공

해설 인발은 드로잉이라고도 하며 다이(Die)구멍에 재료를 통과시켜 잡아당기면 단면적이 감소되어 다이구멍의 형상과 같은 단면의 봉, 선, 파이프 등을 만드는 가공방법이다.

02 주조형 목형(원형)을 실물치수보다 크게 만드는 가장 중요한 이유는?

① 주형의 치수가 크기 때문이다.
② 코어를 넣어야 하기 때문이다.
③ 잔형을 덧붙임하여야 하기 때문이다.
④ 수축여유와 가공여유를 고려하기 때문이다.

해설 주조형 목형(원형)을 실물치수보다 크게 만드는 이유는 용융된 금속이 응고할 때 수축이 발생하게 되므로 수축여유와 가공여유를 고려하기 때문이다.

03 아크용접피복제(Flux)의 역할로 옳지 않은 것은?

① 용착금속의 탈산정련작용을 한다.
② 용적을 미세화하고 용착효율을 높인다.
③ 용융금속에 필요한 원소를 보충시켜 준다.
④ 슬래그가 되어 용융금속을 급랭시켜 조직을 튼튼하게 한다.

해설 피복제의 역할
- 용착금속의 탈산 및 정련작용을 한다.
- 용적(Globule)을 미세화하고, 용착효율을 높인다.
- 대기 중의 산소나 질소의 침입을 방지하고 용착금속을 보호한다.
- 아크를 안정되게 하며, 용융점이 낮은 가벼운 슬래그(Slag)를 만든다.
- 용착금속의 응고와 냉각속도를 지연시킨다.
- 슬래그 제거가 쉽고, 파형이 고운 비드(Bead)를 만든다.

04 스팬이 2m인 단순보의 중앙에 1000kgf의 집중하중이 작용할 때, 최대휨모멘트는 몇 kgf·m인가?

① 250 ② 500
③ 25000 ④ 50000

해설 최대굽힘모멘트 $M_{max} = \dfrac{P\ell}{4}$

$\therefore \dfrac{1000\text{kgf} \times 2\text{m}}{4} = 500\text{kgf·m}$

05 비틀림모멘트가 작용하는 원형축에 관한 설명으로 옳지 않은 것은?

① 비틀림응력은 반지름에 비례한다.
② 비틀림각은 원형축길이에 비례한다.
③ 비틀림응력은 극관성모멘트에 반비례한다.
④ 축의 중심에서 최대비틀림응력이 발생된다.

01 ③ 02 ④ 03 ④ 04 ② 05 ④

해설 원형축의 비틀림응력은 반지름에 비례하고, 비틀림각은 원형축길이에 비례하며, 비틀림응력은 극관성모멘트에 반비례한다.

06 판 두께 10mm, 인장강도 3500N/cm², 안전계수 4인 연강판으로 5N/cm²의 내압을 받는 원통을 만들고자 한다. 이때 원통의 안지름은 몇 cm인가?

① 87.5
② 175
③ 350
④ 700

07 담금질성(Hardenability)을 개선시키고 페라이트조직을 강화할 목적으로 첨가하는 합금원소는?

① Cr
② Mn
③ Mo
④ Ni

해설 담금질성(Hardenability)을 개선시키고 페라이트조직을 강화할 목적으로 첨가하는 합금원소는 Cr(크롬)이다.

08 고탄소강을 공구강으로 사용하는 이유로 가장 적합한 것은?

① 경도를 필요로 하기 때문에
② 전성을 필요로 하기 때문에
③ 인성을 필요로 하기 때문에
④ 충격에 견디어야 하기 때문에

해설 고탄소강을 공구강으로 사용하는 이유는 경도를 필요로 하기 때문이다.

09 두줄나사를 두바퀴 돌렸더니 축 방향으로 12mm 이동하였다면 이 나사의 피치(p)와 리드(l)는 각각 얼마인가?

① p=3mm, l=3mm
② p=6mm, l=3mm
③ p=3mm, l=6mm
④ p=6mm, l=6mm

해설
① $P=\dfrac{L}{n}$
[P : 피치, L : 리드, n : 줄 수]
∴ $\dfrac{12mm}{2\times 2}=3mm$
② $l=nP$
[l : 리드, n : 줄 수, P : 피치]
∴ $2\times 3mm=6mm$

10 각도측정기인 사인바는 일정각도 이상을 측정하면 오차가 커지는데, 일반적으로 몇 도 이하에서 사용하는가?

① 30°
② 45°
③ 60°
④ 75°

해설 사인바는 45° 이하에서 사용하여야 한다.

11 Y합금의 주요구성성분이 아닌 것은?

① 주석
② 구리
③ 니켈
④ 알루미늄

해설 Y합금은 알루미늄+구리+마그네슘+니켈의 합금이다.

12 지름 3m인 원형수직수문의 상단이 수면 아래 6m에 있을 때 물의 전압력은?

① 28톤
② 36톤
③ 41톤
④ 53톤

13 공작기계의 명칭과 가공법이 바르게 연결된 것은?

① 선반-기어가공, 키홈가공
② 밀링-수나사가공, 기어가공
③ 연삭기-평면가공, 외경가공
④ 드릴링머신-카운터보링가공, 기어가공

해설
- 선반 : 바깥지름(외경)절삭, 끝면절삭, 정면절삭, 절단, 테이퍼절삭, 곡면절삭, 구멍뚫기, 보링작업, 너링작업, 나사절삭
- 밀링 : 수평과 수직의 평면깎기, T-홈깎기, 기어가공, 비틀림홈깎기, 정육면체의 외형평면깎기
- 드릴링머신 : 드릴링, 스폿페이싱, 카운터보링, 카운터싱킹, 보링, 리밍, 태핑

14 방향제어밸브를 분류하는 방법이 아닌 것은?

① 밸브의 기능에 의한 분류
② 포트의 크기에 의한 분류
③ 밸브의 구조에 의한 분류
④ 밸브의 설계방식에 의한 분류

해설 밸브의 기능에 의한 분류, 포크의 크기에 의한 분류, 밸브의 구조에 의한 분류가 있다.

15 언더컷을 방지하기 위하여 표준이의 래크공구로 표준절삭량보다 낮게 절삭하여 기준피치선의 피치원보다 다소 바깥쪽으로 절삭한 기어는?

① 스퍼기어
② 인터널기어
③ 전위기어
④ 헬리컬기어

해설 전위기어는 큰 기어의 이뿌리 높이를 길게, 작은 기어의 이뿌리 높이는 짧게 하고 이 끝높이를 길게 절삭하여, 언더컷을 피해 강도를 개선하고 중심거리를 변화시킬 수 있다.

16 스프링장치에 인장하중 P=100N일 때, 스프링장치의 하중방향의 처짐량은?
(단, 스프링상수 k_1=20N/cm이고, k_2=10N/cm이다)

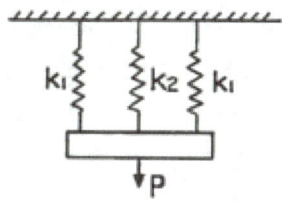

① 1.67cm
② 2cm
③ 2.5cm
④ 20cm

해설 병렬연결이므로 $k = k_1 + k_2 + k_1$
∴ $20N/cm + 10N/cm + 20N/cm = 50N/cm$
$\delta = \dfrac{W}{k}$ ∴ $\dfrac{100N}{50N/cm} = 2cm$

17 구동회전수에 의해 결정되는 토출량이 부하압력에 관계없이 거의 일정한 용적형펌프는?

① 기어펌프
② 터빈펌프
③ 축류펌프
④ 볼류트펌프

해설 기어펌프는 구동회전수에 의해 결정되는 토출량이 부하압력에 관계없이 거의 일정한 용적형펌프이다.

18 볼베어링의 호칭번호가 6008일 경우 안지름은 몇 mm인가?

① 8
② 16
③ 20
④ 40

해설 볼베어링의 호칭치수(6008)는 6 : 형식번호(단열), 0 : 지름번호(특별 경 하중용), 08 : 안지름번호, 안지름 20mm이상 500mm 미만은 안지름을 5로 나눈 수가 안지름번호이다. 따라서 08×5 =40mm이다. 그리고 00인 경우는 안지름이 10mm, 01은 안지름이 12mm, 02는 안지름이 15mm, 03은 안지름 17mm이다.

19 동력용 나사산의 전체효율을 구할 때 필요한 항목이 아닌 것은?

① 리드
② 수직응력
③ 나사산에 작용하는 하중
④ 나사를 돌리는데 필요한 토크

해설 전체효율을 구할 때에는 리드, 나사산에 작용하는 하중, 나사를 돌리는데 필요한 토크 등이 필요하다.

20 최대인장력 2000N 을 받을 수 있는 단면적 20mm²인 특수강의 안전율이 4일 때, 허용인장응력은 몇 MPa인가?

① 25
② 40
③ 250
④ 400

해설 $\sigma = \dfrac{W}{A \times S}$

$\therefore \dfrac{2000\text{N}}{20\text{mm}^2 \times 4} = 25\text{MPa}$

21 가솔린기관에서 압축비가 12일 경우 열효율(η_o)은 약 몇 %인가?(단, 비열비(k) = 1.4이다)

① 54
② 60
③ 63
④ 65

해설 $\eta_o = 1 - (\dfrac{1}{\varepsilon})^{k-1}$

$\therefore 1 - (\dfrac{1}{12})^{0.4} = 63\%$

22 가솔린 300cc를 연소시키기 위하여 약 몇 kgf의 공기가 필요한가?(단, 혼합비는 15, 가솔린의 비중은 0.75이다)

① 1.19
② 2.42
③ 3.37
④ 49.2

해설 $Ag = Gv \times p \times AFr$

[Ag : 필요한 공기량, Gv : 가솔린의 체적, p : 가솔린의 비중, AFr : 혼합비]

$\therefore 0.3\ell \times 0.78 \times 15 = 3.37\text{kgf}$

23 전자제어가솔린기관의 노크컨트롤시스템에 대한 설명으로 가장 알맞은 것은?

① 노크발생 시 실린더헤드가 고온이 되면 서모센서로 온도를 측정하여 감지한다.
② 압전소자가 실린더블록의 고주파진동을 전기적신호로 바꾸어 ECU로 보낸다.
③ 노크라고 판정되면 점화시기를 진각시키고, 노크발생이 없어지면 지각시킨다.
④ 노크라고 판정되면 공연비를 희박하게 하고, 노크발생이 없어지면 농후하게 한다.

해설 노크컨트롤시스템은 실린더블록의 고주파진동을 전기적신호로 노킹발생여부를 판정하며, 노크라고 판정되면 점화시기를 지각시키고, 노크발생이 없어지면 진각시킨다.

24 가솔린전자제어기관에서 연료제어시스템의 설명으로 거리가 가장 먼 것은?

① 체크밸브는 재시동성향상을 위한 부품이다.
② 연료펌프설치타입 중 탱크내장형은 소음억제효과가 있다.
③ 연료펌프는 점화스위치가 IG(ON)상태에서 계속 작동한다.
④ 릴리프밸브는 연료라인 내 압력이 규정값 이상으로 상승되는 것을 방지한다.

정답 19 ② 20 ① 21 ③ 22 ③ 23 ② 24 ③

해설 **연료펌프의 작동**
- 평상운전에서 IG스위치(점화스위치)를 ST위치로 하면 연료펌프가 작동한다.
- 엔진이 회전할 때 IG스위치가 ON되면 연료펌프는 작동한다.
- 연료펌프 구동단자에 전원을 공급하면 펌프는 작동한다.
- 엔진의 작동이 정지된 상태에서는 IG스위치를 ON으로 하여도 연료펌프는 작동하지 않는다.

25 디젤기관에서 기관의 회전속도나 부하의 변동에 따라 자동으로 분사량을 조절해 주는 장치는?

① 조속기
② 딜리버리밸브
③ 타이머
④ 체크밸브

해설 조속기(거버너)는 분사펌프에 설치되어 있으며, 기관의 회전속도나 부하의 변동에 따라 자동으로 연료분사량을 조절하는 장치이다.

26 기관에서 디지털신호를 출력하는 센서는?

① 전자유도방식을 이용한 크랭크축각도센서
② 압전세라믹을 이용한 노크센서
③ 칼만와류방식을 이용한 공기유량센서
④ 가변저항을 이용한 스로틀포지션센서

해설 **아날로그신호와 디지털신호**
- 아날로그신호인 센서 : 수온센서, 흡기온도센서, 스로틀위치센서, 산소센서, 노크센서, 열막 및 열선식 공기유량센서, MAP센서, 인덕티브방식의 크랭크각센서, 가속페달위치센서
- 디지털신호인 센서 : 홀센서방식의 차속센서, 옵티컬방식의 크랭크각센서, 상사점센서, 칼만와류방식 공기유량센서, 에어컨 스위치 및 클러치스위치신호

27 간극체적 60cc, 압축비 10인 실린더의 배기량(cc)은?

① 540 ② 560
③ 580 ④ 600

해설 $Vs = (\varepsilon - 1) \times Vc$
[Vs : 배기량(행정체적), ε : 압축비, Vc : 간극체적]
∴ $(10-1) \times 60 = 540\text{cc}$

28 기관의 냉각장치에 사용되는 서모스탯에 대한 설명으로 거리가 먼 것은?

① 과열을 방지한다.
② 과냉을 통해 차내 난방효과를 낮춘다.
③ 기관의 온도를 일정하게 유지한다.
④ 기관과 라디에이터 사이에 설치되어 있다.

해설 서모스탯은 기관과 라디에이터 사이에 설치되어 기관의 온도를 일정하게 유지하고, 과열을 방지한다.

29 연속가변밸브타이밍(Continuously Variable Valve Timing)시스템의 장점이 아닌 것은?

① 유해배기가스저감
② 연비향상
③ 공회전안정화
④ 밸브강도향상

30 전자제어 연료분사장치의 인젝터는 무엇에 의해서 연료분사량을 조절하는가?

① 플런저의 하강속도
② 로커암의 작동속도
③ 연료의 압력조절
④ 컴퓨터(ECU)의 통전시간

25 ① 26 ③ 27 ① 28 ② 29 ④ 30 ④ 정답

해설 전자제어기관에서 연료분사량은 ECU에서 출력하는 인젝터 솔레노이드코일의 통전시간에 의해 조정된다.

31 공기과잉률(λ)에 대한 설명으로 옳지 않은 것은?

① 연소에 필요한 이론적 공기량에 대한 공급된 공기량과의 비를 말한다.
② 기관에 흡입된 공기의 중량을 알면 연료의 양을 결정할 수 있다.
③ 공기과잉률이 1에 가까울수록 출력은 감소하며 검은 연기를 배출하게 된다.
④ 자동차 기관에서는 전부하(최대분사량)일 때 공기과잉률은 0.8~0.9 정도가 된다.

해설 흡입된 공기량을 이론상 완전연소에 필요한 공기량으로 나눈 값을 공기과잉률이라고 한다. 공기과잉률(λ)의 값이 1보다 작으면 공연비가 농후한 상태이며, 1보다 크면 희박한 상태이다. 공기과잉률이 1에 가까울수록 이론공연비이므로 배출가스가 감소한다.

32 피스톤클리어런스(Piston Clearance)가 작을 때 나타나는 현상으로 거리가 가장 먼 것은?

① 블로바이(Blow-by)현상
② 다이류션(Dilution)현상
③ 압축압력 비정상상승
④ 피스톤슬랩발생

33 크랭크각센서에 활용되고 있지 않은 검출방식은?

① 홀(Hall)방식
② 전자유도(Induction)방식
③ 광전(Optical)방식
④ 압전(Piezo)방식

해설 크랭크각센서의 종류에는 홀방식, 전자유도(인덕션)방식, 광전(옵티컬)방식이 있다.

34 티타니아산소센서에 대한 설명 중 거리가 가장 먼 것은?

① 센서의 원리는 전자전도성이다.
② 지르코니아 산소센서에 비해 내구성이 크다.
③ 입력전원 없이 출력전압이 발생한다.
④ 지르코니아 산소센서에 비해 가격이 비싸다.

해설 티타니아산소센서는 전자전도체인 티타니아를 이용해 주위의 산소분압에 대응하여 산화, 환원시켜 전기저항이 변하는 원리를 이용한 것이다.

35 엔진오일의 성능향상을 위해 첨가하는 물질이 아닌 것은?

① 산화촉진제
② 청정분산제
③ 응고점강하제
④ 점도지수향상제

해설 윤활유첨가제에는 부식방지제, 유동점강하제, 극압윤활제, 청정분산제, 산화방지제, 점도지수향상제, 기포방지제, 유성향상제, 형광염료 등이 있다.

36 자동차기관의 배기가스재순환장치로 감소되는 유해배출가스는?

① CO
② HC
③ NOx
④ CO_2

해설 질소산화물(NOx)을 감소시키기 위해 설치한 장치는 EGR(배기가스재순환)장치이다.

정답 31 ③ 32 ① 33 ④ 34 ③ 35 ① 36 ③

37 LPI시스템에서 부탄과 프로판의 조성비율을 판단하기 위한 센서 2가지는?

① 연료량감지센서, 온도센서
② 유온센서, 압력센서
③ 수온센서, 유온센서
④ 압력센서, 온도센서

해설
- 압력센서 : LPG분사량을 보정하는데 이용되며 가스온도센서가 고장일 때 대처기능으로 사용된다.
- 온도센서 : 가스차는 온도에 민감하므로 하절기와 동절기에 따라 조성비율을 달리하고 LPG 분사량 및 연료펌프 구동시간제어에도 사용된다.

38 2행정 디젤기관의 소기방식이 아닌 것은?

① 가변벤튜리소기식
② 단류소기식
③ 루프소기식
④ 횡단소기식

해설 2행정 사이클기관에는 단류소기식, 루프소기식, 횡단소기식 등이 있다.

39 배출가스정밀검사에서 부하검사방법 중 경유사용자동차의 엔진회전수 측정결과 검사기준은?

① 엔진정격회전수의 ±5% 이내
② 엔진정격회전수의 ±10% 이내
③ 엔진정격회전수의 ±15% 이내
④ 엔진정격회전수의 ±20% 이내

해설 배출가스정밀검사에서 부하검사방법 중 경유사용 자동차의 엔진회전수 검사기준은 엔진정격회전수의 ±5% 이내이다.

40 운행하는 자동차의 소음도 검사확인상황에 대한 설명으로 틀린 것은?

① 소음덮개의 훼손여부를 확인한다.
② 경적소음은 원동기를 가동상태에서 측정한다.
③ 경음기의 추가부착여부를 확인한다.
④ 배출가스가 최종배출구 전에서 유출되는지 확인한다.

해설 소음도검사 전 확인항목의 검사방법
- 소음덮개 : 소음덮개 등이 떼어지거나 훼손되었는지를 육안검사
- 배기관 및 소음기 : 자동차를 들어 올려 배기관 및 소음기의 이음상태 및 배출가스 유출확인
- 경음기 : 육안검사나 3초 이상 작동시켜 경음기를 추가로 부착하였는지를 귀로 확인
- 경적소음도 측정 : 자동차의 시동을 꺼놓은 상태에서 암소음을 보정하여 측정

41 속도계시험기의 판정에 대한 정밀도검사 기준으로 적합한 것은?

① 판정기준값의 1km 이내
② 판정기준값의 2km 이내
③ 판정기준값의 3km 이내
④ 판정기준값의 4km 이내

해설 속도계시험기의 판정에 대한 정밀도검사기준은 판정기준값의 1km 이내이다.

42 토크비가 5이고 속도비가 0.5이다. 이때 펌프가 3000rpm으로 회전할 때 토크효율은?

① 1.5
② 2.5
③ 3.5
④ 4.5

해설 $\eta t = Sr \times Tr$
[ηt : 토크컨버터 효율, Sr : 속도비, Tr : 토크비]
∴ $0.5 \times 5 = 2.5$

43 자동차 주행 중 핸들이 한쪽으로 쏠리는 이유로 적합하지 않은 것은?

① 좌·우 타이어의 공기압불평형
② 쇽업쇼버의 좌·우불균형
③ 좌·우 스프링상수가 같을 때
④ 뒤 차축이 차의 중심선에 대하여 직각이 아닐 때

해설 조향핸들이 한쪽 방향으로 쏠리는 원인
- 한쪽 휠실린더의 작동이 불량하다.
- 브레이크라이닝 간극의 조정이 불량하다.
- 쇽업소버의 작동이 불량하다.
- 뒤 차축이 차량의 중심선에 대하여 직각이 되지 않는다.
- 타이어공기압력이 불균일하다.
- 앞바퀴정렬(얼라인먼트)이 불량하다.

44 공기브레이크에서 공기압축기의 공기압력을 제어하는 것은?

① 안전밸브
② 언로드밸브
③ 릴레이밸브
④ 체크밸브

해설 언로드밸브는 공기탱크의 공기압력이 상한 값을 초과하면 공기압축기가 공회전하고, 압력이 하한값에 도달하면 공기압축기가 가동되도록 한다.

45 전자제어현가장치의 제어 중 급출발 시 노즈업현상을 방지하는 것은?

① 안티다이브제어
② 안티스쿼트제어
③ 안티피칭제어
④ 안티롤링제어

해설 안티스쿼트제어란 급출발 또는 급가속을 할 때에 차체의 앞쪽은 들리고, 뒤쪽이 낮아지는 노즈업 현상을 제어한다.

46 다음은 자동변속기 학습제어에 대한 설명이다. 괄호 안에 알맞은 것을 순서대로 적은 것은?

학습제어에 의해 내리막길에서 브레이크페달을 빈번히 밟는 운전자에 대해서는 빠르게 ( )를 하여 엔진브레이크가 잘 듣게 한다. 또한 내리막에서도 가속페달을 잘 밟는 운전자에게는 ( )를 하기 어렵게 하여 엔진브레이크를 억제한다.

① 다운시프트, 다운시프트
② 업시프트, 업시프트
③ 다운시프트, 업시프트
④ 업시프트, 다운시프트

해설 학습제어는 내리막길에서 브레이크페달을 빈번히 밟는 운전자에 대해서는 빠르게 다운시프트를 하여 엔진브레이크가 잘 듣게 한다. 또한 내리막에서도 가속페달을 잘 밟는 운전자에게는 다운시프트를 하기 어렵게 하여 엔진브레이크를 억제한다.

47 제동장치에서 하이드로백의 릴레이밸브 피스톤은 무엇에 의하여 작동되는가?

① 공기압력
② 흡기다기관의 부압
③ 마스터실린더 유압
④ 동력피스톤

해설 릴레이밸브피스톤은 마스터실린더로부터의 유압에 의해 실린더에 진공을 도입하거나 차단하는 작용을 한다.

48 자동차가 72km/h로 주행하기 위한 엔진의 실마력은?(단, 전주행저항은 75kgf이고, 동력전달효율은 0.8이다)

① 16PS
② 20PS
③ 25PS
④ 30PS

정답 43 ③ 44 ② 45 ② 46 ① 47 ③ 48 ③

해설 $Rps = \dfrac{Tdr \times v}{75 \times \eta}$

[Rps : 엔진의 실마력, Tdr : 전 주행저항, v : 주행속도(m/s), η : 동력전달 효율]

∴ $\dfrac{75 \times 20}{75 \times 0.8} = 25 PS$ (단, 72km/h = 20m/s)

49 차량총중량이 2ton인 자동차가 등판저항이 약 350kgf로 언덕길을 올라갈 때 언덕길의 구배는 약 얼마인가?

① 10° ② 11°
③ 12° ④ 13°

해설 $Rg = W \times \tan\theta$

[Rg : 등판저항, W : 차량총중량, $\tan\theta$: 구배]

$\tan\theta = \dfrac{W}{Rg}$ ∴ $\dfrac{2000\text{kgf}}{350\text{kgf}} = 5.7$

따라서 $\tan 5.7 = 0.100 \times 100 = 10°$

50 전자제어제동장치(ABS)의 구성요소가 아닌 것은?

① 휠스피드센서
② 차고센서
③ 어큐뮬레이터
④ 하이드로릭유닛

해설 ABS는 휠스피드센서, 컨트롤유닛의 신호를 받아 유압을 유지, 감압, 증압으로 제어하는 하이드로릭유닛(유압모듈레이터), 충격을 흡수하는 어큐뮬레이터 등으로 되어있다.

51 무단변속기의 특징과 가장 거리가 먼 것은?

① 변속단이 있어 약간의 변속 충격이 있다.
② 동력성능이 향상된다.
③ 변속패턴에 따라 운전하여 연비가 향상된다.
④ 파워트레인 통합제어의 기초가 된다.

해설 변속에 의한 충격을 감소시킬 수 있다.

52 적용목적이 같은 장치와 부품으로 연결된 것은?

① ABS와 노크센서
② EBD(Electronic Brake-force Distribution) 시스템과 프로포셔닝밸브
③ 공기유량시스템과 요레이트센서
④ 주행속도장치와 냉각수온센서

해설 프로포셔닝밸브는 차량의 무게중심이 앞에 있어 제동 시 스핀을 막기 위해 뒷바퀴의 제동력을 적게 한다. 그러나 승합차의 경우, 무게중심이 바뀌는 한계를 극복하기 위해 앞·뒤바퀴에 제동압력을 이상적으로 배분하는 EBD가 있다. EBD는 제동압력을 전자적으로 제어함으로써 급제동할 때 스핀방지 및 제동성능을 향상시키는 장치이다.

53 선회주행 시 앞바퀴에서 발생하는 코너링포스가 뒷바퀴보다 크게 되면 나타나는 현상은?

① 토크스티어링 현상
② 언더스티어링 현상
③ 리버스스티어링 현상
④ 오버스티어링 현상

해설 선회주행을 할 때 앞바퀴에서 발생하는 코너링포스가 뒷바퀴보다 크게 되면 오버스티어링 현상이 일어난다.

54 곡선 주로를 주행할 때 원심력에 대항하는 타이어의 저항인 코너링포스에 영향을 주는 요소가 아닌 것은?

① 셋백(Set Back)
② 타이어 공기압력
③ 타이어의 수직하중
④ 타이어 크기

정답 49 ① 50 ② 51 ① 52 ② 53 ④ 54 ①

해설 코너링포스에 영향을 주는 요소
- 타이어 공기압력
- 타이어의 수직하중
- 타이어의 크기, 림 폭
- 주행속도

55 클러치페달을 밟았다가 천천히 놓을 때 페달이 심하게 떨리는 이유가 아닌 것은?

① 클러치 조정불량이 원인이다.
② 클러치디스크 페이싱의 두께차가 있다.
③ 플라이 휠이 변형되었다.
④ 플라이 휠의 링기어가 마모되었다.

56 내부에는 고탄소강의 강선(피아노선)을 묶음으로 넣고 고무로 피복한 링 상태의 보강부위로 타이어를 림에 견고하게 고정시키는 역할을 하는 부분은?

① 카커스(Carcass)부
② 트레드(Tread)부
③ 숄더(Shoulder)부
④ 비드(Bead)부

해설 비드부는 내부에 고탄소강의 강선(피아노선)을 묶음으로 넣고 타이어를 림에 견고하게 고정시키는 역할을 한다.

57 자동변속기에서 자동변속시점을 결정하는 가장 중요한 요소는?

① 엔진스로틀밸브 개도와 차속
② 엔진스로틀밸브 개도와 변속시간
③ 자동변속기 매뉴얼밸브와 차속
④ 변속모드스위치와 변속시간

해설 변속시점은 스로틀밸브의 개도(스로틀위치센서의 신호)와 차속(차속센서의 신호)을 기준으로 한다.

58 전차륜정렬에서 조향핸들의 조작력을 경감시키고 바퀴의 직진복원력을 주는 가장 중요한 것은?

① 토인
② 캐스터
③ 토아웃
④ 캠버

해설 캐스터는 주행 중 조향바퀴에 방향성 및 직진복원성을 준다.

59 병렬형 하이브리드자동차의 특징을 설명한 것 중 거리가 먼 것은?

① 모터는 동력보조만 하므로 에너지 변환손실이 적다.
② 기존 내연기관차량을 구동장치의 변경 없이 활용 가능하다.
③ 소프트방식은 일반주행 시에는 모터 구동만을 이용한다.
④ 하드방식은 EV주행 중 엔진시동을 위해 별도의 장치가 필요하다.

해설 소프트 하이브리드자동차는 모터가 플라이어휠에 설치되어 출발을 할 때는 기관과 전동기를 동시에 사용하고, 부하가 적은 평지에서는 기관의 동력만을 이용하며, 가속 및 등판주행과 같이 큰 출력이 요구되는 경우에는 기관과 모터를 동시에 사용한다.

60 베벨(Bevel) 기어식 종감속/차동장치가 장착된 자동차가 급커브를 천천히 선회하고 있을 때 차동 케이스 내의 어떤 기어들이 자전하고 있는가?

① 외측 차동사이드기어들만
② 차동피니언들만
③ 차동피니언과 차동사이드기어 모두
④ 외·내측 차동사이드기어들만

해설 차동작용은 좌우 구동바퀴의 회전저항 차이에 의해 발생하므로 커브를 돌 때 안쪽 바퀴는 바깥쪽 바퀴보다 저항이 커져 회전속도가 감소하며, 감소한 분량만큼 반대쪽 바퀴를 가속하게 되는데 이때 차동피니언과 차동사이드기어 모두 자전을 한다.

61 분자자석설에 대한 설명으로 맞는 것은?

① 자속은 동종 반발, 이종 흡입의 성질이 있다.
② 자속은 자극 가까운 곳의 밀도는 크고 방향은 모두 극쪽으로 향한다.
③ 자력은 자속이 투과하는 매질의 투과율 및 자계강도에 비례한다.
④ 강자성체는 자화되어 있지 않은 경우에도 매우 작은 분자자석으로 되어 있다.

해설 철 등의 강자성체는 자화되지 않은 경우에는 매우 작은 분자자석으로 되어있다. 자화하는 힘이 외부에서 가해지지 않을 때는 각 분자의 자력은 서로 상쇄되어 철 전체는 자석의 성질을 나타내지 않는다. 그러나 다른 자계를 가까이 하면 분자자석이 자력선의 방향으로 규칙적으로 배열되어 중앙에서는 N극과 S극이 서로 힘을 상쇄하고 철 전체의 양 끝에 있는 N극과 S극이 나타나 자석이 된다.

62 그림과 같은 회로에서 가장 적합한 퓨즈의 용량은?

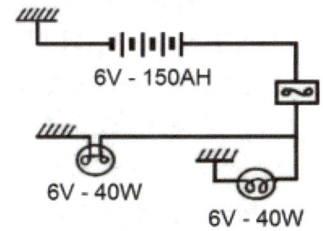

① 10A   ② 15A
③ 25A   ④ 30A

해설 $I = \dfrac{P}{E}$

∴ $\dfrac{40+40}{6} = 13.3A$

따라서 15A의 퓨즈를 사용한다.

63 멀티테스터(Multitester)로 릴레이점검 및 판단 방법으로 틀린 것은?

① 접점점검은 부하전류가 흐르도록 하고 멀티테스터로 저항측정을 해야 한다.
② 단품점검 시 코일저항이 규정값보다 현저히 차이가 나면 내부단락 및 단선이라고 볼 수 있다.
③ 부하전류가 흐를 때 양 접점전압이 0.2V 이하이면 정상이라 본다.
④ 작동이 원활해도 멀티테스터로 접점전압측정이 중요하다.

64 점화플러그의 방전전압에 직접적으로 영향을 미치는 요인이 아닌 것은?

① 전극의 틈새모양, 극성
② 혼합가스의 온도, 압력
③ 흡입공기의 습도와 온도
④ 파워트랜지스터의 위치

해설 방전전압에 영향을 미치는 요인
• 흡입공기의 습도와 온도
• 기관의 가속상태
• 전극의 틈새 모양, 극성
• 혼합가스의 온도, 압력

61 ④ 62 ② 63 ① 64 ④

65 자동차안전기준에 관한 규칙상 경광등의 등광색을 적색 또는 청색으로 할 수 없는 경우는?

① 국군 및 주한 국제 연합군용 자동차 중 군내부의 질서유지 및 부대의 질서 있는 이동을 유도하는데 사용되는 자동차
② 수사기관의 자동차 중 범죄수사를 위하여 사용되는 자동차
③ 전파감시업무에 사용되는 자동차
④ 교도소 또는 교도기관의 자동차 중 도주자의 체포 또는 피수용자의 호송·경비를 위하여 사용되는 자동차

> **해설** 경광등의 등광색을 적색 또는 청색으로 할 수 있는 경우
> • 경찰용 자동차 중 범죄수사·교통단속 그 밖의 긴급한 경찰임무수행에 사용되는 자동차
> • 국군 및 주한 국제 연합군용 자동차 중 군 내부의 질서유지 및 부대의 질서 있는 이동을 유도하는데 사용되는 자동차
> • 수사기관의 자동차 중 범죄수사를 위하여 사용되는 자동차
> • 교도소 또는 교도기관의 자동차 중 도주자의 체포 또는 피수용자의 호송·경비를 위하여 사용되는 자동차
> • 소방용 자동차

66 엔진이 크랭킹이 되지 않을 경우에 자기진단기로 점검 시 센서데이터 항목 중 가장 중점적으로 확인해야 할 항목은?(단, 차량의 각 전원접지시스템은 정상이다)

① 인히비터스위치 위치 신호
② RPM 신호
③ 에어플로우 센서 신호
④ 크랭크축위치 센서 신호

67 점화계통에 사용되는 축전기에 대하여 잘못 설명한 것은?

① 1차전류의 차단시간을 단축하여 2차전압을 높인다.
② 접점사이에 발생하는 불꽃을 흡수하여 접점의 소손을 방지한다.
③ 2차전압의 저하를 방지하도록 단속기 접점과 직렬로 접속한다.
④ 접점이 닫혔을 때 축적된 전하를 방출하여 1차전류의 회복을 빠르게 한다.

> **해설** 축전기는 단속기 접점과 병렬로 되어 있으며, 접점이 열리면 1차코일에 유기된 유도전류를 접점 사이의 불꽃방전으로 감소시키고 흡수전류를 1차회로에 역방향으로 방전시켜 점화코일 내의 자력선을 급격히 변화시킨다.

68 기동전동기에 흐르는 전류는 120A이고 전압은 12V일 때, 이 기동전동기의 출력은 몇 PS인가?

① 0.56   ② 1.22
③ 18.2   ④ 1.96

> **해설** $P = EI$
> ∴ $12V \times 120A = 1440W = 1.44kW$
> 1PS는 0.736kW이므로 $\frac{1.44}{0.736} = 1.96 PS$

69 점화코일의 시정수에 대한 설명으로 맞는 것은?

① 시정수가 작은 점화코일은 1차전류의 확립이 빠르고 저속성능이 양호하다.
② 시정수는 1차코일의 인덕턴스를 1차코일의 권선저항으로 나눈 값이다.
③ 시정수는 1차전류의 값이 최대값에 약 88.3%에 도달할 때까지의 시간이다.
④ 인덕턴스를 작게 하면 권선비를 크게 해야 한다.

정답 65 ③ 66 ① 67 ③ 68 ④ 69 ②

해설 점화코일의 시정수란 1차코일의 인덕턴스를 1차코일의 권선저항으로 나눈 값이다.

70 하이브리드 차량의 정비 시 전원을 차단하는 과정에서 안전플러그를 제거 후 고전압 부품을 취급하기 전에 5~10분 이상 대기시간을 갖는 이유 중 가장 알맞은 것은?

① 고전압배터리 내의 셀의 안정화를 위해서
② 제어모듈 내부의 메모리공간의 확보를 위해서
③ 저전압(12V) 배터리에 서지전압이 인가되지 않기 위해서
④ 인버터 내의 컨덴서에 충전되어 있는 고전압을 방전시키기 위해서

해설 안전플러그를 제거 후 고전압부품을 취급하기 전에 5~10분 이상 대기시간을 갖는 이유는 인버터 내의 컨덴서(축전기)에 충전되어 있는 고전압을 방전시키기 위함이다.

71 하이브리드자동차(HEV)에 대한 설명으로 거리가 먼 것은?

① 병렬형(Parallel)은 엔진과 변속기가 기계적으로 연결되어 있다.
② 병렬형(Parallel)은 구동용 모터 용량을 크게 할 수 있는 장점이 있다.
③ FMED(Flywheel Mounted Electric Device) 방식은 모터가 엔진 측에 장착되어 있다.
④ TMED(Transmission Mounted Electric Device)는 모터가 변속기 측에 장착되어 있다.

해설

병렬형 방식의 장점	병렬형 방식의 단점
• 기존의 내연기관의 차량을 구동장치 변경 없이 활용이 가능하다. • 모터는 동력보조로 사용되므로 에너지 손실이 적다. • 저성능 모터, 저용량 배터리로도 구현이 가능하다. • 전체적으로 효율이 직렬형에 비해 우수하다.	• 차량의 상태에 따라 엔진, 모터의 작동점 최적화 과정이 필수적이다. • 유단 변속 기구를 사용할 경우 엔진의 작동 영역이 주행상황에 따라 변경된다.

72 TXV 방식의 냉동사이클에서 팽창밸브는 어떤 역할을 하는가?

① 고온·고압의 기체상태의 냉매를 냉각시켜 액화시킨다.
② 냉매를 팽창시켜 고온·고압의 기체로 만든다.
③ 냉매를 팽창시켜 저온·저압의 무화 상태 냉매로 만든다.
④ 냉매를 팽창시켜 저온·고압의 기체로 만든다.

해설 팽창밸브(Expansion Valve)는 고온·고압의 액체 냉매를 급격히 팽창시켜 저온·저압의 기체로 변화시킨다.

73 배터리전해액의 온도가 낮아지면 일어나는 현상으로 틀린 것은?

① 용량이 저하된다.
② 비중이 높아진다.
③ 황산과 극판 작용물질의 화학작용이 활발하다.
④ 추운 겨울이나 한랭지에서는 전해액이 빙결될 수 있다.

해설 전해액 온도가 낮아지면 용량이 저하되고, 비중이 높아지며, 황산과 극판작용물질의 화학작용이 둔해지고, 추운 겨울철이나 한랭지에서는 전해액이 빙결될 수 있다.

74 자동에어컨(FATC) 작동 시 바람은 배출되나 차갑지 않다. 점검해보니 컴프레셔 스위치의 작동음이 들리지 않는다. 고장 원인으로 거리가 가장 먼 것은?

① 컴프레셔릴레이 불량
② 트리플스위치 불량
③ 블로우모터 불량
④ 써머스위치 불량

해설 컴프레셔스위치의 작동음이 들리지 않는 원인은 컴프레셔릴레이 불량, 트리플스위치 불량, 써머스위치 불량이다.

75 실내온도센서(NTC특성) 점검방법에 관한 설명으로 옳지 않은 것은?

① 센서전원 5V 공급여부
② 실내온도변화에 따른 센서출력값 일치여부
③ 에어튜브 이탈여부
④ 센서에 더운 바람을 인가했을 때 출력값이 상승되는지 여부

해설 실내온도센서(NTC 특성) 점검은 센서전원 5V 공급 여부, 실내온도변화에 따른 센서출력값 일치 여부, 에어튜브 이탈여부이다.

76 전조등을 시험할 때 주의사항 중 틀린 것은?

① 각 타이어의 공기압은 표준일 것
② 공차상태에서 운전자 1명이 승차할 것
③ 배터리는 충전한 상태로 할 것
④ 엔진은 정지상태로 할 것

해설 전조등 시험 시 주의사항
• 타이어 공기압을 표준공기압으로 한다.
• 엔진은 공회전상태로 한다.
• 자동차의 축전지는 완전충전상태로 한다.
• 자동차는 공차상태에 운전자 1인이 승차한 상태에서 측정한다.
• 4등식의 전조등의 경우에는 측정하지 아니하는 등화에서 발산하는 빛을 차단한 상태로 한다.

77 기전력 2V, 내부저항 0.2Ω의 전지 10개를 병렬로 접속했을 때 부하 4Ω에 흐르는 전류는?

① 0.333A
② 0.498A
③ 0.664A
④ 13.64A

해설 $I = \dfrac{E}{\dfrac{r}{N} + R}$

[I : 저항에 흐르는 전류, E : 기전력, r : 내부저항, N : 전지의 개수, R : 부하의 저항]

$\therefore \dfrac{2}{\dfrac{0.2}{10} + 4} = 0.498A$

78 자동차에서 방향지시등의 고장현상이 발생하였다. 다음 원인에 따른 고장 중 증상이 다른 한 가지를 고르면?

① 플래셔유닛의 접지 불량
② 램프의 필라멘트 단선
③ 램프용량에 맞지 않는 릴레이 사용
④ 램프의 정격용량이 규정보다 큰 경우

해설 플래셔유닛이 망가지면 방향지시등 스위치를 좌측 또는 우측으로 선택해도 모든 방향지시등이 전혀 점등되지 않는다.

정답 74 ③ 75 ④ 76 ④ 77 ② 78 ①

79 배터리의 전해액 비중은 온도 1℃의 변화에 대해 얼마나 변화하는가?

① 0.0005   ② 0.0007
③ 0.0010   ④ 0.0015

해설 배터리의 전해액 비중은 온도 1℃의 변화에 대해 0.0007이 변화한다.

80 자동차의 외부에 바닥조명등을 설치할 경우에 해당되는 자동차 성능과 기준에 관한 규칙의 사항 중 거리가 먼 것은?

① 자동차가 정지하고 있는 상태에서만 점등될 것
② 자동차가 주행하기 시작한 후 1분 이내에 소등될 것
③ 최대광도는 60칸델라 이하일 것
④ 등광색은 백색일 것

해설 최대광도는 30칸델라 이하일 것

1회 자동차정비산업기사 필기시험

2016. 3. 6. 시행

01 탄소강에 관한 설명으로 옳지 않은 것은?

① 탄소량이 증가하면 비중도 증가한다.
② 탄소강의 탄성률은 온도가 증가함에 따라 감소한다.
③ 탄소강은 200~300℃에서 청열 취성(메짐)이 발생한다.
④ 아공석강영역에서 탄소량이 증가하면 경도는 증가하나, 연신율은 감소한다.

해설 비중과는 관련이 없다.

탄소강
탄소강은 철과 탄소의 합금 중에서 열처리가 가능한 0.05~2.1%의 탄소를 함유한 것이며, 탄소량이 증가할수록 이 펄라이트의 비율이 증가하며 0.9% 탄소에서 모두 펄라이트가 된다. 따라서 0.9%까지는 탄소가 증가하므로 단단해진다.

02 성크 키의 길이가 200mm, 키의 측면에 발생하는 전단력이 80kN이고, 키 폭은 높이의 1.5배라고 하면 키의 허용전단응력이 20MPa일 경우 키 높이는 약 몇 mm 이상으로 하면 되는가?

① 13.33 ② 18.05
③ 25.42 ④ 30.06

03 양단에 베어링으로 지지되어 있으며 그 중앙에 회전체 1개를 가진 원형 단면 축에 대한 위험속도의 계산에 필요한 설계 인자로서 가장 거리가 먼 것은?

① 축의 길이
② 전단탄성계수
③ 회전체의 무게
④ 축의 단면 2차 모멘트

해설 축을 설계할 때 고려할 사항
• 회전체의 무게
• 축의 단면 2차 모멘트
• 강도, 피로 및 충격, 응력집중의 영향
• 축의 고유진동수

04 두랄루민은 알루미늄에 무엇을 첨가한 합금인가?

① 구리, 마그네슘, 주석
② 구리, 마그네슘, 망간
③ 주석, 마그네슘, 철
④ 주석, 마그네슘, 아연

해설 두랄루민(Al + Cu 4% + Mg 0.5~1% + Mn 0.5%의 합금)은 가볍고 강하며, 내식성이 별로 좋지 못하나 500~520℃에서 담금질을 하면 시효경화하는 특징이 있다.

05 축에 작용하는 비틀림모멘트를 T, 전단탄성계수를 G, 극관성모멘트를 Ip, 길이를 l이라 할 때, 전체 비틀림각은?

① $\dfrac{TI_p}{Gl}$ ② $\dfrac{Tl}{GI_p}$
③ $\dfrac{TG}{I_p l}$ ④ $\dfrac{Gl}{TI_p}$

정답 01 ① 02 ① 03 ② 04 ② 05 ②

06 공작물을 회전시키고, 공구는 직선운동으로 공작물을 가공하는 공작기계는?

① 드릴 ② 밀링
③ 연삭 ④ 선반

해설 선반은 공작물을 회전시키고, 바이트는 직선운동하며 가공한다.

07 2개의 축이 같은 평면 내에 있으면서 그 중심선이 30° 이내의 각도로 교차하는 경우의 축이음으로 가장 적합한 것은?

① 고정커플링(Fixed Coupling)
② 올덤커플링(Oldham's Coupling)
③ 플렉시블커플링(Flexible Coupling)
④ 유니버설커플링(Universal Coupling)

해설 유니버설커플링은 두 축이 같은 평면 내에 있으면서 2축이 교차하는 경우에 사용되며, 그 중심선이 30° 이하의 각도로 교차한 상태로 토크를 전달한다.

08 길이 300mm인 구리봉 양단을 고정하고 20℃에서 70℃로 가열하였을 때 열응력에 의해 발생되는 압축응력[N/mm²]은? (단, 구리봉의 세로탄성계수는 9.2×10^3 N/mm², 선팽창계수(α)는 1.6×10^{-5}/℃ 이다)

① 6.28
② 7.36
③ 8.39
④ 10.2

해설 $\sigma h = E \times \alpha \times (t_2 - t_1)$
[σh : 열응력, E : 세로탄성계수, α : 선팽창계수, t_1, t_2 : 온도]
∴ $9.2 \times 10^3 \times 1.6 \times 10^{-3} \times (70-20)$
  $= 7.36 N/mm^2$

09 아공석강에서는 Ac3점에서 40~60℃ 높은 범위에서 가열하여 노내에서 서냉시키는 방법으로 주로 가공 경화된 재료를 연화시키거나 내부응력제거 및 불순물의 방출 등을 할 수 있는 열처리 방법은?

① 불림(Normalizing)
② 뜨임(Tempering)
③ 담금질(Quenching)
④ 풀림(Annealing)

해설 풀림의 목적은 가공에서 생긴 내부응력을 낮추고 조직을 균일화, 미세화하며 열처리로 인하여 경화된 재료를 연화시킨다.

10 다음 중 언더컷에 대한 설명으로 옳은 것은?

① 과잉의 용융금속이 용착부 밖으로 덮인 비드의 상태를 말한다.
② 용접 중에 용착금속 내에 녹아 들어간 슬래그가 용착금속 내에 혼입되어 있는 결함을 말한다.
③ 용착금속 내에 포함되어 있는 가스나 응고할 때 생긴 수소 등의 가스가 밖으로 방출되지 못하여 생긴 작은 공간을 말한다.
④ 용접전류가 과다할 경우 용융이 지나치게 되어 비드 가장자리에 홈 또는 오목한 형상이 생기는 것을 말한다.

해설 언더컷(Under Cut)
용접전류가 과다할 경우 용융이 지나치게 되어 비드 가장자리에 홈 또는 오목한 현상이 생기는 상태이며, 발생원인은 전류가 너무 높을 때, 아크 길이가 너무 길 때, 용접봉 선택이 부적당하거나 용접속도가 너무 빠를 때 발생한다.

11 유압펌프의 종류 중 회전식이 아닌 것은?

① 피스톤펌프 ② 기어펌프
③ 베인펌프   ④ 나사펌프

해설 회전펌프의 종류에는 기어펌프, 베인펌프, 나사펌프 등이 있다.

12 안전율을 나타내는 식으로 옳은 것은?

① 인장강도/허용응력
② 사용응력/허용응력
③ 허용응력/인장강도
④ 허용응력/사용응력

해설 안전율 = $\dfrac{\text{인장강도}}{\text{허용능력}}$

13 드럼의 지름이 400mm인 브레이크드럼에 브레이크블록을 누르는 힘 280N이 작용하고 있을 때 브레이크 제동력은 몇 N인가?(단, 마찰계수는 0.15이다)

① 42   ② 60
③ 8400 ④ 16800

해설 $f = W$
[f : 제동력, μ : 마찰계수, W : 브레이크블록을 미는 힘]
∴ 0.15×280N = 42N

14 측정은 방법에 따라 직접측정, 비교측정, 간접측정, 절대측정으로 구분할 수 있는데, 다음 중 비교측정법으로 측정하는 것은?

① 마이크로미터 ② 다이얼게이지
③ 사인바   ④ 테보게이지

해설 측정방법
- 직접측정(절대측정) : 측정기로부터 실제치수를 측정, 자
- 비교측정 : 블록게이지와 다이얼게이지
- 간접측정 : 사인바, 삼침법 등 계산해야 하는 간접측정
- 한계게이지 : 제품의 최대·최소허용차를 정하고 판정하여 공작물의 실제치수를 측정한다.

15 다이 또는 롤러를 사용하여 재료를 회전시키면서 압력을 가하여 제품을 만드는 가공방법으로 나사의 가공에 적합한 것은?

① 압연가공(Rolling)
② 압출가공(Extruding)
③ 전조가공(Form Rolling)
④ 프레스가공(Press Working)

해설 전조가공(Form Rolling)은 다이나 롤러를 사용하여 소재를 회전시키면서 부분적으로 압력을 가하여 변형시켜 제품을 만든 가공방법이다. 주로 나사, 기어, 볼 등을 만든다.

16 길이가 l인 단순보의 중앙에 집중하중 P가 작용할 때 최대처짐은 중앙에서 발생한다. 이때 처짐량(δ max)을 산출하는 식으로 옳은 것은?(단, E는 세로탄성계수, I는 단면 2차 모멘트이다)

① $\delta_{\max} = \dfrac{Pl^3}{3EI}$ ② $\delta_{\max} = \dfrac{Pl^3}{8EI}$

③ $\delta_{\max} = \dfrac{Pl^3}{48EI}$ ④ $\delta_{\max} = \dfrac{Pl^3}{384EI}$

해설 보의 최대처짐은 $\dfrac{Pl^3}{48EI}$ 이다.

17 유압펌프에서 송출량이 10L/min이고 0.5MPa로 압력이 작용할 경우 유압펌프의 동력은 약 몇 W인가?

① 45.06   ② 66.67
③ 83.33   ④ 102.42

정답 11 ① 12 ① 13 ① 14 ② 15 ③ 16 ③ 17 ③

해설

$H_{kW} = \dfrac{PQ}{102 \times 60}$

[H_{kW} : 출력, P : 펌프의 송출압력, Q : 유량]

$\therefore \dfrac{10 \times 0.5 \times 10^6}{102 \times 60 \times 9.8} = 83.36\text{W}$

18 유압기는 작은 힘으로 큰 힘을 얻는 장치인데, 이것은 무슨 이론을 이용한 것인가?

① 보일의 법칙
② 베르누이 정리
③ 파스칼의 원리
④ 아르키메데스의 원리

19 매분 200회전하는 지름 300mm의 평마찰차를 400N으로 밀어붙이면 약 몇 kW의 동력을 전달시킬 수 있는가?(단, 접촉부 마찰계수는 0.3이다)

① 0.268 ② 0.377
③ 268 ④ 377

해설

$P_{kW} = \dfrac{\pi DNP\mu}{1002 \times 60 \times 9.8}$

[P_{kW} : , D : 지름, N : 회전수, P : 밀어붙이는 힘, μ : 마찰계수]

$\therefore \dfrac{3.14 \times 300 \times 200 \times 400 \times 0.3}{102 \times 60 \times 9.8 \times 10^3} = 0.377\text{kW}$

20 다음 중 축과 보스의 양쪽에 키 홈을 파며 가장 널리 사용되는 일반적인 키는 무엇인가?

① 안장키 ② 납작키
③ 둥근키 ④ 묻힘키

해설 묻힘키(성크키)
축과 보스에 모두 키 홈을 판 키이며 가장 널리 사용되는 일반적인 키이다.

21 가솔린기관의 유해배출물저감에 사용되는 차콜캐니스터(Charcoal Canister)의 주기능은?

① 연료증발가스의 흡착과 저장
② 질소산화물의 정화
③ 일산화탄소의 정화
④ PM(입자상 물질)의 정화

해설 차콜캐니스터의 기능은 연료증발가스의 흡착과 저장이다.

22 삼원촉매장치를 장착하는 근본적인 이유는?

① HC, CO, NOx를 저감
② CO_2, N_2, H_2O를 저감
③ HC, SOx를 저감
④ H_2O, SO_2, CO_2를 저감

23 디젤기관에서 분사노즐의 구비조건에 해당되지 않는 것은?

① 연소실 구석구석까지 분사되게 할 것
② 미세한 안개모양으로 분사하여 쉽게 착화되게 할 것
③ 분사 완료시 완전히 차단하여 후적이 일어나지 않을 것
④ 고온, 고압의 가혹한 조건에서는 단시간 사용할 수 있을 것

해설 고온, 고압의 가혹한 조건에서 장기간 사용할 수 있어야 한다.

24 자동차 기관에 사용되는 수온센서는 주로 어떤 특성의 서미스터를 사용하는가?

① 정특성 ② 부특성
③ 양특성 ④ 일방향 특성

정답 18 ③ 19 ② 20 ④ 21 ① 22 ① 23 ④ 24 ②

해설 수온센서는 온도가 상승하면 저항값이 작아지는 부특성서미스터를 사용한다.

25 디젤기관에서 착화지연기간이 1/1000초, 착화 후 최고압력에 도달할 때까지의 시간이 1/1000초일 때, 2000rpm으로 운전되는 기관의 착화시기는?(단, 최고 폭발압력은 상사점 후 12° 이다)

① 상사점 전 32°　② 상사점 전 36°
③ 상사점 전 12°　④ 상사점 전 24°

해설 착화시기 = 6Rt
[R : 기관회전속도, t : 착화지연시간]
∴ $6 \times 2000 \times \frac{1}{1000} = 12°$

26 운행차 배출가스 정밀검사를 받아야 하는 자동차에 대한 설명으로 틀린 것은?

① 대기환경규제 지역에 등록된 자동차는 정밀검사대상 자동차이다.
② 서울특별시에서 운행되는 승용자동차는 정밀검사대상 자동차이다.
③ 피견인자동차는 정밀검사를 받아야 하는 자동차에서 제외한다.
④ 천연가스를 연료로 사용하는 자동차는 정밀검사를 받아야 한다.

27 디젤기관의 노킹발생원인이 아닌 것은?

① 착화지연기간이 너무 길 때
② 세탄가가 높은 연료를 사용할 때
③ 압축비가 너무 낮을 때
④ 착화온도가 너무 높을 때

해설 디젤기관의 노킹발생원인은 세탄가가 낮은 연료를 사용하였을 때이다.

28 기관작동 중 실린더 내 흡입효율이 저하되는 원인이 아닌 것은?

① 흡입 및 배기의 관성이 피스톤운동을 따르지 못할 경우
② 밸브 및 피스톤링의 마모로 인한 가스누설이 발생되는 경우
③ 흡·배기밸브의 개폐시기 불안정으로 인한 단속타이밍이 맞지 않을 경우
④ 흡입압력이 대기압보다 높은 경우

29 휘발유 사용 자동차의 차량중량이 1224kg이고 총중량이 2584kg인 경우 배출가스 정밀검사 부하검사방법인 정속모드(ASM2525)에서 도로부하마력(PS)은?

① 10　② 15
③ 20　④ 25

해설 관성중량=차량중량+136,
부하마력=관성중량/136
∴ 관성중량=1224+136=1360,
부하마력=$\frac{1360}{136}=10$

30 총배기량 1400cc인 4행정 기관이 2000rpm으로 회전하고 있다. 이때의 도시평균유효압력이 10kgf/cm²이면 도시마력은 몇 PS인가?

① 약 31.1　② 약 42.1
③ 약 52.1　④ 약 62.1

해설 $I_{ps} = \frac{PALRN}{75 \times 60}$
[I_{ps} : 도시마력(지시마력), P : 도시평균 유효압력, A : 단면적, L : 피스톤행정, R : 기관회전속도 (4행정사이클=R/2, 2행정사이클=R), N : 실린더 수]
∴ $\frac{10 \times 1400 \times 2000}{75 \times 60 \times 2 \times 100} = 31.11 PS$

정답　25 ③　26 ④　27 ②　28 ④　29 ①　30 ①

31 전자제어 가솔린연료분사장치의 인젝터에서 분사되는 연료의 양은 무엇으로 조정하는가?

① 인젝터 개방시간
② 연료압력
③ 인젝터의 유량계수와 분구의 면적
④ 니들밸브의 양정

해설 연료분사량의 제어는 인젝터의 니들밸브가 열리는 시간으로 제어한다.

32 복합사이클의 이론열효율은 어느 경우에 디젤사이클의 이론열효율과 일치하는가?(단, e = 압축비, p = 압력비, σ = 체절비(단절비), k = 비열비이다)

① p=1
② p=2
③ σ=1
④ σ=2

33 흡입공기량을 간접계측하는 센서의 방식은?

① 핫와이어식
② 베인식
③ 칼만와류식
④ 맵센서식

해설 맵(MAP)센서는 흡기다기관의 진공도(절대입력)로 흡입공기량을 간접측정하며, 맵센서의 신호 결과에 따라 산소센서의 출력이 달라지며, 공연비를 제어한다.

34 압력식 캡을 밀봉하고 냉각수의 팽창과 동일한 크기의 보조물탱크를 설치하여 냉각수를 순환시키는 방식은?

① 밀봉압력방식
② 압력순환방식
③ 자연순환방식
④ 강제순환방식

해설 냉각방식
- 자연순환방식 : 냉각수를 대류에 의해 순환시키는 것이며, 고성능기관에서는 부적합하다.
- 강제순환방식 : 물펌프로 실린더 헤드와 블록에 설치된 물재킷 내에 냉각수를 순환시켜 냉각시키는 것이다.
- 압력순환방식 : 냉각계통을 밀폐시키고, 냉각수가 가열되어 팽창할 때의 압력이 냉각수에 압력을 가한다.
- 밀봉압력방식 : 압력식 캡으로 밀봉하고 냉각수 팽창과 동일한 크기의 보조물탱크를 설치하여 냉각수를 순환시킨다.

35 윤활유의 유압계통에서 유압이 저하되는 원인이 아닌 것은?

① 윤활유 부족
② 윤활유 공급펌프손상
③ 윤활유 누설
④ 윤활유 점도가 너무 높을 때

해설 윤활유의 점도가 너무 높으면 흐름이 방해되어 유압이 높아진다.

36 기관의 윤활방식 중 윤활유가 모두 여과기를 통과하는 방식은?

① 전류식
② 분류식
③ 중력식
④ 샨트식

해설 전류식
오일펌프에서 나온 모든 오일은 여과기를 거쳐서 여과된 후 윤활부분으로 보낸다. 모든 여과오일을 윤활부분으로 보낼 수 있는 장점이 있으나, 막히면 오일공급이 되지 않아 여과기에 바이패스 밸브(By-pass Valve)를 설치한다.

37 디젤기관 후처리장치(DPF)의 재생을 위한 연료분사는?

① 점화분사
② 주분사
③ 사후분사
④ 직접분사

해설 사후분사는 유해배출가스 감소를 위해 사용하는 것이므로 배출가스에 온도를 높여 배출가스를 저감하며, ECU에서 판단하여 실행시킨다.

38 가변저항의 원리를 이용한 것은?

① 스로틀포지션센서
② 노킹센서
③ 산소센서
④ 크랭크각센서

해설 스로틀포지션센서는 스로틀밸브에 설치된 가변저항기로 스로틀밸브의 회전에 따라 출력전압이 변하며 ECU는 스로틀밸브의 열림 정도를 검출하고, 스로틀포지션센서의 출력전압과 기관회전속도 등 다른 입력신호를 합하여 연료분사량을 조절한다.

39 가변용량제어 터보차저에서 저속 저부하(저유량) 조건의 작동원리를 나타낸 것은?

① 베인 유로 좁힘 → 배기가스 통과속도 증가 → 터빈 전달 에너지 증대
② 베인 유로 넓힘 → 배기가스 통과속도 증가 → 터빈 전달 에너지 증대
③ 베인 유로 넓힘 → 배기가스 통과속도 감소 → 터빈 전달 에너지 증대
④ 베인 유로 좁힘 → 배기가스 통과속도 감소 → 터빈 전달 에너지 증대

40 전자제어 가솔린기관에 대한 설명으로 틀린 것은?

① 흡기온도센서는 공기밀도보정 시 사용된다.
② 공회전속도제어는 스텝모터를 사용하기도 한다.
③ 산소센서신호는 이론공연비 제어신호로 사용된다.
④ 점화시기는 크랭크각센서가 점화 2차코일의 전류로 제어한다.

41 전륜구동형(FF) 차량의 특징이 아닌 것은?

① 추진축이 필요하지 않으므로 구동손실이 적다.
② 조향방향과 동일한 방향으로 구동력이 전달된다.
③ 후륜구동에 비해 빙판 언덕길 주행에 유리하다.
④ 후륜구동에 비해 최소회전반경이 작다.

해설 전륜구동형 차량의 특징
• 추진축이 필요하지 않으므로 구동손실이 적다.
• 조향방향과 동일한 방향으로 구동력이 전달된다.
• 후륜구동에 비해 빙판 언덕길 주행에 유리하다.
• 실내유효공간이 넓고 안정성 및 직진성능이 좋다.
• 자동차의 경량화로 인해 연료소비율이 감소한다.
• 고속선회에서 언더스티어링 현상이 발생한다.

42 브레이크 내의 잔압을 두는 이유가 아닌 것은?

① 제동의 늦음을 방지하기 위해
② 베이퍼록(Vapor Lock) 현상을 방지하기 위해
③ 휠실린더 내의 오일 누설을 방지하기 위해
④ 브레이크 오일의 오염을 방지하기 위해

해설 잔압을 두는 이유
• 브레이크 작동지연을 방지한다.
• 휠실린더에서의 오일 누출을 방지한다.
• 유압회로 내 공기유입을 방지한다.
• 베이퍼록을 방지한다.

정답 38 ① 39 ① 40 ④ 41 ④ 42 ④

43 직경이 2cm²인 마스터실린더 내의 피스톤로드가 40kgf의 힘으로 피스톤을 밀어낸다면, 직경 4cm² 휠실린더의 피스톤은 몇 kgf으로 브레이크슈를 작동시키는가?

① 40kgf ② 60kgf
③ 80kgf ④ 100kgf

해설 $Bp = \dfrac{Wa}{Ma} \times Wp$

[Bp : 브레이크슈를 작용시키는 힘,
Wa : 휠실린더피스톤 단면적,
Ma : 마스터실린더 단면적,
Wp : 휠실린더피스톤에 가하는 힘]

$\therefore \dfrac{4cm^2}{2cm^2} \times 40kgf = 80kgf$

44 자동차가 주행하면서 클러치가 미끄러지는 원인으로 틀린 것은?

① 클러치페달의 자유간극이 크다.
② 압력판 및 플라이 휠면이 손상되었다.
③ 마찰면의 경화 또는 오일이 부착되어 있다.
④ 클러치 압력스프링이 쇠약 및 손상되었다.

해설 클러치페달의 자유간극이 크면 페달을 밟았을 때 엔진의 동력차단이 잘 안 된다.

45 공압식 전자제어현가장치에서 저압 및 고압스위치에 대한 설명으로 틀린 것은?

① 고압스위치가 ON 되면 컴프레서 구동조건에 해당된다.
② 저압스위치는 리턴펌프를 구동하기 위한 스위치이다.
③ 고압스위치가 ON 되면 리턴펌프가 구동된다.
④ 고압스위치는 고압탱크에 설치된다.

해설 저압탱크 쪽 압력이 규정값 이상으로 상승하면 저압스위치가 작동하여 내부의 리턴펌프를 구동한다.

46 전자제어 자동변속기에서 변속기제어유닛(TCU)의 입력요소가 아닌 것은?

① 입력속도센서
② 출력속도센서
③ 산소센서
④ 유온센서

해설 TCU의 입력신호에는 스로틀포지션센서, 수온센서, 펄스 제너레이터 A&B(입력 및 출력축 속도센서), 엔진회전속도 신호, 가속페달 스위치, 킥다운 서보 스위치, 오버드라이브 스위치, 차속센서, 인히비터스위치 신호 등이 있다.

47 자동차 앞바퀴 정렬 중 캐스터에 관한 설명은?

① 자동차의 전륜을 위에서 보았을 때 바퀴의 앞부분이 뒷부분보다 좁은 상태를 말한다.
② 자동차의 전륜을 앞에서 보았을 때 바퀴 중심선의 윗부분이 약간 벌어져 있는 상태를 말한다.
③ 자동차의 전륜을 옆에서 보면 킹핀의 중심선이 수직선에 대하여 어느 한쪽으로 기울어져 있는 상태를 말한다.
④ 자동차의 전륜을 앞에서 보면 킹핀의 중심선이 수직선에 대하여 약간 안쪽으로 설치된 상태를 말한다.

해설 캐스터는 자동차를 옆에서 보았을 때, 킹핀의 중심선이 노면에 수직인 직선에 대하여 어느 한쪽으로 기울어져 있는 상태이다.

48 자동차에 사용하는 휠스피드센서의 파형을 오실로스코프로 측정하였다. 파형의 정보를 통해 확인할 수 없는 것은?

① 최저전압 ② 최고전압
③ 평균전압 ④ 평균저항

49 자동차의 바퀴가 동적 언밸런스(Unbalance)일 경우 발생할 수 있는 현상은?

① 트램핑(Tramping)
② 정재파(Standing Wave)
③ 요잉(Yawing)
④ 시미(Shimmy)

해설 바퀴가 동적불균형이면 시미를 일으키고, 바퀴가 정적불평형(언밸런스)이면 트램핑이 발생한다.

50 자동변속기에서 스톨 테스트로 확인할 수 없는 것은?

① 엔진의 출력부족
② 댐퍼클러치의 미끄러짐
③ 전진클러치의 미끄러짐
④ 후진클러치의 미끄러짐

해설 스톨 테스트(stall test)로 점검하는 사항
• 엔진의 출력부족 여부
• 스테이터의 원웨이 클러치의 작동상태
• 전·후진 클러치의 작동상태
• 브레이크 밴드의 작동상태

51 자동차의 앞바퀴 윤거가 1500mm, 축간거리가 3500mm, 킹핀과 바퀴접지면의 중심거리가 100mm인 자동차가 우회전할 때, 왼쪽 앞바퀴의 조향각도가 32°이고 오른쪽 앞바퀴의 조향각도가 40°라면 이 자동차의 선회 시 최소회전반지름은?

① 약 6.7m   ② 약 7.2m
③ 약 3.22m ④ 약 4.22m

해설 $R = \dfrac{L}{\sin\alpha} + r$

[R : 최소회전반경, L : 축거, $\sin\alpha$: 바깥쪽 바퀴의 조향각도, r : 바퀴접지 면 중심과 킹핀 중심과의 거리]

$\therefore \dfrac{3.5\text{m}}{\sin 20°} + 0.1\text{m} = 6.7\text{m}$

52 소형승용차가 제동 초속도 80km/h에서 제동을 하고자 할 때 공주시간이 0.1초일 경우 이동한 공주거리는 얼마인가?

① 약 1.22m
② 약 2.22m
③ 약 3.22m
④ 약 4.22m

해설 $S_3 = \dfrac{Vt}{3.6}$

[Vt : 제동초속도, t : 공주시간]

$\therefore \dfrac{80 \times 0.1}{3.6} = 2.22\text{m}$

53 조향기어의 종류에 해당하지 않는 것은?

① 토르센형   ② 볼너트형
③ 웜섹터롤러형 ④ 랙피니언형

해설 조향기어의 종류
볼-너트형, 웜-핀형, 스크루-너트형, 스크루-볼형, 웜-섹터형, 웜-섹터롤러형, 랙 & 피니언형, 볼트너트-웜핀형 등이 있다.

54 공압식 전자제어현가장치의 기본구성품에 속하지 않는 것은?

① 컴프레서   ② 공기저장탱크
③ 컨트롤유닛 ④ 동력실린더

정답 48 ④ 49 ④ 50 ② 51 ① 52 ② 53 ① 54 ④

55 차축의 형식 중 구동차축의 스프링 아래 질량이 커지는 것을 피하기 위해 종감속 기어와 차동장치를 액슬축으로부터 분리하여 차체에 고정한 형식은?

① 3/4 부동식(Three Quarter Floating Axle Type)
② 반부동식(Half Floating Axle Type)
③ 벤조식(Banjo Axle Type)
④ 데 디온식(De Dion Axle Type)

해설 데 디온형식은 종감속기어와 차동장치를 액슬축으로부터 분리하여 차체에 고정하여 구동차축의 스프링 아래질량이 커지는 것을 피하는 방식이다.

56 가솔린 승용차에서 주행 중 시동이 꺼졌을 때 제동력이 저하되는 이유로 가장 적절한 것은?

① 진공배력장치 작동불능
② 베이퍼록 현상
③ 엔진출력상승
④ 하이드로플래닝 현상

해설 내리막길 주행 중 시동이 꺼질 때 제동력이 저하하는 원인은 엔진의 흡기부압을 이용하는 진공배력장치가 작동하지 않기 때문이다.

57 ABS 장착 차량에서 인덕티브 형식 휠스피드센서의 설명으로 틀린 것은?

① 출력신호는 AC전압이다.
② 일종의 자기유도센서 타입이다.
③ 고장 시 즉시 ABS 경고등이 점등하게 된다.
④ 앞바퀴는 조향휠이므로 뒷바퀴에만 장착되어 있다.

58 TPMS(Tire Pressure Monitoring System)의 설명으로 틀린 것은?

① 타이어 내부의 수분량을 감지하여 TPMS 전자제어모듈(ECU)에 전송한다.
② TPMS 전자제어모듈(ECU)은 타이어 압력센서가 전송한 데이터를 수신 받아 판단 후 경고등 제어를 한다.
③ 타이어압력센서는 각 휠의 안쪽에 장착되어 압력, 온도 등을 측정한다.
④ 시스템 구성품은 전자제어모듈(ECU), 압력센서, 클러스터 등이 있다.

해설 TPMS는 전자제어모듈, 압력센서, 클러스터 등으로 구성되며, 타이어압력센서는 각 휠의 안쪽에 장착되어 압력, 온도 등을 측정하고 ECU로 전송하여 데이터를 수신 받아 판단 후 경고등 제어를 한다.

59 기관플라이휠과 직결되어 기관회전수와 동일한 속도로 회전하는 토크컨버터의 부품은?

① 터빈런너
② 펌프임펠러
③ 스테이터
④ 원웨이클러치

해설 토크컨버터의 펌프임펠러는 기관플라이휠과 직결되어 기관회전수와 동일한 속도로 회전한다.

60 검사기기를 이용하여 운행 자동차의 주제동력을 측정하고자 한다. 다음 중 측정방법이 잘못 된 것은?

① 바퀴의 흙이나 먼지, 물 등의 이물질을 제거한 상태로 측정한다.
② 공차상태에서 사람이 타지 않고 측정한다.
③ 적절히 예비운전이 되어 있는지 확인한다.
④ 타이어의 공기압은 표준공기압으로 한다.

해설 자동차는 공차상태의 자동차에 운전자 1인이 승차한 상태로 한다.

61 에어백 시스템에서 모듈을 탈거 시 각종 에어백 회로가 전원과 접지되어 에어백이 펼쳐질 수 있다. 이러한 사고를 미연에 방지하는 것은?

① 프리텐셔너 ② 단락바
③ 클럭스프링 ④ 인플레이터

해설 단락바는 에어백에서 모듈을 탈거할 때 각종 에어백 회로가 전원과 접지되어 에어백이 펼쳐지는 사고를 방지하기 위한 것이다.

62 부특성서미스터를 적용한 냉각수온도센서는 수온이 올라감에 따라 저항은 어떻게 변화하는가?

① 변화 없다.
② 일정하다.
③ 상승한다.
④ 감소한다.

해설 냉각수온도센서(부특성서미스터)의 출력전압은 엔진온도상승에 따라 전압값이 감소한다.

63 점화플러그에 대한 설명으로 틀린 것은?

① 열가는 점화플러그의 열발산 정도를 수치로 나타내는 것이다.
② 방열효과가 낮은 특성의 플러그를 열형플러그라고 한다.
③ 전극의 온도가 자기청정온도 이하가 되면 실화가 발생한다.
④ 고부하 고속회전이 많은 기관에서는 열형플러그를 사용하는 것이 좋다.

해설 점화플러그 열발산의 정도를 수치로 나타낸 것을 열가라 하며, 고속·고압축비 기관에서는 열을 잘 발산하는 냉형 점화플러그를 사용하고, 저속·저압축비 기관에서는 열형 점화플러그를 사용한다.

64 하이브리드시스템에 대한 설명 중 틀린 것은?

① 직렬형 하이브리드는 소프트 타입과 하드 타입이 있다.
② 소프트 타입은 순수 EV(전기차) 주행모드가 없다.
③ 하드 타입은 소프트 타입에 비해 연비가 향상된다.
④ 플러그-인 타입은 외부 전원을 이용하여 배터리를 충전한다.

해설 하이브리드시스템
- 병렬형 하이브리드자동차는 소프트타입(Soft Type)과 하드타입(Hard Type), 플러그인타입(Plugin Type)으로 구분된다.
- 소프트타입은 변속기와 구동모터 사이에 클러치를 두고 제어하는 FMED(Flywheel Mounted Electric Device) 방식으로, 저속운전영역에서는 구동모터로 주행하며, 별도의 기동발전기 HSG가 있다.
- 플러그-인 하이브리드타입은 전기자동차의 주행능력을 확대한 방식으로 축전지의 용량이 보다 커지게 되며 가정용 전기를 사용하여 충전할 수 있다.

정답 60 ② 61 ② 62 ④ 63 ④ 64 ①

65 자동차의 점화스위치를 작동(ON)하였으나 기동전동기의 피니언이 작동되지 않을 시, 점검항목이 아닌 것은?

① 점화코일
② 축전지
③ 점화스위치
④ 배선 및 퓨즈

66 논리회로에 대한 설명으로 틀린 것은?

① AND회로 : 모든 입력이 "1"일 때만 출력이 "1"이 되는 회로
② OR회로 : 입력 중 최소한 어느 한쪽의 입력이 "1"이면 출력이 "1"이 되는 회로
③ NAND회로 : 모든 입력이 "0"일 경우만 출력이 "0"이 되는 회로
④ NOR회로 : 입력 중 최소한 어느 한쪽의 입력이 "1"이면 출력이 "0"이 되는 회로

해설 NAND 회로
입력 A, B를 직렬로 연결한 후 회로에 병렬로 접속한 것이며, A 또는 B 둘 중의 1개만 OFF가 되면 램프가 점등되고, A, B 모두 ON이 되면 램프가 소등된다.

67 자동차 CAN통신 시스템의 특징이 아닌 것은?

① 양방향통신이다.
② 모듈간의 통신이 가능하다.
③ 싱글마스터(Single Master) 방식이다.
④ 데이터를 2개의 배선(CAN-HIGH, CAN-LOW)을 이용하여 전송한다.

해설 CAN통신은 차량 내에서 마이크로 컨트롤러나 장치들이 서로 통신하기 위해 설계된 표준통신 규격이다. 양방향통신이므로 모듈 사이의 통신이 가능하며, 데이터를 2개의 배선(CAN-HIGH, CAN-LOW)을 이용하여 전송한다.

68 디젤기관에 병렬로 연결된 예열플러그(0.2Ω)의 합성저항은 얼마인가?(단, 기관은 4기통이고 전원은 12V이다)

① 0.05Ω
② 0.10Ω
③ 0.15Ω
④ 0.20Ω

해설 병렬 합성 저항
$$\frac{1}{R} = \frac{1}{R_1} + \frac{1}{R_2} + \frac{1}{R_3} + \cdots + \frac{1}{R_n} \text{에서}$$
$$\frac{1}{0.2} + \frac{1}{0.2} + \frac{1}{0.2} + \frac{1}{0.2} = \frac{4}{0.2}$$
$$\therefore R = \frac{0.2}{5} = 0.05\Omega$$

69 방향지시등의 작동조건에 관한 내용으로 틀린 것은?

① 좌측·우측에 설치된 방향지시등은 한 개의 스위치에 의해 동시점멸 하는 구조일 것
② 1분 간 90±30회로 점멸하는 구조일 것
③ 방향지시등 회로와 전조등 회로는 연동하는 구조일 것
④ 시각적·청각적으로 동시에 작동되는 표시장치를 설치할 것

70 자동차 에어컨시스템에서 제어모듈의 입력요소가 아닌 것은?

① 차속센서
② 산소센서
③ 외기온도센서
④ 증발기 온도센서

정답 65 ① 66 ③ 67 ③ 68 ① 69 ③ 70 ②

해설 에어컨의 컨트롤유닛의 입력요소는 외기센서, 수온스위치, 일사센서, 내기센서, 습도센서, AQS센서, 핀서모센서(증발기 온도센서), 모드선택 스위치, 차속센서 등이다.

71 전압 24V, 출력전류 60A인 자동차용 발전기의 출력은?

① 0.36kW ② 0.72kW
③ 1.44kW ④ 1.88kW

해설 P=EI
[P : 전력, E : 전압, I : 전류]
∴ 24V×60A=1440W=1.44kW

72 자동차 에어컨냉매의 구비조건이 아닌 것은?

① 임계온도가 높을 것
② 증발잠열이 클 것
③ 인화성과 폭발성이 없을 것
④ 전기절연성이 낮을 것

해설 에어컨냉매의 구비조건
• 비등점이 적당히 낮고, 냉매의 증발잠열이 클 것
• 부식성이 적고 임계온도 및 안정성이 높을 것
• 압축기에서 배출되는 기체냉매의 온도가 낮을 것

73 수광부 중앙의 집광렌즈와 상·하·좌·우 4개의 광전지를 설치하고 스크린에 전조등의 모양을 비추어 광도 및 광축을 측정하는 전조등 시험기의 형식은?

① 수동형 ② 자동형
③ 집광식 ④ 투영식

해설 투영식 전조등 시험기는 수광부 중앙의 집광렌즈와 상·하·좌·우 4개의 광전지를 설치하고 스크린에 전조등 모양을 비추어 광도 및 광축을 측정한다.

74 변환빔 전조등의 설치기준에서 발광면의 관측각도범위로 잘못된 것은?

① 상측 15° 이내
② 하측 10° 이내
③ 외측 15° 이내
④ 내측 10° 이내

해설 외측 45° 이내에서 관측이 가능해야 한다.

75 배터리 규격표시 기호에서 "CCA 660A"가 뜻하는 것은?

① 저온시동전류
② 예비용량률
③ 20시간 충전전류
④ 25암페어율

해설 CCA(Cold Cranking Amperage)는 저온시동전류라고 하며, 완충된 축전지가 영하 18℃에서 순간적으로 출력을 나타낼 수 있는 성능을 뜻한다.

76 자동차 정기검사에서 매연검사방법으로 틀린 것은?

① 중립상태에서 급가속과 공회전을 3회 반복하여 기관을 예열시킨다.
② 측정기의 시료채취관을 배기관의 벽면으로부터 10mm 이상 떨어지도록 설치한다.
③ 가속페달을 밟고 놓는 시간을 4초 이내로 급가속하여 시료를 채취한다.
④ 3회 연속 측정한 매연농도를 평균 산출한다.

해설 측정기의 시료채취관을 배기관의 벽면으로부터 5mm 이상 떨어지도록 설치한다.

정답 71 ③ 72 ④ 73 ④ 74 ③ 75 ① 76 ②

77 회로의 임의의 접속점에서 유입하는 전류의 합과 유출하는 전류의 합은 같다고 정의하는 법칙은?

① 키르히호프의 제1법칙
② 옴의 법칙
③ 줄의 법칙
④ 뉴턴의 제1법칙

해설
- 키르히호프의 제1법칙 : 회로 내의 유입한 전류의 총합과 유출한 전류의 총합은 같다.
- 키르히호프의 제2법칙 : 임의의 폐회로에 있어 기전력의 총합과 저항에 의한 전압강하의 총합은 같다.

78 자동전조등에서 오토모드의 점멸장치회로에 사용되는 반도체소자의 센서는?

① 피에조센서
② 마그네틱센서
③ 조도센서
④ NTC센서

해설 조도센서는 자동전조등에서 외부 빛의 밝기를 감지하여 자동으로 미등 및 전조등을 점등시켜준다.

79 플레밍의 왼손법칙에서 엄지손가락 방향으로 회전하는 기동전동기의 부품은?

① 로터
② 계자코일
③ 전기자
④ 스테이터

해설 왼손의 엄지손가락, 검지 및 중지를 직각으로 하여 검지를 자력선의 방향, 중지를 전류의 방향, 엄지손가락 방향으로 힘(전자력)이 발생한다. 자계 내에 도체를 놓고 전류를 흐르게 하면 도체에는 전류와 자계에 의해서 전자력이 작용하여 모터의 원리로 이용된다.

80 점화장치에서 파워트랜지스터의 B(베이스)단자와 연결된 것은?

① 점화코일 (−)단자
② 점화코일 (+)단자
③ 접지
④ ECU

해설 파워트랜지스터는 NPN형을 사용하며, 이미터는 접지단자이고, 컬렉터는 점화코일(−)단자와 연결되며, 베이스는 ECU와 연결된다.

77 ① 78 ③ 79 ③ 80 ④ 정답

2회 자동차정비산업기사 필기시험

2016. 5. 8. 시행

01 큰 토크를 전달하고자 할 때 사용하며 축과 보스에 여러 개의 홈을 동일간격으로 만들어서 축과 보스를 끼워지도록 만든 기계요소는?

① 스플라인   ② 코터
③ 리벳   ④ 스냅링

해설 스플라인은 큰 토크를 전달할 때 축과 보스에 여러 개의 홈을 동일 간격으로 만들어서 축과 보스를 끼워지도록 만든 기계요소이다.

02 기계구조물에 여러 하중이 각각 작용할 때, 일반적으로 안전율을 가장 크게 설계해야 하는 하중의 형태는?

① 정하중   ② 반복하중
③ 충격하중   ④ 교번하중

해설 충격하중
시간에 대한 하중의 크기의 변화가 큰 하중이므로 안전율을 가장 크게 설계하여야 한다.

03 하이트게이지의 사용상 주의점에 관한 설명으로 틀린 것은?

① 측정 전에 정반표면과 하이트게이지의 베이스 밑면을 깨끗이 닦고 측정해야 한다.
② 측정 전에 스크라이버 밑면을 정반위에 닿게 하여 0점 확인을 하며, 맞지 않을 경우 0점 조정을 하는 것이 좋다.
③ 아베의 원리에 맞는 구조이므로 스크라이버를 정확히 수평으로 셋팅하는 것이 정확도를 올릴 수 있다.
④ 시차를 없애기 위해서는 어미자와 버니어의 눈금이 일치하는 곳의 수평위치에서 눈금을 읽어야 한다.

해설 하이트게이지는 공작물의 높이측정과 정밀한 금긋기에 사용하는 공구이다. 척과 측정물이 일직선상에 있어 아베의 원리에 충실하므로 수평세팅을 하지 않는다.

04 외접하는 마찰차의 지름이 각각 D_1, D_2일 때 중심거리의 계산 공식은?

① $\frac{1}{4}(D_1 + D_2)$ ② $\frac{1}{4}|(D_1 - D_2)|$
③ $\frac{1}{2}(D_1 + D_2)$ ④ $\frac{1}{2}|(D_1 - D_2)|$

05 강판원통 내부에 내화벽돌을 쌓은 것으로서 제작이 용이하고 구조가 간단하며 일반 주철을 용해시키는 데 쓰이는 대표적인 용해로는?

① 전기로   ② 도가니로
③ 아크로   ④ 큐폴라

해설 큐폴라는 강판제의 원통내벽을 내화벽돌로 쌓고 내화점토를 바른 것으로 제작이 쉽고 구조가 간단해 선철의 용해에 사용되며 용량은 매 시간당 용해되는 철의 무게로 나타낸다.

06 아크용접에서 모재에 (+)극, 용접봉에 (-)극을 연결하여 용접할 때의 극성은?

① 역극성   ② 정극성
③ 음극성   ④ 무극성

정답 01 ① 02 ③ 03 ③ 04 ③ 05 ④ 06 ②

해설 직류아크용접에서 (+)극을 모재로 하고 용접봉을 (−)극에 연결한 경우를 정극성이라 하고 그 반대를 역극성이라고 한다.

07 다음 유압밸브 중 유량제어밸브에 속하는 것은?

① 스로틀밸브　② 릴리프밸브
③ 체크밸브　　④ 언로딩밸브

해설 유량제어밸브의 종류
스로틀밸브(교축밸브), 분류밸브, 니들밸브, 오리피스밸브, 속도제어밸브, 급속배기밸브 등이 있다.

08 합금강에 첨가되는 합금원소 중 내마멸성을 증대시키고 담금질성을 높게 하는 효과가 있어 Si와 같이 탈산제로 이용되며, 특히 황에 의하여 일어나는 적열취성을 방지하는 효과를 가진 것은?

① Cr　　② Ni
③ Mn　　④ V

해설 망간(Mn)은 연신율을 그다지 감소시키지 않고 강도, 경도, 인성 및 소성을 증가시키며, 황에 의한 적열취성을 방지한다. 내마멸성이 커지고, 탈산제로 이용되며 고온에서 결정이 거칠어지는 것을 방지하고, 강의 점성을 증가시키고 고온가공을 쉽게 한다.

09 회전수 2000rpm에서 최대토크가 35 N·m로 계측된 축의 전달동력은 약 몇 kW인가?

① 7.3　　② 10.3
③ 13.3　　④ 16.3

해설 $H_{kW} = \dfrac{TR}{974}$
[H_{kW} : 전달마력, T : 축의 전달토크, R : 회전수]
∴ $\dfrac{35 \times 2000}{974 \times 10} = 7.187\text{kW}$

10 제품의 표면에만 내마모성을 위하여 경도를 부여하고, 제품의 내부에는 연성과 인성을 가지도록 하기 위한 가공법은?

① 풀림　　② 담금질
③ 항온열처리　④ 표면경화법

해설 표면경화란 금속재료의 표면만 경화시키고 금속내부는 원재료의 재질대로 있도록 하는 열처리 방법이며, 그 종류에는 침탄법(탄소침투), 질화법(질소침투), 청화법(탄소와 질소를 동시에 침투), 화염경화법, 고주파경화법 등이 있다.

11 두 축의 중심선이 평행이고 그 편심거리가 크지 않으며 교차하지 않을 때 사용되는 축이음은?

① 유니버설조인트
② 머프커플링
③ 세레이션커플링
④ 올덤커플링

해설 올덤커플링은 두 축이 평행하고 두 축의 중심선이 약간 어긋난 경우에 각 속도의 변화 없이 토크를 전달시키려고 할 때 사용한다.

12 다음 중 하물을 감아올릴 때는 제동작용은 하지 않고 클러치작용을 하며, 내릴 때는 하물자중에 의해 제동이 걸리는 브레이크에 속하는 것은?

① 원판브레이크
② 나사브레이크
③ 밴드브레이크
④ 내부확장식브레이크

해설 나사브레이크는 나사의 체결력을 브레이크에 이용한 자동하중브레이크이다. 수동원치 등으로 하중이 가해질 때, 감아내리기의 속도조절이나 일시정지가 쉽다.

07 ①　08 ③　09 ①　10 ④　11 ④　12 ②

13 인발에 영향을 미치는 요인으로 가장 거리가 먼 것은?

① 윤활방법
② 펀치의 각도
③ 단면감소율
④ 다이(Die)의 각도

해설 인발에 영향을 주는 조건은 윤활방법, 단면감소율, 다이의 각도 등이 있다.

14 다음 중 Ni-Fe계 합금에서 Ni 35~36%, 망간 4% 정도의 합금으로 선팽창계수가 낮아 표준자, 바이메탈, 시계추 등에 사용되는 기계재료는?

① 인코넬(Inconel)
② 인바(Invar)
③ 미하나이트(Meehanite)
④ 두랄루민(Duralumin)

해설 인바는 Ni-Fe계 합금에서 Ni 35~36%, 망간 4% 정도의 합금으로 선팽창계수가 낮아 표준자, 바이메탈, 시계추 등에 사용되는 기계재료이다.

15 한꺼번에 여러 개의 구멍을 뚫거나 공정수가 많은 구멍을 가공할 때 가장 적합한 드릴링머신은?

① 탁상 드릴링머신
② 레이디얼 드릴링머신
③ 다축 드릴링머신
④ 직립 드릴링머신

해설 드릴링머신의 종류
- 탁상 드릴링머신 : 작업대 위에 설치하는 소형 드릴링머신이며, 드릴의 지름이 비교적 작고 깊이가 얕은 작은 구멍을 뚫을 때 사용한다.
- 레이디얼 드릴링머신 : 공작물이 큰 경우에는 공작물의 이동이 어렵고 또 주축이 구멍위치까지 닿지 않는 경우도 있다. 이와 같이 큰 공작물을 고정시키고 주축의 드릴 부분을 움직여서 구멍을 뚫는 드릴링머신이다.
- 다축 드릴링머신 : 한꺼번에 여러 개의 구멍을 뚫거나 공정수가 많은 구멍을 가공할 때 가장 적합하다.
- 직립 드릴링머신 : 비교적 소형공작물가공에 편리한 드릴링머신이다.

16 다음 유압펌프 중 일반적으로 부품수가 적고 구조가 단순하여 가격적인 면에서 저렴한 펌프는?

① 베인펌프
② 기어펌프
③ 피스톤펌프
④ 왕복동펌프

17 다음 중 원형단면축에 작용하는 비틀림모멘트 T와 비틀림각 θ와의 관계식으로 옳은 것은?(단, G는 전단탄성계수, Ip는 극관성모멘트, l은 축의 길이이다)

① $\theta = \dfrac{GI_p}{Tl}$

② $\theta = \dfrac{GI_p}{T^2 l^2}$

③ $\theta = \dfrac{Tl}{GI_p}$

④ $\theta = \dfrac{T^2 l^2}{GI_p}$

18 다음 키의 종류 중 축은 가공하지 않고 보스에만 키홈을 가공하는 키는?

① 안장키
② 묻힘키
③ 미끄럼키
④ 둥근키

해설 안장키(새들키)는 축에는 키홈이 없고, 축의 원호에 접할 수 있도록 하고 보스에만 키홈을 파는 경하중용에 사용하는 키이다.

정답 13 ② 14 ② 15 ③ 16 ② 17 ③ 18 ①

19 다음 중 마찰차의 일반적인 특징에 관한 설명으로 옳지 않은 것은?

① 일정한 속도비를 얻기 어렵다.
② 기어장치보다도 큰 회전력을 전달할 수 있다.
③ 무단변속기구로도 이용할 수 있다.
④ 과부하의 경우 안전장치의 역할을 할 수 있다.

해설 마찰차는 무단변속기구로 이용할 수 있고, 과부하의 경우 안전장치의 역할을 할 수 있는 장점이 있으나 일정한 속도비를 얻기 어렵고, 기어장치보다 큰 회전력을 전달할 수 없다.

20 둥근축에 작용하는 굽힘모멘트가 3000 N·mm이고, 축의 허용굽힘응력이 10 N/mm²일 때 축의 바깥지름은 약 몇 mm 이상이어야 하는가?

① 7.4mm
② 13.2mm
③ 14.5mm
④ 55.3mm

해설 $d = \sqrt[3]{\dfrac{10.2 M e}{\sigma b}}$

[d : 축의 바깥지름, Me : 굽힘모멘트, σb : 허용굽힘응력]

$\therefore \sqrt[3]{\dfrac{10.2 \times 3000}{10}} = 14.5mm$

21 LPG연료장치의 베이퍼라이저에 대한 설명 중 틀린 것은?

① 수온스위치 : 베이퍼라이저로 순환하는 냉각수온도를 감지한다.
② 1차 감압실 : 대기압에 가깝게 감압하는 역할을 한다.
③ 기동 솔레노이드밸브 : 냉간시동 시 추가적인 연료가 필요할 때 작동한다.
④ 부압실 : 기관의 시동을 정지할 때 LPG 누출을 방지한다.

해설 베이퍼라이져는 안전을 위하여 급격한 연료의 팽창을 막기 위해 1차감압실과 2차감압실에서 두 번에 나누어 대기압에 가깝게 만든다. 1차 감압실은 LPG 압력을 연료소비량과 출력 두 가지를 만족시킬 수 있도록 1차압력조절기구를 지니고 있으며, 약 0.3kgf/cm²로 압력을 낮추는 작용을 하고, 2차감압실에서 대기압에 가깝게 감압한다.

22 다음 중 윤활유첨가제가 아닌 것은?

① 부식방지제
② 유동점강하제
③ 극압윤활제
④ 인화점하강제

해설 윤활유첨가제에는 부식방지제, 유동점강하제, 극압윤활제, 산화방지제, 점도지수향상제, 청정분산제, 유성향상제, 기포방지제, 형광염료 등이 있다.

23 가솔린기관에서 사용되는 연료의 구비조건이 아닌 것은?

① 체적 및 무게가 적고 발열량이 클 것
② 연소 후 유해화합물을 남기지 말 것
③ 착화온도가 낮을 것
④ 옥탄가가 높을 것

해설 가솔린연료의 구비조건
- 발열량이 크고 온도(인화점)가 적당할 것
- 인체에 무해하고 취급이 용이할 것
- 발열량이 크고 연소 후 탄소 등 유해화합물을 남기지 말 것
- 온도에 관계없이 유동성이 좋을 것
- 연소속도가 빠르고 자기발화온도는 높을 것

24 기관의 기계효율을 향상시키기 위한 방법으로 거리가 먼 것은?

① 냉각팬, 오일펌프 등을 경량화한다.
② 윤활장치를 개선하여 완전한 유막형성이 되게 한다.
③ 운동부의 관성을 줄이기 위해 실린더수를 줄인다.
④ 흡·배기장치의 정밀가공을 통해 흡·배기저항을 줄인다.

25 다음 그림은 스로틀포지션센서(TPS)의 내부회로도이다. 스로틀밸브가 그림에서 B와 같이 닫혀 있는 현재 상태의 출력전압은 약 몇 V인가?(단, 공회전상태이다)

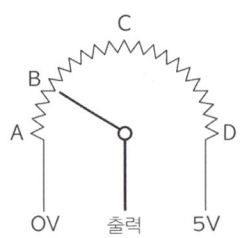

① 0V
② 약 0.5V
③ 약 2.5V
④ 약 5V

26 LPG가 가솔린에 비해 유해배출가스가 적게 나오는 이유는?(단, 공연비는 동일 조건일 경우)

① 탄소원자의 수가 적기 때문에
② 탄소원자의 수가 많기 때문에
③ 수소원자의 수가 많기 때문에
④ 수소원자의 수가 적기 때문에

해설 탄소원자의 수가 적기 때문에 LPG가 가솔린에 비해 유해배출가스가 적게 나온다.

27 LPI기관의 연료라인압력이 봄베압력보다 항상 높게 설정되어 있는 이유로 옳은 것은?

① 공연비 피드백제어
② 연료의 기화방지
③ 공전속도제어
④ 정확한 듀티제어

해설 LPG기관의 연료라인압력이 봄베압력보다 항상 높게 설정되어 있는 이유는 연료의 기화를 방지하기 위함이다.

28 실린더의 지름이 100mm, 행정이 100mm일 때 압축비가 17:1 이라면 연소실체적은?

① 약 29cc
② 약 49cc
③ 약 79cc
④ 약 109cc

해설 $Vc = \dfrac{Vs}{(\varepsilon - 1)}$

[Vc : 배기량(행정체적), ε : 압축비, Vc : 연소실체적]

∴ $\dfrac{0.785 \times 10^2 \times 10}{(17-1)} = 49cc$

29 전자제어 가솔린기관에서 고속운전 중 스로틀밸브를 급격히 닫을 때 연료분사량을 제어하는 방법은?

① 분사량 증가
② 분사량 감소
③ 분사일시중단
④ 변함없음

해설 전자제어 가솔린기관에서 고속운전 중 스로틀밸브를 급격히 닫으면 분사가 일시중단된다.

30 일반적인 자동차 기관의 흡기밸브와 배기밸브의 크기를 비교한 것으로 옳은 것은?

① 흡기밸브와 배기밸브의 크기는 동일하다.
② 흡기밸브가 더 크다.
③ 배기밸브가 더 크다.
④ 1번과 4번 배기밸브만 더 크다.

해설 일반적인 기관에서는 흡입효율을 높이기 위하여 흡기밸브헤드의 지름을 더 크게 한다.

31 운행차의 정밀검사에서 배출가스검사 전에 받는 관능 및 기능검사의 항목이 아닌 것은?

① 타이어의 규격
② 냉각수가 누설되는지 여부
③ 엔진, 변속기 등에 기계적인 결함이 있는지 여부
④ 연료증발가스 방지장치의 정상작동 여부

32 전자제어기관에서 연료차단(Fuel Cut)에 대한 설명으로 틀린 것은?

① 인젝터분사신호를 정지한다.
② 배출가스저감을 위함이다.
③ 연비를 개선하기 위함이다.
④ 기관의 고속회전을 위한 준비단계이다.

해설 연료차단(Fuel Cut) 기능
• 인젝터 분사신호의 정지이다.
• 배출가스를 정화하기 위함이다.
• 연비를 개선하기 위함이다.
• 기관의 고속회전을 방지하여 기관을 보호한다.
• 연료차단영역은 감속할 때와 고속으로 회전할 경우이다.

33 전자제어기관에서 포텐셔미터식 스로틀 포지션센서의 기본구조 및 출력특성과 가장 유사한 것은?

① 차속센서
② 크랭크각센서
③ 노킹센서
④ 액셀러레이터 포지션센서

해설 액셀러레이터 포지션센서는 스로틀포지션센서(TPS)의 기본구조 및 출력특성(0.1~4.9V를 비례증가)과 가장 유사하다.

34 가솔린기관의 노크방지법으로 틀린 것은?

① 화염전파거리를 짧게 한다.
② 화염전파속도를 빠르게 한다.
③ 냉각수 및 흡기온도를 낮춘다.
④ 혼합가스에 와류를 없앤다.

해설 가솔린기관의 노크방지방법
• 화염전파거리를 짧게 한다.
• 옥탄가가 높은 연료를 사용한다.
• 혼합가스를 진하게 한다.
• 압축비, 흡기온도, 혼합가스 및 냉각수온도를 낮춘다.
• 회전속도를 높이고, 점화시기를 알맞게 조정한다.
• 연료의 착화지연을 길게 한다.
• 압축행정 중 와류를 발생시킨다.

35 윤활유의 점도에 관한 설명으로 가장 거리가 먼 것은?

① 점도지수가 높을수록 온도변화에 따른 점도변화가 많다.
② 점도는 끈적임의 정도를 나타내는 척도이다.
③ 압력이 상승하면 점도는 높아진다.
④ 온도가 높아지면 점도가 저하된다.

30 ② 31 ① 32 ④ 33 ④ 34 ④ 35 ①

해설 점도지수란 온도변화에 따른 오일의 점도변화 정도를 나타내는 것으로 점도지수가 높을수록 온도변화에 따른 점도변화가 적다.

36 전자제어 연료분사장치에서 기본분사량의 결정은 무엇으로 결정하는가?

① 냉각수온센서
② 흡입공기량센서
③ 공기온도센서
④ 유온센서

해설 기본 연료분사량을 결정하는 요소는 흡입공기량과 엔진회전속도이다.

37 회전력이 20kgf·m이고, 실린더 내경이 72mm, 행정이 120mm인 6기통 기관의 SAE마력은 얼마인가?

① 약 12.9PS
② 약 129PS
③ 약 19.3PS
④ 약 193PS

해설 $SAE \text{ 마력} = \dfrac{D^2 N}{1613}$

[D : 실린더 내경, N : 실린더 수]

$\therefore \dfrac{72^2 \times 6}{1613} = 19.3PS$

38 4행정 사이클, 4실린더 기관을 65PS로 30분간 운전시켰더니 연료가 10ℓ 소모되었다. 연료의 비중이 0.73, 저위발열량이 11000kcal/kg이라고 하면 이 기관의 열효율은 몇 %인가?(단, 1마력당 1시간당의 일량은 632.5kcal이다)

① 약 23.6%
② 약 24.6%
③ 약 25.6%
④ 약 51.2%

해설 $\dot{m} = \dfrac{632.5 \times \Pi}{F \times H_1}$

[$\dot{m}$: 열효율, Π : 출력, F : 연료소비량(kgf/h), H_1 : 연료의 저위발열량율(kcal/kgf)]

$\therefore \dfrac{632.5 \times 65PS}{\dfrac{10 \times 0.73}{0.5} \times 11000} \times 100 = 25.6\%$

39 오실로스코프를 이용한 자석식 크랭크 앵글센서의 전압파형분석에 대한 설명 중 틀린 것은?

① 오실로스코프의 전압은 교류(AC)로 선택하여 점검한다.
② 기관회전이 빨라질수록 발생전압은 높아진다.
③ 에어갭이 작아질수록 발생전압은 높아진다.
④ 전압파형은 디지털방식으로 표출된다.

해설 전압파형은 아날로그방식으로 표출된다.

40 자동차기관에서 발생되는 유해가스 중 블로바이가스의 주성분은 무엇인가?

① CO
② HC
③ NOx
④ SO

해설 블로바이가스란 크랭크 케이스에서 발생되어 나오는 가스이며, 주성분은 탄화수소(HC)이다.

41 장기주차 시 차량의 하중에 의해 타이어에 변형이 발생하고, 차량이 다시 주행하게 될 때 정상적으로 복원되지 않는 현상은?

① Hysteresis 현상
② Heat Separation 현상
③ Run Flat 현상
④ Flat Spot 현상

정답 36 ② 37 ③ 38 ③ 39 ④ 40 ② 41 ④

해설 플랫스폿(Flat Spot) 현상이란 장기주차를 하였을 때 차량의 하중에 의해 타이어에 변형이 발생하고, 차량이 다시 주행하게 될 때 정상적으로 복원되지 않는 현상이다.

42 자동차 종감속장치에 일반적으로 사용되는 기어형식이 아닌 것은?

① 스퍼기어
② 스크루기어
③ 하이포이드기어
④ 스파이럴베벨기어

해설 종감속장치에 사용되는 기어형식은 스퍼기어, 하이포이드기어, 스파이럴베벨기어이다.

43 공주거리에 대한 설명으로 맞는 것은?

① 정지거리에서 제동거리를 뺀 거리
② 제동거리에서 정지거리를 더한 거리
③ 정지거리에서 제동거리를 나눈 거리
④ 제동거리에서 정지거리를 곱한 거리

해설 공주거리란 정지거리에서 제동거리를 뺀 거리이다.

44 차체자세제어장치(VDC, Vehicle Dynamic Control)장착차량의 스티어링각센서에 대한 두 정비사의 의견 중 옳은 것은?

- 정비사 KIM : VDC에 사용되는 스티어링각센서는 스티어링각의 상대값을 읽어 들이기 때문에 관련 부품 교환 시 영점조정이 불필요하다.
- 정비사 LEE : 스티어링각의 영점조정은 주로 LIN통신라인을 통해 이루어진다.

① 정비사 KIM만 옳다.
② 정비사 LEE만 옳다.
③ 두 정비사 모두 틀리다.
④ 두 정비사 모두 옳다.

해설 스티어링각센서는 비접촉방식으로 AMR(Anisotropy Magneto Resistive)을 사용하며, 조향핸들의 조작각도 및 작동속도를 측정한다. CAN인터페이스(Interface)를 통해 0점조정이 가능하며, 지속적인 자기진단을 실시한다.

45 조향핸들을 2바퀴 돌렸을 때 피트먼암이 90° 움직였다. 조향기어비는?

① 6 : 1
② 7 : 1
③ 8 : 1
④ 9 : 1

해설 조향기어비 = $\dfrac{\text{조향핸들이 회전한 각도}}{\text{피트먼암이 움직인 각도}}$

∴ $\dfrac{360 \times 2}{90} = 8$

46 조향축의 설치각도와 길이를 조절할 수 있는 형식은?

① 랙기어형식
② 틸트형식
③ 텔레스코핑형식
④ 틸트앤드 텔레스코핑형식

47 동력조향장치에서 조향핸들을 회전시킬 때 기관의 회전속도를 보상시키기 위하여 ECU로 입력되는 신호는?

① 인히비터스위치
② 파워스티어링 압력스위치
③ 전기부하스위치
④ 공전속도제어서보

해설 파워스티어링 압력스위치는 조향핸들을 회전시킬 때 유압장치의 부하로 인해 엔진출력이 떨어지므로 기관의 회전속도를 보상시키기 위하여 ECU로 신호를 입력한다.

42 ② 43 ① 44 ③ 45 ③ 46 ④ 47 ②

48 유체클러치에서 스톨포인트에 대한 설명이 아닌 것은?

① 속도비가 "0"인 점이다.
② 펌프는 회전하나 터빈이 회전하지 않는 점이다.
③ 스톨포인트에서 토크비가 최대가 된다.
④ 스톨포인트에서 효율이 최대가 된다.

해설 스톨포인트란 펌프는 회전하나 터빈이 회전하지 않는 점, 즉 속도비가 '0'인 점이며, 토크비율은 최대가 되지만 효율은 최소가 된다.

49 후륜구동차량의 종감속장치에서 구동피니언과 링기어 중심선이 편심되어 추진축의 위치를 낮출 수 있는 것은?

① 베벨기어
② 스퍼기어
③ 웜과 웜기어
④ 하이포이드기어

해설 하이포이드기어는 구동피니언과 링기어 중심선이 편심이 되어 추진축의 위치를 낮출 수 있다.

50 금속분말을 소결시킨 브레이크라이닝으로 열전도성이 크며 몇 개의 조각으로 나누어 슈에 설치된 것은?

① 위븐라이닝
② 메탈릭라이닝
③ 몰드라이닝
④ 세미메탈릭라이닝

해설 메탈릭라이닝은 금속분말을 소결시킨 브레이크라이닝으로 열전도성이 크며 몇 개의 조각으로 나누어 슈에 설치한다.

51 브레이크푸시로드의 작용력이 628kgf이고 마스터실린더의 내경이 2cm일 때 브레이크디스크에 가해지는 힘은?

① 약 40kgf
② 약 60kgf
③ 약 80kgf
④ 약 100kgf

해설 $Bp = \dfrac{Wa}{Ma} \times Wp$

[Bp : 디스크에 작용하는 힘,
Wa : 휠실린더피스톤 단면적,
Ma : 마스터실린더 단면적,
Wp : 휠실린더피스톤에 가하는 힘]

$\therefore \dfrac{3cm^2}{0.785 \times 2^2} \times 62.8 kgf = 60 kgf$

52 차체자세제어장치(VDC, Vehicle Dynamic Control) 시스템에서 고장 발생 시 제어에 대한 설명으로 틀린 것은?

① 원칙적으로 ABS시스템고장 시에는 VDC시스템제어를 금지한다.
② VDC시스템고장 시에는 해당 시스템만 제어를 금지한다.
③ VDC시스템고장으로 솔레노이드밸브 릴레이를 OFF 시켜야 되는 경우에는 ABS의 페일세이프에 준한다.
④ VDC시스템고장 시 자동변속기는 현재 변속단보다 다운 변속된다.

해설 VDC가 고장 나면 해당 시스템만 제어를 금지하며, 솔레노이드밸브 릴레이를 OFF 시켜야 되는 경우에는 ABS의 페일세이프에 준한다. 또 ABS가 고장 나면 VDC제어를 금지한다.

53 4륜구동방식(4WD)의 특징으로 거리가 먼 것은?

① 등판능력 및 견인력 향상
② 조향성능 및 안전성 향상
③ 고속주행 시 직진안전성 향상
④ 연료소비율 낮음

해설 4륜구동방식은 연료소비율이 크다.

54 현가장치에서 드가르봉식 쇽업소버의 설명으로 가장 거리가 먼 것은?

① 질소가스가 봉입되어 있다.
② 오일실과 가스실이 분리되어 있다.
③ 오일에 기포가 발생하여도 충격감쇠 효과가 저하하지 않는다.
④ 쇽업소버의 작동이 정지되면 질소가스가 팽창하여 프리피스톤의 압력을 상승시켜 오일챔버의 오일을 감압한다.

해설 쇽업소버의 작동이 정지되면 프리피스톤 아래쪽의 질소가스가 팽창하여 프리피스톤을 압상시키므로 오일실의 오일이 가압된다.

55 자동변속기에서 유성기어장치의 3요소가 아닌 것은?

① 선기어
② 캐리어
③ 링기어
④ 베벨기어

56 인터널 링기어 1개, 캐리어 1개, 직경이 서로 다른 선기어 2개, 길이가 서로 다른 2세트의 유성기어를 사용하는 유성기어 장치는?

① 2중유성기어장치
② 평행축기어장치
③ 라비뇨(Ravigneaux)기어장치
④ 심프슨(Simpson)기어장치

해설 라비뇨형식은 크기가 서로 다른 2개의 선기어를 1개의 유성기어장치에 조합한 형식이며, 링기어와 유성기어캐리어를 각각 1개씩만 사용한다.

57 ABS(Anti-lock Brake System)의 구성 부품으로 볼 수 없는 것은?

① 일렉트로닉 컨트롤유닛
② 휠스피드센서
③ 하이드로릭유닛
④ 크랭크앵글센서

해설 ABS는 바퀴의 회전속도를 검출하여 컨트롤유닛(ECU)로 입력하는 휠스피드센서, 컨트롤유닛의 신호를 받아 유압을 유지·감압·증압으로 제어하는 하이드로릭유닛(유압모듈레이터), 충격을 흡수하는 어큐뮬레이터 등으로 되어있다.

58 전자제어식 현가장치(ECS, Electronic Control Suspension System)의 입력요소가 아닌 것은?

① 냉각수온센서
② 차속센서
③ 스로틀위치센서
④ 앞·뒤차고센서

해설 전자제어현가장치의 입력되는 신호에는 차속센서, 차고센서, 조향핸들 각속도센서, 스로틀포지션센서, G센서, 전조등릴레이신호, 발전기 L단자신호, 브레이크 압력스위치신호, 도어 스위치신호, 공기압축기릴레이신호 등이 있다.

59 기관에서 발생한 토크와 회전수가 각각 80kgf · m, 1000rpm, 클러치를 통과하여 변속기로 들어가는 토크와 회전수가 각각 60kgf · m, 900rpm일 경우 클러치의 전달효율은 약 얼마인가?

① 37.5%
② 47.5%
③ 57.5%
④ 67.5%

해설 $\eta C = \dfrac{Cp}{Ep} \times 100$

[ηC : 클러치의 전달효율, Cp : 클러치의 출력, Ep : 엔진의 출력]

∴ $\dfrac{60 \times 900}{80 \times 1000} \times 100 = 67.5\%$

60 앞바퀴 구동 승용차에서 드라이브샤프트는 변속기 측과 차륜 측에 각각 1개의 조인트로 연결되어 있다. 변속기 측 조인트의 명칭은?

① 더블오프셋조인트(Double Offset Joint)
② 버필드조인트(Birfield Joint)
③ 유니버셜조인트(Universal Joint)
④ 플렉시블조인트(Flexible Joint)

해설 더블오프셋조인트는 앞바퀴 구동 승용차 드라이브샤프트의 변속기 쪽에 있는 조인트이다.

61 컴퓨터의 논리회로에서 논리적(AND)에 해당되는 것은?

①
②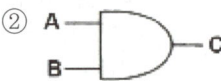
③
④

해설 ①항은 논리합(OR), ③항은 논리비교기, ④항은 논리부정(NAND)이다.

62 완전충전상태인 100Ah 배터리를 20A의 전류로 얼마 동안 사용할 수 있는가?

① 50분   ② 100분
③ 150분   ④ 300분

해설 $H = \dfrac{AH}{A}$

[H : 전기를 발생시킬 수 있는 시간, AH : 축전지 용량, A : 방전전류]

∴ $\dfrac{100Ah}{20A} = 5h$, 1시간은 60분이므로
$6 \times 60 = 300$분

63 마그네틱 인덕티브 방식 휠스피드센서의 정상작동여부를 가장 정확하게 판단할 수 있는 것은?

① 디지털멀티미터
② 아날로그멀티미터
③ 오실로스코프
④ LED테스트램프

64 자동차 에어컨에서 고온 고압의 기체냉매를 액화시켜 냉각시키는 역할을 하는 것은?

① 압축기
② 응축기
③ 팽창밸브
④ 증발기

65 자동차에서 무선시스템에 간섭을 일으키는 전자기파를 방지하기 위한 대책이 아닌 것은?

① 캐패시터와 같은 여과소자를 사용하여 간섭을 억제한다.
② 불꽃발생원에 배터리를 직렬로 접속하여 고주파전류를 흡수한다.
③ 불꽃발생원의 주위를 금속으로 밀봉하여 전파의 방사를 방지한다.
④ 점화케이블의 심선에 고저항케이블을 사용한다.

66 기관의 상태에 따른 점화 요구전압, 점화시기, 배출가스에 대한 설명 중 틀린 것은?

① 질소산화물(NOx)은 점화시기를 진각함에 따라 증가한다.
② 탄화수소(HC)는 점화시기를 진각함에 따라 감소한다.
③ 연소실의 혼합비가 희박할수록 점화 요구전압은 높아져야 한다.
④ 실린더압축압력이 높을수록 점화 요구전압도 높아져야 한다.

67 하이브리드자동차의 보조배터리가 방전으로 시동 불량일 때 고장원인 또는 조치방법에 대한 설명으로 틀린 것은?

① 단시간에 방전이 되었다면 암전류 과다발생이 원인이 될 수도 있다.
② 장시간 주행 후 바로 재시동 시 불량하면 LDC 불량일 가능성이 있다.
③ 보조배터리가 방전이 되었어도 고전압배터리로 시동이 가능하다.
④ 보조배터리를 점프 시동하여 주행 가능하다.

68 하이브리드자동차의 전기장치정비 시 반드시 지켜야 할 내용이 아닌 것은?

① 절연장갑을 착용하고 작업한다.
② 서비스플러그(안전플러그)를 제거한다.
③ 전원을 차단하고 일정시간이 경과 후 작업한다.
④ 하이브리드컴퓨터의 커넥터를 분리하여야 한다.

[해설] 하이브리드자동차 전기장치정비 시 주의할 점
• 절연장갑을 착용하고 작업한다.
• 서비스플러그(안전플러그)를 제거한다.
• 전원을 차단하고 일정시간이 경과 후 작업한다.
• 작업 시 시계, 반지, 목걸이 등 장신구를 제거한다.

69 포토다이오드에 대한 설명으로 틀린 것은?

① 응답속도가 빠르다.
② 주변의 온도변화에 따라 출력변화에 영향을 많이 받는다.
③ 빛이 들어오는 광량과 출력되는 전류의 직진성이 좋다.
④ 자동차에서는 크랭크각센서, 에어컨의 일사센서 등에 사용된다.

[해설] 포토다이오드는 빛이 들어오는 광량과 출력되는 전류의 직진성이 좋고 응답속도가 빠르다. 에어컨일사량센서 등에 사용된다.

70 자동차 기동전동기 전기자시험기로 시험할 수 없는 것은?

① 코일의 단락   ② 코일의 접지
③ 코일의 단선   ④ 코일의 저항

[해설] 그로울러시험기로 전기자코일의 단선, 단락, 접지에 대해 시험한다.

65 ② 66 ② 67 ③ 68 ④ 69 ② 70 ④

71 자기인덕턴스가 0.7H인 코일에 흐르는 전류가 0.01초 동안 4A의 전류로 변화하였다면, 이때 발생하는 기전력은?

① 240V
② 260V
③ 280V
④ 300V

해설 $V = H\dfrac{I}{t}$

[V : 기전력, H : 상호인덕턴스, I : 전류, t : 시간(sec)]

$\therefore 0.7 \times \dfrac{4}{0.01} = 280V$

72 연료탱크에 연료가 가득 차 있는데 연료경고등(NTC)이 점등될 수 있는 요인으로 옳은 것은?

① 퓨즈의 단선
② 서미스터의 결함
③ 경고등 접지선의 단선
④ 경고등 전원선의 단선

해설 서미스터에 결함이 있으면 연료탱크에 연료가 가득 차 있어도 연료경고등(NTC)이 점등될 수 있다.

73 에어백컨트롤유닛의 점검사항에 속하지 않는 것은?

① 시스템 내의 구성부품 및 배선의 단선, 단락진단
② 부품에 이상이 있을 때 경고등 점등
③ 전기신호에 의한 에어백 팽창 여부
④ 시스템에 이상이 있을 때 경고등 점등

74 에어백 인플레이터(Inflator)의 역할에 대한 설명으로 옳은 것은?

① 에어백의 작동을 위한 전기적인 충전을 하여 배터리가 없을 때에도 작동시키는 역할을 한다.
② 점화장치, 질소가스 등이 내장되어 에어백이 작동할 수 있도록 점화역할을 한다.
③ 충돌할 때 충격을 감지하는 역할을 한다.
④ 고장이 발생하였을 때 경고등을 점등한다.

해설 에어백 인플레이터는 에어백모듈 하우징 내측에 조립되어 점화장치, 질소가스 등이 내장되어 있는 알루미늄용기가 에어백이 작동할 수 있도록 점화역할을 한다.

75 차량에서 12V배터리를 떼어 내고 절연체의 저항을 측정하였더니 1MΩ이었다면 누설전류는?

① 0.006mA   ② 0.008mA
③ 0.010mA   ④ 0.012mA

해설 $I = \dfrac{E}{R}$

[I : 전류, E : 전압, R : 저항]

$\therefore \dfrac{12V}{1000000\Omega} \times 1000 = 0.012mA$

76 점화스위치를 ON(IG₁)했을 때 발전기 내부에서 자화되는 것은?

① 로터   ② 스테이터
③ 정류기   ④ 전기자

해설 로터는 슬립링에 접촉된 브러시를 통하여 로터 코일에 전류가 흐르면 축 방향으로 자계가 형성되어 한쪽 철심에는 N극, 다른 한쪽 철심에는 S극으로 자화된다.

정답 71 ③ 72 ② 73 ③ 74 ② 75 ④ 76 ①

77 자동차 트립컴퓨터 화면에 표시되지 않는 것은?

① 평균연비
② 주행가능거리
③ 주행시간
④ 배터리충전전류

해설 트립정보시스템에 입력되는 신호에는 차량의 현재 연료소비율, 기관의 회전속도, 남은 연료로 주행 가능한 거리, 적산거리계, 주행시간 등이다.

78 자동차 계기장치의 표시사항이 아닌 것은?

① 냉각수온도
② 주행 중 연료누설
③ 충전경고
④ 기관회전속도

79 냉매(R-134a)의 구비조건으로 옳은 것은?

① 비등점이 적당히 높을 것
② 냉매의 증발잠열이 작을 것
③ 응축압력이 적당히 높을 것
④ 임계온도가 충분히 높을 것

해설 에어컨냉매의 구비조건
• 비등점이 적당히 낮고 냉매의 증발잠열이 클 것
• 응축압력이 적당히 낮고 증기의 비체적이 클 것
• 임계온도 및 안정성이 높을 것
• 부식성이 적고 전기절연성능이 높을 것
• 압축기에서 배출되는 기체냉매의 온도가 낮을 것

80 IC조정기부착형 교류발전기에서 로터코일저항을 측정하는 단자는?(단, IG : Ignition, F : Field, L : Lamp, B : Battery, E : Earth)

① IG단자와 F단자
② F단자와 E단자
③ B단자와 L단자
④ L단자와 F단자

해설 IC조정기부착형 교류발전기에서 로터코일저항은 L단자와 F단자에서 측정한다.

77 ④ 78 ② 79 ④ 80 ④

3회 자동차정비산업기사 필기시험

2016. 8. 31. 시행

01 원형단면축이 비틀림모멘트를 받을 때 생기는 최대전단응력에 관한 설명으로 옳지 않은 것은?

① 극단면계수에 비례한다.
② 비틀림모멘트에 비례한다.
③ 극관성모멘트에 반비례한다.
④ 축지름의 3제곱에 반비례한다.

해설 원형단면축이 비틀림모멘트를 받을 때 생기는 최대전단응력은 비틀림모멘트에 비례하고, 극관성모멘트와 축지름의 3제곱에 반비례한다.

02 유압회로에서 어큐뮬레이터(축압기)의 역할로 거리가 먼 것은?

① 회로 내 충격압력의 흡수
② 펌프 등에서 발생하는 맥동제거
③ 유압을 일정하게 유지
④ 유압유의 여과 및 냉각

해설 어큐뮬레이터(축압기)는 유압유 저장용의 용기이며, 유압에너지 압력의 맥동을 제거하고, 압력보상, 충격완화, 에너지 저장, 유압을 일정하게 유지시킨다.

03 다음 중 무단변속을 만들 수 없는 마찰차는?

① 구면마찰차
② 원추마찰차
③ 원통마찰차
④ 원판마찰차

해설 마찰차는 표면에 마찰계수를 증가시키며 기어와 다른 점은 두 축이 서로 맞물려 돌아가게 하는 이가 없다는 것이다. 종류에는 두 축이 서로 평행할 때 사용하는 평마찰차, 마찰차에 여러 개의 V자 홈을 만들어 접촉하는 면이 많게 해 회전력을 전달하는 V홈마찰차, 직각으로 만나는 두 축 사이에서 원판과 롤러가 접촉해 힘을 전달하는 원판마찰차 등이 있다. 원통마찰자는 접촉면의 면적변화가 없어 속도비가 일정하여 무단변속기를 만들기에 적합하지 않다.

04 허용인장응력이 100N/mm²인 아이볼트에 축방향으로 1t의 화물을 들어 올리는 경우, 이 볼트의 골지름은 최소 몇 mm 이상이어야 하는가?

① 9.8   ② 11.2
③ 13.4   ④ 16.9

해설 $d = \sqrt{\dfrac{2W}{\sigma\alpha}}$

[d : 볼트의 지름, W : 하중, $\sigma\alpha$: 허용인장응력]
골지름은 바깥지름의 80% 정도이므로
$\dfrac{\sqrt{2 \times 1000 \times 9.8}}{100} \times 0.8 = 11.2mm$

05 판재를 굽힘가공 시 탄성의 영향으로 굽힘각의 정밀도가 나지 않는 경우가 있는데 가장 큰 이유는?

① 가공경화   ② 이송굽힘
③ 시효경화   ④ 스프링백

해설 스프링백이란 소성재료를 굽힘가공을 할 때 재료를 굽힌 후 힘을 제거하면 판재의 탄성으로 인하여 탄성변형부분이 원래의 상태로 복귀하여 굽힘각의 정밀도가 나지 않는 현상이다.

정답 01 ① 02 ④ 03 ③ 04 ② 05 ④

06 페놀계 수지로 페놀, 크레졸 등과 포르말린을 반응시켜 제조하는 것이며 전기절연체, 전화기 등에 사용되는 수지로 가장 적합한 것은?

① 베이클라이트
② 멜라민 수지
③ 카보런덤
④ 실리콘 수지

해설 베이클라이트(Bakelite)는 페놀과 포름알데히드와의 반응으로 생기는 열경화성수지로 전기절연성·기계적강도·내열성이 우수하다. 나무분말이나 안료를 섞거나 종이에 침투시켜서 형틀에 넣고 가압·가열해서 성형시킨다.

07 선반가공 중에 발생할 수 있는 구성인선을 방지할 수 있는 대책으로 거리가 먼 것은?

① 절삭깊이를 낮게 한다.
② 경사각을 작게 한다.
③ 절삭공구의 인선을 예리하게 한다.
④ 절삭속도를 크게 한다.

해설 상면경사각을 크게 한다.

08 바닥이 넓은 축열실(蓄熱室) 반사로를 사용하여 선철을 용해·정련하는 제강법은?

① 평로
② 전기로
③ 전로
④ 용광로

해설 평로는 제강에 사용되는 반사로의 일종이며 고로에 비해 모양이 납작하다. 노에서 나오는 가스를 이용하여 공기를 가열하는 축열실을 노 밑에 갖추고 1,800℃의 고온을 얻어, 선철을 강으로 만들 수 있다.

09 그림과 같이 균일분포하중을 받는 단순보에서 최대굽힘응력은?

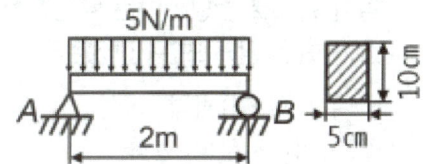

① 30kPa
② 40kPa
③ 60kPa
④ 80kPa

해설 $\sigma_{max} = \dfrac{M_{max}}{Z} = \dfrac{\dfrac{Pl}{4}}{\dfrac{bh^2}{6}} = \dfrac{6Pl}{4bh^2}$

[σ_{max} : 최대굽힘응력, M_{max} : 최대굽힘모멘트, P : 하중, l : 스팬의 길이, b : 너비, h : 높이, $1Pa = 1N/m^2$]

∴ $\dfrac{6 \times 5 \times 2}{4 \times 0.05 \times 0.1^2} = 30000 N/m^2 = 30kPa$

10 알루미늄에 관한 일반적인 설명으로 틀린 것은?

① 은백색으로 비중이 2.7 정도이다.
② Mg보다도 비중이 작아서 중량 경감이 요구되는 자동차·항공기 등에 많이 사용된다.
③ 공기 중에 산화가 잘 되지 않아 내식성이 우수하다.
④ Al에 Cu, Mg, Si 등의 금속을 첨가하거나 석출경화, 시효경화 및 풀림 등의 처리를 통하여 기계적 성질을 개선할 수 있다.

해설 알루미늄의 비중은 2.7이고 은백색의 가볍고 무른 금속으로 지구의 지각을 이루는 주요구성원소 중 하나이다. 가볍고 내구성이 큰 특성을 이용해 원자재 및 재료로 많이 사용된다. 마그네슘의 비중은 1.7로서 더 가볍다.

11 밀폐된 용기에 넣은 정지유체의 일부에 가해지는 압력은 유체의 모든 부분에 동일한 힘으로 전달된다는 유압장치의 기초가 되는 원리 또는 법칙은?

① 뉴튼의 제1법칙
② 보일·샤를의 법칙
③ 파스칼의 원리
④ 아르키메데스의 원리

해설 파스칼의 원리
- 유압기기의 압력은 밀폐된 공간이어서 유체의 일부에 압력을 가하면, 그 압력은 유체 내의 모든 곳에 같은 크기로 전달된다.
- 유체의 압력은 면에 직각으로 작용한다.
- 각 점에서의 압력은 모든 방향으로 같다.
- 가한 압력은 유체 각부에 같은 세기로 전달된다.

12 두 개의 스프링을 그림과 같이 연결하였을 때 합성스프링상수 k를 구하는 식은?

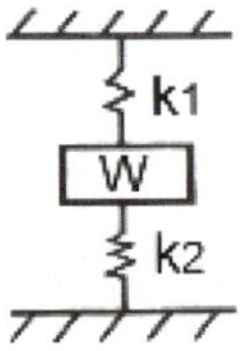

① $k = k_1 - k_2$
② $k = k_1 + k_2$
③ $\dfrac{1}{k} = \dfrac{1}{k_1} - \dfrac{1}{k_2}$
④ $\dfrac{1}{k} = \dfrac{1}{k_1} + \dfrac{1}{k_2}$

해설 스프링상수
- 직렬연결의 합성스프링상수 : $k = \dfrac{1}{k_1} + \dfrac{1}{k_2}$
- 병렬연결의 합성스프링상수 : $k = k_1 + k_2$

13 다음 중 기어펌프에 속하지 않는 것은?

① 로브펌프
② 트로코이드펌프
③ 스크루펌프
④ 베인펌프

14 γ-Fe에 탄소가 최대 2.11% 고용된 γ고용체로 면심입방격자 결정구조를 가지고 있으며, A1 변태점 이상에서 주로 존재하는 철강의 기본조직은?

① 오스테나이트
② 페라이트
③ 펄라이트
④ 시멘타이트

해설 오스테나이트(Austenite)는 탄소를 고용하고 있는 γ철, 즉 γ고용체이며, 담금질 강 조직의 일종이다. 결정구조는 면심입방격자로서 강을 A_1 변태점 이상으로 가열하였을 때 이루어지는 조직이다. 탄소함유량이 많은 오스테나이트일수록 경도가 커진다. 오스테나이트는 비자성체이며 전기저항이 크다. 경도는 마르텐사이트보다 적지만 인장강도와 비교하면 연신이 크다. 또 상온에서는 불안정한 조직으로서 상온가공을 하면 마르텐사이트로 변화한다.

15 비례한도 내에서 인장시험을 할 때 늘어난 길이 △L에 관한 공식으로 옳은 것은?(단, E는 재료의 세로탄성계수, P는 인장하중, L은 시험편의 초기 길이, A는 시험편의 초기 단면적이다)

① $\triangle L = \dfrac{PA}{LE}$
② $\triangle L = \dfrac{LE}{PA}$
③ $\triangle L = \dfrac{PL}{AE}$
④ $\triangle L = \dfrac{AE}{PL}$

16 버니어캘리퍼스의 어미자의 1눈금이 1mm이고, 아들자의 눈금은 어미자의 19mm를 20등분하였을 때 읽을 수 있는 최소눈금은?

① 0.02mm
② 0.20mm
③ 0.50mm
④ 0.05mm

해설 최소눈금 $= 1 - \dfrac{19}{20} = \dfrac{1}{20} = 0.05\text{mm}$

17 미끄럼베어링 재료가 구비하여야 할 성질이 아닌 것은?

① 열에 녹아 붙음이 잘 일어나지 않을 것
② 마멸이 적고 면압강도가 클 것
③ 피로한도가 작을 것
④ 내식성이 높을 것

해설 미끄럼베어링은 피로한도가 커야 한다.

18 2줄나사의 피치가 0.5mm일 때, 이 나사의 리드는?

① 1mm   ② 1.5mm
③ 0.25mm ④ 0.5mm

해설 L=nP
[L : 리드, n : 줄 수, P : 피치]
∴ 2×0.5mm=1mm

19 비례한도 이내에서 응력과 변형률이 정비례한다는 것은 다음 중 어느 법칙인가?

① 오일러의 법칙
② 변형률의 법칙
③ 훅의 법칙
④ 모어의 법칙

해설 훅의 법칙
비례한도 이내에서 응력과 변형률이 정비례한다.

20 다음 용접부의 검사 중 비파괴검사법에 해당하는 것은?

① 인장시험   ② 피로시험
③ 크리프시험 ④ 침투탐상시험

해설 용접부분의 비파괴검사방법에는 침투탐상검사, 외관검사, 내압검사, 자기탐상검사, X선검사, 초음파탐상법 등이 있으며, 파괴검사에는 금속조직검사, 분석검사 등이 있다.

21 피스톤링에 대한 설명으로 틀린 것은?

① 피스톤의 냉각에 기여한다.
② 내열성 및 내마모성이 좋아야 한다.
③ 높은 온도에서 탄성을 유지해야 한다.
④ 실린더블록의 재질보다 경도가 높아야 한다.

해설 피스톤링의 경도가 실린더블록의 재질보다 크면 블록의 마모와 손상을 가져온다.

22 LPI엔진에서 크랭킹은 가능하나 시동이 불가능하다. 다음 두 정비사의 의견 중 옳은 것은?

• 정비사 KIM : 연료펌프가 불량이다.
• 정비사 LEE : 인히비터스위치가 불량일 가능성이 높다.

① 정비가 KIM이 옳다.
② 정비사 LEE가 옳다.
③ 둘 다 옳다.
④ 둘 다 틀리다.

23 전자제어 가솔린기관의 흡입공기량센서 중 흡입되는 공기흐름에 따라 발생하는 주파수를 검출하여 유령을 계측하는 방식은?

① 칼만와류식
② 열선식
③ 맵센서식
④ 열막식

해설 칼만와류방식의 공기유량센서의 측정원리는 균일하게 흐르는 유동부분에 와류를 일으켜 초음파 센서로 와류의 발생 주파수와 흐름속도와의 관계로부터 유량을 계측한다.

정답 17 ③ 18 ① 19 ③ 20 ④ 21 ④ 22 ① 23 ①

24 기관에 쓰이는 베어링의 크러시(Crush)에 대한 설명으로 틀린 것은?

① 크러시가 크면 조립할 때 베어링이 안쪽 면으로 변형되어 찌그러진다.
② 베어링에 공급된 오일을 베어링의 전 둘레에 순환하게 한다.
③ 크러시가 작으면 온도변화에 의하여 헐겁게 되어 베어링이 유동한다.
④ 하우징보다 길게 제작된 베어링의 바깥 둘레와 하우징의 둘레의 길이 차이를 크러시라 한다.

해설 베어링의 크러시란 하우징보다 길게 제작된 베어링의 바깥 둘레와 하우징 둘레와의 길이 차이이며, 크러시가 작으면 헐겁게 되어 베어링이 유동하고, 크러시가 크면 조립할 때 베어링이 안쪽 면으로 변형되어 찌그러진다.

25 전자제어 디젤기관의 인젝터 연료분사량 편차보정기능(IQA)에 대한 설명 중 거리가 가장 먼 것은?

① 인젝터의 내구성 향상에 영향을 미친다.
② 강화되는 배기가스규제 대응에 용이하다.
③ 각 실린더별 분사연료량의 편차를 줄여 엔진의 정숙성을 돕는다.
④ 각 실린더별 분사연료량을 예측함으로써 최적의 분사량제어가 가능하게 한다.

해설 연료분사량 편차보정기능 인젝터는 초기생산신품의 인젝터를 전부하, 부분부하, 공전상태, 파일럿 분사구간 등 전체운전영역에서 분사된 연료량을 측정하여 ECU에 데이터를 기록한다. 이 정보를 인젝터 별 분사시간 보정 및 실린더 사이의 연료분사량 오차를 감소시킬 수 있도록 한다.

26 4행정 가솔린기관의 연료분사모드에서 동시분사모드에 대한 특징을 설명한 것 중 거리가 먼 것은?

① 급가속 시에만 사용된다.
② 1사이클에 2회씩 연료를 분사한다.
③ 기관에 설치된 모든 분사밸브가 동시에 분사한다.
④ 시동 시, 냉각수온도가 일정온도 이하일 때 사용된다.

해설 실린더에 동시에 1사이클당 2회 동기분사하며, 기관을 시동할 때, 냉각수온도가 일정온도 이하일 때, 급가속할 때 사용된다.

27 전자제어 가솔린분사장치의 장점에 해당되지 않는 것은?

① 유해배출가스 감소
② 엔진출력의 향상
③ 간단한 구조
④ 연비향상

해설 전자제어 가솔린분사장치 엔진의 장점
• 유해배출가스의 배출이 감소된다.
• 연료소비율, 응답성능, 냉간시동성능이 향상된다.
• 기관의 출력성능과 공연비를 향상시킬 수 있다.
• 연료공급시기와 연료량을 정확히 제어할 수 있다.

28 전자제어 LPI기관의 구성품이 아닌 것은?

① 베이퍼라이저
② 가스온도센서
③ 연료압력센서
④ 레귤레이터유닛

29 흡배기밸브의 밸브간극을 측정하여 새로운 태핏을 장착하고자 한다. 새로운 태핏의 두께를 구하는 공식으로 올바른 것은?(단, N : 새로운 태핏의 두께, T : 분리된 태핏의 두께, A : 측정된 밸브간극, K : 밸브규정간극)

① N=T+(A-K)
② N=A+(T+K)
③ N=T-(A-K)
④ N=A-(T×K)

해설 새로운 태핏의 두께 계산공식
• 흡입밸브 간극 : N=T+(A-0.20mm)
• 배기밸브 간극 : N=T+(A-0.30mm)

30 총배기량이 1800cc인 4행정 기관의 도시평균 유효압력이 16kg/cm², 회전수가 2000rpm일 때 도시마력(PS)은?(단, 실린더 수는 1개이다)

① 33   ② 44
③ 54   ④ 64

해설 $I_{ps} = \dfrac{PALRN}{75 \times 60}$
[I_{ps} : 도시마력(지시마력),
P : 도시평균 유효압력, A : 단면적,
L : 피스톤 행정, R : 기관회전속도(4행정 사이클
=R/2, 2행정 사이클=R), N : 실린더 수]
∴ $\dfrac{16 \times 1800 \times 2000}{75 \times 60 \times 2 \times 100} = 65\text{PS}$

31 연료의 저위발열량을 Hl(kcal/kgf), 연료소비량을 F(kgf/h), 도시출력을 Pi(PS), 연료소비시간을 t(s)라 할 때 도시열효율 η_i를 구하는 식은?

① $\eta_i = \dfrac{632 \times P_i}{F \times H_l}$

② $\eta_i = \dfrac{632 \times H_l}{F \times t}$

③ $\eta_i = \dfrac{632 \times t \times H_l}{F \times P_i}$

④ $\eta_i = \dfrac{632 \times t \times P_i}{F \times H_l}$

해설 도시열효율 $\eta_i = \dfrac{632 \times P_i}{F \times H_l}$

32 전자제어 가솔린기관의 연료압력조절기 내의 압력이 일정압력 이상일 경우 어떻게 작동하는가?

① 흡기관의 압력을 낮추어 준다.
② 인젝터에서 연료를 추가분사시킨다.
③ 연료펌프의 토출압력을 낮추어 연료 공급량을 줄인다.
④ 연료를 연료탱크로 되돌려 보내 연료압력을 조정한다.

33 LPG기관의 봄베에는 기상밸브, 액상밸브, 충전밸브의 3가지 기본밸브가 장착된다. 이 중에서 액상밸브의 색깔은?

① 황색   ② 적색
③ 녹색   ④ 청색

해설 충전밸브 : 녹색, 기상밸브 : 황색,
액상밸브 : 적색

34 전자제어기관에서 열선식(Hot Wire Type) 공기유량센서의 특징으로 맞는 것은?

① 맥동오차가 다소 크다.
② 자기청정기능의 열선이 있다.
③ 초음파신호로 공기부피를 감지한다.
④ 대기압력을 통해 공기질량을 검출한다.

29 ① 30 ④ 31 ① 32 ④ 33 ② 34 ②

해설 열선방식 공기유량센서의 특징
- 흡입되는 공기를 질량유량으로 검출한다.
- 응답성이 빠르고, 맥동오차가 없다.
- 고도, 온도변화에 따른 오차가 없다.
- 공기질량을 직접 정확하게 계측할 수 있다.
- 오염되기 쉬워 자기청정(크린버닝)장치를 두어야 한다.

35 보기에서 가솔린엔진의 연료분사량에 관련된 공식으로 맞는 것을 모두 고른 것은?

[보기]
ㄱ. 실제분사시간 = 기본분사시간 + 보정분사시간
ㄴ. 보정분사시간 = 흡입공기량 × 엔진회전수
ㄷ. 보정분사시간 = 기본분사시간 ÷ 보정분사계수

① ㄱ ② ㄴ
③ ㄴ, ㄷ ④ ㄱ, ㄴ, ㄷ

36 행정체적 215cm³, 실린더 체적 245cm³인 기관의 압축비는 약 얼마인가?

① 5.23 ② 6.82
③ 7.14 ④ 8.17

해설 연소실체적 = 실린더체적 - 행정체적
∴ 245cm³ - 215cm³ = 30cm³

$$\varepsilon = \frac{Vc + Vs}{Vc}$$

[ε : 압축비, Vs : 실린더배기량(행정체적), Vc : 간극체적]

$$\therefore \frac{30 + 215}{30} = 8.17$$

37 엔진분해조립 시, 볼트를 체결하는 방법 중에서 각도법(탄성역, 소성역)에 관한 설명으로 거리가 먼 것은?

① 엔진오일의 도포 유무를 준수할 것
② 탄성역각도법은 볼트를 재사용할 수 있으므로 체결토크불량 시 재작업을 수행할 것
③ 각도법 적용 시 최종체결토크를 확인하기 위하여 추가로 볼트를 회전시키지 말 것
④ 소성역체결법의 적용조건을 토크법으로 환산하여 적용할 것

38 저위발열량이 44800kJ/kg인 연료를 시간당 20kg을 소비하는 기관의 제동출력이 90kW이면 제동열효율은 약 얼마인가?

① 28% ② 32%
③ 36% ④ 41%

해설 $\eta_B = \dfrac{3600 \times H_{kW}}{H_l \times F} \times 100$

[η_B : 제동열효율, H_{kW} : 제동출력, H_l : 연료의 저위발열량, F : 연료소비량]

$\therefore \dfrac{3600 \times 90}{44800 \times 20} \times 100 = 36\%$

39 CO, HC, NOx를 모두 줄이기 위한 목적으로 사용되는 장치는?

① 삼원촉매장치
② 보조흡기밸브
③ 연료증발가스 제어장치
④ 블로바이가스 재순환장치

해설 삼원촉매장치의 작용
- 삼원이란 배기가스 중 CO, HC, NOx을 줄여준다.
- 촉매는 백금과 로듐, 팔라듐이 사용된다.

정답 35 ① 36 ④ 37 ④ 38 ③ 39 ①

40 동일한 배기량에서 가솔린기관에 비교하여 디젤기관이 가지고 있는 장점은?

① 시동에 소요되는 동력이 작다.
② 기관의 무게가 가볍다.
③ 제동열효율이 크다.
④ 소음진동이 적다.

해설 디젤기관의 장점
- 압축비를 크게 할 수 있어 열효율이 높고 연료 소비율이 적다.
- 인화점이 높은 경유를 연료로 사용하므로 그 취급이나 저장에 위험이 적다.
- 대형기관제작이 가능하고 고장이 적다.
- 경부하 운전영역에서 효율이 그다지 나쁘지 않다.

41 자동제한차동장치(LSD, Limited Slip Differential)의 특징으로 틀린 것은?

① 급선회 시 주행안전성을 향상시킨다.
② 좌, 우 바퀴에 토크를 알맞게 분배하여 직진안정성이 향상된다.
③ 요철노면에서 가속, 직진성능이 향상되어 후부흔들림을 방지할 수 있다.
④ 구동바퀴의 미끄러짐 현상을 단속하나 타이어의 수명이 단축된다.

해설 눈길, 빗길 등에서 미끄러지는 것을 최소화하기 위한 장치이며 타이어 수명을 연장하여 고속직진 주행할 때 안전성이 양호하다.

42 ABS(Anti-lock Brake System) 경고등이 점등되는 조건이 아닌 것은?

① ABS 작동 시
② ABS 이상 시
③ 자기진단 중
④ 휠스피드센서 불량 시

43 수동변속기차량에서 주행 중 기어변속 시 충돌음이 발생하는 원인으로 거리가 먼 것은?

① 변속기내부베어링 불량
② 싱크로나이저링의 불량
③ 내부기어와 허브 불량
④ 클러치유격의 과소

44 오버드라이브(Over Drive) 장치에 대한 설명으로 틀린 것은?

① 기관의 여유출력을 이용하였기 때문에 기관의 회전속도를 약 30% 정도 낮추어도 그 주행속도를 유지할 수 있다.
② 자동변속기에서도 오버드라이브가 있어 운전자의 의지(주행속도, TPS 개도량)에 따라 그 기능을 발휘하게 된다.
③ 속도가 증가하기 때문에 윤활유의 소비가 많고 연료소비가 증가한다.
④ 기관의 수명이 향상되고 또한 운전이 정숙하게 되어 승차감도 향상된다.

해설 평탄한 도로를 주행할 때 연료가 절약된다.

45 브레이크드럼의 지름은 25cm, 마찰계수가 0.28인 상태에서 브레이크슈가 76kgf의 힘으로 브레이크드럼을 밀착하면 브레이크토크는 약 얼마인가?

① 1.24kgf·m
② 2.17kgf·m
③ 2.66kgf·m
④ 8.22kgf·m

정답 40 ③ 41 ④ 42 ① 43 ④ 44 ③ 45 ③

해설 $Tb = \mu Pr$
[Tb : 브레이크토크, μ : 마찰계수,
P : 브레이크드럼에 작용하는 힘,
r : 브레이크드럼의 반지름]
∴ $\dfrac{0.28 \times 76\mathrm{kgf} \times 25\mathrm{cm}}{2 \times 100} = 2.66\mathrm{kgf \cdot m}$

46 타이어의 각부 구조 명칭을 설명한 것으로 틀린 것은?

① 트래드 : 타이어가 노면과 접촉하는 부분의 고무층을 말한다.
② 사이드월 : 타이어의 옆 부분으로 트래드와 비드간의 고무층을 말한다.
③ 카커스 : 휠의 림 부분에 접촉하는 부분으로 내부에 피아노선이 원둘레 방향으로 있다.
④ 브레이커 : 트래드와 카커스의 접합부로 트래드와 카커스가 떨어지는 것을 방지하고 노면에서의 충격을 완화한다.

해설 카커스
타이어의 골격을 이루는 부분이며, 공기압력을 견디어 하중이나 충격에 따라 변형하여 완충작용을 한다.

47 드럼브레이크와 비교한 디스크브레이크의 특성이 아닌 것은?

① 디스크에 물이 묻어도 제동력의 회복이 빠르다.
② 부품의 평형이 좋고, 편제동되는 경우가 거의 없다.
③ 고속에서 반복적으로 사용하여도 제동력의 변화가 적다.
④ 디스크가 대기 중에 노출되어 방열성은 좋으나, 제동안정성이 떨어진다.

해설 디스크가 대기 중에 노출되어 방열성이 우수하며, 자기배력작용이 없어 제동력이 안정되고 한쪽만 브레이크 되는 경우가 적다.

48 전동식 전자제어 동력조향장치의 설명으로 틀린 것은?

① 속도감응형 파워스티어링의 기능 구현이 가능하다.
② 파워스티어링펌프의 성능개선으로 핸들이 가벼워진다.
③ 오일누유 및 오일교환이 필요 없는 친환경시스템이다.
④ 기관의 부하가 감소되어 연비가 향상된다.

해설 유압제어방식의 파워스티어링펌프가 없고 모터로 구동하여 조향핸들의 성능이 개선된다.

49 조향장치에 대한 설명으로 틀린 것은?

① 고속주행 시에도 조향핸들이 안정될 것
② 조작이 용이하고 방향전환이 원활하게 이루어질 것
③ 회전반경을 가능한 크게 하여 전복을 방지할 것
④ 노면으로부터의 충격이나 원심력 등의 영향을 받지 않을 것

해설 회전반경이 적절하여 좁은 곳에서도 방향변환을 할 수 있어야 한다.

정답 46 ③ 47 ④ 48 ② 49 ③

50 ABS(Anti-lock Brake System), TCS (Traction Control System)에 대한 설명으로 틀린 것은?

① ABS는 브레이크 작동 중 조향이 가능하다.
② TCS는 주행 중 브레이크 제동상태에서만 작동한다.
③ ABS는 급제동 시 타이어록(lock) 방지를 위해 작동한다.
④ TCS는 주로 노면과의 마찰력이 적을 때 작동할 수 있다.

51 동력전달장치에서 드라이브라인의 자재이음과 슬립이음의 설명으로 옳은 것은?

① 자재이음 - 각도 및 길이변화대응
   슬립이음 - 소음 및 진동대응
② 자재이음 - 소음 및 진동대응
   슬립이음 - 각도 및 길이변화대응
③ 자재이음 - 각도변화대응
   슬립이음 - 길이변화대응
④ 자재이음 - 길이변화대응
   슬립이음 - 각도변화대응

52 자동차 동력전달계통의 이음 중 구동축과 회전축의 경사각이 30° 이상에서 동력전달이 가능한 이음은?

① 버필드이음
② 슬립이음
③ 플렉시블이음
④ 십자형자재이음

해설 버필드이음
앞바퀴구동방식 차량의 자재이음으로 사용되며, 자재이음 중 구동축과 회전축의 경사각이 30° 이상에서도 동력전달이 가능함

53 댐퍼클러치제어와 관련 없는 것은?

① 스로틀포지션센서
② 펄스제너레이터-B
③ 오일온도센서
④ 노크센서

54 공기식 현가장치에서 벨로스형 공기스프링 내부의 압력변화를 완화하여 스프링 작용을 유연하게 해주는 것은?

① 언로드밸브   ② 레벨링밸브
③ 서지탱크   ④ 공기압축기

해설 서지탱크는 공기스프링 내부의 압력변화를 완화시켜 스프링작용을 유연하게 해주는 장치이다.

55 브레이크 페달을 강하게 밟을 때 후륜이 먼저 록(lock) 되지 않도록 하기 위하여 유압이 일정압력으로 상승하면 그 이상 후륜 측에 유압이 가해지지 않도록 제한하는 장치는?

① 프로포셔닝밸브
② 압력체크밸브
③ 이너셔밸브
④ EGR밸브

해설 프로포셔닝밸브는 마스터실린더와 휠실린더 사이에 설치되어 있으며, 제동력 배분을 앞바퀴보다 뒷바퀴를 작게 하여 바퀴의 고착을 방지한다.

56 전자제어 파워스티어링 제어방식이 아닌 것은?

① 유량제어식
② 유압반력제어식
③ 유온반응제어식
④ 실린더바이패스제어식

정답 50 ② 51 ③ 52 ① 53 ④ 54 ③ 55 ① 56 ③

해설 전자제어 파워스티어링 제어방식
- 유량제어방식(속도감응 제어방식) : 차속센서 및 조향핸들 각속도 입력에 따라 유량조절 솔레노이드밸브를 제어하여 조향기어박스에 유량을 조절함에 따라 조향조작력을 실현한다.
- 실린더바이패스제어방식 : 조향기어박스에 실린더 양쪽을 연결하는 바이패스밸브와 통로를 두고 주행속도의 상승에 따라 실린더 작용압력을 감소시켜 조향조작력을 실현한다.
- 유압반력제어방식 : 동력조향장치 밸브부분의 유압반력 제어밸브에 의해 주행속도의 상승에 따라 유압반력실에 도입하는 반력압력을 증가시켜 조향조작력을 제어한다.

57 타이어 압력 모니터링 장치(TPMS)에 대한 설명 중 틀린 것은?

① 타이어의 내구성 향상과 안전운행에 도움이 된다.
② 휠밸런스를 고려하여 타이어압력센서가 장착되어 있다.
③ 타이어의 압력과 온도를 감지하여 저압 시 경고등을 점등한다.
④ 가혹한 노면주행이 가능하도록 타이어 압력을 조절한다.

해설 TPMS는 휠밸런스를 고려하여 타이어압력센서가 장착되어 있어 타이어의 압력과 온도를 감지하여 경고등을 점등한다. 타이어의 압력을 조절하는 기능은 없다.

58 평탄한 도로를 90km/h로 달리는 승용차의 총 주행저항은 약 얼마인가?(단, 총중량 1145kgf, 투영면적 1.6m², 공기저항계수 0.03, 구름저항계수 0.015이다)

① 37.18kgf
② 47.18kgf
③ 57.18kgf
④ 67.18kgf

해설 $Rr = r \times W$, ∴ $0.015 \times 1145 kgf = 17.18 kgf$
$Ra = \mu a \times A \times v^2$
∴ $0.03 \times 1.6 \times 25^2 = 30 kgf$ [90km/h = 25m/s]
총주행저항 = 17.18 + 30 = 47.18kgf

59 엔진회전수가 2000rpm으로 주행 중인 자동차에서 수동변속기의 감속비가 0.8이고, 차동장치 구동피니언의 잇수가 6, 링기어의 잇수가 30일 때, 왼쪽 바퀴가 600rpm으로 회전한다면 오른쪽 바퀴의 회전 속도는?

① 400rpm   ② 600rpm
③ 1000rpm   ④ 2000rpm

해설 $Rf = \dfrac{Rz}{Pz}$
[Rf : 종감속비, Rz : 링기어의 잇수, Pz : 구동피니언의 잇수]
∴ $\dfrac{30}{6} = 5$
$Th_1 = \dfrac{En}{Rt \times Rf} \times 2 - Th_2$
[Th : 바퀴회전수, En : 엔진회전수, Rt : 변속비, Rf : 종감속비]
∴ $\dfrac{2000}{0.8 \times 5} \times 2 - 600 = 400 rpm$

60 전자제어현가장치(ECS)의 감쇠력제어를 위해 입력되는 신호가 아닌 것은?

① G센서
② 스로틀포지션센서
③ ECS모드 선택스위치
④ ECS모드 표시등

61 15000cd의 광원으로부터 10m 떨어진 위치에서 조도(Lx)는?

① 150   ② 500
③ 1000   ④ 1500

정답 57 ④ 58 ② 59 ① 60 ④ 61 ①

해설 $Lux = \dfrac{cd}{r^2}$

[Lux : 조도, cd : 광도, r : 거리]

∴ $\dfrac{15000}{10^2} = 150\text{Lx}$

62 계기판의 유압경고등회로에 대한 설명으로 틀린 것은?

① 시동 후 유압스위치 접점은 ON 된다.
② 점화스위치 ON 시 유압경고등이 점등된다.
③ 시동 후 경고등이 점등되면 오일양 점검이 필요하다.
④ 압력스위치는 오일펌프로부터의 유압에 따라 ON/OFF 된다.

해설 기관이 시동되면 압력스위치접점이 OFF 되어 소등된다.

63 도난방지장치에서 리모콘으로 록(Lock) 버튼을 눌렀을 때 문은 잠기지만 경계상태로 진입하지 못하는 현상이 발생한다면 그 원인으로 가장 거리가 먼 것은 무엇인가?

① 후드스위치 불량
② 트렁크스위치 불량
③ 파워윈도우스위치 불량
④ 운전석도어스위치 불량

64 2개의 코일 간의 상호인덕턴스가 0.8H 일 때 한 쪽의 코일의 전류가 0.01초간에 4A에서 1A로 동일하게 변화하면 다른 쪽 코일에는 얼마의 기전력이 유도되는가?

① 100V ② 240V
③ 300V ④ 320V

해설 $V = H\dfrac{I}{t}$

[V : 기전력, H : 상호 인덕턴스, I : 전류, t : 시간(sec)]

∴ $0.8 \times \dfrac{(4-1)}{0.01} = 240\text{V}$

65 기동전동기의 전기자코일에 항상 일정한 방향으로 전류가 흐르도록 하는 것은?

① 슬립링   ② 정류자
③ 변압기   ④ 로터

해설 정류자는 브러시로부터 축전지의 전류를 공급받아 전기자코일에 전류를 공급한다.

66 점화장치에서 점화1차회로의 전류를 차단하는 스위치 역할을 하는 것은?

① 점화코일
② 점화플러그
③ 파워TR
④ 다이오드

해설 전자제어엔진에서는 파워트랜지스터를 이용하여 점화코일 1차전류를 단속한다.

67 증폭률을 크게 하기 위해 트랜지스터 1개의 출력신호가 다른 트랜지스터 베이스의 입력신호로 사용되는 반도체소자는 무엇인가?

① 다링톤트랜지스터
② 포토트랜지스터
③ 사이리스터
④ FET

해설 다링톤트랜지스터는 트랜지스터 1개의 출력신호가 다른 트랜지스터 베이스의 입력신호로 사용하여 증폭률을 크게 한다.

62 ① 63 ③ 64 ② 65 ② 66 ③ 67 ①

68 전조등 자동제어시스템이 갖추어야 할 조건으로 틀린 것은?

① 차고 높이에 따라 전조등 높이를 제어한다.
② 어느 정도 빛이 확산하여 주위의 상태를 파악할 수 있어야 한다.
③ 승차인원이나 적재하중에 따라 전조등의 조사방향을 좌우로 제어한다.
④ 교행할 때 맞은편에서 오는 차를 눈부시게 하여 운전의 방해가 되어서는 안 된다.

해설 승차인원이나 적재하중에 따라 전조등의 조사방향을 상하로 제어한다.

69 이모빌라이저시스템에 대한 설명으로 틀린 것은?

① 자동차의 도난을 방지할 수 있다.
② 키 등록(이모빌라이저 등록)을 해야만 시동을 걸 수 있다.
③ 차량에 등록된 인증키가 아니어도 점화 및 연료공급은 된다.
④ 차량에 입력된 암호와 트랜스폰더에 입력된 암호가 일치해야 한다.

해설 이모빌라이저는 무선통신으로 점화스위치의 기계적인 일치뿐만 아니라 점화스위치와 자동차가 무선으로 통신하여 암호코드가 일치하는 경우에만 엔진이 시동되도록 한 도난방지장치이다.

70 다음 회로에서 2개의 저항을 통과하여 흐르는 전류는 A, B, C 각 점에서 어떻게 나타나는가?

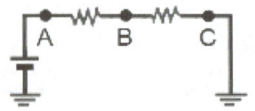

① A, B, C점의 전류는 모두 같다.
② B에서 가장 전류가 크고 A, C는 같다.
③ A에서 가장 전류가 작고 B, C는 갈수록 전류가 커진다.
④ A에서 가장 전류가 크고 B, C는 갈수록 전류가 작아진다.

해설 직렬접속회로이므로 각 저항에 흐르는 전류는 일정하다.

71 병렬형(Parallel) TMED(Transmission Mounted Electric Device)방식의 하이브리드자동차의 HSG(Hybrid Starter Generator)에 대한 설명 중 틀린 것은?

① 엔진시동기능과 발전기능을 수행한다.
② 감속 시 발생되는 운동에너지를 전기에너지로 전환하여 배터리를 충전한다.
③ EV모드에서 HEV(Hybrid Electric Vehicle)모드로 전환 시 엔진을 시동한다.
④ 소프트랜딩(Soft Landing) 제어로 시동 ON 시 엔진진동을 최소화하기 위해 엔진회전수를 제어한다.

해설 HSG는 EV(전기자동차)모드에서 HEV모드로 전환할 때 엔진을 시동하는 기동전동기로 작동하고, 충전을 할 경우에는 발전기로 작동하는 장치이다. 주행 중 감속할 때 발생하는 운동에너지를 전기에너지로 전환하여 배터리를 충전한다(회생제동). 소프트랜딩제어는 엔진정지 시 진동을 최소화하는 기능이다.

정답 68 ③ 69 ③ 70 ① 71 ④

72 운행자동차의 전조등시험기측정 시 광도 및 광축을 확인하는 방법으로 틀린 것은?

① 타이어공기압을 표준공기압으로 한다.
② 광축측정 시 엔진 공회전상태로 한다.
③ 적차상태로 서서히 진입하면서 측정한다.
④ 4등식 전조등의 경우 측정하지 않는 등화는 발산하는 빛을 차단한 상태로 한다.

해설 전조등을 시험할 때 주의사항
- 타이어공기압을 표준공기압으로 한다.
- 엔진은 공회전상태로 한다.
- 자동차의 축전지는 완전충전상태로 한다.
- 자동차는 예비운전이 되어 있는 공차상태에 운전자 1인이 승차한 상태에서 측정한다.
- 4등식의 전조등의 경우에는 측정하지 아니하는 등화에서 발산하는 빛을 차단한 상태로 한다.

73 에어백시스템의 부품 중 고장 시 경고등이 점등되지 않는 것은?

① 에어백모듈
② 충돌감지센서
③ 클록스프링
④ 디퓨져스크린

74 배터리용량시험 시 주의사항으로 가장 거리가 먼 것은?

① 기름 묻은 손으로 테스터조작은 피한다.
② 시험은 약 10~15초 이내에 하도록 한다.
③ 전해액이 옷이나 피부에 묻지 않도록 한다.
④ 부하전류는 축전지용량의 5배 이상으로 조정하지 않는다.

해설 부하전류는 용량의 3배 이상으로 조정하지 않는다.

75 전조등검사 시 좌측전조등 주광축의 좌·우측 진폭은?

① 좌 30cm 이내, 우 30cm 이내
② 좌 15cm 이내, 우 15cm 이내
③ 좌 15cm 이내, 우 30cm 이내
④ 좌 30cm 이내, 우 15cm 이내

해설 좌측전조등 주광축의 좌·우측 진폭은 좌 15cm 이내, 우 30cm 이내이다.

76 에어컨시스템에서 저압측냉매압력이 규정보다 낮은 경우의 원인으로 가장 적절한 것은?

① 팽창밸브가 막힘
② 콘덴서냉각이 약함
③ 냉매량이 너무 많음
④ 에어컨시스템 내에 공기혼입

해설 팽창밸브가 막히면 저압 쪽의 냉매압력이 규정보다 낮아진다.

77 점화플러그 종류 중 저항플러그의 가장 큰 특징은?

① 불꽃이 강하다.
② 고속엔진에 적합하다.
③ 라디오의 잡음을 방지한다.
④ 플러그의 열방출이 우수하다.

해설 저항플러그는 점화플러그 내에 저항이 들어 있어 라디오의 잡음을 방지한다.

72 ③ 73 ④ 74 ④ 75 ③ 76 ① 77 ③ **정답**

78 자동차의 검사에서 전기장치의 검사 기준 및 방법에 해당되지 않는 것은?

① 전기배선의 손상여부를 확인한다.
② 배터리의 설치상태를 확인한다.
③ 배터리의 접속·절연상태를 확인한다.
④ 전기선의 허용전류량을 측정한다.

79 12V 50AH의 배터리에서 100A의 전류로 방전하여 비중 1.220으로 저하될 때까지의 소요시간은?

① 5분
② 10분
③ 20분
④ 30분

해설 $H = \dfrac{AH}{A}$
[H : 전기를 발생시킬 수 있는 시간, AH : 축전지용량, A : 방전전류]
∴ $\dfrac{50Ah}{100A} = 0.5h = 30min$

80 전자력에 대한 설명으로 틀린 것은?

① 전자력은 자계의 세기에 비례한다.
② 전자력은 도체의 길이, 전류의 크기에 비례한다.
③ 전자력은 자계방향과 전류의 방향이 평행일 때 가장 크다.
④ 전류가 흐르는 도체 주위에 자극을 놓았을 때 발생하는 힘이다.

해설 전자력은 자계방향과 전류의 방향이 직각일 때 가장 크다.

1회 자동차정비산업기사 필기시험

2017. 3. 5. 시행

01 하중 30kN을 지지하는 훅볼트의 미터나사크기로 적절한 것은?(단, 나사재질의 허용응력은 60MPa이고, 나사의 골지름은 '$d_1=0.8\times$바깥지름'이다)

① M20　② M24
③ M28　④ M32

해설 $d=\sqrt{\dfrac{2W}{\sigma\alpha}}$

[d : 볼트의 지름, W : 하중, $\sigma\alpha$: 허용응력]

∴ $\sqrt{\dfrac{2\times30\times1000}{60}}=3.16$

따라서 M32를 선택한다.

02 다음 중 기어의 언더컷이 발생하는 원인으로 옳은 것은?

① 잇수가 많을 때
② 이 끝이 둥글 때
③ 잇수비가 아주 클 때
④ 이 끝 높이가 낮을 때

해설 언더컷은 이의 간섭으로 이 끝부분이 이뿌리 부분에 파고 들어갈 때 깎여지는 현상이며, 작은기어의 잇수가 매우 적거나 도는 잇수비가 매우 클 때 발생한다.

03 인장시험에 나타난 각 점 중 훅의 법칙(Hooke's law)이 적용되는 범위는?

① 비례한도　② 극한강도
③ 파단점　　④ 항복점

해설 훅의 법칙은 비례한도 이내에서 응력과 변형률이 정비례한다는 법칙이다.

04 2개의 너트를 사용하여 충분히 죈 후 안쪽의 너트를 풀어 너트의 풀림을 방지하는 방법은?

① 2줄나사에 의한 방법
② 로크너트에 의한 방법
③ 멈춤나사에 의한 방법
④ 자동죔너트에 의한 방법

해설 로크너트에 의한 방법
2개의 너트를 사용하여 바깥쪽 너트를 스패너로 고정한 후 너트를 다른 스패너로 풀리는 방향으로 돌리고 조여 너트의 풀림을 방지하는 것

05 용접봉 피복제의 역할이 아닌 것은?

① 아크를 안정시킨다.
② 용착금속의 급냉을 방지한다.
③ 용착금속의 탈산·정련작용을 한다.
④ 용융점이 높은 슬래그를 많이 만든다.

해설 피복제의 역할
- 용착금속의 탈산 및 정련작용을 한다.
- 용적(Globule)을 미세화하고, 용착효율을 높인다.
- 대기 중의 산소나 질소의 침입을 방지하고 용착금속을 보호한다.
- 아크를 안정되게 하며, 용융점이 낮은 가벼운 슬래그(Slag)를 만든다.
- 용착금속의 응고와 냉각속도를 지연시킨다.
- 슬래그 제거가 쉽고, 파형이 고운 비드(Bead)를 만든다.

정답　01 ④　02 ③　03 ①　04 ②　05 ④

06 속이 빈 모양의 목형을 주형 내부에서 지지할 수 있도록 목형에 덧붙여 만든 돌출부는?

① 라운딩(Rounding)
② 코어프린트(Core Print)
③ 목형기울기(Draft Taper)
④ 보정여유(Compensation Allowance)

해설 코어프린트
속이 빈 모양의 목형을 주형 내부에서 지지할 수 있도록 코어의 위치를 정하거나, 주형에 쇳물을 부었을 때 쇳물의 부력으로 코어가 움직이지 않도록 하거나 또는 코어에서 발생하는 가스를 배출하기 위해 부착한다.

07 회주철의 일반적인 탄소함량은?

① 2~4%   ② 1~1.5%
③ 1.5~2%   ④ 3.0~3.6%

해설 탄소함유량이 3~5%이면 회주철로 분류한다.

08 압력제어밸브가 아닌 것은?

① 교축밸브
② 감압밸브
③ 릴리프밸브
④ 무부하밸브

해설 압력제어밸브의 종류
감압밸브, 릴리프밸브, 무부하밸브, 시퀀스밸브, 카운터밸런스밸브 등

09 강의 표면에 Al을 침투시켜 내식성을 증가시키는 침투법은?

① 크로마이징(Chromizing)
② 칼로라이징(Calorizing)
③ 보로나이징(Boronizing)
④ 실리코나이징(Siliconizing)

해설
• 실리코나이징 : Si 침투
• 크로마이징 : Cr 침투
• 세라다이징 : Zn 침투
• 칼로라이징 : Al 침투

10 충격응력에 대한 설명으로 옳은 것은?

① 체적에 비례한다.
② 재료의 탄성계수에 반비례한다.
③ 운동에너지를 증가시킴으로써 응력이 감소한다.
④ 단면적이나 길이를 증가시킴으로써 응력이 감소한다.

11 유압의 특성에 대한 설명으로 틀린 것은?

① 과부하에 대한 안정장치가 필요하다.
② 작은 힘으로 큰 출력을 얻을 수 있다.
③ 열 발생에 대한 냉각장치가 필요 없다.
④ 힘과 속도를 자유롭게 변속시킬 수 있다.

해설 열의 냉각장치(오일쿨러)를 필요로 한다.

12 압출가공에 관한 설명으로 틀린 것은?

① 속이 빈 용기의 생산에는 충격압출이 적합하다.
② 납파이프나 건전지케이스의 생산에 적합하다.
③ 단면의 형태가 다양한 직선과 곡선 제품의 생산이 가능하다.
④ 압출에 의한 표면결함은 소재온도가 가공속도를 늦춤으로써 방지할 수 있다.

해설 압출가공은 컨테이너 속에 있는 재료를 램으로 눌러 빼는 가공방법으로 봉, 선, 파이프 등의 제작에서 사용된다.

정답 06 ② 07 ④ 08 ① 09 ② 10 ④ 11 ③ 12 ③

13 비교측정의 표준이 되는 게이지는?

① 한계게이지
② 센터게이지
③ 게이지블록
④ 마이크로미터

[해설] 게이지블록은 공업용으로 사용되는 여러 가지 측정기구의 비교측정의 표준이 되는 게이지이며, 직사각형의 강편이다.

14 저널과 베어링이 직접 미끄럼에 의해 접촉을 하는 베어링은?

① 슬라이딩베어링
② 롤러베어링
③ 니들베어링
④ 볼베어링

15 그림과 같은 외팔보에 2kN의 집중하중이 작용할 때, 지지점 A에서의 굽힘응력은 약 몇 MPa인가?(단, 길이 50cm, 8.5cm×8.5cm)

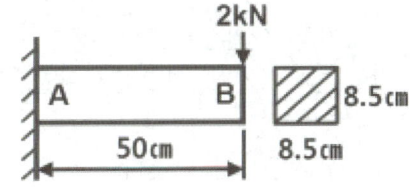

① 2.44
② 4.88
③ 9.77
④ 19.54

[해설] $Q_{max} = \dfrac{6P\ell}{bh^2}$

[P : 하중, ℓ : 보의 길이, b : 보의 너비, h : q=보의 높이]

∴ $\dfrac{6 \times 2 \times 1000 \times 50}{8.5 \times 8.5^2 \times 100} = 9.77$MPa

16 선반작업에서 공작물의 지름D(mm), 1분간의 회전수 N(r/min)일 때, 절삭속도 V(m/min)는?

① $V = \pi DN$
② $V = \dfrac{\pi DN}{1000}$
③ $V = \dfrac{\pi D}{1000N}$
④ $V = \dfrac{\pi N}{1000D}$

[해설] 절삭속도 $V = \dfrac{\pi DN}{1000}$

17 원심펌프에서 송출압력 0.2N/mm², 흡입진공압력 0.05N/mm², 압력계와 진공계 사이의 높이차가 600mm일 때, 펌프의 전양정(m)은?(단, 흡입관과 송출관의 지름은 같다)

① 16.5
② 26.1
③ 30.6
④ 36.3

[해설] $H = \dfrac{Pd = Ps}{\gamma} + y$

[H : 전양정, Pd : 송출압력, Ps : 흡입진공압력, γ : 물의 비중량(9800N/m³), y : 압력계와 진공계 사이의 높이 차이]

∴ $\dfrac{(0.2+0.05) \times 10^6}{9800} + 0.6 = 26.1$m

18 비틀림모멘트(T)와 휨모멘트(M)를 동시에 받는 재료의 상당비틀림모멘트(Te)는?

① $M\sqrt{1+(T/M)^2}$
② $T\sqrt{1+(T/M)^2}$
③ $\sqrt{M^2+2T^2}$
④ $\sqrt{(M+T)^2}$

19 다음 특징을 갖는 금속은?

- 비중이 4.5정도이다.
- 단조 및 열간가공이 가능하다.
- 스테인리스강과 비슷한 내식성이 있다.

① 니켈(Ni) ② 구리(Cu)
③ 아연(Zn) ④ 티탄(Ti)

20 그림의 단식블록브레이크에서 브레이크에 가해지는 힘(F)은?(단, W는 브레이크드럼과 브레이크블록 사이에 작용하는 힘, μ는 마찰계수, f는 마찰력이다)

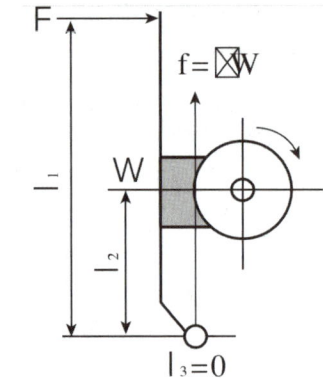

① $F = \dfrac{\mu W \ell_2}{\ell_1}$

② $F = \dfrac{W \ell_1}{\ell_2}$

③ $F = \dfrac{W \ell_2}{\ell_1}$

④ $F = \dfrac{\mu W \ell_1}{\ell_2}$

21 전자제어디젤엔진의 제어모듈(ECU)로 입력되는 요소가 아닌 것은?

① 가속페달의 개도
② 기관회전속도
③ 연료분사량
④ 흡기온도

22 실린더 압축압력시험에 대한 설명으로 틀린 것은?

① 압축압력시험은 엔진을 크랭킹하면서 측정한다.
② 습식시험은 실린더에 엔진오일을 넣은 후 측정한다.
③ 건식시험에서 실린더압축압력이 규정값보다 낮게 측정되면 습식시험을 실시한다.
④ 습식시험 결과 압축압력의 변화가 없으면 실린더 벽 및 피스톤링의 마멸로 판정할 수 있다.

> **해설** 습식압축압력시험에서 변화가 없으면 밸브불량, 실린더헤드개스킷의 파손, 실린더헤드의 변형 등으로 판정한다.

23 디젤엔진의 노크방지법으로 옳은 것은?

① 착화지연기간이 짧은 연료를 사용한다.
② 분사초기에 연료분사량을 증가시킨다.
③ 흡기온도를 낮춘다.
④ 압축비를 낮춘다.

> **해설** 디젤엔진의 노크방지법
> - 세탄가가 높은 연료를 사용한다.
> - 압축비, 압축압력, 압축온도를 높게 한다.
> - 실린더 벽의 온도를 높게 유지한다.
> - 흡기온도 및 압력을 높게 유지한다.
> - 연료의 분사시기를 알맞게 조정한다.
> - 착화지연기간 중에 연료분사량을 적게 한다.
> - 착화지연기간을 짧게 한다.

24 수랭식엔진과 비교한 공랭식엔진의 장점으로 틀린 것은?

① 구조가 간단하다.
② 냉각수 누수염려가 없다.
③ 단위출력당중량이 무겁다.
④ 정상작동온도에 도달하는 데 소요되는 시간이 짧다.

해설 마력당중량이 가볍다.

25 LPG엔진에서 주행 중 사고로 인해 봄베 내의 연료가 급격히 방출되는 것을 방지하는 밸브는?

① 체크밸브
② 과류방지밸브
③ 액·기상 솔레노이드밸브
④ 긴급차단 솔레노이드밸브

26 밸브스프링의 공진현상을 방지하는 방법으로 틀린 것은?

① 2중스프링을 사용한다.
② 원뿔형스프링을 사용한다.
③ 부등피치스프링을 사용한다.
④ 밸브스프링의 진동수를 높인다.

해설 밸브스프링의 서징방지방법
- 원뿔형스프링을 사용한다.
- 양정 내에서 충분한 스프링정수를 얻도록 한다.
- 부등피치스프링을 사용한다.
- 2중스프링을 사용한다.

27 운행차 배출가스정밀검사 무부하검사방법에서 경유자동차 매연측정방법에 대한 설명으로 틀린 것은?

① 광투과식매연측정기 시료채취관을 배기관 벽면으로부터 5mm 이상 떨어지도록 설치하고 20cm 정도의 깊이로 삽입한다.
② 배출가스측정값에 영향을 주거나 측정에 장애를 줄 수 있는 에어콘, 서리제거장치 등 부속장치를 작동하여서는 아니 된다.
③ 가속페달을 밟을 때부터 놓을 때까지의 소요시간은 4초 이내로 하고 이 시간 내에 매연농도를 측정한다.
④ 예열이 충분하지 아니한 경우에는 엔진을 충분히 예열시킨 후 매연농도를 측정하여야 한다.

해설 투과식매연측정기의 매연측정방법은 시료채취관을 5cm 정도의 깊이로 삽입한 후, 무부하 급가속모드는 가속페달을 최대로 밟아 엔진최고회전수에 도달, 4초간 유지 후 공회전상태에서 5~6초간 유지하는 과정을 3회 반복한다.

28 총 배기량이 160cc인 4행정기관에서 회전수 1800rpm, 도시평균유효압력이 87 kgf/cm²일 때 축마력이 22PS인 기관의 기계효율은 약 몇 %인가?

① 75
② 79
③ 84
④ 89

해설 $I_{PS} = \dfrac{PALRN}{75 \times 60}$

[I_{PS} : 도시마력(지시마력), P : 도시평균유효압력, A : 단면적, L : 피스톤행정, R : 기관회전속도 (4행정사이클=$R/2$, 2행정사이클=R), N : 실린더 수]

$\therefore \dfrac{87 \times 1800 \times 160}{75 \times 60 \times 2 \times 100} = 27.84 \text{PS}$

$\dfrac{제동마력}{도시마력} \times 100$

$\therefore \dfrac{22}{27.84} \times 100 = 79\%$

24 ③ 25 ② 26 ④ 27 ① 28 ②

29 자동차용 부동액으로 사용되고 있는 에틸렌글리콜의 특징으로 틀린 것은?

① 팽창계수가 작다.
② 비중은 약 1.11이다.
③ 도료를 침식하지 않는다.
④ 비등점은 약 197°C이다.

해설 팽창계수가 크다.

30 전자제어엔진에서 지르코니아방식 후방산소센서와 전방산소센서의 출력파형이 동일하게 출력된다면, 예상되는 고장부위는?

① 정상
② 촉매컨버터
③ 후방산소센서
④ 전방산소센서

31 디젤엔진의 연료분사량을 측정하였더니 최대분사량이 25cc이고, 최소분사량이 23cc, 평균분사량이 24cc이다. 분사량의(+)불균율은?

① 약 2.1% ② 약 4.2%
③ 약 8.3% ④ 약 8.7%

해설 $(+)불균율 = \dfrac{최대분사량 - 평균분사량}{평균분사량} \times 100$

$\therefore \dfrac{25-24}{24} \times 100 = 4.2\%$

32 디젤엔진에서 착화지연의 원인으로 틀린 것은?

① 높은 세탄가
② 압축압력 부족
③ 분사노즐의 후적
④ 지나치게 빠른 분사시기

해설 낮은 세탄가는 디젤엔진에서 착화를 지연시킨다.

33 전자제어가솔린엔진에서 패스트아이들 기능에 대한 설명으로 옳은 것은?

① 정차 시 시동꺼짐방지
② 연료계통 내 빙결방지
③ 냉간 시 웜업시간단축
④ 급감속 시 연료비등활성

34 검사유효기간이 1년인 정밀검사대상 자동차가 아닌 것은?

① 차령이 2년 경과된 사업용승합자동차
② 차령이 2년 경과된 사업용승용자동차
③ 차령이 3년 경과된 비사업용승합자동차
④ 차령이 4년 경과된 비사업용승용자동차

35 점화순서가 1-3-4-2인 기관에서 2번 실린더가 배기행정이면 1번실린더의 행정으로 옳은 것은?

① 흡입
② 압축
③ 폭발
④ 배기

해설 점화순서가 1-3-4-2인 기관에서 2번실린더가 배기행정을 하면 4번실린더는 흡입행정, 3번실린더는 압축행정, 1번실린더는 폭발행정을 한다.

36 냉각수온도센서의 역할로 틀린 것은?

① 기본연료분사량 결정
② 냉각수온도 계측
③ 연료분사량 보정
④ 점화시기 보정

해설 수온센서는 냉각수온도를 계측하여 ECU로 입력시키면 점화시기 보정 및 연료분사량 보정에 이용한다.

37 최적의 점화시기를 의미하는 MBT(Minimum Spark Advance for Best Torque)에 대한 설명으로 옳은 것은?

① BTDC, 약 10°~15° 부근에서 최대폭발압력이 발생되는 점화시기
② ATDC, 약 10°~15° 부근에서 최대폭발압력이 발생되는 점화시기
③ BBDC, 약 10°~15° 부근에서 최대폭발압력이 발생되는 점화시기
④ ABDC, 약 10°~15° 부근에서 최대폭발압력이 발생되는 점화시기

38 실린더안지름이 80mm, 행정이 78mm인 기관의 회전속도가 2500rpm일 때 4사이클 4실린더 엔진의 SAE마력은 약 몇 PS인가?

① 9.7
② 10.2
③ 14.1
④ 15.9

해설 $SAE 마력 = \dfrac{D^2 N}{1613}$
[D : 실린더 내경, N : 실린더 수]
$\therefore \dfrac{80^2 \times 4}{1613} = 15.9 PS$

39 내연기관의 열역학적사이클에 대한 설명으로 틀린 것은?

① 정적사이클을 오토사이클이라고도 한다.
② 정압사이클을 디젤사이클이라고도 한다.
③ 복합사이클을 사바테사이클이라고도 한다.
④ 오토, 디젤, 사바테사이클 이외의 사이클은 자동차용 엔진에 적용하지 못한다.

40 전자제어 연료분사장치에서 인젝터 분사시간에 대한 설명으로 틀린 것은?

① 급감속할 경우에 연료분사가 차단되기도 한다.
② 배터리전압이 낮으면 무효 분사 시간이 길어진다.
③ 급가속할 경우에 순간적으로 분사시간이 길어진다.
④ 지르코니아 산소센서의 전압이 높으면 분사시간이 길어진다.

해설 산소센서의 전압이 높아지면 혼합비가 농후한 상태이므로 인젝터 분사시간이 짧아진다.

41 적재차량의 앞축중이 1500kg, 차량총중량이 3200kg, 타이어허용하중이 850kg인 앞 타이어의 부하율은 약 몇 %인가? (단, 앞 타이어 2개, 뒤 타이어 2개, 접지폭 13cm)

① 78 ② 81
③ 88 ④ 91

해설 타이어 부하율(%)
$= \dfrac{\text{적차(또는 공차)시 전(또는 후)륜의 분담하중}}{\text{전(또는 후)륜의 타이어 허용하중} \times \text{전(또는 후) 타이어의 개수}} \times 100$

$\therefore \dfrac{1500}{850 \times 2} \times 100 = 88\%$

42 앞바퀴 얼라인먼트검사를 할 때 예비점검사항이 아닌 것은?

① 타이어상태
② 차축휨상태
③ 킹핀마모상태
④ 조향핸들유격상태

43 전자제어제동장치(ABS)에서 페일세이프(Fail Safe) 상태가 되면 나타나는 현상은?

① 모듈레이터 모터가 작동된다.
② 모듈레이터 솔레노이드밸브로 전원을 공급한다.
③ ABS기능이 작동되지 않아서 주차브레이크가 자동으로 작동된다.
④ ABS기능이 작동되지 않아도 평상시(일반) 브레이크는 작동된다.

44 전자제어현가장치 제어모듈의 입·출력 요소가 아닌 것은?

① 차속센서
② 조향각센서
③ 휠스피드센서
④ 가속페달스위치

해설 전자제어현가장치의 입력되는 신호에는 차속센서, 차고센서, 조향핸들 각속도센서, 스로틀포지션센서, G센서, 전조등릴레이신호, 발전기L단자신호, 브레이크압력스위치신호, 도어스위치신호, 공기압축기릴레이신호 등이 있다.

45 자동차의 휠얼라인먼트에서 캠버의 역할은?

① 제동효과상승
② 조향바퀴에 동일한 회전수유도
③ 하중으로 인한 앞차축의 휨방지
④ 주행 중 조향바퀴에 방향성부여

해설 캠버는 수직하중에 의한 앞차축의 휨을 방지하고, 조향조작력을 향상시키며 회전반지름을 작게 한다.

46 브레이크라이닝 표면이 과열되어 마찰계수가 저하되고 브레이크 효과가 나빠지는 현상은?

① 페이드
② 캐비테이션
③ 언더스티어링
④ 하이드로플래닝

해설 페이드(Fade)현상은 브레이크라이닝 표면이 과열되어 마찰계수가 저하되고 브레이크효과가 나빠지는 현상이다.

47 차체의 롤링을 방지하기 위한 현가부품으로 옳은 것은?

① 로워암
② 컨트롤암
③ 쇽업소버
④ 스테빌라이저

해설 스테빌라이저
독립현가장치에서 사용하는 일종의 토션바스프링이며, 자동차가 선회할 때 롤링을 작게 하고 평형상태를 유지시킨다.

48 자동변속기 토크컨버터에서 스테이터의 일방향클러치가 양방향으로 회전하는 결함이 발생했을 때, 차량에 미치는 현상은?

① 출발이 어렵다.
② 전진이 불가능하다.
③ 후진이 불가능하다.
④ 고속주행이 불가능하다.

49 브레이크장치의 프로포셔닝밸브에 대한 설명으로 옳은 것은?

① 바퀴의 회전속도에 따라 제동시간을 조절한다.
② 바깥 바퀴의 제동력을 높여서 코너링포스를 줄인다.
③ 급제동 시 앞바퀴보다 뒷바퀴가 먼저 제동되는 것을 방지한다.
④ 선회 시 조향안정성확보를 위해 앞바퀴의 제동력을 높여준다.

해설 프로포셔닝밸브는 마스터실린더와 휠실린더 사이에 설치되어 있으며, 제동력 배분을 앞바퀴보다 뒷바퀴를 작게 하여 바퀴의 고착을 방지한다.

50 전자제어 동력조향장치에 대한 설명으로 틀린 것은?

① 동력조향장치에는 조향기어가 필요없다.
② 공전과 저속에서 조향핸들조작력이 작다.
③ 솔레노이드밸브를 통해 오일탱크로 복귀되는 오일량을 제어한다.
④ 중속 이상에서는 차량속도에 감응하여 조향핸들조작력을 변화시킨다.

51 내경이 40mm인 마스터실린더에 20N의 힘이 작용했을 때 내경이 60mm인 휠실린더에 가해지는 제동력은 약 몇 N인가?

① 30
② 45
③ 60
④ 75

해설 $Bp = \dfrac{Wa}{Ma} \times Wp$

[Bp : 휠실린더에 작용하는 힘,
Wa : 휠실린더피스톤 단면적,
Ma : 마스터실린더 단면적,
Wp : 휠실린더피스톤에 가하는 힘]

$\therefore \dfrac{0.785 \times 6^2}{0.785 \times 4^2} \times 20\text{N} = 45\text{N}$

52 차량주행 중 발생하는 수막현상(하이드로플래닝)의 방지책으로 틀린 것은?

① 주행속도를 높게 한다.
② 타이어공기압을 높게 한다.
③ 리브패턴타이어를 사용한다.
④ 트레드마모가 적은 타이어를 사용한다.

해설 타이어공기압력을 높이고, 주행속도를 낮춘다.

53 자동차 제동성능에 영향을 주는 요소가 아닌 것은?

① 여유동력
② 제동초속도
③ 차량총중량
④ 타이어의 미끄럼비

54 전자제어제동장치인 EBD(Electronic Brake Force Distribution) 시스템의 효과로 틀린 것은?

① 적재용량 및 승차인원에 관계없이 일정하게 유압을 제어한다.
② 뒷바퀴의 제동력을 향상시켜 제동거리가 짧아진다.
③ 프로포셔닝밸브를 사용하지 않아도 된다.
④ 브레이크페달을 밟는 힘이 감소된다.

49 ③ 50 ① 51 ② 52 ① 53 ① 54 ① **정답**

해설 전자제동분배장치(EBD)는 앞·뒷바퀴에 제동압력을 이상적으로 배분하기 위하여 제동라인에 솔레노이드밸브를 설치하여 제동압력을 전자적으로 제어함으로써 급제동할 때 스핀방지 및 제동성능을 향상시키는 장치이다. ①번에서 유압을 일정하게 한다는 말과 제동압력을 제어한다는 것은 다르다.

55 무단변속기(CVT)의 특징으로 틀린 것은?

① 가속성능을 향상시킬 수 있다.
② 연료소비율을 향상시킬 수 있다.
③ 변속에 의한 충격을 감소시킬 수 있다.
④ 일반자동변속기 대비 연비가 저하된다.

해설 일반자동변속기의 변속 시 발생하는 토크다운이 없어 연비가 향상된다.

56 토크컨버터의 펌프회전수가 2800rpm이고, 속도비가 0.6, 토크비가 4일 때의 효율은?

① 0.24
② 2.4
③ 0.34
④ 3.4

해설 $\eta t = Sr \times Tr$
[ηt : 토크컨버터 효율, Sr : 속도비, Tr : 토크비]
∴ $0.6 \times 4 = 2.4$

57 기관의 동력을 주행 이외의 용도에 사용할 수 있도록 하는 동력인출장치(Power Take Off)로 틀린 것은?

① 윈치구동장치
② 차동기어장치
③ 소방차 물펌프구동장치
④ 덤프트럭 유압펌프구동장치

58 6속DCT(Double Clutch Transmission)에 대한 설명으로 옳은 것은?

① 클러치페달이 없다.
② 변속기제어모듈이 없다.
③ 동력을 단속하는 클러치가 1개이다.
④ 변속을 위한 클러치 액추에이터가 1개이다.

해설 DCT는 연비향상과 더불어 수동변속기가 갖고 있는 스포티한 주행성능과 자동변속기의 편리한 운전성능을 동시에 갖는다.

59 릴리스레버 대신 원판의 스프링을 이용하고, 레버 높이를 조정할 필요가 없는 클러치커버의 종류는?

① 오번 형
② 이너레버 형
③ 다이어프램 형
④ 아우터레버 형

60 차량 주행 시 조향핸들이 한쪽으로 쏠리는 원인으로 틀린 것은?

① 조향핸들의 축방향유격이 크다.
② 좌·우 타이어의 공기압력이 서로 다르다.
③ 앞차축 한쪽의 현가스프링이 절손되었다.
④ 뒤차축이 차의 중심선에 대하여 직각이 아니다.

해설 조향핸들이 한쪽 방향으로 쏠리는 원인
• 한쪽 휠실린더의 작동이 불량하다.
• 브레이크라이닝 간극의 조정이 불량하다.
• 쇽업소버의 작동이 불량하다.
• 뒤차축이 차량의 중심선에 대하여 직각이 되지 않는다.
• 타이어 공기압력이 불균일하다.
• 앞바퀴정렬(얼라인먼트)이 불량하다.

정답 55 ④ 56 ② 57 ② 58 ① 59 ③ 60 ①

61 다음 회로에서 전류(A)와 소비전력(W)은?

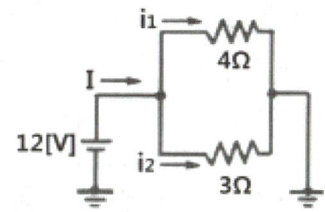

① I=0.58A, P=5.8W
② I=5.8A, P=58W
③ I=7A, P=84W
④ I=70A, P=840W

해설 $\frac{1}{R}=\frac{1}{4}+\frac{1}{3}=\frac{7}{12}$ ∴ $R=\frac{7}{12}\Omega$

$I=\frac{E}{R}=\frac{12\times 7}{12}=7A$

$P=EI=12V\times 7A=84W$

62 자동차 전자제어모듈 통신방식 중 고속 CAN통신에 대한 설명으로 틀린 것은?

① 진단장비로 통신라인의 상태를 점검할 수 있다.
② 차량용통신으로 적합하나 배선수가 현저하게 많아진다.
③ 제어모듈 간의 정보를 데이터 형태로 전송할 수 있다.
④ 종단저항값으로 통신라인의 이상유무를 판단할 수 있다.

해설 차량용통신으로 적합하고, 배선수를 현저하게 감소시킬 수 있다.

63 차량전기배선의 색 표기 방법으로 틀린 것은?

① Y – 노랑   ② B – 갈색
③ W – 흰색   ④ R – 빨강

해설 Br – 갈색

64 자동차에 사용되는 에어컨리시버드라이어의 기능으로 틀린 것은?

① 액체냉매저장
② 냉매압축송출
③ 냉매의 수분제거
④ 냉매의 기포분리

65 광전소자레인센서가 적용된 와이퍼장치에 대한 설명으로 틀린 것은?

① 발광다이오드로부터 초음파를 방출한다.
② 레인센서를 통해 빗물의 양을 감지한다.
③ 발광다이오드와 포토다이오드로 구성된다.
④ 빗물의 양에 따라 알맞은 속도로 와이퍼모터를 제어한다.

해설 레인센서는 발광다이오드(LED)와 포토다이오드에 의해 비의 양을 검출한다. 레인센서는 유리투과율을 스스로 보정하는 서보회로가 설치되어 있어 앞 창유리의 투과율에 관계없이 일정하게 빗물을 검출하는 기능이 있다. 또한 발광다이오드로부터 적외선이 방출되면 유리표면의 빗물에 의해 반사되어 돌아오는 적외선을 포토다이오드가 검출하여 비의 양을 검출한다.

66 방향지시등의 이상현상에 대한 설명으로 틀린 것은?

① 하나의 램프단선 시 점멸주기가 달라질 수 있다.
② 회로의 저항이 클 때 점멸주기가 달라질 수 있다.
③ 방향지시등 스위치불량 시 점멸주기가 달라질 수 있다.
④ 방향지시등 릴레이(플래셔유닛)불량 시 모든 방향지시등 작동이 불량하다.

61 ③ 62 ② 63 ② 64 ② 65 ① 66 ③ 정답

해설 방향지시등 스위치가 불량하면 모든 방향지시등 작동이 불량해진다.

67 크랭킹(크랭크축은 회전)은 가능하나 기관이 시동되지 않는 원인으로 틀린 것은?

① 점화장치 불량
② 알터네이터 불량
③ 메인릴레이 불량
④ 연료펌프작동 불량

해설 알터네이터(발전기)가 불량하면 배터리충전 및 각종 전장부품의 작동이 안 된다.

68 자동차 및 자동차부품의 성능과 기준에 관한 규칙에서 자동차 전기장치의 안전기준으로 틀린 것은?

① 차실 안의 전기단자 및 전기개폐기는 적절히 절연물질로 덮어 씌워야 한다.
② 자동차의 전기배선은 모두 절연물질로 덮어씌우고, 차체에 고정시켜야 한다.
③ 차실 안에 설치하는 축전지는 여유공간부족 시 절연물질로 덮지 않아도 무관하다.
④ 축전지는 자동차의 진동 또는 충격 등에 의하여 이완되거나 손상되지 않도록 고정시켜야 한다.

해설 축전지는 자동차의 진동 또는 충격 등에 의하여 이완되거나 손상되지 아니하도록 고정시키고, 차실 안에 설치하는 축전지는 절연물질로 덮어씌운다.

69 충전불량으로 입고된 차량의 점검항목으로 틀린 것은?

① 벨트장력
② 충전전류
③ 메인퓨즈블 링크상태
④ 엔진구동 시 배터리비중

70 12V 60AH 배터리가 방전되어 정전류충전법으로 보충전하려고 할 때, 표준충전전류값은?(단, 배터리는 20시간율 용량이다)

① 3A
② 6A
③ 9A
④ 12A

해설 정전류충전의 표준충전전류는 축전지용량의 10%이므로 60AH×0.1=6A이다.

71 점화장치의 파워트랜지스터 불량 시 발생하는 고장현상이 아닌 것은?

① 주행 중 엔진이 정지한다.
② 공전 시 엔진이 정지한다.
③ 엔진크랭킹이 되지 않는다.
④ 점화불량으로 시동이 안 걸린다.

72 리모컨으로 도어잠금 시 도어는 모두 잠기나 경계진입모드가 되지 않는다면 고장원인은?

① 리모컨수신기 불량
② 트렁크 및 후드의 열림스위치 불량
③ 도어 록·언록 액추에이터 내부모터 불량
④ 제어모듈과 수신기 사이의 통신선접촉 불량

정답 67 ② 68 ③ 69 ④ 70 ② 71 ③ 72 ②

해설 도난방지차량에서 경계상태가 되기 위한 입력요소는 후드스위치, 트렁크스위치, 도어스위치 등이다.

73 배터리세이버기능에서 입력신호로 틀린 것은?

① 미등스위치
② 와이퍼스위치
③ 운전석도어스위치
④ 키인(Key In)스위치

74 점화장치에서 드웰시간이란?

① 파워TR 베이스전원이 인가되어 있는 시간
② 점화2차코일에 전류가 인가되어 있는 시간
③ 파워TR이 OFF에서 ON이 될 때까지의 시간
④ 스파크플러그에서 불꽃방전이 이루어지는 시간

75 자동차의 전자동에어컨장치에 적용된 센서 중 부특성저항방식이 아닌 것은?

① 일사량센서   ② 내기온도센서
③ 외기온도센서 ④ 증발기온도센서

해설 일사량센서는 광전도특성을 가지는 포토다이오드를 이용하며 햇빛의 양에 비례하여 출력전압이 상승하는 특징이 있다.

76 기동전동기의 전기자코일과 전기자철심이 단락되지 않도록 사용하는 절연체가 아닌 것은?

① 운모   ② 종이
③ 알루미늄   ④ 합성수지

해설 기동전동기의 전기자코일과 전기자철심이 단락되지 않도록 사용하는 절연체로는 운모, 종이, 합성수지 등이다.

77 반도체의 장점이 아닌 것은?

① 수명이 길다.
② 소형이고 가볍다.
③ 내부전력손실이 적다.
④ 온도상승 시 특성이 좋아진다.

해설 반도체의 단점
• 온도가 상승하면 그 특성이 매우 나빠진다.
• 역방향으로 전압을 가했을 때의 허용한계가 매우 낮다.
• 정격값 이상 되면 파괴되기 쉽다.

78 하드타입 하이브리드구동모터의 주요기능으로 틀린 것은?

① 출발 시 전기모드주행
② 가속 시 구동력증대
③ 감속 시 배터리충전
④ 변속 시 동력차단

79 자동차검사기준 및 방법에서 전조등검사에 관한 사항으로 틀린 것은?

① 전조등의 변환빔을 측정하여야 한다.
② 공차상태에서 운전자 1인이 승차하여 검사를 시행한다.
③ 전조등시험기로 전조등의 광도와 주광축의 진폭을 측정한다.
④ 긴급자동차 등 부득이한 사유가 있는 경우에는 적차상태에서 검사를 시행할 수 있다.

정답 73 ② 74 ① 75 ① 76 ③ 77 ④ 78 ④ 79 ①

해설 전조등을 시험할 때 주의사항
- 엔진은 공회전상태로 한다.
- 자동차의 축전지는 완전충전상태로 한다.
- 자동차는 예비운전이 되어 있는 공차상태에 운전자 1인이 승차한 상태에서 측정한다.
- 4등식의 전조등의 경우에는 측정하지 아니하는 등화에서 발산하는 빛을 차단한 상태로 한다.
- 타이어공기압을 표준공기압으로 한다.

80 점화플러그의 구비조건으로 틀린 것은?

① 내열성이 작아야 한다.
② 열전도성이 좋아야 한다.
③ 기밀이 잘 유지되어야 한다.
④ 전기적절연성이 좋아야 한다.

해설 내열성, 기계적강도 및 내식성이 커야 한다.

2회 자동차정비산업기사 필기시험

2017. 5. 7. 시행

01 축이음에서 두 축 중심이 약간 어긋나 있거나 축 중심선을 맞추기 곤란할 때 이를 보완하기 위하여 사용하는 축이음은?

① 머프커플링
② 셀러커플링
③ 플렉시블커플링
④ 마찰원통커플링

해설 플렉시블(올덤)커플링은 두 축이 평행하고 두 축의 중심선이 약간 어긋난 경우에 각속도의 변화 없이 토크를 전달시키려고 할 때 사용한다.

02 측정기 내의 기포를 이용하여 측정면의 미소한 경사를 측정하는 것은?

① 수준기
② 사인바
③ 컴비네이션세트
④ 오토콜리메이터

해설 수준기는 기포관을 갖추어 기포가 중앙에 있을 때 수평을 측정할 수 있는 계기이며, 수평면 또는 연직면을 결정하거나, 거기에서 매우 작은 치우침을 검출할 때 사용한다.

03 Ni-Cu계 합금 중 내식성 및 내열성이 우수하므로 화학기계, 광산기계, 증기터빈의 날개 등에 주로 이용되는 합금은?

① 켈밋   ② 포금
③ 모넬메탈   ④ 델타메탈

해설
- 켈밋 : 구리에 납을 30~40% 첨가한 베어링 합금
- 포금(건메탈) : 구리(88%), 주석(10%), 아연(2%)의 합금
- 모넬메탈 : 강도가 높고, 내열성가공성, 용접성, 내식성이 우수하며 광산기계, 증기터빈의 날개 등에 주로 이용된다.
- 델타메탈 : 6·4 황동에 1~2%의 철을 첨가한 것

04 2500rpm으로 회전하면서 25kW를 전달하는 전동축의 비틀림모멘트는 약 몇 N·m인가?

① 7.5   ② 9.6
③ 70.2   ④ 95.5

해설 $T = \dfrac{974 \times H_{kW} \times 9.8}{R}$

[T : 축의 전달토크, H_{kW} : 전달마력, R : 회전수]

∴ $\dfrac{974 \times 25 \times 9.8}{2500} = 95.5 \text{N} \cdot \text{m}$

05 다이캐스팅을 이용한 제품생산의 설명으로 틀린 것은?

① 단면이 얇은주물의 주조가 가능하다.
② 균일한 제품의 연속주조가 불가능하다.
③ 마그네슘, 알루미늄합금의 대량생산용으로 적합하다.
④ 정밀도가 좋아서 제품의 표면이 양호하고 후가공이 적다.

해설 제품이 균일하게 되므로 다듬질할 필요가 전혀 없으며, 1개의 금형으로 많은 양의 주조가 가능하여 주조속도가 빨라 대량생산에 적합하다.

정답 01 ③ 02 ① 03 ③ 04 ④ 05 ②

06 브레이크드럼에 500N·m의 토크가 작용하고 있을 때, 축을 정지시키는데 필요한 접선방향 제동력은 몇 N인가?(단, 브레이크드럼의 지름은 500mm이다)

① 3000 ② 2500
③ 2000 ④ 1500

해설 $f = \dfrac{2T}{D}$

[f : 제동력, T : 드럼에 작용하는 토크, D : 드럼의 지름]

∴ $\dfrac{2 \times 500 \times 1000}{500} = 2000\text{N}$

07 스폿(Spot)용접에 대한 설명으로 옳은 것은?

① 가압력이 필요없다.
② 가스용접의 일종이다.
③ 알루미늄용접이 불가능하다.
④ 로봇을 이용한 자동화가 용이하다.

해설 점용접의 특징
• 표면이 평평하고 외관이 아름답다.
• 재료가 절약되고, 변형발생이 작다.
• 구멍을 가공할 필요가 없다.
• 로봇을 이용한 자동화가 용이하다.

08 외팔보의 자유단에 집중하중 W가 작용할 때, 작용하는 하중의 전단력선도는?

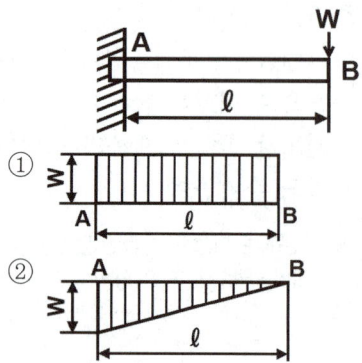

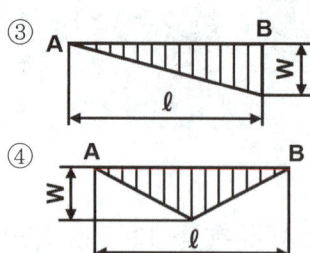

09 배관 및 밸브에서 급격한 서지압력을 방지하기 위해 설치하는 것은?

① 디퓨저
② 액셀러레이터
③ 액추에이터
④ 어큐뮬레이터

해설 어큐뮬레이터(축압기)는 유압유저장용의 용기이며 기능은 유압에너지압력의 맥동제거, 서지압력방지, 압력보상, 충격완화, 에너지저장, 유압을 일정하게 유지하는 것 등이다.

10 펌프의 송출압력이 90N/m, 송출량이 60L/min인 유압펌프의 펌프동력은 약 몇 W인가?

① 700 ② 800
③ 900 ④ 1000

해설 $H_{kW} = \dfrac{PQ}{102 \times 60}$

[H_{kW} : 출력, P : 펌프의 송출압력, Q : 유량]

∴ $\dfrac{90 \times 60 \times 1000}{102 \times 60 \times 100 \times 9.8} = 0.9\text{kW} = 900\text{W}$

11 재료의 성질을 나타내는 세로탄성계수(E)의 단위는?

① N ② N/m^2
③ N·m ④ N/m

해설 세로탄성계수(영률 E)의 단위는 N/m^2이다.

12 패킹재료의 구비조건이 아닌 것은?

① 내열성이 높아야 한다.
② 부식성이 높아야 한다.
③ 내구성이 높아야 한다.
④ 유연성이 높아야 한다.

해설 패킹재료는 내열성, 내부식성, 내구성, 유연성이 높아야 한다.

13 표준스퍼기어에서 이의 크기를 결정하는 기준 항목이 아닌 것은?

① 모듈
② 지름피치
③ 원주피치
④ 피치원지름

해설 표준스퍼기어에서 이의 크기를 결정하는 기준항목은 모듈, 지름피치, 원주피치이다.

14 선반에서 베드(Bed)의 구비조건이 아닌 것은?

① 마모성이 클 것
② 직진도가 높을 것
③ 가공정밀도가 높을 것
④ 강성 및 방진성이 있을 것

해설 선반베드의 구비조건
 • 안전성이 클 것
 • 칩을 자동으로 제거할 수 있을 것
 • 제작이 용이하고 가격이 저렴할 것
 • 마멸에 의한 조정기능이 있을 것
 • 윤활성이 있을 것
 • 정확한 운동이 될 것
 • 직진도가 높을 것
 • 가공정밀도가 높을 것

15 50kN의 물체를 4개의 아이볼트로 들어올릴 때 볼트의 최소골지름은 약 몇 mm인가?(단, 볼트재료의 허용인장응력은 62MPa이다)

① 10.02
② 12.02
③ 14.02
④ 16.02

해설 $d = \sqrt{\dfrac{2W}{\sigma_a \times n}}$

[d : 볼트의 지름, W : 하중, σ_a : 허용응력, n : 볼트의 개수]

골 지름은 바깥지름의 80%정도이므로

$\sqrt{\dfrac{2 \times 50 \times 1000}{62 \times 4}} \times 0.8 = 16.06\text{mm}$

16 금형가공법 중 재료를 펀칭하고 남은 것이 제품이 되는 가공은?

① 전단
② 셰이빙
③ 트리밍
④ 블랭킹

해설
 • 전단 : 판재를 필요한 길이의 치수로 절단하는 작업
 • 셰이빙 : 펀칭이나 구멍뚫기를 한 제품의 절단면을 깎아 내어 깨끗하게 다듬질하는 작업
 • 트리밍 : 판재를 드로잉가공으로 만든 후 둥글게 절단하는 작업
 • 블랭킹 : 프레스작업에서 다이구멍 속으로 떨어지는 쪽이 제품으로 되고, 외부에 남아있는 부분은 스크랩이 되는 가공

17 일반적으로 나사면에 증기·기름 등의 이물질이 들어가는 것을 방지하는 너트는?

① 캡너트
② 육각너트
③ 와셔붙이너트
④ 스프링판너트

해설 캡너트는 나사의 접촉면 사이의 틈이나 나사면을 따라 증기나 기름 등이 누출을 방지하거나 이물질이 들어가는 것을 방지하는데 사용한다.

18 유압펌프의 용적효율이 70%, 압력효율이 80%, 기계효율이 90%일 때 전체효율은 약 몇 %인가?

① 50　② 60
③ 70　④ 80

해설　$\eta = \eta_m \times \eta_v \times \eta_h$
[η : 기계효율, η_m : η_v : η_h : 압력효율]
$0.7 \times 0.9 \times 0.8 = 0.540 = 50.4\%$

19 강을 담금질과정에서 급랭시켰을 때 나타나는 침상조직으로 담금질조직 중 가장 경도가 큰 조직은?

① 펄라이트
② 소르바이트
③ 트루스타이트
④ 마르텐사이트

해설　마르텐사이트는 탄소강을 오스테나이트조직으로 한 후 물속에 급랭하였을 때 나타나는 침상조직으로 열처리조직 중 경도가 최대이며, 부식에 대한 저항이 크고 강자성체이며, 경도와 강도는 크나 취성이 있고, 연성이 작으며 자성이 강하고 상온에서 불안정한 조직이다.

20 40°C에서 연강봉 양쪽 끝을 고정한 후, 연강봉의 온도가 0°C가 되었을 때 연강봉에 발생하는 열응력은 약 몇 N/cm²인가?(단, 연강봉의 선팽창계수는 $a = 11.3 \times 10^{-6}$/°C, 탄성계수는 $E = 2.1 \times 10^6$ N/cm²이다)

① 215　② 252
③ 804　④ 949

해설　$\sigma h = E \times \alpha \times (t_2 - t_1)$
[σh : 열응력, E : 세로탄성계수, α : 선팽창계수, $t_1 \cdot t_2$: 온도]
∴ $2.1 \times 10^6 \times 11.3 \times 10^{-6} \times (40-0) = 949$ N/cm²

21 전자제어가솔린엔진의 지르코니아 산소센서에서 약 0.1V 정도로 출력값이 고정되어 발생되는 원인으로 틀린 것은?

① 인젝터의 막힘
② 연료압력의 과대
③ 연료공급량부족
④ 흡입공기의 과다유입

해설　산소센서에서 약 0.1V 정도로 출력값이 고정되어 발생하는 원인은 인젝터의 막힘, 연료공급량부족, 흡입공기의 과다유입 등이다.

22 자동차배기가스 중에서 질소산화물을 산소, 질소로 환원시켜 주는 배기장치는?

① 블로바이가스제어장치
② 배기가스재순환장치
③ 증발가스제어장치
④ 삼원촉매장치

23 운행차배출가스검사에 사용되는 매연측정기에 대한 설명으로 틀린 것은?

① 측정기는 형식 승인된 기기로서 최근 1년 이내에 정도검사를 필한 것이어야 한다.
② 안정된 전원에 연결 후 충분히 예열하여 안정화시킨 후 조작한다.
③ 채취부 및 연결호스 내에 축적되어 있는 매연은 제거하여야 한다.
④ 자동차엔진이 가동된 상태에서 영점조정을 하여야 한다.

정답　18 ①　19 ④　20 ④　21 ②　22 ④　23 ④

24 가솔린연료 200cc를 완전연소시키기 위한 공기량은 약 몇 kg인가?(단, 공기와 연료의 혼합비는 15:1, 가솔린의 비중은 0.73이다)

① 2.19 ② 5.19
③ 8.19 ④ 11.19

해설 $Ag = Gv \times \rho \times AFr$
[Ag : 필요한 공기량, Gv : 가솔린의 체적, ρ : 가솔린의 비중, AFr : 혼합비]
∴ $0.2\ell \times 0.73 \times 15 = 2.19 kgf$

25 엔진의 흡·배기밸브의 간극이 작을 때 일어나는 현상으로 틀린 것은?

① 블로바이로 인해 엔진출력이 증가한다.
② 흡입밸브간극이 작으면 역화가 일어난다.
③ 배기밸브간극이 작으면 후화가 일어난다.
④ 일찍 열리고 늦게 닫혀 밸브열림기간이 길어진다.

해설 밸브간극이 작으면 일찍 열리고 늦게 닫혀, 밸브 열림기간이 길어져 블로바이가 발생하며, 이로 인해 기관의 출력이 감소한다.

26 연료소비율이 200g/PS·h인 가솔린엔진의 제동열효율은 약 몇 %인가?(단, 가솔린의 저위발열량은 10200Kcal/kg이다)

① 11 ② 21
③ 31 ④ 41

해설 $\eta_B = \dfrac{632.3}{H_1 \times fe} \times 100$
[η_B : 제동열효율, H_1 : 연료의 저위발열량,
fe : 연료소비율]
∴ $\dfrac{632.3}{10200 \times 0.2} \times 100 = 31\%$

27 가솔린엔진의 연료압력이 규정값보다 낮게 측정되는 원인으로 틀린 것은?

① 연료펌프불량
② 연료필터막힘
③ 연료공급파이프 누설
④ 연료압력조절기 진공호스누설

해설 연료압력이 낮은 원인
• 연료보유량이 부족하거나 연료공급파이프에서 누설된다.
• 연료펌프 및 연료펌프 내의 체크밸브의 밀착이 불량하다.
• 연료압력 조절기밸브의 밀착이 불량하다.
• 연료필터가 막혔다.
• 연료계통에 베이퍼록이 발생하였다.
• 연료압력 레귤레이터에 있는 밸브의 밀착이 불량하여 리턴포트 쪽으로 연료가 누설된다.

28 구멍형노즐을 사용하는 디젤엔진에서 분사노즐의 구비조건으로 틀린 것은?

① 후적이 일어나지 않을 것
② 낮은 연료압력에서는 분사를 차단할 것
③ 연소실의 구석까지 분무할 수 있을 것
④ 연료를 미세한 안개모양으로 분무할 것

해설 분사노즐의 구비조건
• 고온·고압의 가혹한 조건에서 장기간 사용할 수 있을 것
• 연료를 미세한 안개모양으로 하여 쉽게 착화되게 할 것
• 분무가 연소실의 구석구석까지 뿌려지게 할 것
• 후적이 일어나지 않을 것

24 ① 25 ① 26 ③ 27 ④ 28 ②

29 가솔린연료와 비교한 LPG연료의 특징으로 틀린 것은?

① 옥탄가가 높다.
② 노킹발생이 많다.
③ 프로판과 부탄이 주성분이다.
④ 배기가스의 일산화탄소 함유량이 적다.

해설 LPG의 장점
- 연소실에 카본부착이 없어 점화플러그의 수명이 길어진다.
- 기관오일의 소모가 적으므로 교환기간이 길어진다.
- 가솔린기관보다 분해 · 정비기간이 길어진다.
- 가솔린에 비해 쉽게 기화하므로 연소가 균일하여 작동소음이 적다.
- 가솔린보다 가격이 저렴하여 경제적이다.
- 옥탄가가 높아(90~120) 노크현상이 일어나지 않는다.
- 배기상태에서 냄새가 없으며 일산화탄소(CO) 함유량이 적고 매연이 없어 위생적이다.
- 황(S)분이 매우 적어 연소 후 배기가스에 의한 금속의 부식 및 배기다기관, 소음기 등의 손상이 적다.
- 증기폐쇄 및 퍼컬레이션발생이 잘 일어나지 않는다.

30 전자제어 연료분사장치에서 인젝터분사 시간에 대한 설명으로 틀린 것은?

① 급가속 시 순간적으로 분사시간이 길어진다.
② 급감속 시 순간적으로 분사가 차단되기도 한다.
③ 배터리전압이 낮으면 무효분사기간이 짧아진다.
④ 지르코니아 산소센서의 전압이 높으면 분사시간이 짧아진다.

해설 인젝터의 분사시간은 기관을 급가속할 때는 순간적으로 분사시간이 길어지고, 급감속할 때에는 순간적으로 분사가 정지되기도 한다. 축전지전압이 낮으면 무효분사기간이 길어지며, 산소센서의 전압이 높으면 분사시간이 짧아진다.

31 전자제어엔진에서 혼합기의 농후 · 희박 상태를 감지하여 연료분사량을 보정하는 센서는?

① 냉각수온센서 ② 흡기온도센서
③ 대기압센서 ④ 산소센서

해설 산소센서는 배기가스 중에 산소농도를 검출(농후 또는 희박)하여 ECU에 입력시키면 ECU는 배기가스의 정화를 위해 연료분사량을 정확한 이론공연비로 유지시켜 유해가스를 저감시킨다.

32 가솔린엔진의 공연비 및 연소실에 대한 설명으로 옳은 것은?

① 연료를 완전연소시키기 위한 공기와 연료의 이론공연비는 14.7:1이다.
② 연소실의 형상은 혼합기의 유동에 영향을 미치지 않는다.
③ 연소실의 형상은 연소에 영향을 미치지 않는다.
④ 공연비는 연료와 공기의 체적비이다.

해설
- 연소실의 형상은 혼합기의 유동에 영향을 미친다.
- 연소실의 형상은 연소에 영향을 미친다.
- 공연비는 연료와 공기의 중량비이다.

33 주행 중 엔진이 과열되는 원인으로 틀린 것은?

① 냉각수 부족
② 라디에이터캡 불량
③ 워터펌프 작동 불량
④ 서모스탯이 열린 상태에서 고착

정답 29 ② 30 ③ 31 ④ 32 ① 33 ④

해설 기관과열 원인
- 냉각수가 부족하다.
- 수온조절기(서모스탯)의 작동이 불량하다.
- 수온조절기가 닫힌 상태로 고장이 났다.
- 라디에이터 코어가 20% 이상 막히거나 코어에 오물이 부착되었다.
- 팬벨트의 마모 또는 이완되었다(팬벨트 장력 부족).
- 물펌프의 작동이 불량하다.
- 냉각수통로가 막혔다.
- 냉각장치내부에 물때가 쌓였다.
- 기관오일이 부족하거나 또는 불량하다.

34 전자제어가솔린엔진의 공연비제어와 관련된 감지기가 아닌 것은?

① 흡입공기량센서
② 냉각수온도센서
③ 일사량센서
④ 산소센서

35 전자제어가솔린엔진의 연료압력조절기가 일정한 연료압력유지를 위해 사용하는 압력으로 옳은 것은?

① 대기압
② 연료분사압력
③ 연료의 리턴압력
④ 흡기다기관의 부압

해설 연료압력조정기는 스프링의 장력과 흡기다기관의 진공압(부압)을 이용하여 연료압력을 조절하는 구조이다.

36 운행차배출가스 검사방법에서 휘발유·가스자동차검사에 관한 설명으로 틀린 것은?

① 무부하검사방법과 부하검사방법이 있다.
② 무부하검사방법으로 이산화탄소, 탄화수소 및 질소산화물을 측정한다.
③ 무부하검사방법에는 저속공회전검사모드와 고속공회전검사모드가 있다.
④ 고속공회전검사모드는 승용자동차와 차량총중량 3.5톤 미만의 소형자동차에 한하여 적용한다.

해설 배출가스정밀검사에서 휘발유, 가스사용자동차의 부하검사항목은 일산화탄소, 탄화수소, 질소산화물이다.

37 실린더 안지름이 80mm, 행정이 78mm인 4사이클 4실린더엔진의 회전수가 2500rpm일 때 SAE마력은 약 몇 PS인가?

① 15.9　　② 20.9
③ 25.9　　④ 30.9

해설 $SAE마력 = \dfrac{D^2 N}{1613}$
[D : 실린더 내경, N : 실린더 수]
∴ $\dfrac{80^2 \times 4}{1613} = 15.9 PS$

38 엔진윤활유에 캐비테이션이 발생할 때 나타나는 현상으로 틀린 것은?

① 진동감소
② 소음증가
③ 윤활불안정
④ 불규칙한 펌프토출압력

해설 캐비테이션현상은 공동현상이라고도 부르며, 유압이 진공에 가까워지며 기포가 생기고, 이로 인해 국부적인 고압이나 소음 및 진동이 발생한다. 이는 펌프토출압력의 불규칙한 변화, 윤활유의 윤활불안정 등을 초래한다.

39 전자제어LPI차량의 구성품이 아닌 것은?

① 연료차단 솔레노이드밸브
② 연료펌프드라이버
③ 과류방지밸브
④ 믹서

40 전자제어엔진에서 크랭크각센서의 역할에 대한 설명으로 틀린 것은?

① 운전자의 가속의지를 판단한다.
② 엔진회전수(rpm)를 검출한다.
③ 크랭크축의 위치를 감지한다.
④ 기본점화시기를 결정한다.

해설 크랭크각센서의 역할은 엔진회전수(rpm) 검출, 크랭크축의 위치감지, 기본점화시기 결정이다.

41 독립현가방식 현가장치의 장점으로 틀린 것은?

① 바퀴의 시미(Shimmy) 현상이 작다.
② 스프링의 상수가 작은 것을 사용할 수 있다.
③ 스프링 아래 질량이 작아 승차감이 좋다.
④ 부품수가 적고 구조가 간단하다.

해설 독립현가장치의 장점
- 스프링 밑 질량이 작아 승차감이 좋다.
- 바퀴의 구조상 시미를 잘 일으키지 않고 도로 노면과 로드홀딩이 우수하다.
- 스프링의 상수가 작은 것을 사용할 수 있다.
- 무게중심이 낮아 안전성이 향상된다.
- 옆방향진동에 강하고 타이어의 접지성능이 양호하다.
- 앞바퀴 얼라인먼트설계의 자유도가 크다.
- 컨트롤암 등을 이용하여 진동을 방지할 수 있어 소음방지에도 유리하다.

42 조향장치에서 킹핀이 마모되면 캠버는 어떻게 되는가?

① 캠버의 변화가 없다.
② 항상 0의 캠버가 된다.
③ 더욱 정(+)의 캠버가 된다.
④ 더욱 부(-)의 캠버가 된다.

해설 킹핀이 마모되면 더 부(-)의 캠버가 된다.

43 구동력이 108kgf인 자동차가 100km/h로 주행하기 위한 엔진의 소요마력은 몇 PS인가?

① 20
② 40
③ 80
④ 100

해설 $H_{PS} = \dfrac{F \times V}{75}$

[H_{PS} : 엔진의 소요마력, F : 구동력, V : 주행속도(m/s)]

$\therefore \dfrac{108 \times 100 \times 1000}{75 \times 3600} = 40\text{PS}$

44 자동차의 축거가 2.6m, 전륜바깥쪽바퀴의 조향각이 30°, 킹핀과 타이어 중심거리가 30cm일 때 최소회전반경은 약 몇 m인가?

① 4.5
② 5.0
③ 5.5
④ 6.0

해설 $R = \dfrac{L}{\sin\alpha} + r$

[R : 최소회전반경, L : 축거,
$\sin\alpha$: 바깥쪽 바퀴의 조향각도,
r : 바퀴접지면 중심과 킹핀 중심과의 거리]

$\therefore \dfrac{2.6}{\sin 30°} + 0.3 = 5.5\text{mm}$

45 센터디퍼렌셜 기어장치가 없는 4WD차량에서 4륜구동상태로 선회 시 브레이크가 걸리는 듯한 현상은?

① 타이트코너브레이킹 현상
② 코너링언더스티어 현상
③ 코너링요모멘트 현상
④ 코너링포스 현상

해설 타이트코너브레이킹 현상이란 센터디퍼렌셜 기어장치가 없는 4WD차량에서 4륜구동상태로 선회할 때 브레이크가 걸리는 듯한 현상이다.

46 튜브가 없는 타이어(Tubeless Tire)에 대한 설명으로 틀린 것은?

① 튜브조립이 없어 작업성이 좋다.
② 튜브 대신 타이어 안쪽 내벽에 고무 막이 있다.
③ 날카로운 금속에 찔리면 공기가 급격히 유출된다.
④ 타이어 속의 공기가 림과 직접 접촉하여 열발산이 잘된다.

해설 튜브가 없어 조금 가벼우며 못 등이 박혀도 공기 누출이 적다.

47 전자제어현가장치에서 자동차가 선회할 때 차체의 기울어진 정도를 검출하는 데 사용하는 센서는?

① G센서
② 차속센서
③ 뒤압력센서
④ 스로틀포지션센서

해설 G센서는 자동차가 선회할 때 롤(Roll)제어를 하기 위한 전용의 센서이며, 차체의 횡가속도와 그 방향을 검출한다.

48 스탠딩웨이브현상의 방지대책으로 옳은 것은?

① 고속으로 주행한다.
② 전동저항을 증가시킨다.
③ 강성이 큰 타이어를 사용한다.
④ 타이어공기압을 표준보다 15~25% 정도 낮춘다.

해설 스탠딩웨이브의 방지방법은 타이어공기압을 표준보다 15~25% 정도 높여주거나, 강성이 큰 타이어를 사용하고 저속으로 운행한다.

49 자동차가 주행할 때 발생하는 저항 중 자동차의 전면투영면적과 관계있는 저항은?

① 구름저항
② 구배저항
③ 공기저항
④ 마찰저항

해설 공기저항은 자동차주행을 방해하는 저항이며 대부분 압력저항이다. 차체의 형상에 따라 공기흐름의 박리에 의해 발생하는 맴돌이형상저항과 양력에 의한 유도저항이다. 공기저항은 자동차의 투영면적과 주행속도의 곱에 비례한다.

50 공기브레이크의 장점에 대한 설명으로 틀린 것은?

① 차량중량에 제한을 받지 않는다.
② 베이퍼록현상이 발생하지 않는다.
③ 공기압축기구동으로 엔진출력이 향상된다.
④ 공기가 조금 누출되어도 제동성능이 현저하게 저하되지 않는다.

해설 공기브레이크의 장점
- 차량중량에 제한을 받지 않는다.
- 공기가 누출되어도 브레이크성능이 현저하게 저하되지 않아 안전도가 높다.

정답 45 ① 46 ③ 47 ① 48 ③ 49 ③ 50 ③

- 오일을 사용하지 않기 때문에 베이퍼록이 발생되지 않는다.
- 페달을 밟는 양에 따라서 제동력이 증가되므로 조작하기 쉽다.

51 ABS컨트롤유닛(제어모듈)에 대한 설명으로 틀린 것은?

① 휠의 감속 · 가속을 계산한다.
② 각 바퀴의 속도를 비교 · 분석한다.
③ 미끄러짐비를 계산하여 ABS작동여부를 결정한다.
④ 컨트롤유닛이 작동하지 않으면 브레이크가 전혀 작동하지 않는다.

해설 컨트롤유닛이 작동하지 않아도 기계작동방식의 일반제동장치로 작동하는 페일세이프기능이 있다.

52 운행차의 정기검사에서 배기소음 및 경적소음을 측정하는 장소선정기준으로 틀린 것은?

① 주위 암소음의 크기는 자동차로 인한 소음의 크기보다 가능한 10dB이하이어야 한다.
② 가능한 주위로부터 음의 반사와 흡수 및 암소음에 영향을 받지 않는 밀폐된 장소를 선정한다.
③ 마이크로폰 설치위치의 높이에서 측정한 풍속이 10m/sec 이상일 때에는 측정을 삼가야 한다.
④ 마이크로폰 설치 중심으로부터 반경 3m 이내에는 돌출장애물이 없는 아스팔트 또는 콘크리트 등으로 평탄하게 포장되어 있어야 한다.

해설 가능한 주위로부터 음의 반사와 흡수 및 암소음에 의한 영향을 받지 않는 개방된 장소이어야 한다.

53 변속비 2, 종감속장치의 피니언잇수 12개, 링기어잇수 36개일 때 구동차축에 전달되는 토크는?(단, 1500rpm에서 기관의 토크가 20kgf · m이다)

① 40kgf · m
② 60kgf · m
③ 120kgf · m
④ 240kgf · m

해설 $T = E_T \times Rt \times Rf$
[T : 전달토크, E_T : 엔진토크, Rt : 변속비, Rf : 종감속비]
$\therefore 20 \times 2 \times \dfrac{36}{12} = 120$ kgf · m

54 자동차의 최고속도를 증대시킬 수 있는 방법으로 옳은 것은?

① 총감속비를 삭게 한다.
② 자동차의 중량을 높인다.
③ 구동바퀴의 유효반경을 작게 한다.
④ 구름저항 및 공기저항을 크게 한다.

해설 최고속도를 증가시키는 방법
- 자동차의 중량을 감소시킨다.
- 총감속비를 작게 한다.
- 자동차의 구동력을 크게 한다.
- 구름저항 및 공기저항을 작게 한다.
- 구동바퀴의 유효반경을 크게 한다.

55 주행속도가 일정값에 도달하면 토크컨버터의 펌프와 터빈을 기계적으로 직결시켜 미끄러짐에 의한 손실을 최소화하는 장치는?

① 프런트클러치
② 리어클러치
③ 엔드클러치
④ 댐퍼클러치

해설 댐퍼클러치는 터빈과 토크컨버터커버 사이에 설치되어 있으며 자동차의 주행속도가 일정값에 도달하면 토크컨버터의 펌프와 터빈을 기계적으로 직결시켜 미끄러짐에 의한 손실을 최소화하여 정숙성을 도모하는 장치이며, 스로틀포지션센서 개도와 차속의 상황에 따라 작동과 비작동이 반복된다.

56 하이드로드백은 무엇을 이용하여 브레이크 배력작용을 하는가?

① 대기압과 흡기다기관 압력의 차
② 대기압과 압축공기의 차
③ 배기가스압력 이용
④ 공기압축기 이용

해설 하이드로드백은 대기압과 흡기다기관 압력 차이를 이용하여 배력작용을 한다.

57 브레이크 파이프라인에 잔압을 두는 이유로 틀린 것은?

① 베이퍼록을 방지한다.
② 브레이크의 작동지연을 방지한다.
③ 피스톤이 제자리로 복귀하도록 도와준다.
④ 휠실린더에서 브레이크액이 누출되는 것을 방지한다.

해설 잔압을 두는 이유
• 브레이크 작동지연을 방지한다.
• 베이퍼록을 방지한다.
• 휠실린더에서의 오일누출을 방지한다.
• 유압회로 내 공기유입을 방지한다.

58 무단변속기(CVT)에 대한 설명으로 틀린 것은?

① 연비를 향상시킬 수 있다.
② 가속성능을 향상시킬 수 있다.
③ 동력성능이 우수하나, 변속충격이 크다.
④ 변속 중에 동력전달이 중단되지 않는다.

해설 주행성능과 동력성능이 향상되며 변속에 의한 충격을 감소시킬 수 있다.

59 드라이브라인의 구성품으로 변속주축뒤쪽의 스플라인을 통해 설치되면 뒤차축의 상하운동에 따라 추진축의 길이변화를 가능하게 하는 것은?

① 토션댐퍼 ② 센터베어링
③ 슬립조인트 ④ 유니버셜조인트

해설 슬립조인트는 주축뒤쪽의 스플라인을 통해 설치되면 뒤차축의 상하운동에 따라 추진축의 길이변화를 가능하게 한다.

60 차속감응형 전자제어유압방식 조향장치에서 제어모듈의 입력요소로 틀린 것은?

① 차속센서
② 조향각센서
③ 냉각수온센서
④ 스로틀포지션센서

61 납산배터리가 방전할 때 배터리내부상태의 변화로 틀린 것은?

① 양극판은 과산화납에서 황산납으로 된다.
② 음극판은 해면상납에서 황산납으로 된다.
③ 배터리 내부저항이 증가한다.
④ 전해액의 비중이 증가한다.

해설 전해액의 비중은 점차 낮아지며, 물로 변화한다.

56 ① 57 ③ 58 ③ 59 ③ 60 ③ 61 ④ 정답

62 자동차의 안전기준에서 방향지시등에 관한 사항으로 틀린 것은?

① 등광색은 백색이어야만 한다.
② 다른 등화장치와 독립적으로 작동되는 구조이어야 한다.
③ 자동차 앞면·뒷면 및 옆면 좌·우에 각각 1개를 설치해야 한다.
④ 승용자동차와 차량총중량 3.5톤 이하 화물자동차 및 특수자동차를 제외한 자동차에는 2개의 뒷면 방향지시등을 추가로 설치할 수 있다.

해설 등광색은 호박색이어야 한다.

63 14V배터리에 연결된 전구의 소비전력이 60W이다. 배터리의 전압이 떨어져 12V가 되었을 때 전구의 실제전력은 약 몇 W인가?

① 3.2   ② 25.5
③ 39.2   ④ 44.1

해설 $P = \dfrac{E^2}{R}$ [P : 전력, E : 전압, R : 저항]

$R = \dfrac{E^2}{P}$ ∴ $\dfrac{14^2}{60} = 3.27\Omega$

$P = \dfrac{E^2}{R}$ ∴ $\dfrac{12^2}{3.27} = 44.1W$

64 하이브리드자동차의 동력제어장치에서 모터의 회전속도와 회전력을 자유롭게 제어할 수 있도록 직류를 교류로 변환하는 장치는?

① 컨버터   ② 레졸버
③ 인버터   ④ 커패시터

해설
- 레졸버 : 모터에 부착된 로터와 리졸버의 정확한 상의 위치를 검출하여 MCR로 입력시킨다.
- 인버터 : 모터의 회전속도와 회전력을 자유롭게 제어할 수 있도록 직류를 교류로 변환하는 장치이다.
- 커패시터 : 배터리와 같이 화학반응을 이용하여 축전하는 것이 아니라 콘덴서와 같이 전자를 그대로 축적해 두고 필요할 때 방전하는 것으로 짧은 시간에 큰 전류를 축적하거나 방출할 수 있다.

65 주행 중 계기판 내부의 엔진회전수를 나타내는 타코미터의 작동불량발생 시 점검요소로 틀린 것은?

① CAN통신
② 계기판 내부의 타코미터
③ BCM(Body Control Module)
④ CKP(Crankshaft Position Sensor)

해설 타코미터의 작동이 불량하면 CAN통신, 계기판 내부의 타코미터, CKP 등을 점검한다.

66 고속CAN High, Low 두 단자를 자기진단커넥터에서 측정 시 종단저항값은? (단, CAN시스템은 정상인 상태이다)

① 60Ω   ② 80Ω
③ 100Ω   ④ 120Ω

67 자동차의 안전기준에서 전기장치에 관한 사항으로 틀린 것은?

① 축전지가 진동 또는 충격 등에 의해 손상되지 않도록 고정시킬 것
② 전기배선 중 배터리에 가까운 선만 절연물질로 덮어씌울 것
③ 차실 내부의 전기단자는 적절히 절연물질로 덮어씌울 것
④ 차실 안에 설치하는 축전지는 절연물질로 덮어씌울 것

해설 자동차의 전기배선은 모두 절연물질로 덮어씌우고 차체에 고정시킨다.

68 하이브리드자동차에서 저전압(12V)배터리가 장착된 이유로 틀린 것은?

① 오디오작동
② 등화장치작동
③ 내비게이션작동
④ 하이브리드모터작동

해설 저전압(12V)배터리를 장착한 이유는 오디오작동, 등화장치작동, 내비게이션작동, 하이브리드모터로 시동이 불가능할 때 엔진시동 등이다.

69 12V전압을 인가하여 0.00003C의 전기량이 충전되었다면 콘덴서의 정전용량은?

① 2.0μF
② 2.5μF
③ 3.0μF
④ 3.5μF

해설 $C = \dfrac{Q}{V}$

[C : 축전기 용량, Q : 축적된 전하량, V : 인가한 전압]

∴ $\dfrac{0.00003C}{12V} = 0.000025F = 2.5\mu F$

70 냉방장치의 구성품으로 압축기로부터 들어온 고온·고압의 기체냉매를 냉각시켜 액체로 변화시키는 장치는?

① 증발기
② 응축기
③ 건조기
④ 팽창밸브

해설 에어컨의 구조 및 작용
- 압축기(Compressor) : 증발기에서 기화된 냉매를 고온·고압가스로 변환시켜 응축기로 보낸다.
- 응축기(Condenser) : 고온·고압의 기체냉매를 냉각에 의해 액체냉매상태로 변화시킨다.
- 리시버드라이어(Receiver Dryer) : 응축기에서 보내온 냉매를 일시저장하고 항상 액체상태의 냉매를 팽창밸브로 보낸다.
- 팽창밸브(Expansion Valve) : 고온·고압의 액체냉매를 급격히 팽창시켜 저온·저압의 무상(기체)냉매로 변화시킨다.
- 증발기(Evaporator) : 팽창밸브에서 분사된 액체냉매가 주변의 공기에서 열을 흡수하여 기체냉매로 변환시키는 역할을 하고, 공기를 이용하여 실내를 쾌적한 온도로 유지시킨다.
- 송풍기(Blower) : 직류직권전동기에 의해 구동되며 공기를 증발기에 순환시킨다.

71 시동 후 피니언기어와 전기자축에 동력전달을 차단하여 기동전동기를 보호하는 부품은?

① 풀인코일
② 브러시홀더
③ 홀드인코일
④ 오버러닝클러치

해설 오버러닝클러치는 기동전동기의 피니언과 엔진 플라이어휠 링기어가 물렸을 때, 양 기어의 물림이 풀리는 것을 방지하는 키 역할을 하며, 엔진이 시동된 후에는 엔진의 회전으로 인해 기동전동기가 파손되는 것을 방지하는 장치이다. 종류에는 롤러형식, 다판클러치형식, 스프래그형식이 있다. 작동은 단지 한쪽 방향으로 토크를 전달하는 것으로 일방향클러치라고도 한다.

72 자동차에어컨시스템에서 응축기가 오염되어 대기 중으로 열을 방출하지 못하게 되었을 경우 저압과 고압의 압력은?

① 저압과 고압 모두 낮다.
② 저압과 고압 모두 높다.
③ 저압은 높고 고압은 낮다.
④ 저압은 낮고 고압은 높다.

해설 응축기가 오염되어 대기 중으로 열을 방출하지 못하면 저압과 고압 모두 높다.

73 가솔린엔진의 DLI(Distributor Less Ignition)점화방식의 특징으로 틀린 것은?

① 드웰시간의 변화가 없다.
② 배전기가 없으므로 누전이 적다.
③ 부품개수가 줄어 고장 요소가 적다.
④ 전파방해가 적어 다른 전자제어장치에 거의 영향을 주지 않는다.

해설 DLI의 장점
- 배전기를 거치지 않고 직접고압케이블을 거쳐 점화플러그로 전달하는 방식이다.
- 고전압출력을 감소시켜도 방전유효에너지감소가 없다.
- 배전기에 의한 배선상의 누전이 없다.
- 내구성이 크고 전파방해가 없어 다른 전자제어장치에도 유리하다.
- 점화에너지를 크게 할 수 있다.
- 로터와 접지전극 사이의 고전압에너지손실이 없다.
- 진각폭의 제한이 적다.

74 에어컨압축기 종류 중 가변용량압축기에 대한 설명으로 옳은 것은?

① 냉방부하에 따라 냉매토출량을 조절한다.
② 냉방부하에 관계없이 일정량의 냉매를 토출한다.
③ 냉방부하가 작을 때만 냉매토출량을 많게 한다.
④ 냉방부하가 클 때만 작동하여 냉매토출량을 적게 한다.

해설 가변용량압축기는 냉방부하에 따라 냉매토출량을 조절한다.

75 전기회로의 점검방법으로 틀린 것은?

① 전류 측정 시 회로와 병렬로 연결한다.
② 회로가 접촉불량일 경우 전압강하를 점검한다.
③ 회로의 단선 시 회로의 저항측정을 통해서 점검할 수 있다.
④ 제어모듈회로점검 시 디지털멀티미터를 사용해서 점검할 수 있다.

76 평균전압 220V의 교류전원에 대한 설명으로 틀린 것은?

① MAX-P전압은 약 220V이다.
② P-P전압은 200×2V가 된다.
③ 1사이클 중 (+)듀티는 50%가 된다.
④ 디지털멀티미터는 평균전압이 표시된다.

77 전자제어엔진에서 크랭킹은 가능하나 시동이 되지 않을 경우 점검요소로 틀린 것은?

① 연료펌프작동
② 엔진고장코드
③ 인히비터스위치
④ 점화플러그불꽃

해설 인히비터스위치는 자동변속기의 변속단계 설정·유지 및 해제를 제어할 때 이용되며, 그 밖에 댐퍼클러치를 제어할 때에도 이용되고, 페일세이프조건에서도 중요신호로 이용된다.

78 도난방지장치가 장착된 자동차에서 도난경계상태로 진입하기 위한 조건이 아닌 것은?

① 후드가 닫혀 있을 것
② 트렁크가 닫혀 있을 것
③ 모든 도어가 닫혀 있을 것
④ 모든 전기장치가 꺼져 있을 것

정답 73 ① 74 ① 75 ① 76 ① 77 ③ 78 ④

해설 도난경계상태로 진입하기 위한 조건은 후드가 닫혀 있을 것, 트렁크가 닫혀 있을 것, 모든 도어가 닫혀 있어야 한다.

79 점화플러그에 대한 설명으로 틀린 것은?

① 열형점화플러그는 열방출량이 높다.
② 조기점화를 방지하기 위하여 적절한 열가를 가지고 있다.
③ 점화플러그의 간극이 기준값보다 크면 실화가 발생할 수 있다.
④ 점화플러그의 간극이 기준값보다 작으면 불꽃이 약해질 수 있다.

해설 열가(Heat Value)
- 점화플러그 열발산의 정도를 수치로 나타낸 것을 열가라고 한다.
- 고속·고압축비 기관에서는 냉형점화플러그(열발산이 좋음)를 사용한다.
- 저속·저압축비 기관에서는 열형점화플러그(열발산이 불량함)를 사용한다.

80 점화플러그 간극이 규정보다 넓을 때 방전구간에 대한 설명으로 옳은 것은?

① 점화전압이 높아지고 점화시간은 짧아진다.
② 점화전압이 높아지고 점화시간은 길어진다.
③ 점화전압이 낮아지고 점화시간은 길어진다.
④ 점화전압이 낮아지고 점화시간은 짧아진다.

해설 점화플러그 간극이 규정보다 넓으면 점화전압이 높아지고 점화시간은 길어진다.

3회 자동차정비산업기사 필기시험

2017. 8. 26. 시행

01 길이가 ℓ인 양단 단순지지보에 균일분포하중 W가 작용할 때 최대처짐량은?(단, 굽힘강성계수는 EI이다.)

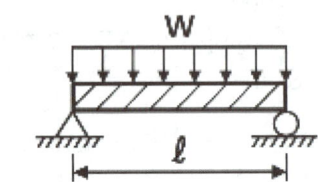

① $\dfrac{5Wℓ^4}{384EI}$ ② $\dfrac{Wℓ^3}{48EI}$

③ $\dfrac{Wℓ^4}{8EI}$ ④ $\dfrac{Wℓ}{3EI}$

02 아크용접에서 언더컷(Under Cut)의 발생원인과 방지책이 아닌 것은?

① 전류가 너무 낮을 때 발생한다.
② 용접속도를 늦추어 방지한다.
③ 아크길이가 너무 길 때 발생한다.
④ 적정한 용접봉을 선택하여 방지한다.

해설 언더컷은 용접전류가 너무 높을 때, 아크길이가 너무 길 때, 용접봉선택이 부적당할 때, 용접속도가 너무 빠를 때 발생한다.

03 회로 내의 최고압력을 설정하고, 압력의 상승을 제한하는 밸브는?

① 릴리프밸브 ② 유압구동밸브
③ 방향제어밸브 ④ 유량제어밸브

해설 릴리프밸브(Relief Valve)는 유압회로에서 유압이 규정값에 도달하면 밸브가 열려서 유압유의 일부 또는 전체 양을 복귀하는 쪽으로 탈출시켜 회로압력을 일정하게 하거나 최고압력을 규제하여 유압기기를 보호한다.

04 축의 지름 d, 축 재료에 작용하는 전단응력이 τ 일 때 비틀림모멘트(T)는?

① $T = \dfrac{\pi}{32}d^3\tau$

② $T = \dfrac{\pi}{32}d^2\tau$

③ $T = \dfrac{\pi}{16}d\tau$

④ $T = \dfrac{\pi}{16}d^3\tau$

05 베어링합금인 켈밋(Kelmet)메탈의 설명으로 옳은 것은?

① 구리에 철을 30~40% 첨가한 것이다.
② 구리에 납을 30~40% 첨가한 것이다.
③ 구리에 인을 30~40% 첨가한 것이다.
④ 구리에 주석을 30~40% 첨가한 것이다.

해설 켈밋메탈은 구리에 납을 30~40% 첨가한 것이다.

06 나사절삭 시 바이트의 각도위치를 교정하는 게이지는?

① 피치게이지 ② 틈새게이지
③ 센터게이지 ④ 플러그게이지

해설 센터게이지(Center Gauge)는 선반으로 나사를 절삭할 때 나사절삭바이트의 날 끝 각도를 점검하거나 바이트를 바르게 부착하는데 사용한다.

정답 01 ① 02 ① 03 ① 04 ④ 05 ② 06 ③

07 측정된 버니어캘리퍼스의 측정값은 몇 mm인가?(단, 아들자의 최소눈금은 1/50 mm이다)

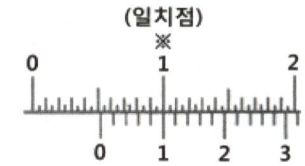

① 5.01　② 5.05
③ 5.10　④ 5.15

08 3줄나사에서 피치가 1.5mm라면, 2회전시킬 때의 이동량은 몇 mm인가?

① 3　② 6
③ 9　④ 12

해설 L=nPR
[L : 리드, n : 줄 수, P : 피치, R : 회전수]
∴ 3×1.5mm×2=9mm

09 터보형원심식펌프의 한 종류로서 회전자의 바깥둘레에 안내깃이 없는 펌프는?

① 플런저펌프　② 볼류트펌프
③ 베인펌프　④ 터빈펌프

해설 볼류트펌프는 안내깃이 없는 와류형펌프 중에서 가장 간단한 것으로 스크루형으로 되어있는 방과 플로펠러로 되어있다. 프로펠러를 고속으로 회전시켜 그 원심력을 이용하여 물을 송출하는 것으로 소형이므로 양수고도가 30m 이하인 경우에 널리 사용된다.

10 내마모성과 경도를 동시에 요구하는 탄소강의 경우 가장 적합한 탄소함유량은 몇 %인가?

① 0.05~0.1　② 0.2~0.3
③ 0.35~0.45　④ 0.65~1.2

해설 0.65% 이상의 고탄소강은 공구강, 핀, 레일, 스프링과 같은 내마모성, 경도, 높은 항복점을 요구하는 부품에서 사용된다.

11 특정한 온도영역에서 이전의 입자들을 대신하여 변형이 없는 입자가 새롭게 형성되는 현상은?

① 전위
② 회복
③ 슬립
④ 재결정

해설 재결정이란 특정한 온도영역에서 이전의 입자들을 대신하여 변형이 없는 입자가 새롭게 형성되는 현상이다.

12 유압펌프의 전효율(η)을 구하는 식으로 옳은 것은?

① $\dfrac{축동력}{전체동력}$

② $\dfrac{펌프동력}{축동력}$

③ $\dfrac{전압동력}{축동력 \times 용적효율}$

④ $\dfrac{정압동력}{전압동력}$

13 감속비가 $Z_1 : Z_2 = 1 : 4$, 모듈(M)이 4, 피니언잇수(Z_1)가 40개인 스퍼기어의 중심거리는 몇 mm인가?

① 200　② 300
③ 400　④ 500

해설 $C = \dfrac{M(Z_1 + Z_2)}{2}$
[C : 중심거리, M : 모듈, $Z_1 \cdot Z_2$: 기어의 잇수]
∴ $\dfrac{4 \times (40+160)}{2} = 400$

14 다음 중 주물의 결함에 속하지 않는 것은?

① 수축공 ② 기공
③ 편석 ④ 압탕

해설 압탕이란 주조에 주입한 쇳물의 압력을 증가시키기 위하여 쇳물을 가득 채우는 빈 곳이다.

15 키(key)가 전달할 수 있는 토크(T)의 크기를 큰 것부터 작은 순서로 나열한 것은?

① 성크키 > 스플라인 > 새들키 > 펑키
② 스플라인 > 성크키 > 펑키 > 새들키
③ 펑키 > 새들키 > 성크키 > 스플라인
④ 새들키 > 성크키 > 스플라인 > 펑키

해설 토크의 크기가 큰 것부터 작은 순서는 스플라인>성크키>펑키>새들키이다.

16 비틀림을 받는 축의 비틀림을 작게 하는 방법으로 옳은 것은?

① 가로탄성계수의 값과 축의 지름을 크게 한다.
② 가로탄성계수의 값과 축의 지름을 작게 한다.
③ 가로탄성계수의 값을 작게, 축의 지름은 크게 한다.
④ 가로탄성계수의 값은 크게, 축의 지름은 작게 한다.

해설 비틀림을 작게 하려면 가로탄성계수의 값과 축의 지름을 크게 한다.

17 축길이 150mm, 직경 5mm의 축이 850N·mm의 토크를 받을 때, 축에서 발생되는 비틀림각은 몇 °인가?(단, 축 재료의 횡탄성계수는 8.3×10^5N/mm² 이다)

① 0.05 ② 0.14
③ 1.40 ④ 2.55

해설 $\theta_1 = \dfrac{32Tl}{\pi d^4 G}$

[T : 축이 받는 토크, L : 축의 길이, d : 축의 지름, G : 횡탄성계수]

$\therefore \dfrac{32 \times 850 \times 150}{3.14 \times 5^4 \times 8.3 \times 10^5} = 0.0025$

$\theta_2 = \dfrac{\theta_1 \times 180}{\pi} \quad \therefore \dfrac{0.0025 \times 180}{3.14} = 0.143°$

18 길이가 2m이고 직경이 1cm인 강선에 작용하는 인장하중이 1600N일 때, 늘어난 강선의 길이는 약 몇 mm인가?(단, 탄성계수(E) = 210kPa이다)

① 0.194
② 0.181
③ 0.158
④ 0.133

해설 $\delta = \dfrac{Pl}{AE}$

[δ : 늘어난 길이, P : 하중, l : 길이, A : 단면적, E : 세로탄성계수]

$\dfrac{1600 \times 200}{0.785 \times 1^2 \times 210 \times 10^4} = 0.194$mm

19 다음 중 화학적표면강화법이 아닌 것은?

① 침탄법
② 질화법
③ 하드페이싱
④ 침탄질화법

해설 표면경화란 금속재료의 표면만 경화시키고 금속 내부는 원재료의 재질대로 있도록 하는 열처리방법이며, 그 종류에는 침탄법(탄소침투), 질화법(질소침투), 청화법(탄소와 질소를 동시에 침투), 화염경화법, 고주파경화법 등이 있다.

정답 14 ④ 15 ② 16 ① 17 ② 18 ① 19 ③

20 스프링에 작용하는 하중 P, 스프링상수 k, 변형량이 δ일 때 스프링의 관계식으로 옳은 것은?

① P=(1/2)k·δ ② P=k/δ
③ P=k·δ   ④ P=k·δ²

21 윤활유소비증대의 원인으로 가장 거리가 먼 것은?

① 엔진연소실 내에서의 연소
② 엔진열에 의한 증발로 외부방출
③ 베어링과 핀저널마멸에 의한 간극 증대
④ 크랭크케이스 또는 크랭크축 씰에서 누유

해설 윤활유 소비증대의 원인
- 기관연소실 내에서의 연소
- 기관열에 의한 증발로 외부에 방출
- 크랭크케이스 또는 크랭크축과 오일실에서의 누설
- 실린더와 피스톤링의 마멸
- 밸브가이드실의 마모

22 [보기]는 어떤 사이클을 나타내는 것인가?

[보기]
단열압축 → 정압가열 →
단열팽창 → 정적방열

① 카르노사이클
② 정압사이클
③ 브레이튼사이클
④ 복합사이클

해설 열역학적사이클
- 정적사이클 : 연소가 일정한 체적에서 이루어지는 것으로 단열압축 → 정적가열 → 단열팽창 → 정적방열의 4과정을 1사이클로 한다.
- 정압사이클 : 연소가 일정한 압력에서 이루어지는 것으로 단열압축 → 정압가열 → 단열팽창 → 정적방열의 4과정을 1사이클로 한다.
- 복합사이클 : 정적과 정압사이클을 복합한 것으로 단열압축 → 정적가열 → 정압가열 → 단열팽창 → 정적방열의 5과정을 1사이클로 한다.

23 운행자동차 배기소음측정 시 마이크로폰 설치위치에 대한 설명으로 틀린 것은?

① 지상으로부터 최소높이는 0.5m 이상이어야 한다.
② 지상으로부터의 높이는 배기관 중심 높이에서 ±0.05m인 위치에 설치한다.
③ 자동차의 배기관이 2개 이상일 경우에는 인도측과 가까운 쪽 배기관에 대하여 설치한다.
④ 자동차의 배기관 끝으로부터 배기관 중심선에 45°±10°의 각을 이루는 연장선 방향으로 0.5m 떨어진 지점에 설치한다.

해설 지상으로부터 최소 높이는 0.2m 이상이어야 한다.

24 엔진의 실제운전에서 혼합비가 17.8:1일 때 공기과잉률(λ)은?(단, 이론혼합비는 14.8:1이다)

① 약 0.83
② 약 1.20
③ 약 1.98
④ 약 3.00

해설 공기과잉률이란 연료 1kg을 연소시키는데 필요한 이론적공기량과 실제로 필요한 공기량과의 비율 즉 실제공연비/이론공연비이다.

$$\therefore \frac{17.8}{14.8} = 1.20$$

25 디젤엔진의 회전수가 2500rpm이고 회전력이 28kgf · m일 때, 제동출력은 약 몇 PS인가?

① 98　　② 108
③ 118　　④ 128

해설 $H_{PS} = \dfrac{TR}{716}$

[H_{PS} : 제동출력, T : 회전력(토크), R : 회전속도]

∴ $\dfrac{28 \times 2500}{716} = 98PS$

26 운행차 배출가스정기검사에서 매연검사 방법으로 틀린 것은?

① 3회 연속 측정한 매연농도를 산술평균하여 소수점 이하는 버린 값을 최종측정치로 한다.
② 3회 연속 측정한 매연농도의 최대치와 최소치의 차가 10%를 초과한 경우 최대 10회까지 추가측정한다.
③ 측정기의 시료채취관을 배기관의 벽면으로부터 5mm 이상 떨어지도록 설치하고 5cm 이상의 깊이로 삽입한다.
④ 시료채취를 위한 급가속 시, 가속페달을 밟을 때부터 놓을 때까지 소요 시간은 4초 이내로 한다.

해설 3회 측정 후 최대치와 최소치가 10%를 초과한 경우 재측정한다.

27 디젤엔진에서 직접분사실식과 비교하였을 때의 예연소실식의 장점으로 옳은 것은?

① 열효율이 높다.
② 냉각손실이 적다.
③ 실린더헤드의 구조가 간단하다.
④ 사용연료의 변화에 민감하지 않다.

해설 예연소실식의 장점
- 분사압력이 낮아 연료장치의 고장이 적고 수명이 길다.
- 사용연료변화에 둔감하므로 연료의 선택범위가 넓다.
- 운전상태가 조용하고 디젤노크발생이 적다.
- 공기와 연료의 혼합이 잘 되고 기관에 유연성이 있다.

28 엔진효율(Engine Efficiency)을 설명한 것으로 옳은 것은?

① 엔진이 소비한 연료량과 발생된 출력의 비율
② 엔진의 흡입공기질량과 행정체적에 상당하는 대기질량과의 비율
③ 엔진에 공급된 총열량 중에서 일로 변환된 열량이 차지하는 비율
④ 엔진의 동력행정에서 발생된 압력이 피스톤에 행한 일과 출력압력과의 비율

해설 엔진효율이란 엔진에 공급된 총열량 중에서 일로 변환된 열량이 차지하는 비율이다.

29 전자제어연료분사식 가솔린엔진에서 연료펌프와 딜리버리파이프 사이에 설치되는 연료댐퍼의 기능으로 옳은 것은?

① 감속 시 연료차단
② 연료라인의 맥동저감
③ 연료라인의 릴리프기능
④ 분배파이프 내 압력유지

해설 연료댐퍼의 기능은 연료라인의 맥동저감이다.

30 엔진의 윤활유가 갖추어야 할 조건으로 틀린 것은?

① 비중이 적당할 것
② 인화점이 낮을 것
③ 카본생성이 적을 것
④ 열과 산에 대하여 안정성이 있을 것

해설 윤활유의 구비조건
• 온도변화에도 적당한 점도를 유지
• 낮은 응고점 및 비중
• 높은 인화점 및 발화점
• 강인한 유막을 형성
• 열에 의한 안정성 및 부식방지
• 기포 및 카본생성에 대한 저항력

31 가솔린엔진에서 블로바이가스 발생원인으로 옳은 것은?

① 엔진부조
② 실린더와 피스톤링의 마멸
③ 실린더헤드가스켓의 조립불량
④ 흡기밸브의 밸브시트면 접촉불량

해설 블로바이(Blow-by)란 압축 및 폭발행정에서 피스톤과 실린더 사이에서 공기가 누출되는 현상이며, 실린더와 피스톤링의 마멸에 의해 발생한다.

32 전자제어엔진의 MAP센서에 대한 설명으로 옳은 것은?

① 흡기다기관의 절대압력을 측정한다.
② 고도에 따르는 공기의 밀도를 계측한다.
③ 대기에서 흡입되는 공기 내의 수분함유량을 측정한다.
④ 스로틀밸브의 개도에 따른 점화각도를 검출한다.

해설 맵(MAP)센서는 흡기다기관의 진공도(절대압력)로 흡입공기량을 검출하며, ECU에서 맵센서의 신호를 이용해 공연비를 제어한다. 맵센서의 신호결과에 따라 산소센서의 출력이 달라지며, 또 차량의 주행상태에 따른 부하를 계산하는 용도로도 활용된다.

33 고도가 높은 지역에서 대기압센서를 통한 연료량제어방법으로 옳은 것은?

① 기본분사량을 증량
② 기본분사량을 감량
③ 연료보정량을 증량
④ 연료보정량을 감량

해설 고지대에서는 산소가 희박하기 때문에 대기압센서의 신호를 받아 연료보정량을 감량시킨다.

34 엔진ECU(제어모듈)로 입력되는 신호가 아닌 것은?

① 차속센서
② 인히비터스위치
③ 스로틀위치센서
④ 아이들스피드액추에이터

35 공기유량센서 중 흡입통로에 발열체를 설치하여 통과하는 공기의 양에 따라 발열체의 온도변화를 이용하는 방식은?

① 베인식
② 열선식
③ 맵센서식
④ 칼만와류식

해설 열선식(Hot Wire Type)은 흡입통로에 발열체를 설치하여 통과하는 공기의 양에 따라 발열체의 온도변화를 이용한다.

정답 30 ② 31 ② 32 ① 33 ④ 34 ④ 35 ②

36 출력 50kW의 엔진을 1분간 운전했을 때 제동출력이 전부 열로 바뀐다면 몇 kJ인가?

① 2500   ② 3000
③ 3500   ④ 4000

해설 열(kJ) = 50kW × 60sec = 3000kJ

37 디젤기관의 분사펌프부품 중 연료의 역류를 방지하고 노즐의 후적을 방지하는 것은?

① 태핏
② 조속기
③ 셧다운밸브
④ 딜리버리밸브

해설 딜리버리밸브(Delivery Valve)는 연료의 역류를 방지하고, 잔압을 유지시키며 노즐의 후적을 방지한다.

38 엔진오일의 열화방지법으로 틀린 것은?

① 이물질혼입을 방지한다.
② 교환한 오일은 침전시킨 후 사용한다.
③ 유황성분이 적은 윤활유를 사용한다.
④ 산화안정성이 좋은 윤활유를 사용한다.

39 흡·배기밸브의 냉각효과를 증대하기 위해 밸브스템중공에 채우는 물질로 옳은 것은?

① 리튬   ② 나트륨
③ 알루미늄 ④ 바륨

해설 흡·배기밸브의 냉각효과를 증대하기 위해 밸브스템중공으로 제작하고 나트륨을 넣는다.

40 디젤엔진의 노크방지책으로 틀린 것은?

① 압축비를 높게 한다.
② 착화지연기간을 길게 한다.
③ 흡입공기온도를 높게 한다.
④ 연료의 착화성을 좋게 한다.

해설 착화지연기간을 짧게 한다.

41 제동 시 슬립률(λ)을 구하는 공식으로 옳은 것은?(단, 자동차의 주행속도는 V, 바퀴의 회전속도는 Vω이다)

① $\lambda = \dfrac{V - V_\omega}{V} \times 100(\%)$

② $\lambda = \dfrac{V}{V - V_\omega} \times 100(\%)$

③ $\lambda = \dfrac{V_\omega - V}{V_\omega} \times 100(\%)$

④ $\lambda = \dfrac{V_\omega}{V_\omega - V} \times 100(\%)$

해설 슬립률 $\lambda = \dfrac{V - V_\omega}{V} \times 100(\%)$

42 브레이크페달의 지렛대 비가 그림과 같을 때 페달을 100kgf의 힘으로 밟았다. 이때 푸시로드에 작용하는 힘은?

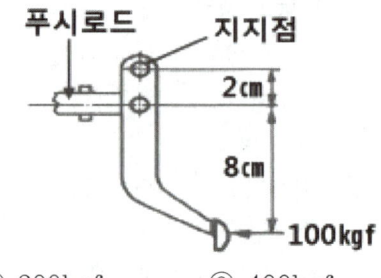

① 200kgf   ② 400kgf
③ 500kgf   ④ 600kgf

정답 36 ② 37 ④ 38 ② 39 ② 40 ② 41 ① 42 ③

해설 지렛대비율=(8+2):2=5:1
푸시로드에 작용하는 힘 : 페달 밟는 힘×지렛대 비율=5×1000kgf=500kgf

43 조향장치의 구비조건이 아닌 것은?

① 고속주행 시 조향핸들이 안정될 것
② 조향핸들의 회전과 구동바퀴선회차가 크지 않을 것
③ 저속주행 시 조향핸들조작을 위해 큰 힘이 요구될 것
④ 주행 중 받은 충격에 조향조작이 영향을 받지 않을 것

해설 조향핸들의 조작력은 저속에서는 가볍고, 고속에서는 무거워야 한다.

44 자동변속기와 비교 시 수동변속기의 특징이 아닌 것은?

① 고장률이 높다.
② 소형이며 경량이다.
③ 보수비용이 저렴하다.
④ 기계적인 동력전달로 연비가 우수하다.

해설 고장률이 낮다.

45 수동변속기의 클러치역할을 하는 자동변속기의 부품은?

① 밸브바디
② 토크컨버터
③ 엔드클러치
④ 댐퍼클러치

해설 수동변속기의 클러치역할을 하는 자동변속기는 토크컨버터이다.

46 선회 시 차체의 기울어짐 방지와 관계된 전자제어현가장치의 입력요소는?

① 도어스위치 신호
② 헤드램프동작 신호
③ 스톱램프스위치 신호
④ 조향휠 각속도센서 신호

해설 선회할 때 차체의 기울어짐 방지를 위해 조향휠 각속도센서를 둔다.

47 ABS시스템과 슬립(미끄럼)현상에 관한 설명으로 틀린 것은?

① 슬립(미끄럼)양을 백분율(%)로 표시한 것을 슬립율이라 한다.
② 슬립율은 주행속도가 늦거나 제동토크가 작을수록 커진다.
③ 주행속도와 바퀴회전속도에 차이가 발생하는 것을 슬립현상이라고 한다.
④ 제동 시 슬립현상이 발생할 때 제동력이 최대가 될 수 있도록 ABS시스템이 제동압력을 제어한다.

해설 주행속도와 바퀴회전속도에 차이가 발생하는 것을 슬립현상이라 하며, 슬립(미끄럼)양을 백분율(%)로 표시한 것을 슬립율이라 한다. 슬립율은 주행속도가 빠르거나 제동토크가 클수록 커진다. 제동할 때 슬립현상이 발생하면 제동력이 최대가 될 수 있도록 ABS가 제동압력을 제어한다.

48 유압식전자제어 동력조향장치 중에서 실린더 바이패스제어방식의 기본구성부품으로 틀린 것은?

① 유압펌프
② 동력실린더
③ 프로포셔닝밸브
④ 유량제어 솔레노이드밸브

49 자동차검사기준 및 방법에서 제동장치의 제동력검사기준으로 틀린 것은?

① 모든 축의 제동력 합이 공차중량의 50% 이상일 것
② 주차제동력의 합은 차량중량의 30% 이상일 것
③ 동일차축의 좌·우 차바퀴 제동력의 차이는 해당 축중의 8% 이내일 것
④ 각축의 제동력은 해당 축중의 50%(뒤축의 제동력은 해당 축중의 20%) 이상일 것

50 차동기어장치의 역할로 옳은 것은?

① 주행속도를 높이는 역할
② 엔진의 토크를 증가시키는 역할
③ 주행 시 구동력을 증가시키는 역할
④ 선회 시 좌·우 구동바퀴의 회전속도를 다르게 하는 역할

해설 차동기어장치는 자동차가 선회할 때 양쪽바퀴가 미끄러지지 않고 원활하게 선회하려면 바깥쪽 바퀴가 안쪽 바퀴보다 더 많이 회전하여야 하며, 또 울퉁불퉁한 도로면을 주행할 때에도 양쪽 바퀴의 회전속도가 달라져야 한다. 즉, 차동기어장치는 도로면의 저항을 적게 받는 구동바퀴 쪽으로 동력이 전달될 수 있도록 한다.

51 독립현가장치에 대한 설명으로 옳은 것은?

① 강도가 크고 구조가 간단하다.
② 타이어와 노면의 접지성이 우수하다.
③ 스프링 아래 무게가 커서 승차감이 좋다.
④ 앞바퀴에 시미(Shimmy)가 일어나기 쉽다.

해설 독립현가장치의 장점
- 스프링 밑 질량이 작아 승차감이 좋다.
- 바퀴의 구조상 시미를 잘 일으키지 않고 도로노면과 로드홀딩이 우수하다.
- 스프링의 상수가 작은 것을 사용할 수 있다.
- 무게중심이 낮아 안전성이 향상된다.
- 옆방향진동에 강하고 타이어의 접지성능이 양호하다.
- 앞바퀴 얼라인먼트설계의 자유도가 크다.
- 컨트롤암 등을 이용하여 진동을 방지할 수 있어 소음방지에도 유리하다.

52 4WD시스템의 전기식트랜스퍼(Electric Shift Transfer)의 스피드센서인 펄스제네레이터 센서에 대한 설명으로 틀린 것은?

① 회전속도에 비례하여 주파수가 변한다.
② 마그네틱센서 방식일 경우 교류전압이 발생한다.
③ 제어모듈은 주파수를 감지하여 출력축 회전속도를 검출한다.
④ 4L모드상태에서의 출력파형은 4H모드에 비하여 시간당 주파수가 많다.

해설 4L모드는 4륜구동저속을 나타내며, 최대견인을 할 때 사용하는 위치이다. 4H모드는 4륜구동고속을 나타내며, 진흙, 모래, 눈길 등을 주행할 때 사용한다. 4L모드상태에서의 출력파형은 4H모드에 비하여 시간당 주파수가 적다.

53 차량주행 중 조향핸들이 한쪽으로 쏠리는 원인으로 틀린 것은?

① 한쪽 타이어의 편마모
② 휠얼라인먼트 조정불량
③ 좌·우 타이어공기압 불일치
④ 동력조향장치 오일펌프불량

해설 차량주행 중 조향핸들이 한쪽으로 쏠리는 원인
- 뒤 차축이 차량의 중심선에 대하여 직각이 되지 않는다.

- 타이어공기압력이 불균일하다.
- 앞바퀴정렬(얼라인먼트)이 불량하다.
- 한쪽 휠실린더의 작동이 불량하다.
- 브레이크라이닝 간극의 조정이 불량하다.
- 코일스프링의 마모되었거나 파손되었다.
- 쇽업소버의 작동이 불량하다.

54 입·출력속도비 0.4, 토크비 2인 토크컨버터에서 펌프토크가 8kgf·m일 때 터빈토크는?

① 2kgf·m
② 4kgf·m
③ 8kgf·m
④ 16kgf·m

해설 $Tt = Tr \times Pt$
[Tt : 터빈토크, Tr : 토크비, Pt : 펌프토크]
∴ $2 \times 8\text{kgf} \cdot \text{m} = 16\text{kgf} \cdot \text{m}$

55 전자제어 브레이크장치의 구성품 중 휠스피드센서의 기능으로 옳은 것은?

① 휠의 회전속도를 감지
② 하이드로릭유닛을 제어
③ 휠실린더의 유압을 제어
④ 페일세이프기능을 수행

해설 휠스피드센서는 각 바퀴(휠)마다 설치되어 있으며, 바퀴의 회전속도를 톤휠(Tone Wheel)과 센서의 자력선 변화를 감지하여 컴퓨터로 입력시킨다.

56 엔진회전수 3000rpm에서 엔진토크가 12kgf·m일 때 차륜의 구동력은 몇 kgf인가?(단, 총감속비 8, 동력전달 효율 90%, 차륜의 회전반경 30cm이다)

① 32
② 96
③ 135
④ 288

해설 $F = \dfrac{Et \times rt \times \eta}{R}$
[F : 구동력, Et : 엔진토크, rt : 총감속비, η : 동력전달효율, R : 바퀴의 반경]
∴ $\dfrac{12 \times 8 \times 0.9}{0.3} = 288\text{kgf}$

57 동기물림식 수동변속기에서 기어변속 시 소음이 발생하는 원인이 아닌 것은?

① 클러치디스크 변형
② 싱크로메시기구 마멸
③ 싱크로나이저링의 마모
④ 클러치디스크 토션스프링장력 감쇠

해설 토션스프링은 클러치디스크가 엔진의 플라이휠에 압착될 때 회전충격을 완화시킨다.

58 자동변속기의 토크컨버터에서 터빈과 연결되는 것은?

① 조향너클
② 스태빌라이저
③ 변속기입력축
④ 엔진플라이휠

해설 토크컨버터는 엔진크랭크축과 연결된 펌프(임펠러), 변속기입력축과 연결된 터빈(러너), 오일의 흐름방향을 바꾸어 주는 스테이터로 되어 있다.

59 자동차제동 시 정지거리로 옳은 것은?

① 반응시간+제동시간
② 반응시간+공주거리
③ 공주거리+제동거리
④ 미끄럼양+제동시간

해설 정지거리＝공주거리+제동거리

54 ④ 55 ① 56 ④ 57 ④ 58 ③ 59 ③

60 무단변속기(CVT)에 대한 설명으로 틀린 것은?

① 가속성능을 향상시킬 수 있다.
② 변속단에 의한 기관의 토크변화가 없다.
③ 변속비가 연속적으로 이루어지지 않는다.
④ 최적의 연료소비곡선에 근접해서 운행한다.

해설 무단변속기는 변속단에 의한 기관의 토크변화가 없고, 최적의 연료소비곡선에 근접해서 운행할 수 있으며, 가속성능을 향상시킬 수 있다.

61 광속에 대한 설명으로 옳은 것은?

① 빛의 세기로서 단위는 칸델라이다.
② 빛의 밝기의 정도로서 단위는 룩스이다.
③ 광원에서 방사되는 빛의 다발로서 단위는 루멘이다.
④ 광속은 광원의 광도에 비례하고 광원으로부터 거리의 제곱에 반비례한다.

해설 조명의 용어
- 광속이란 광원에서 나오는 빛의 다발이며, 단위는 루멘(Lumen, 기호는 lm)이다.
- 광도란 빛의 세기이며, 단위는 칸델라(기호는 cd)이다.
- 조도란 빛을 받는 면의 밝기이며, 단위는 룩스(Lux, 기호는 Lx)이다. 빛을 받는 면의 조도는 광원의 광도에 비례하고, 광원의 거리의 2승에 반비례한다.

62 점화플러그의 구비조건으로 틀린 것은?

① 내열성능이 클 것
② 열전도성능이 없을 것
③ 기밀유지성능이 클 것
④ 자기청정온도를 유지할 것

해설 열전도성이 커야 한다.

63 주행 중 배터리충전불량의 원인으로 틀린 것은?

① 발전기 'B'단자가 접촉이 불량하다.
② 발전기구동벨트의 장력이 강하다.
③ 발전기 내부 브러시가 마모되어 슬립링에 접촉이 불량하다.
④ 발전기 내부 불량으로 충전전압이 배터리전압보다 낮게 나온다.

64 다음 병렬회로의 합성저항은 몇 Ω인가?

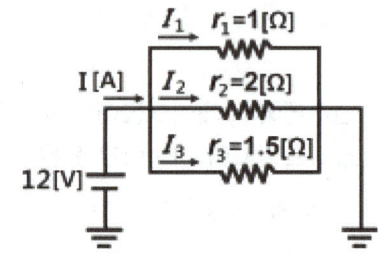

① 0.1 ② 0.5
③ 1   ④ 5

해설 병렬합성저항

$$\frac{1}{R} = \frac{1}{R_1} + \frac{1}{R_2} + \frac{1}{R_3} + \cdots + \frac{1}{R_n}$$ 에서

$$\frac{1}{1} + \frac{1}{3} + \frac{1}{1.5} = \frac{6}{3}$$

$$\therefore R = \frac{3}{6} = 0.5\Omega$$

65 병렬형 하드타입 하이브리드자동차에 대한 설명으로 옳은 것은?

① 배터리충전은 엔진이 구동시키는 발전기로만 가능하다.

② 구동모터가 플라이휠에 장착되고 변속기 앞에 엔진클러치가 있다.
③ 엔진과 변속기 사이에 구동모터가 있는데 모터만으로는 주행이 불가능하다.
④ 구동모터는 엔진의 동력보조뿐만 아니라 순수전기모터로도 주행이 가능하다.

해설 하드방식의 하이브리드자동차는 기관, 구동모터, 발전기의 동력을 분할 및 통합하는 장치가 필요하므로 구조가 복잡하지만 구동모터가 기관의 동력보조뿐만 아니라 순수한 전기자동차로도 작동이 가능하다. 이러한 특성 때문에 회생제동 효과가 커 연료소비율은 우수하지만, 큰 용량의 축전지와 구동모터 및 2개 이상의 모터제어장치가 필요하므로 소프트방식의 하이브리드자동차에 비해 부품의 비용이 1.5~2배 이상 소요된다.

66 충전장치 및 점검 및 정비 방법으로 틀린 것은?

① 배터리터미널의 극성에 주의한다.
② 엔진구동 중에는 벨트장력을 점검하지 않는다.
③ 발전기 B단자를 분리한 후 엔진을 고속회전시키지 않는다.
④ 발전기 출력전압이나 전류를 점검할 때는 절연저항테스터를 활용한다.

67 그림은 어떤 부품의 파형형태인가?

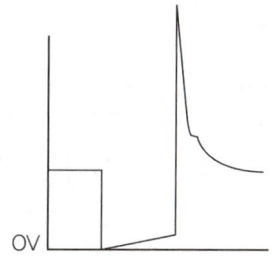

① 인젝터
② 산소센서
③ 휠스피드센서
④ 크랭크각센서

68 가솔린엔진의 점화시기제어에 대한 설명으로 옳은 것은?

① 가속 시 지각시킨다.
② 감속 시 진각시킨다.
③ 노킹 발생 시 진각시킨다.
④ 냉각수온도가 높으면 지각시킨다.

해설 점화시기제어는 가속할 때는 진각시키고 감속할 때, 노킹이 발생할 때, 냉각수온도가 높을 때에는 지각시킨다.

69 퓨즈와 릴레이를 대체하면 단선·단락에 따른 전류값을 감지함으로써 필요 시 회로를 차단하는 것은?

① BCM(Body Control Module)
② CAN(Controller Area Network)
③ LIN(Local Interconnect Network)
④ IPS(Intelligent Power Switching Device)

해설 IPS는 퓨즈와 릴레이를 대체하면 단선·단락에 따른 전류값을 감지함으로써 필요 시 회로를 차단하는 기구이다.

70 하이브리드자동차의 고전압배터리의 충·방전과정에서 전압편차가 생긴 셀을 동일전압으로 제어하는 것은?

① 충전상태제어
② 셀밸런싱제어
③ 파워제한제어
④ 고전압릴레이제어

해설 셀밸런싱제어(Cell Balancing Control)는 고전압배터리의 충·방전과정에서 전압편차가 생긴 셀을 동일전압으로 제어하는 것이다.

66 ④ 67 ① 68 ④ 69 ④ 70 ②

71 전자제어에어컨에서 자동차의 실내 및 외부의 온도검출에 사용되는 것은?

① 서미스터 ② 포텐셔미터
③ 다이오드 ④ 솔레노이드

해설 서미스터는 전자제어에어컨에서 자동차의 실내 및 외부의 온도, 그리고 증발기의 온도를 검출하기 위하여 사용한다.

72 점화코일의 시험항목으로 틀린 것은?

① 압력시험
② 출력시험
③ 절연저항시험
④ 1·2차 코일저항시험

해설 점화코일의 시험항목은 출력시험, 절연저항시험, 1·2차 코일저항시험 등이다.

73 단면적 0.002cm², 길이 10m인 니켈-크롬 선의 전기저항은 몇 Ω인가?(단, 니켈-크롬선의 고유저항은 110μΩ이다)

① 45   ② 50
③ 55   ④ 60

해설 $R = \rho \dfrac{\ell}{A}$

[R : 저항, ρ : 도체의 고유저항, ℓ : 도체의 길이, A : 도체의 단면적]

∴ $110 \times 10^{-6} \times \dfrac{10 \times 100}{0.002} = 55\Omega$

74 자동차 제어모듈 내부의 마이크로컴퓨터에서 프로그램 및 데이터를 계산하고 처리하는 장치는?

① RAM ② ROM
③ CPU ④ I/O

해설 CPU는 자동차제어모듈 내부의 마이크로컴퓨터에서 프로그램 및 데이터를 계산하고 처리한다.

75 공기정화용 에어필터에 관련된 내용으로 틀린 것은?

① 공기 중의 이물질만 제거가능한 형식이 있다.
② 필터가 막히면 블로워모터의 소음이 감소된다.
③ 필터가 막히면 블로워모터의 송풍량이 감소된다.
④ 공기 중의 이물질과 냄새를 함께 제거가능한 형식이 있다.

해설 공기정화용 에어필터는 차량 실내의 이물질 및 냄새를 제거하여 항상 쾌적한 실내의 환경을 유지시켜 주는 역할을 한다. 예전에 사용되던 파티클에어필터는 먼지만 제거하였지만, 현재는 먼지제거용필터와 냄새제거용필터를 추가한 컴비네이션필터를 사용하여 항상 쾌적한 실내의 환경을 유지시킨다. 필터가 막히면 블로워모터의 송풍량이 감소된다.

76 기동전동기의 전류소모시험 결과 배터리의 전압이 12V일 때, 120A를 소모하였다면 출력은 약 몇 PS인가?

① 1.96
② 2.96
③ 3.96
④ 4.96

해설 $P = EI$

∴ $12V \times 120A = 1440W = 1.44kW$

1PS는 0.736kW이므로 $\dfrac{1.44}{0.736} = 1.96PS$

정답 71 ① 72 ① 73 ③ 74 ③ 75 ② 76 ①

77 납산배터리의 방전종지전압에 대한 설명으로 옳은 것은?

① 셀당 방전종지전압은 0.75V이다.
② 방전종지전압을 설페이션이라 한다.
③ 방전종지전압은 시간당 평균방전량이다.
④ 방전종지전압을 넘어 방전을 지속하면 충전 시 회복능력이 떨어진다.

해설 방전종지전압이란 어느 한도 내에서 단자전압이 급격히 저하하여 그 이후는 방전능력이 없어지는 전압이며 1셀당 1.75V이다. 방전종지전압을 넘어 방전을 지속하면 충전할 때 회복능력이 떨어진다.

78 전자동에어컨시스템의 입력요소로 틀린 것은?

① 습도센서
② 차고센서
③ 일사량센서
④ 실내온도센서

해설 에어컨의 컨트롤유닛으로 입력되는 부품에는 습도센서, 일사량센서, 실내온도센서, 외기센서, 수온스위치, AQS센서, 핀서모센서(증발기온도센서), 모드선택스위치, 차속센서 등이 있다.

79 HID(High Intensity Discharge)전조등에 대한 설명으로 틀린 것은?

① 밸러스트가 있어야 된다.
② 필라멘트가 있어야 된다.
③ 제논과 같은 불활성가스가 봉입된 고휘도램프이다.
④ 고전압을 인가하여 방전을 일으켜 빛을 발생시킨다.

해설 HID전조등은 제논과 같은 불활성가스가 봉입된 고휘도램프이며, 고전압을 인가하여 방전을 일으켜 빛을 발생시키는 방식으로 밸러스트가 필요하다.

80 가솔린자동차 점화전압의 크기에 대한 설명으로 틀린 것은?

① 압축압력이 크면 높아진다.
② 점화플러그 간극이 크면 높아진다.
③ 연소실 내에 혼합비가 희박하면 낮아진다.
④ 점화플러그 중심전극이 날카로우면 낮아진다.

해설 연소실 내 혼합비가 희박하면 높아진다.

1회 자동차정비산업기사 필기시험

2018. 3. 4. 시행

01 기계구조용으로 많이 사용되는 KS 재료 기호 SM35C의 설명으로 가장 적합한 것은?

① 최저인장강도 35kgf/mm²인 기계구조용탄소강
② 최저인장강도 35kgf/cm²인 기계구조용탄소강
③ 탄소함유량이 약 35% 정도인 기계구조용탄소강
④ 탄소함유량이 약 0.35% 정도인 기계구조용탄소강

해설 SM35C은 탄소함유량이 약 0.35% 정도인 기계구조용탄소강이다.

02 소성가공방법이 아닌 것은?

① 롤링(Rolling)
② 호닝(Honing)
③ 벌징(Bulging)
④ 드로잉(Drawing)

해설 **소성가공의 종류**
압연(롤링)가공, 압출가공, 인발가공, 전조가공, 프레스가공, 전단가공, 굽힘가공, 드로잉가공, 엠보싱가공, 압인가공, 스피닝단조가공, 벌징

03 용접이음부에 입상의 용재를 공급하고, 이 용제 속에서 전극과 모재 사이에 아크를 발생시켜 연속적으로 용접하는 방법은?

① TIG용접
② MIG용접
③ 서브머지드 아크용접
④ 이산화탄소 아크용접

해설 서브머지드 아크용접은 표면의 플럭스 속에 비피복전극 와이어를 집어넣고, 모재와의 사이에 생기는 열로 용접하는 방법이다. 장점은 큰 전류를 사용함으로써 능률이 커지고 용접금속의 품질이 좋아지며 연속용접이 가능한 판재의 용접에 적합하다는 것이다.

04 다음 중 비중이 2.7이며 내부식성, 강도, 연성이 좋은 합금원소는?

① 알루미늄
② 아연
③ 니켈
④ 납

해설 알루미늄은 비중이 2.7이며, 합금원소를 첨가하여 강도를 높이고, 내부식성과 연성이 좋은 합금으로 개선하여 자동차 트랜스미션케이스, 피스톤, 엔진블록 등으로 사용한다.

05 재료의 인장강도 σu = 7200MPa, 허용응력 $\sigma \alpha$ = 900MPa일 때, 안전율(S)은?

① 4
② 6
③ 8
④ 10

해설 $S = \dfrac{\sigma u}{\sigma \alpha}$
[S : 안전율, σu : 인장강도, $\sigma \alpha$: 허용 응력]
$\therefore \dfrac{7200}{900} = 8$

정답 01 ④ 02 ② 03 ③ 04 ① 05 ③

06 금긋기용공구 중 가공물의 중심을 잡거나 가공물을 이동시켜 평행선을 그을 때 사용되는 공구는?

① 서피스게이지 ② 스크레이퍼
③ 리머   ④ 펀치

해설 서피스게이지(Surface Gauge)
공작물에 금을 긋거나 공작물의 중심내기, 선반가공에서의 바이트의 높이조정 등 여러 가지 용도로 사용된다. 주철로 만든 밑받침이 달린 기둥에 금긋기바늘을 달아 만든다.

07 롤러체인전동의 특징으로 틀린 것은?

① 유지보수가 용이하다.
② 고속회전에 부적당하다.
③ 진동과 소음이 발생하기 쉽다.
④ 일정한 속도비로 전동이 불가능하다.

해설 미끄럼이 없어 정확한 속도비를 유지할 수 있다.

08 M5×0.8로 표기되는 나사에 관한 설명으로 옳지 않은 것은?

① 미터나사이다.
② 나사의 피치는 0.8mm이다.
③ 암나사는 지름 5mm의 드릴로 가공한다.
④ 나사를 180° 회전시키면 축방향으로 0.4mm 이동한다.

해설 M5×0.8에서 M은 미터나사, 5는 바깥지름, 0.8은 피치를 나타내며, 나사를 180° 회전시키면 리드는 0.4mm이다.

09 정육면체의 외형평면가공에 가장 적합한 공작기계는?

① 밀링머신 ② 태핑머신
③ 선반   ④ 슬로터

해설 밀링머신
원판 또는 원통의 둘레에 많은 날을 가진 밀링커터라는 절삭공구를 회전시켜 공작물을 이송하며 절삭하는 공작기계이다. 수평과 수직의 평면까기, T-홈깎기 등을 빠르고 정밀도가 높게 가공할 수 있으며, 특별한 장치를 하여 기어 가공, 비틀림홈깎기, 정육면체의 외형평면깎기 등을 할 수 있다.

10 성능이 같은 2대의 펌프를 직렬로 연결하는 경우 양정과 유량의 관계는?

① 유량 및 양정 모두 변함없다.
② 유량 및 양정 모두 2배로 된다.
③ 유량은 변화가 없고 양정이 2배로 된다.
④ 양정은 변화가 없고 유량이 2배로 된다.

해설 성능이 같은 2대의 펌프를 직렬로 연결하면 유량은 변화가 없고 양정이 2배로 되고, 병렬로 연결하면 양정은 변함이 없고 유량이 2배로 된다.

11 보의 중간지점(L/2)에서의 처짐값은? (단, 여기서 EI는 굽힘강성이다)

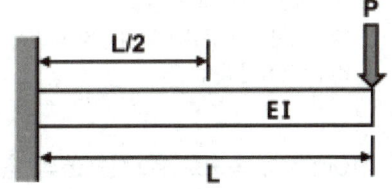

① $\dfrac{7}{96} \dfrac{PL^3}{EI}$

② $\dfrac{5}{48} \dfrac{PL^3}{EI}$

③ $\dfrac{7}{24} \dfrac{PL^3}{EI}$

④ $\dfrac{3}{8} \dfrac{PL^3}{EI}$

12 동일한 크기의 전단응력이 작용하는 볼트A와 볼트B가 있다. A볼트에 작용하는 전단하중이 B볼트에 작용하는 전단하중의 4배라고 하면, A볼트의 지름은 B볼트의 몇 배인가?

① 0.5 ② 2
③ 4   ④ 8

해설 볼트의 지름 $d = \sqrt{\dfrac{2P}{\sigma}}$ 에서
[d : 지름, P : 전단하중, σ : 전단응력]
$d_A = \sqrt{\dfrac{2 \times 4P_B}{\sigma_A}}$, $d_B = \sqrt{\dfrac{2P_B}{\sigma_b}}$, $\sigma_A = \sigma_B$이므로
$d_A = 2\sqrt{2P_B}$, $d_A = 2\sqrt{2P_B}$
∴ $d_A = 2d_b$이므로 A는 B의 2배이다.

13 유체에너지를 기계적에너지로 변화시키는 장치는?

① 여과기
② 액추에이터
③ 컨트롤밸브
④ 압력제어밸브

해설
• 액추에이터 : 유압펌프에서 보내준 유체에너지를 기계적에너지로 변환
• 액추에이터의 종류 : 유압모터(회전운동), 유압실린더(직선왕복운동)

14 10m/s의 속도로 흐르는 물의 속도수두는 약 몇 m인가?(단, 중력가속도는 9.8 m/s²이다)

① 2.8 ② 3.2
③ 3.8 ④ 5.1

해설 $Hv = \dfrac{v^2}{2g}$ [Hv : 속도수두, v : 유체속도, g : 중력가속도(9.8m/s²)]
∴ $\dfrac{10^2}{2 \times 9.8} = 5.1$m

15 동력 H(W)를 구하는 식으로 옳은 것은? (단, T는 회전토크(N·m), N는 회전수(rpm)이다)

① $H = \dfrac{T}{2\pi N}$

② $H = \dfrac{T \times 60}{2\pi N}$

③ $H = T \times 2\pi N$

④ $H = T \times \dfrac{2\pi N}{60}$

16 다음 중 주물사의 시험항목이 아닌 것은?

① 입도   ② 유분도
③ 점토분   ④ 통기도

해설 주물사의 시험항목
입도, 점토분, 통기도, 강도, 경도 등

17 직경 4cm의 원형단면봉에 200kN의 인장하중이 작용할 때 봉에 발생하는 인장응력은 약 몇 N/mm²인가?

① 159.15 ② 169.42
③ 179.56 ④ 189.85

해설 $\sigma = \dfrac{W}{A}$

∴ $\dfrac{200 \times 1000}{0.785 \times 40^2} = 159.23$N/mm²

18 베어링에 오일실(Oil Seal)을 사용하는 목적은?

① 열발산을 높이기 위하여
② 축하중을 지지하기 위하여
③ 유막이 끊어지지 않도록 하기 위하여
④ 기름이 새는 것과 먼지 등의 침입을 막기 위하여

19 자동차의 현가장치 중 코일스프링의 코일 자체에 작용하는 가장 큰 응력은?

① 열에 의한 열응력
② 스프링자중에 의한 응력
③ 굽힘모멘트에 의한 굽힘응력
④ 비틀림모멘트에 의한 전단응력

해설 코일스프링이 인장 또는 수축될 때 감겨있는 코일 자체에 작용하는 응력은 비틀림모멘트에 의한 전단응력이다.

20 다음 패킹재료의 구비조건으로 가장 적절하지 않은 것은?

① 강인하고 내구력이 클 것
② 사용온도범위가 넓을 것
③ 유연하고 탄력성이 있을 것
④ 내열 및 화학적변화가 클 것

해설 내열성이 크고 화학적변화가 없어야 한다.

21 엔진의 지시마력이 105PS, 마찰마력이 21PS일 때 기계효율은 약 몇 %인가?

① 70 ② 80
③ 84 ④ 90

해설 제동마력 = 지시마력 − 마찰마력
∴ 105PS − 21PS = 84PS
기계효율 = $\frac{제동마력}{도시마력} \times 100$
∴ $\frac{84PS}{104PS} \times 100 = 80\%$

22 실린더 내에 흡입되는 흡기량이 감소하는 이유가 아닌 것은?

① 배기가스의 배압을 이용하는 과급기를 설치하였을 때
② 흡입 및 배기밸브의 개폐시기조정이 불량할 때
③ 흡입 및 배기의 관성이 피스톤운동을 따르지 못할 때
④ 피스톤링, 밸브 등의 마모에 의하여 가스누설이 발생할 때

23 지르코니아방식의 산소센서에 대한 설명으로 틀린 것은?

① 지르코니아소자는 백금으로 코팅되어있다.
② 배기가스 중의 산소농도에 따라 출력전압이 변화한다.
③ 산소센서의 출력전압은 연료분사량 보정제어에 사용된다.
④ 산소센서의 온도가 100℃ 정도가 되어야 정상적으로 작동하기 시작한다.

해설 산소센서의 온도는 출력특성에 많은 영향을 미친다. 온도가 300℃ 이하에서는 산소센서의 출력값이 온도에 따라 급격히 변화하므로 기관제어에서 사용하기가 어렵다.

24 가솔린엔진에서 공기과잉률(λ)에 대한 설명으로 틀린 것은?

① λ값이 1일 때가 이론혼합비상태이다.
② λ값이 1보다 크면 공기과잉상태이고, 1보다 작으면 공기부족상태이다.
③ λ값이 1에 가까울 때 질소산화물(NOx)의 발생량이 최소가 된다.
④ 엔진에 공급된 연료를 완전연소시키는데 필요한 이론공기량과 실제로 흡인한 공기량과의 비이다.

19 ④ 20 ④ 21 ② 22 ① 23 ④ 24 ③

해설 기관의 실제운전상태에서 흡입된 공기량을 이론상 완전연소에 필요한 공기량으로 나눈 값을 공기과잉률이라 한다. 공기과잉률은 가솔린이나 가스연료를 사용하는 자동차에서 발생하는 질소산화물을 측정하기 위한 비교측정의 대안으로 나온 것이다. 공기과잉률의 값이 1보다 작으면 공기가 부족한 상태이고, 1보다 크면 공기과잉상태이다. 공기과잉률이 1에 가까울수록 출력은 감소하며 검은 연기를 배출한다.

25 전자제어 디젤연료분사장치에서 예비분사에 대한 설명으로 옳은 것은?

① 예비분사는 디젤엔진의 시동성을 향상시키기 위한 분사를 말한다.
② 예비분사는 연소실의 연소압력상승을 부드럽게 하여 소음과 진동을 줄여준다.
③ 예비분사는 주분사 이후에 미연가스의 완연연소와 후처리장치의 재연소를 위해 이루어지는 분사이다.
④ 예비분사는 인젝터의 노후화에 따른 보정분사를 실시하여 엔진의 출력저하 및 엔진부조를 방지하는 분사이다.

해설 예비분사(파일럿분사)란 주연소이전에 연료를 분사하여 주연소이전에 연소실의 압력 및 온도를 상승시켜 착화지연기간을 감소시키므로 질소산화물의 발생과 연소실압력의 급상승 부분이 부드럽게 이루어지도록 하여 기관의 소음과 진동을 줄인다.

26 CNG(Compressed Natural Gas)엔진에서 가스의 역류를 방지하기 위한 장치는?

① 체크밸브
② 에어조절기
③ 저압연료차단밸브
④ 고압연료차단밸브

27 엔진에서 디지털신호를 출력하는 센서는?

① 압전세라믹을 이용한 노크센서
② 가변저항을 이용한 스로틀포지션센서
③ 칼만와류방식을 이용한 공기유량센서
④ 전자유도방식을 이용한 크랭크축각도센서

해설 아날로그신호와 디지털신호
• 아날로그신호인 센서 : 수온센서, 흡기온도센서, 스로틀위치센서, 산소센서, 노크센서, 열막 및 열선식 공기유량센서, MAP센서, 인덕티브방식의 크랭크각센서, 가속페달 위치센서
• 디지털신호인 센서 : 홀센서방식의 차속센서, 옵티컬방식의 크랭크각센서, 상사점센서, 칼만와류방식 공기유량센서, 에어컨스위치 및 클러치스위치신호

28 총 배기량이 2000cc인 4행정사이클엔진이 2000rpm으로 회전할 때, 회전력이 15kgf·5m라면 제동평균유효압력은 약 몇 kgf/cm²인가?

① 7.8
② 8.5
③ 9.4
④ 10.2

해설
$$H_{PS} = \frac{TR}{716}$$
[H_{PS} : 제동마력, T : 회전력(토크), R : 회전속도]
$$\therefore \frac{15 \times 2000}{716} = 41.9 PS$$
$$P_{mi} = \frac{H_{PS} \times 75 \times 60}{ALRN}$$
[P_{mi} : 제동평균 유효압력, A : 단면적, L : 피스톤 행정, R : 기관속도(4행정 사이클 $=R/2$, 2행정 사이클$=R$, N : 실린더 수]
$$\therefore \frac{41.9 \times 75 \times 60 \times 2 \times 100}{2000 \times 2000} = 9.4 \text{kgf/cm}^2$$

29 다음은 운행차정기검사의 배기소음도 측정을 위한 검사방법에 대한 설명이다. ( ) 안에 알맞은 것은?

> 자동차의 변속장치를 중립위치로 하고 정지가동상태에서 원동기의 최고출력 시의 75% 회전속도로 ( )초 동안 운전하여 최대소음도를 측정한다.

① 3   ② 4
③ 5   ④ 6

해설 배기소음도를 측정할 때에는 자동차의 변속기어를 중립위치로 하고 정지가동(아이들링)상태에서 원동기의 최고출력 시의 75% 회전속도로 4초 동안 운전하여 그 동안에 자동차로부터 배출되는 배기소음의 최댓값을 측정한다.

30 전자제어엔진에서 분사량은 인젝터 솔레노이드코일의 어떤 인자에 의해 결정되는가?

① 전압치
② 저항치
③ 통전시간
④ 코일권수

31 전자제어 연료분사장치에서 연료분사량 제어에 대한 설명 중 틀린 것은?

① 기본분사량은 흡입공기량과 엔진회전수에 의해 결정된다.
② 기본분사시간은 흡입공기량과 엔진회전수를 곱한 값이다.
③ 스로틀밸브의 개도변화율이 크면 클수록 비동기분사시간은 길어진다.
④ 비동기분사는 급가속 시 엔진의 회전수에 관계없이 순차모드에 추가로 분사하여 가속 응답성을 향상시킨다.

해설 기본분사시간은 흡입공기량과 엔진회전수를 더한 값이다.

32 엔진플라이휠의 기능과 관계없는 것은?

① 엔진의 동력을 전달한다.
② 엔진을 무부하상태로 만든다.
③ 엔진의 회전력을 균일하게 한다.
④ 링기어를 설치하여 엔진의 시동을 걸 수 있게 한다.

해설 플라이휠은 엔진의 맥동적인 출력을 원활하게 바꾸는 장치이며, 바깥둘레에는 링기어를 설치하여 엔진의 시동을 걸 수 있게 하고, 엔진의 동력을 클러치로 전달하는 작용을 한다.

33 디젤노크에 대한 설명으로 가장 적합한 것은?

① 착화지연기간이 길어지면 발생한다.
② 노크예방을 위해 냉각수온도를 낮춘다.
③ 고온·고압의 연소실에서 주로 발생한다.
④ 노크가 발생되면 엔진회전수를 낮추면 된다.

해설 디젤기관의 노크발생원인
- 흡입공기의 온도, 실린더벽 온도, 압축비가 낮을 때
- 기관이 과랭되었을 때
- 연료분사시기가 너무 빠를 때
- 세탄가가 낮은 연료를 사용하였을 때
- 착화지연시간이 길 때
- 연료의 세탄가가 낮은 것을 사용하였을 때
- 착화지연시간 중에 연료분사량이 많을 때
- 분사노즐의 분무상태가 불량할 때

29 ② 30 ③ 31 ② 32 ② 33 ①

34 제동열효율에 대한 설명으로 틀린 것은?

① 정미열효율이라고도 한다.
② 작동가스가 피스톤에 한 일이다.
③ 지시열효율에 기계효율을 곱한 값이다.
④ 제동일로 변환된 열량과 총공급된 열량의 비이다.

35 엔진에서 윤활유소비증대에 영향을 주는 원인으로 가장 적절한 것은?

① 신품여과기의 사용
② 실린더내벽의 마멸
③ 플라이휠 링기어 마모
④ 타이밍체인 텐셔너의 마모

해설 윤활유 소비가 많아지는 원인은 피스톤 및 피스톤링의 마모, 실린더 벽의 마모 등이다.

36 연료필터에서 오버플로우밸브의 역할이 아닌 것은?

① 필터 각부의 보호작용
② 운전 중에 공기빼기작용
③ 분사펌프의 압력상승작용
④ 연료공급펌프의 소음발생방지

37 엔진의 실린더지름이 55mm, 피스톤행정이 50mm, 압축비가 7.4라면 연소실체적은 약 몇 cm³인가?

① 9.6   ② 12.6
③ 15.6 ④ 18.6

해설 $Vc = \dfrac{Vs}{(\varepsilon-1)}$

[Vc : 배기량(행정체적), ε : 압축비, Vs : 연소실체적]

∴ $\dfrac{0.785 \times 5.5^2 \times 5}{(7.4-1)} = 18.6\text{cm}^3$

38 운행차의 배출가스정기검사의 배출가스 및 공기과잉률(λ)검사에서 측정기의 최종 측정치를 읽는 방법에 대한 설명으로 틀린 것은?(단, 저속공회전 검사모드이다)

① 측정치가 불안정할 경우에는 5초간의 평균치로 읽는다.
② 공기과잉률은 소수점 셋째자리에서 0.001단위로 읽는다.
③ 탄화수소는 소수점 첫째자리 이하는 버리고 1ppm 단위로 읽는다.
④ 일산화탄소는 소수점 둘째자리 이하는 버리고 0.1% 단위로 읽는다.

해설 **배출가스 및 공기과잉률검사**
- 측정대상자동차의 상태가 정상으로 확인되면 정지가동상태(원동기가 가동되어 공회전되어 있으며 가속페달을 밟지 않은 상태)에서 시료채취관을 배기관 내에 30cm 이상 삽입한다.
- 측정기지시가 안정된 후 일산화탄소는 소수점 둘째자리에서 절사하여 0.1%의 단위로, 탄화수소는 소수점 첫째자리에서 절사하여 1ppm 단위로, 공기과잉률은 소수점 둘째자리에서 0.01단위로 최종측정치를 읽는다. 단, 측정치가 불안정할 경우에는 5초간의 평균치로 읽는다.

39 산소센서를 설치하는 목적으로 옳은 것은?

① 연료펌프의 작동을 위해서
② 정확한 공연비제어를 위해서
③ 컨트롤릴레이를 제어하기 위해서
④ 인젝터의 작동을 정확히 조절하기 위해서

해설 산소센서는 배기가스 중에 산소농도를 검출(농후 또는 희박)하여 ECU에 입력시키면 ECU는 배기가스의 정화를 위해 연료분사량을 정확한 이론공연비로 유지시켜 유해가스를 저감시킨다.

정답 34 ② 35 ② 36 ③ 37 ④ 38 ② 39 ②

40 액상LPG의 압력을 낮추어 기체상태로 변환시킨 후 엔진에 연료를 공급하는 장치는?

① 믹서 ② 봄베
③ 대시포트 ④ 베이퍼라이저

해설 베이퍼라이저(Vaporizer, 감압기화장치)는 액상 LPG의 압력을 낮추어 기체상태로 변환시킨 후 엔진에 연료를 공급한다. 즉 LPG를 감압·기화시켜 일정압력으로 기화량을 조절한다.

41 우측 앞 타이어의 바깥쪽이 심하게 마모되었을 때의 조치방법으로 옳은 것은?

① 토인으로 수정한다.
② 앞뒤 현가스프링을 교환한다.
③ 우측차륜의 캠버를 부(−)의 방향으로 조절한다.
④ 우측차륜의 캐스터를 정(+)의 방향으로 조절한다.

42 공압식 전자제어현가장치에서 컴프레셔에 장착되어 차고를 낮출 때 작동하며, 공기챔버내의 압축공기를 대기 중으로 방출시키는 작용을 하는 것은?

① 에어액추에이터밸브
② 배기솔레노이드밸브
③ 압력스위치제어밸브
④ 컴프레셔압력변환밸브

43 조향장치가 기본적으로 갖추어야 할 조건이 아닌 것은?

① 선회 시 좌·우차륜의 조향각이 달라야 한다.
② 조향장치의 기계적강성이 충분하여야 한다.
③ 노면의 충격을 감쇄시켜 조향핸들에 가능한 적게 전달되어야 한다.
④ 선회주행 시 조향핸들에서 손을 떼도 선회방향성이 유지되어야 한다.

해설 조향장치가 갖추어야 할 조건
- 주행 중 받은 충격에 조향조작이 영향을 받지 않을 것
- 조향핸들의 회전과 구동바퀴의 선회차이가 적을 것
- 섀시 및 차체 각 부분에 무리한 힘이 작용되지 않을 것
- 수명이 길고 다루기나 정비가 쉬울 것
- 조작하기 쉽고 방향변환이 원활할 것
- 회전반경이 적절하여 좁은 곳에서도 방향변환을 할 수 있을 것
- 고속주행에서도 조향핸들이 안정될 것
- 조향핸들의 조작력은 저속에서는 가볍고, 고속에서는 무거울 것

44 유압식브레이크의 마스터실린더 단면적이 $4cm^2$이고, 마스터실린더 내 푸시로드에 작용하는 힘이 80kgf라면, 단면적이 $3cm^2$인 휠실린더의 피스톤에서 발생하는 유압은 몇 kgf/cm^2인가?

① 40
② 60
③ 80
④ 120

해설 $Bp : \dfrac{Wa}{Ma} \times Wp$

[Bp : 휠실린더에 작용하는 유압,
Wa : 휠실린더피스톤 단면적,
Ma : 마스터실린더 단면적,
Wp : 휠실린더피스톤에 가하는 힘]

∴ $\dfrac{3}{4} \times 80 = 60 kgf/cm^2$

40 ④ 41 ③ 42 ② 43 ④ 44 ②

45 자동차바퀴가 정적불평형일 때 일어나는 현상은?

① 시미현상
② 롤링현상
③ 트램핑현상
④ 스탠딩웨이브현상

해설 자동차바퀴가 정적불평형일 때 트램핑현상이 나타나고, 바퀴가 동적불평형이면 시미를 일으킨다.

46 전자제어현가장치와 관련된 센서가 아닌 것은?

① 차속센서
② 조향각센서
③ 스로틀개도센서
④ 파워오일압력센서

해설 전자제어현가장치의 ECU로 입력되는 신호
차속센서, 차고센서, 조향핸들 각속도센서, 스로틀포지션센서, G센서, 전조등릴레이신호, 발전기L단자신호, 브레이크 압력스위치신호, 도어스위치신호, 공기압축기릴레이신호 등

47 자동변속기의 6포지션형 변속레버위치(select pattern)를 올바르게 나열한 것은?(단, D : 전진위치, N : 중립위치, R : 후진위치, 2, 1 : 저속전진위치, P : 주차위치)

① P - R - N - D - 2 - 1
② P - N - R - D - 2 - 1
③ R - N - D - P - 2 - 1
④ R - N - P - D - 2 - 1

48 일반적으로 브레이크드럼의 재료로 사용되는 것은?

① 연강
② 청동
③ 주철
④ 켈밋합금

49 자동차의 변속기에서 제3속의 감속비 1.5, 종감속구동피니언 기어의 잇수 5, 링기어의 잇수 22, 구동바퀴의 타이어유효반경 280mm, 엔진회전수 3300rpm으로 직진주행하고 있다. 이때 자동차의 주행속도는 약 몇 km/h인가?(단, 타이어의 미끄러짐은 무시한다)

① 26.4
② 52.8
③ 116.2
④ 128.4

해설 ① $rf = \dfrac{rz}{pz}$

[rf : 종감속비, rz : 링기어의 잇수, pz : 구동피니언의 잇수]

∴ $\dfrac{22}{5} = 4.4$

② $V = \pi D \times \dfrac{E_N}{rt \times rf} \times \dfrac{60}{1000}$

[V : 자동차의 시속(km/h), D : 타이어 지름(m), E_N : 기관회전수(rpm), rt : 변속비]

∴ $3.14 \times 0.28 \times 2 \times \dfrac{3300}{1.5 \times 4.4} \times \dfrac{60}{1000}$
= 52.75km/h

50 타이어에 195/70R 13 82S라고 적혀 있다면 S는 무엇을 의미하는가?

① 편평타이어
② 타이어의 전폭
③ 허용최고속도
④ 스틸레이디얼타이어

해설 195 : 타이어폭 195mm, 70 : 평편비율 70%, R : 레이디얼구조, 13 : 타이어내경 13inch, S : 최고허용속도

51 제동초속도가 105km/h, 차륜과 노면의 마찰계수가 0.4인 차량의 제동거리는 약 몇 m인가?

① 91.5 ② 100.5
③ 108.5 ④ 120.5

해설
① $\dfrac{105\text{km/h}}{3.6} = 29.2\text{m/s}$

② $S = \dfrac{v^2}{2\mu g}$

[S : 제동거리, v : 제동초속도, μ : 마찰계수, g : 중력가속도(9.8m/s²)]

∴ $\dfrac{29.2^2}{2 \times 0.4 \times 9.8} = 108.5\text{m}$

52 선회 시 차체가 조향각도에 비해 지나치게 많이 돌아가는 것을 말하며, 뒷바퀴에 원심력이 작용하는 현상은?

① 하이드로플래닝 ② 오버스티어링
③ 드라이브휠스핀 ④ 코너링포스

해설 오버스티어링과 언더스티어링 현상

오버스티어링 (over steering)	언더스티어링 (under steering)
선회할 때 조향각도를 일정하게 유지하여도 선회반지름이 작아지는 현상(선회 시 차체가 조향각도에 비해 지나치게 많이 돌아가는 것을 말하며, 뒷바퀴에 원심력이 작용하는 현상)	선회할 때 조향각도를 일정하게 유지하여도 선회반지름이 커지는 현상

53 변속기에서 싱크로메시기구가 작동하는 시기는?

① 변속기어가 물릴 때
② 변속기어가 풀릴 때
③ 클러치페달을 놓을 때
④ 클러치페달을 밟을 때

해설 싱크로메시(동기물림)기구는 수동변속기에서 기어가 물릴 때 입력기어와 출력축의 회전속도를 동기시켜 기어의 물림이 부드럽게 이루어지도록 하는 기구이다.

54 차량의 여유구동력을 크게 하기 위한 방법이 아닌 것은?

① 주행저항을 적게 한다.
② 총감속비를 크게 한다.
③ 엔진회전력을 크게 한다.
④ 구동바퀴의 유효반지름을 크게 한다.

해설 구동바퀴의 유효반지름을 작게 한다.

55 타이어가 편마모되는 원인이 아닌 것은?

① 쇽업소버가 불량하다.
② 앞바퀴정렬이 불량하다.
③ 타이어의 공기압이 낮다.
④ 자동차의 중량이 증가하였다.

해설 타이어의 편마모 원인
• 쇽업소버 불량
• 휠얼라이언먼트(정렬) 불량
• 한 쪽 타이어의 공기압력 낮음
• 휠의 런아웃
• 허브의 너클런아웃
• 베어링이 마멸되었거나 킹핀의 유격이 큼

56 차륜정렬에서 캐스터에 대한 설명으로 틀린 것은?

① 캐스터에 의해 바퀴가 추종성을 가지게 된다.
② 선회 시 차체운동에 위한 바퀴복원력이 발생한다.
③ 수직방향의 하중에 의해 조향륜이 아래로 벌어지는 것을 방지한다.
④ 바퀴를 차축에 설치하는 킹핀이 바퀴의 수직선과 이루는 각도를 말한다.

51 ③ 52 ② 53 ① 54 ④ 55 ④ 56 ③

해설 **캠버**
수직방향의 하중에 의해 조향륜이 아래로 벌어지는 것을 방지한다.

57 ABS장치에서 펌프로부터 토출된 고압의 오일을 일시적으로 저장하고 맥동을 완화시켜주는 구성품은?

① 어큐뮬레이터
② 솔레노이드밸브
③ 모듈레이터
④ 프로포셔닝밸브

58 전자제어제동장치(ABS)의 구성요소가 아닌 것은?

① 휠스피드센서
② 차고센서
③ 하이드로릭유닛
④ 어큐뮬레이터

해설 ABS는 바퀴의 회전속도를 검출하여 컨트롤유닛(ECU)으로 입력하는 휠스피드센서, 컨트롤유닛의 신호를 받아 유압을 유지·감압·증압으로 제어하는 하이드로릭유닛(유압모듈레이터), 충격을 흡수하는 어큐뮬레이터 등으로 되어있다.

59 자동차의 동력전달계통에 사용되는 클러치의 종류가 아닌 것은?

① 마찰클러치 ② 유체클러치
③ 전자클러치 ④ 슬립클러치

60 동력전달장치인 추진축이 기하학적인 중심과 질량중심이 일치하지 않을 때 일어나는 진동은?

① 요잉 ② 피칭
③ 롤링 ④ 휠링

61 교류발전기에서 유도전압이 발생되는 구성품은?

① 로터 ② 회전자
③ 계자코일 ④ 스테이터

해설 **교류발전기의 구성품**
- 로터(Rotor) : 전류가 흐르면 전자석이 됨(자계 발생)
- 스테이터(Stator) : 로터가 회전하면 자기장의 변화가 생겨 스테이터에 유도전류가 발생
- 다이오드 : 스테이터코일에서 발생한 교류를 직류로 정류
- 슬립링과 브러시 : 여자전류를 로터코일에 공급
- 엔드프레임

62 공기조화장치에서 저압과 고압스위치로 구성되어 있으며, 리시버드라이어에 주로 장착되어 있는데 컴프레셔의 과열을 방지하는 역할을 하는 스위치는?

① 듀얼압력스위치
② 콘덴서압력스위치
③ 어큐뮬레이터스위치
④ 리시버드라이어스위치

해설 듀얼압력스위치는 리시버드라이어에 주로 장착되어 있는데 컴프레셔의 과열을 방지하는 역할을 한다.

63 일반적인 오실로스코프에 대한 설명으로 옳은 것은?

① X축은 전압을 표시한다.
② Y축은 시간을 표시한다.
③ 멀티미터의 데이터보다 값이 정밀하다.
④ 전압, 온도, 습도 등을 기본으로 표시한다.

해설 **오실로스코프(Oscilloscope)**
- X축을 시간축, Y축을 파형으로 한 파형관측 외에도 파형이 비슷한 2개 신호의 위상차관측도 가능
- 전파에 의한 거리측정가능
- 초음파에 의한 탐상기 등의 측정가능
- 트랜지스터의 특수곡선표시 등 그래프표시에 의한 측정가능
- 멀티미터의 데이터보다 값이 정밀함

64 점화코일에 관한 설명으로 틀린 것은?
① 점화플러그에 불꽃방전을 일으킬 수 있는 높은 전압을 발생한다.
② 점화코일의 입력측이 1차코일이고, 출력측이 2차코일이다.
③ 1차코일에 전류차단 시 플레밍의 왼손법칙에 의해 전압이 상승된다.
④ 2차코일에서는 상호유도작용으로 2차코일의 권수비에 비례하여 높은 전압이 발생한다.

해설 1차코일에 전류를 차단하면 자기유도작용에 의해 전압이 상승한다.

65 오토라이트(Auto Light)제어회로의 구성부품으로 가장 거리가 먼 것은?
① 압력센서
② 조도감지센서
③ 오토라이트스위치
④ 램프제어용 퓨즈 및 릴레이

66 전자동에어컨시스템에서 제어모듈의 출력요소로 틀린 것은?
① 블로워모터
② 냉각수밸브
③ 내·외기도어 액추에이터
④ 에어믹스도어 액추에이터

67 에어백장치에서 승객의 안전벨트 착용여부를 판단하는 것은?
① 시트부하스위치 ② 충돌센서
③ 버클스위치   ④ 안전센서

68 다이오드를 이용한 자동차용 전구회로에 대한 설명 중 옳은 것은?

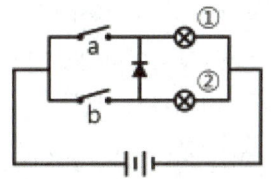

① 스위치 b가 ON일 때 전구 ②만 점등된다.
② 스위치 b가 ON일 때 전구 ①만 점등된다.
③ 스위치 a가 ON일 때 전구 ①만 점등된다.
④ 스위치 a가 ON일 때 전구 ①과 전구 ② 모두 점등된다.

69 회로가 그림과 같이 연결되었을 때 멀티미터가 지시하는 전류값은 몇 A인가?

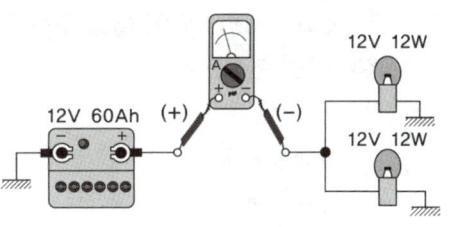

① 1   ② 2
③ 4   ④ 12

정답 64 ③ 65 ① 66 ② 67 ③ 68 ③ 69 ②

해설 $I = \dfrac{P}{E}$

[I : 전류, P : 전압, E : 전류]

∴ $\dfrac{12W \times 2}{12V} = 2A$

70 점화파형에 대한 설명으로 틀린 것은?

① 압축압력이 높을수록 점화요구전압이 높아진다.
② 점화플러그의 간극이 클수록 점화요구전압이 높아진다.
③ 점화플러그의 간극이 좁을수록 불꽃 방전시간이 길어진다.
④ 점화1차코일에 흐르는 전류가 클수록 자기유도전압이 낮아진다.

해설 점화1차코일에 흐르는 전류가 클수록 자기유도전압이 높아진다.

71 직권식기동전동기의 전기자코일과 계자코일의 연결방식은?

① 직렬로 연결되었다.
② 병렬로 연결되었다.
③ 직·병렬혼합연결되었다.
④ 델타방식으로 연결되었다.

72 서로 다른 종류의 두 도체(또는 반도체)의 접점에서 전류가 흐를 때 접점에서 줄열(Joule'sheat) 외에 발열 또는 흡열이 일어나는 현상은?

① 홀효과
② 피에조효과
③ 자계효과
④ 펠티에효과

73 하이브리드자동차에서 모터의 회전자와 고정자의 위치를 감지하는 것은?

① 레졸버
② 인버터
③ 경사각센서
④ 저전압직류변환장치

해설 레졸버는 기관의 뒤판(Rear Plate)에 설치하며, 전동기의 회전자에 연결된 레졸버회전자와 하우징과 연결된 레졸버고정자로 구성되어 기관의 캠축위치센서의 작동과 같이 전동기 내부의 회전자와 고정자의 위치를 파악한다.

74 가솔린엔진에서 크랭크축의 회전수와 점화시기의 관계에 대한 설명으로 옳은 것은?

① 회전수와 점화시기는 무관하다.
② 회전수의 증가와 더불어 점화시기는 진각된다.
③ 회전수의 감소와 더불어 점화시기는 진각 후 지각된다.
④ 회전수의 증가와 더불어 점화시기는 지각 후 진각된다.

75 하이브리드차량에서 감속 시 전기모터를 발전기로 전환하여 차량의 운동에너지를 전기에너지로 변환시켜 배터리로 회수하는 시스템은?

① 회생제동시스템
② 파워릴레이시스템
③ 아이들링스톱시스템
④ 고전압배터리시스템

해설 **하이브리드자동차의 주행모드**
- 회생제동모드(감속모드) : 감속할 때 전동기는 바퀴에 의해 구동되어 발전기의 역할을 한다. 즉 감속할 때 발생하는 운동에너지를 전기에너지로 전환시켜 고전압축전지를 충전한다.
- 시동모드 : 하이브리드시스템은 구동용전동기에 의해 기관이 시동된다. 축전지의 용량이 부족하거나 전동기컨트롤유닛에 고장이 발생한 경우에는 12V용 기동전동기로 시동을 한다.
- 가속모드 : 가속을 하거나 등판과 같은 큰 구동력이 필요할 때는 기관과 전동기에서 동시에 동력을 전달한다.
- 오토스톱(Auto Stop)모드 : 연비와 배출가스저감을 위해 자동차가 정지하여 일정한 조건을 만족할 때에는 기관의 작동을 정지시킨다.

76 배터리극판의 영구황산납(유화, 설페이션) 현상의 원인으로 틀린 것은?

① 전해액의 비중이 너무 낮다.
② 전해액이 부족하여 극판이 노출되었다.
③ 배터리의 극판이 충분하게 충전되었다.
④ 배터리를 방전된 상태로 장기간 방치하였다.

해설 충전이 불충분할 때 배터리극판의 영구황산납 현상이 일어난다.

77 [보기]가 설명하고 있는 법칙으로 옳은 것은?

[보기]
기전력의 방향은 코일 내 자속의 변화를 방해하는 방향으로 발생한다.

① 렌츠의 법칙
② 자기유도법칙
③ 플레밍의 왼손법칙
④ 플레밍의 오른손법칙

78 자동차정기검사의 등화장치검사기준에서 ( )에 알맞은 것은?(주광축의 진폭은 10m 위치에서 다음 수치 이내일 때)

진폭 전조등	상	하	좌	우
좌측	10cm	30cm	( )	30cm
우측	10cm	30cm	30cm	30cm

① 10
② 15
③ 20
④ 25

해설 좌측 전조등주광축의 좌·우측진폭은 좌 15cm 이내, 우 30cm 이내이다.

79 점화순서가 1-5-3-6-2-4인 직렬6기통기관에서 2번실린더가 흡입 초 행정일 경우 1번실린더의 상태는?

① 흡입 말
② 동력 초
③ 동력 말
④ 배기 중

해설 1-5-3-6-2-4에서 2번실린더가 흡입행정 초이면 6번실린더는 흡입행정 말, 3번실린더는 압축 중, 5번실린더는 동력행정 초, 1번실린더는 동력행정 말, 4번실린더는 배기행정 중이다.

80 제동등과 후미등에 관한 설명으로 틀린 것은?

① 제동등과 후미등은 직렬로 연결되어 있다.
② LED방식의 제동등은 점등속도가 빠르다.
③ 제동등은 브레이크 스위치에 의해 점등된다.
④ 퓨즈단선 시 전체후미등이 점등되지 않는다.

해설 자동차의 전조등, 제동등 및 후미등의 등화장치는 병렬로 연결되어 있다.

76 ③ 77 ① 78 ② 79 ③ 80 ①

2회 자동차정비산업기사 필기시험

2018. 4. 28. 시행

01 지름 42mm, 표점거리 200mm의 연강 제둥근막대를 인장시험한 결과, 표점거리가 250mm로 되었다면 연신율은 얼마인가?

① 20% ② 25%
③ 35% ④ 40%

해설 $\varepsilon = \dfrac{l'-l}{l} \times 100$

[ε : 연신율, l' : 인장시험 후 표점거리, l : 본래의 표점거리]

$\therefore \dfrac{250-200}{200} \times 100 = 25\%$

02 두 축의 중심선이 어느 정도 어긋났거나 경사시켰을 때 사용하며 결합부분에 합성고무, 가죽, 스프링 등의 탄성재료를 사용하여 회전력을 전달하는 것은?

① 플렉시블커플링(Flexible Coupling)
② 클램프커플링(Clamp Coupling)
③ 플랜지커플링(Flange Coupling)
④ 머프커플링(Muff Coupling)

해설 플렉시블커플링은 두 축의 중심선을 완전히 일치시키기 어려운 경우나 충격 및 진동을 방지할 때 사용하며, 가죽이나 고무 등 탄성이 있는 물체를 축 사이에 넣고 축을 연결한다.

03 유압제어밸브를 기능상 크게 3가지로 분류할 때 여기에 속하지 않는 것은?

① 압력제어밸브
② 온도제어밸브
③ 유량제어밸브
④ 방향제어밸브

해설 유압제어밸브의 종류
- 압력제어밸브 : 일의 크기를 결정
- 유량제어밸브 : 일의 속도를 결정
- 방향제어밸브 : 일의 방향을 결정

04 자동차, 내연기관, 항공기, 펌프 등의 구성부품의 접합부 및 접촉면의 기밀을 유지하고 유체가 새는 것을 방지하기 위해 사용하는 패킹재료로서 적합하지 않은 것은?

① 가죽
② 고무
③ 네오프렌
④ 세라믹

해설 세라믹은 고온에서 소결처리하여 만든 비금속 무기질고체재료 즉, 유리, 도자기, 시멘트, 내화물 등과 같은 고체재료이다.

05 모듈이 8, 잇수가 45개인 표준평기어의 피치원지름은 몇 mm인가?

① 180
② 260
③ 360
④ 440

해설 $M = \dfrac{D}{Z}$

[M : 기어의 모듈, D : 피치원의 지름, Z : 기어의 잇수]

$\therefore 8 \times 45 = 360 \text{mm}$

정답 01 ② 02 ① 03 ② 04 ④ 05 ③

06 다음 중 일반적으로 벨트풀리(Belt Pulley)와 같은 원형모양의 주형제작에 편리한 주형법은?

① 혼성주형법
② 회전주형법
③ 조립주형법
④ 고르개주형법

해설 주형제작방법
- 혼성주형법 : 대형주물을 제작할 때 공장바닥에 주형을 만들고 지상에서 주형상자를 씌워 만드는 방법이다.
- 조립주형법 : 2개 이상의 상자를 겹쳐서 조형하는 방법이다.
- 고르개주형법 : 긁기주형법으로 곡관같이 단면이 일정한 부품을 주형상자와 안내판, 형판을 사용하여 고르개로 긁어서 상·하형 상자를 만들고 겹쳐 사용한다.
- 회전주형법 : 벨트풀리와 같이 모형의 중심이 대칭인 부품을 조형할 때 사용하는 방법으로 지면이 받침대와 회전목마 사이에 판상의 모형을 고정하고 회전시켜 상·하형 상자를 만들고 겹쳐 사용한다.

07 용접이음부에 입상의 용제를 공급하고, 이 용제 속에서 전극과 모재 사이에 아크를 발생시켜 연속적으로 용접하는 방법은?

① TIG용접
② MIG용접
③ 테르밋용접
④ 서브머지드 아크용접

해설 서브머지드 아크용접은 용접이음의 표면에 쌓아 올린 미세한 입상의 플럭스 속에 비피복전극와이어를 집어넣고, 모재와의 사이에 생기는 아크열로를 용접하는 방법이다. 피복제에는 용융형, 소결형, 본드플럭스형 등이 있다. 이 방법의 장점은 큰 전류를 사용함으로써 능률이 커지고 용접금속의 품질이 좋아진다. 서브머지드 아크용접은 주로 조선, 강관제조, 압력용기, 저장탱크 등의 비교적 긴 아래보기 용접선으로 되어 있고, 연속용접이 가능한 판재의 용접에 적합하다.

08 재료의 인장강도가 400MPa, 안전율이 10이라면 허용응력은 몇 MPa인가?

① 200
② 300
③ 400
④ 500

해설 $\sigma a = \dfrac{\sigma u}{S}$

[σa : 허용응력, σu : 인장강도, S : 안전율]

$\therefore \dfrac{4000\text{MPa}}{10} = 400\text{MPa}$

09 다음 중 가장 일반적으로 사용하면서 묻힘키라고도 하며 축과 보스 양쪽에 키 홈을 파는 키는?

① 성크키
② 반달키
③ 접선키
④ 미끄럼키

해설 성크키는 묻힘키라고도 하며 축과 보스 양쪽에 키홈을 파며, 가장 널리 사용되는 일반적인 키이다.

10 그림과 같은 단순보에서 R_A와 R_B의 값으로 적절한 것은?

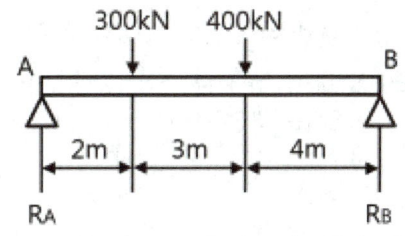

① $R_A = 396.8\text{kN}$, $R_B = 303.2\text{kN}$
② $R_A = 411.1\text{kN}$, $R_B = 288.9\text{kN}$
③ $R_A = 432.3\text{kN}$, $R_B = 267.7\text{kN}$
④ $R_A = 467.4\text{kN}$, $R_B = 232.6\text{kN}$

해설 ① $R_A = \dfrac{300kN \times (3m+4m) + 400kN \times 4m}{9m}$
$= 411.1kN$
② $R_B = 300kN + 400kN - R_A = 288.9kN$

11 나사산의 각도는 60도이고 인치계 나사이며, 보통나사와 가는나사가 있다. 미국, 영국, 캐나다 등 세 나라의 협정나사로서 ABC나사라고도 하는 것은?

① 관용나사 ② 톱니나사
③ 사다리꼴나사 ④ 유니파이나사

해설 유니파이나사
- 미국, 영국, 캐나다 등 세 나라의 협정나사로서 ABC나사라고도 한다.
- 나사산이 삼각형인 삼각나사로, 나사산의 각도는 미터나사와 같은 60°로 되어 있지만, 인치나사로 ISO에 규격화되어 있는 나사이다.
- 체결용으로 사용되며 유니파이보통나사(UNC)와 유니파이가는나사(UNF)로 분류된다.
- 유니파이가는나사는 유니파이보통나사보다 피치가 작으므로 나사산의 높이도 낮아서 두께가 얇은 부품과 체결하는 데 알맞다. 또 리드각이 작기 때문에 쉽게 풀리지 않는다.

12 다음 중 암나사를 수기가공으로 작업을 할 때 사용되는 공구는?

① 탭 ② 리머
③ 다이스 ④ 스크레이퍼

해설 탭(Tap)은 암나사를 수기가공으로 작업을 할 때 사용되는 공구이며, 다이스는 수나사가공에 사용된다.

13 다음 중 베인펌프(Vane Pump)의 형식으로 가장 적절한 것은?

① 원심식 ② 왕복식
③ 회전식 ④ 축류식

해설 베인펌프는 둥근 케이싱 속에 편심된 로터(회전자)가 설치되어 있으며, 로터의 홈 속에 베인(날개)을 설치하고 베인이 케이싱 벽에 밀착하면서 회전하여 액체를 압송하는 형식이다.

14 비틀림을 받는 원형단면축의 관성모멘트는?(단, d는 원형단면의 지름이다)

① $\dfrac{\pi d}{6}$ ② $\dfrac{\pi d^3}{32}$
③ $\dfrac{\pi d^4}{16}$ ④ $\dfrac{\pi d^4}{32}$

해설 ① 중실축 : $J = \dfrac{\pi r^4}{2} = \dfrac{\pi d^4}{32}$
② 중공축 : $J = \dfrac{\pi}{2}(R^4 - r^4) = \dfrac{\pi}{32}(D^4 - d^4)$

15 관로의 도중에 단면적이 좁은 목(Throat)을 설치하여 이 부분에서 발생하는 압력차를 측정하여 유량을 구하는 것은?

① 초크 ② 위어
③ 오리피스 ④ 벤투리미터

해설 벤투리미터
관로의 도중에 단면적이 좁은 목(Throat)을 설치하여 이 부분에서 발생하는 압력차를 측정하여 유량을 구한다.

16 일명 드로잉(Drawing)이라고도 하며 소재를 다이구멍에 통과시켜 봉재, 선재, 관재 등을 가공하는 방법은?

① 단조 ② 압연
③ 인발 ④ 전단

해설 인발은 드로잉이라고도 하며 다이(Die)구멍에 재료를 통과시켜 잡아당기면 단면적이 감소되어 다이구멍의 형상과 같은 단면의 봉, 선, 파이프 등을 만드는 가공방법이다. 인발의 가공도는 단면감소율로 나타낸다.

17 선반작업용 부속장치 중 가늘고 긴 공작물을 가공할 때, 발생하는 미세한 떨림을 방지하기 위하여 사용하는 것은?

① 방진구   ② 돌림판
③ 돌리개   ④ 연동척

해설 **선반의 부속장치**
- 척 : 주축 끝에 있는 나사에 끼워 공작물을 고정하는데 사용한다.
- 센터 : 심압대에 꽂아서 사용하는 것으로 선단이 원뿔형이고, 대형가공물에 사용되며, 자루부분은 테이퍼되어 있다.
- 돌림판 : 양 센터작업을 할 때 사용하는 것으로 공작물을 돌리개에 고정하고 돌림판에 끼워 작업한다.
- 심봉(맨드릴) : 구멍이 있는 공작물에서 그 구멍을 기준으로 하여 가공할 때 사용한다.
- 방진구 : 가늘고 긴 공작물을 가공할 때, 절삭력이나 자체중량에 의해 구부러지거나 떨림을 방지하기 위한 장치이다.
- 돌리개 : 주축의 회전을 돌림판이 받아서 공작물을 고정시키며, 양 센터의 작업을 할 때 사용한다.

18 탄소강에 함유되어 있는 원소 중 연신율을 감소시키지 않고 강도를 증가시키며, 고온에서 소성을 증가시켜 주조성을 좋게 하는 원소는?

① 망간(Mn)
② 규소(Si)
③ 인(P)
④ 황(S)

해설 망간(Mn)은 연신율을 그다지 감소시키지 않고 강도, 경도, 인성 및 소성을 증가시키며, 황에 의한 적열취성을 방지한다. 또 고온에서 결정이 거칠어지는 것을 방지하고, 강의 점성을 증가시키고 고온가공을 쉽게 한다. 내마멸성이 커지고 담금질성을 높게 하는 효과가 있으며, 탈산제로 이용되기도 한다.

19 다음 중 마그네슘의 일반적인 성질로 가장 거리가 먼 것은?

① 고온에서 발화하기 쉽다.
② 상온에서 압연과 단조가 쉽다.
③ 비중은 1.74이다.
④ 대기 중에서 내식성이 양호하나 물이나 바닷물에 침식되기 쉽다.

해설 **마그네슘의 특징**
- 비중이 1.74로 실용금속 중 가장 가벼워 항공기 등 가벼운 것을 필요로 하는 구조용재료로 사용된다.
- 고온에서 발화하기 쉽고, 건조한 공기 중에서는 산화하지 않으나 습한 공기 중에서는 표면이 산화하여 산화마그네슘 또는 탄산마그네슘으로 되어 내부의 부식을 방지한다.
- 바닷물에는 매우 약해 수소를 방출하면서 용해되고, 내산성이 매우 나쁘나 알칼리성에 대해서는 거의 부식되지 않는다.

20 코일스프링에서 코일의 평균지름이 50 mm, 유효권수가 10, 소선지름이 6mm, 축방향의 하중이 10N 작용할 때 비틀림에 의한 전단응력은 약 몇 MPa인가?

① 1.5
② 3.0
③ 5.9
④ 11.8

해설 $\tau b = \dfrac{8WD}{\pi d^3}$

[τb : 전단응력, W : 축방향 하중, D : 코일의 평균지름, d : 소선지름]

$\therefore \dfrac{8 \times 10 \times 50}{3.14 \times 6^3} = 5.9 \text{MPa}$

21 기관의 도시평균유효압력에 대한 설명으로 옳은 것은?

① 이론PV선도로부터 구한 평균유효압력
② 기관의 기계적손실로부터 구한 평균유효압력
③ 기관의 실제지압선도로부터 구한 평균유효압력
④ 기관의 크랭크축출력으로부터 계산한 평균유효압력

해설 도시평균유효압력이란 기관의 실제지압선도로부터 구한 평균유효압력이다.

22 전자제어 디젤연료분사방식 중 다단분사의 종류에 해당하지 않는 것은?

① 주분사
② 예비분사
③ 사후분사
④ 예열분사

해설 다단분사
디젤연료분사장치는 예비분사-주분사-사후분사로 연료를 분할하여 분사함으로써 연료효율이 좋아지며 PM과 NOx를 동시에 저감시킬 수 있다. 디젤은 예열플러그가 작동하여 압축공기를 예열시킨다.

23 디젤엔진의 기계식연료분사장치에서 연료의 분사량을 조절하는 것은?

① 컷오프밸브
② 조속기
③ 연료여과기
④ 타이머

해설 조속기(거버너)는 분사펌프에 설치되어 있으며, 기관의 회전속도나 부하의 변동에 따라 자동으로 연료분사량을 조절하는 장치이다.

24 자동차정기검사의 소음도측정에서 운행 자동차의 소음허용기준 중 ( )에 알맞은 것은?(단, 2006년 1월 1일 이후에 제작되는 자동차)

소음항목 자동차종류	배기소음 (dB(A))	경적소음 (dB(C))
경자동차	( ) 이하	110 이하

① 100
② 105
③ 110
④ 115

25 자동차디젤엔진의 분사펌프에서 분사초기에는 분사시기를 변경시키고 분사말기는 분사시기를 일정하게 하는 리드형식은?

① 역리드
② 양리드
③ 정리드
④ 각리드

해설 플런저의 리드 파는 방식과 분사시기와의 관계
• 정리드형(Normal Lead Type) : 분사개시 때의 분사시기가 일정하고, 분사말기가 변화한다.
• 역리드형(Revers Lead Type) : 분사개시 때의 분사시기가 변화하고, 분사말기가 일정하다.
• 양리드형(Combination Lead Type) : 분사개시와 말기의 분사시기가 모두 변화한다.

26 캐니스터에서 포집한 연료증발가스를 흡기다기관으로 보내주는 장치는?

① PCV
② EGR밸브
③ PCSV
④ 서모밸브

해설 PCSV(Purge Control Solenoid Valve)는 냉각수온도 65℃ 이상 또는 엔진회전수 1450rpm 이상에서 캐니스터에 포집되어 있는 연료증발가스를 흡기다기관으로 보내주는 역할을 한다.

정답 21 ③ 22 ④ 23 ② 24 ① 25 ① 26 ③

27 전자제어가솔린엔진에 사용되는 센서 중 흡기온도센서에 대한 내용으로 틀린 것은?

① 흡기온도가 낮을수록 공연비는 증가 된다.
② 온도에 따라 저항값이 변화되는 NTC 형 서미스터를 주로 사용한다.
③ 엔진시동과 직접 관련되며 흡입공기량과 함께 기본분사량을 결정한다.
④ 온도에 따라 달라지는 흡입공기밀도 차이를 보정하여 최적의 공연비가 되도록 한다.

해설 흡기온도센서는 흡기온도 20℃를(중량비율 1) 기준으로 그 이하의 온도에서는 연료분사량을 증량시키고, 그 이상의 온도에서는 연료분사량을 감소시킨다.

28 전자제어 가솔린분사장치의 흡입공기량센서 중에서 흡입하는 공기의 질량에 비례하여 전압을 출력하는 방식은?

① 핫필름식　② 칼만와류식
③ 맵센서식　④ 베인식

해설 핫필름방식은 입하는 공기의 질량에 비례하여 전압을 출력하는 방식이다.

29 운행차 정밀검사의 관능 및 기능검사에서 배출가스 재순환장치의 정상적 작동상태를 확인하는 검사방법으로 틀린 것은?

① 정화용촉매의 정상부착여부 확인
② 재순환밸브의 수정 또는 파손여부를 확인
③ 진공호스 및 라인설치여부, 호스폐쇄여부 확인
④ 진공밸브 등 부속장치의 유무, 우회로 설치 및 변경여부를 확인

30 기관에서 밸브스템의 구비조건이 아닌 것은?

① 관성력이 증대되지 않도록 가벼워야 한다.
② 열전달면적을 크게 하기 위하여 지름을 크게 한다.
③ 스템과 헤드의 연결부는 응력집중을 방지하도록 곡률반경이 작아야 한다.
④ 밸브스템의 윤활이 불충분하기 때문에 마멸을 고려하여 경도가 커야 한다.

해설 스템과 헤드의 연결부는 응력의 집중을 방지하기 위하여 곡률반경이 크게 하여야 한다.

31 LPG를 사용하는 자동차의 봄베에 부착되지 않는 것은?

① 충전밸브
② 송출밸브
③ 안전밸브
④ 메인듀티 솔레노이드밸브

해설 메인듀티 솔레노이드밸브는 믹서에 설치된다.

32 LPG엔진의 특징에 대한 설명으로 옳은 것은?

① 연료 관내에 베이퍼록이 발생하기 쉽다.
② 연료의 증발잠열로 인해 겨울철 시동성이 좋지 않다.
③ 옥탄가가 낮은 연료를 사용하여 노크가 빈번히 발생한다.
④ 연소가 불안정하여 다른 엔진에 비해 대기오염물질을 많이 발생한다.

27 ③ 28 ① 29 ① 30 ③ 31 ④ 32 ②

해설 **LPG엔진의 특징**
- 기화하기 쉬워 연소가 균일하다.
- 옥탄가가 높아 노킹발생이 적다.
- 연소실에 카본퇴적이 적다.
- 베이퍼록이나 퍼컬레이션이 일어나지 않는다.
- 공기와 혼합이 잘되고 완전연소가 가능하다.
- 배기색이 깨끗하고 유해배기가스가 비교적 적다.
- 베이퍼라이저가 장착된 LPG기관은 연료펌프가 필요 없다.
- 엔진오일이 가솔린엔진과는 달리 연료에 의해 희석되지 않으므로 실린더의 마모가 적고 오일 교환기간이 연장된다.
- 베이퍼라이저가 장착된 LPG기관은 가스연료로 사용하므로 저온시동성이 불량하다.
- 여름철에는 부탄 100%인 연료를 사용하고, 겨울철에는 부탄 70%+프로판 30%의 연료를 사용한다.
- 배기량이 같은 경우 가솔린엔진에 비해 출력이 낮다.
- 일반적으로 NOx는 가솔린엔진에 비해 많이 배출된다.

33 전자제어엔진에서 연료의 기본분사량 결정요소는?

① 배기산소농도　② 대기압
③ 흡입공기량　　④ 배기량

해설 전자제어엔진에서 연료의 기본분사량 결정요소는 흡입공기량(공기유량센서의 신화)과 기관 회전속도(크랭크각센서 신호이다)

34 엔진이 압축행정일 때 연소실 내의 열과 내부에너지의 변화의 관계로 옳은 것은?(단, 연소실 내부벽면온도가 일정하고, 혼합가스가 이상기체이다)

① 열=방열, 내부에너지=증가
② 열=흡열, 내부에너지=불변
③ 열=흡열, 내부에너지=증가
④ 열=방열, 내부에너지=불변

해설 연소실의 벽면온도가 일정하고, 혼합가스가 이상기체일 경우 엔진이 압축행정을 할 때 연소실 내의 열은 방열, 내부에너지는 불변이다.

35 배기량 40cc, 연소실체적 50cc인 가솔린엔진이 3000rpm일 때, 축토크가 8.95kgf·m이라면 축출력은 약 몇 PS인가?

① 15.5
② 35.1
③ 37.5
④ 38.1

해설 $H_{PS} = \dfrac{TR}{716}$

[H_{PS} : 제동출력, T : 회전력(토크), R : 회전속도]

$\therefore \dfrac{8.96 \times 3000}{716} = 37.5 \text{PS}$

36 전자제어엔진의 연료분사장치 특징에 대한 설명으로 가장 적절한 것은?

① 연료과다분사로 연료소비가 크다.
② 진단장비 이용으로 고장수리가 용이하지 않다.
③ 연료분사 처리속도가 빨라서 가속응답성이 좋아진다.
④ 연료분사장치 단품의 제조원가가 저렴하여 엔진가격이 저렴하다.

해설 **전자제어 가솔린분사장치 엔진의 장점**
- 유해배출가스의 배출이 감소된다.
- 연료소비율이 향상된다.
- 기관의 응답성능이 향상된다
- 냉간시동성능이 향상된다.
- 기관의 출력성능이 향상된다.
- 공연비를 향상시킬 수 있다.
- 기관의 효율이 향상된다.

정답 33 ③ 34 ④ 35 ③ 36 ③

37 엔진의 오일여과기 및 오일팬에 쌓이는 이물질이 아닌 것은?

① 오일의 열화 및 노화로 발생한 산화물
② 토크컨버터의 열화로 인한 퇴적물 (슬러지)
③ 기관섭동부분의 마모로 발생한 금속분말
④ 연료 및 윤활유의 불완전연소로 생긴 카본

38 연료장치에서 연료가 고온상태일 때 체적팽창을 일으켜 연료공급이 과다해지는 현상은?

① 베이퍼록현상
② 퍼컬레이션현상
③ 캐비테이션현상
④ 스텀블현상

해설 퍼컬레이션은 연료가 고온상태일 때 체적팽창을 일으켜 연료공급이 과다해지는 현상이다.

39 가솔린엔진에서 노크발생을 억제하기 위한 방법으로 틀린 것은?

① 연소실벽온도를 낮춘다.
② 압축비, 흡기온도를 낮춘다.
③ 자연발화온도가 낮은 연료를 사용한다.
④ 연소실 내 공기와 연료의 혼합을 원활하게 한다.

해설 자연발화온도가 높은 연료를 사용한다.

40 피스톤의 단면적 40cm², 행정 10cm, 연소실체적 50cm³인 기관의 압축비는 얼마인가?

① 3 : 1
② 9 : 1
③ 12 : 1
④ 18 : 1

해설 ① $Vs = 0.785D^2L$
[Vs : 배기량, D : 실린더 안지름, L : 피스톤 행정]
∴ $40\text{cm}^2 \times 10\text{cm} = 400\text{cm}^3$

② $\varepsilon = \dfrac{Vc + Vs}{Vc}$
[ε : 압축비, Vs : 실린더 배기량(행정체적), Vc : 연소실체적]
∴ $\dfrac{50 + 400}{50} = 9$

41 중량이 2000kgf인 자동차가 20°의 경사로를 등반 시 구배(등판)저항은 약 몇 kgf인가?

① 522
② 584
③ 622
④ 684

해설 $Rg = W \times \sin\theta$
[Rg : 등판저항, W : 차량중량, $\sin\theta$: 구배]
∴ $200\text{kgf} \times \sin 20° = 684\text{kgf}$

42 무단변속기(CVT)를 제어하는 유압제어 구성부품에 해당하지 않는 것은?

① 오일펌프
② 유압제어밸브
③ 레귤레이터밸브
④ 싱크로메시기구

해설 싱크로메시기구는 수동변속기에서 사용하는 동기물림장치이다.

43 축거를 L(m), 최소회전반경을 R(m), 킹핀과 바퀴접지면과의 거리를 r(m)이라 할 때 조향각α를 구하는 식은?

① $\sin\alpha = L/(R-r)$
② $\sin\alpha = (L-r)/R$
③ $\sin\alpha = (R-r)/L$
④ $\sin\alpha = (L-R)/r$

37 ② 38 ② 39 ③ 40 ② 41 ④ 42 ④ 43 ① 정답

해설 $R = \dfrac{L}{\sin a} + r$에서 $\sin a = \dfrac{L}{R-r}$

44 TCS(Traction Control System)가 제어하는 항목에 해당하는 것은?

① 슬립제어
② 킥업제어
③ 킥다운제어
④ 히스테리시스제어

해설 TCS 제어
슬립제어, 트레이스제어, 선회안정성향상 등

45 TCS(Traction Control System)에서 트레이스제어를 위해 컴퓨터(TCU)로 입력되는 항목이 아닌 것은?

① 차고센서
② 휠스피드센서
③ 조향각속도센서
④ 액셀러레이터페달 위치센서

해설 트레이스제어의 입력조건은 조향각속도센서(운전자의 조향휠조작량), 휠스피드센서(움직이지 않는 바퀴의 좌우측 속도 차이), 가속페달위치센서(가속페달을 밟은 양)이다.

46 선회주행 시 앞바퀴에서 발생하는 코너링포스가 뒷바퀴보다 크게 되면 나타나는 현상은?

① 토크스티어링 현상
② 언더스티어링 현상
③ 오버스티어링 현상
④ 리버스스티어링 현상

47 사이드슬립테스터로 측정한 결과 왼쪽 바퀴가 안쪽으로 6mm, 오른쪽바퀴가 바깥쪽으로 8mm 움직였다면 전체 미끄럼 양은?

① in 1mm
② out 1mm
③ in 7mm
④ out 7mm

해설 $\dfrac{8-6}{2} = 1\text{mm}$
따라서 전체 미끄럼양은 바깥쪽으로 1mm 미끄러진다.

48 클러치페달을 밟았다가 천천히 놓을 때 페달이 심하게 떨리는 이유가 아닌 것은?

① 플라이휠이 변형되었다.
② 클러치압력판이 변형되었다.
③ 플라이휠의 링기어가 마모되었다.
④ 클러치디스크 페이싱의 두께 차이가 있다.

해설 플라이휠의 링기어가 마모되면 기관을 시동할 때 기동전동기피니언과 물림이 불량해진다.

49 2세트의 유성기어장치를 연이어 접속시키고 일체식 선기어를 공용으로 사용하는 방식은?

① 라비뇨식
② 심프슨식
③ 밴딕스식
④ 평행축기어방식

50 저속시미(Shimmy)현상이 일어나는 원인으로 틀린 것은?

① 앞 스프링이 절손되었다.
② 조향핸들의 유격이 작다.
③ 로어암의 볼조인트가 마모되었다.
④ 타이로드엔드의 볼조인트가 마모되었다.

정답 44 ① 45 ① 46 ③ 47 ② 48 ③ 49 ② 50 ②

해설 **저속시미의 원인**
- 각 연결부분의 볼조인트가 마멸되었다.
- 링키지의 연결부분이 마멸되어 헐겁다.
- 타이어의 공기압력이 낮다.
- 앞바퀴정렬의 조정이 불량하다.
- 앞 스프링이 절손되었거나 스프링정수가 적다.
- 휠 또는 타이어가 변형되었다.
- 좌·우 타이어의 공기압력이 다르다.
- 바퀴의 정적평형이 불량하다.
- 앞 현가장치(쇽업소버, 스프링 등)가 불량하다.

51 병렬형 하이브리드자동차의 특징에 대한 설명으로 틀린 것은?

① 모터는 동력보조만 하므로 에너지변환손실이 적다.
② 기존 내연기관차량을 구동장치의 변경 없이 활용가능하다.
③ 소프트방식은 일반주행 시에는 모터 구동만을 이용한다.
④ 하드방식은 EV 주행 중 엔진시동을 위해 별도의 장치가 필요하다.

해설 소프트방식은 전동기가 플라이휠에 설치되어 있는 FMED(Fly Wheel Mounted Electric Device) 형식으로 변속기와 전동기 사이에 클러치를 설치하여 제어하는 방식이다. 출발을 할 때는 기관과 전동기를 동시에 사용하고, 부하가 적은 평지에서는 기관의 동력만을 이용하며, 가속 및 등판주행과 같이 큰 출력이 요구되는 경우에는 기관과 전동기를 동시에 사용한다.

52 드럼식브레이크와 비교한 디스크식브레이크의 특징이 아닌 것은?

① 자기작동작용이 발생하지 않는다.
② 냉각성능이 작아 제동성능이 향상된다.
③ 마찰면적이 적어 패드의 압착력이 커야한다.
④ 주행 시 반복사용하여도 제동력변화가 적다.

해설 **디스크브레이크의 특징**
- 드럼브레이크 형식보다 평형이 좋다.
- 고속으로 사용하여도 안정된 제동력을 얻을 수 있다.
- 물에 젖어도 회복이 바르다.
- 구조가 간단하여 정비가 용이하다.
- 자기배력작용이 없어 제동력이 안정되고 한쪽만 브레이크 되는 경우가 적다.
- 디스크가 대기 중에 노출되어 방열성이 우수하다.
- 패드를 강도가 큰 재료로 제작해야 한다.
- 마찰면적이 적어 압착력이 커야 한다.
- 자기작동작용이 없어 제동력이 커야 한다.
- 패드의 면적이 적어 패드를 압착하는 힘이 커야 한다.

53 전자제어현가장치의 기능에 대한 설명 중 틀린 것은?

① 급제동 시 노스다운을 방지할 수 있다.
② 변속단에 따라 변속비를 제어할 수 있다.
③ 노면으로부터의 차량 높이를 조절할 수 있다.
④ 급선회 시 원심력에 의한 차체의 기울어짐을 방지할 수 있다.

해설 **전자제어현가장치의 기능**
- 안티롤(Anti Roll)제어 : 급선회할 때 원심력에 의한 차량의 기울어짐을 방지한다.
- 급제동할 때 안티다이브(Anti Dive, 노스다운) 제어를 한다.
- 급가속할 때 안티스쿼트(Anti Squat)제어를 한다.
- 비포장도로에서의 안티바운싱(Anti Bouncing) 제어를 한다.
- 차량의 정지 및 승객의 승하차 할 때 안티스쿼트(Anti Squat)제어를 한다.
- 고속안정성을 제어한다.
- 도로의 노면상태에 따라 승차감을 조절한다.

54 무단변속기(CVT)의 특징에 대한 설명으로 틀린 것은?

① 토크컨버터가 없다.
② 가속성능이 우수하다.
③ A/T 대비 연비가 우수하다.
④ 변속단이 없어서 변속충격이 거의 없다.

해설 무단변속기의 특징
- 가속성능을 향상시킬 수 있다.
- 연료소비율을 향상시킬 수 있다.
- 변속에 의한 충격을 감소시킬 수 있다.
- 주행성능과 동력성능이 향상된다.
- 파워트레인 통합제어의 기초가 된다.

55 다음 그림은 자동차의 뒤차축이다. 스프링아래질량의 진동 중에서 X축을 중심으로 회전하는 진동은?

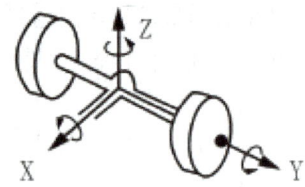

① 휠트램프   ② 휠홉
③ 와인드업   ④ 롤링

해설 스프링아래질량의 고유진동
- 휠홉(Wheel Hop) : 뒤차축이 Z 방향의 상하평행 운동을 하는 진동
- 휠트램프(Wheel Tramp) : 뒤차축이 X축을 중심으로 회전하는 진동
- 와인드업(Wind Up) : 뒤차축이 Y축을 중심으로 회전하는 진동

56 공기브레이크의 특징으로 틀린 것은?

① 베이퍼록이 발생되지 않는다.
② 유압으로 제동력을 조절한다.
③ 기관의 출력이 일부 사용된다.
④ 압축공기의 압력을 높이면 더 큰 제동력을 얻을 수 있다.

해설 공기브레이크의 특징
- 차량중량에 제한을 받지 않는다.
- 공기가 누출되어도 브레이크 성능이 현저하게 저하되지 않아 안전도가 높다.
- 오일을 사용하지 않기 때문에 베이퍼록이 발생되지 않는다.
- 페달을 밟는 양에 따라서 제동력이 증가되므로 조작하기 쉽다.
- 공기압축기구동에 기관의 출력이 일부 사용된다.
- 압축공기의 압력을 높이면 더 큰 제동력을 얻을 수 있다.

57 ABS(Anti-lock Brake System)에 대한 두 정비사의 의견 중 옳은 것은?

- 정비사 KIM : 발전기의 전압이 일정 전압 이하로 하강하면 ABS경고등이 점등된다.
- 정비사 LEE : ABS시스템의 고장으로 경고 등 점등 시 일반유압 제동시스템은 작동할 수 없다.

① 정비사 KIM만 옳다.
② 정비사 LEE만 옳다.
③ 두 정비사 모두 옳다.
④ 두 정비사 모두 틀리다.

해설 ABS가 고장이 나더라도 페일세이프기능에 의해 일반적인 유압제동장치로 작동된다.

58 기관의 축출력은 5000rpm에서 75kW이고, 구동륜에서 측정한 구동출력이 64kW이면 동력전달장치의 총효율은 약 몇 %인가?

① 15.3   ② 58.8
③ 85.3   ④ 117.8

정답 54 ① 55 ① 56 ② 57 ④ 58 ③

해설 $\eta t = \dfrac{E_{kW}}{W_{kW}} \times 100$

[ηt : 동력전달장치의 총효율,
E_{kW} : 기관의 축출력, W_{kW} : 구동출력]

∴ $\dfrac{64\text{kW}}{75\text{kW}} \times 100 = 85.3\%$

59 다음은 종감속기어에서 종감속비를 구하는 공식이다. ( )안에 알맞은 것은?

$$종감속비 = \dfrac{(\quad\quad)의\ 잇수}{구동피니언의\ 잇수}$$

① 링기어
② 스크루기어
③ 스퍼기어
④ 래크기어

해설 종감속비 = $\dfrac{링기어의\ 잇수}{구동피니언의\ 잇수}$

60 휴대용 진공펌프시험기로 점검할 수 있는 항목과 관계없는 것은?

① 서모밸브 점검
② EGR밸브 점검
③ 라디에이터캡 점검
④ 브레이크하이드로백 점검

해설 라디에이터캡 점검은 라디에이터캡 테스터로 한다.

61 에어백시스템을 설명한 것으로 옳은 것은?

① 충돌이 생기면 무조건 전개되어야 한다.
② 프리텐셔너는 운전석에어백이 전개된 후에 작동한다.
③ 에어백경고등이 계기판에 들어와도 조수석에어백은 작동된다.
④ 에어백이 전개되려면 충돌감지센서의 신호가 입력되어야 한다.

해설 프리텐셔너는 운전석에어백이 전개되기 전에 먼저 작동되며, 에어백이 전개되려면 충돌감지센서의 신호가 입력되어야 한다.

62 기동전동기의 풀인(Pull-in)시험을 시행할 때 필요한 단자의 연결로 옳은 것은?

① 배터리 (+)는 ST단자에 배터리 (−)는 M단자에 연결한다.
② 배터리 (+)는 ST단자에 배터리 (−)는 B단자에 연결한다.
③ 배터리 (+)는 B단자에 배터리 (−)는 M단자에 연결한다.
④ 배터리 (+)는 B단자에 배터리 (−)는 ST단자에 연결한다.

해설 기동전동기의 풀인(Pull-in)시험을 시행할 때에는 배터리(+)는 ST단자에 배터리(−)는 M단자에 연결한다.

63 기전력이 2V이고 0.2Ω의 저항 5개가 병렬로 접속되었을 때 각 저항에 흐르는 전류는 몇 A인가?

① 10
② 20
③ 30
④ 40

해설 $I = \dfrac{E}{R}$ ∴ $\dfrac{2\text{V}}{0.2\Omega} = 10\text{A}$

64 다음은 자동차 정기검사의 등화장치검사기준에서 전조등의 광도측정기준이다. (　)안에 알맞은 것은?

> 광도(최고속도가 매시 (　)킬로미터 이하인 자동차를 제외한다)는 다음 기준에 적합할 것
> (1) 2등식 : 1만 5천 칸델라 이상
> (2) 4등식 : 1만 2천 칸델라 이상

① 25　　② 35
③ 45　　④ 60

65 0.2μF와 0.3μF의 축전기를 병렬로 하여 12V의 전압을 가하면 축전기에 저장되는 전하량은?

① 1.2μC　　② 6μC
③ 7.2μC　　④ 14.4μC

해설　① 축전기 병렬접속의 전기량
$C = C_1 + C_2 + C_3 + \cdots + C_n$
∴ 0.2μF + 0.3μF = 0.5μF
② $Q = CE$ [Q : 축전기에 저장되는 전하량
[C : 정전용량, E : 축전기에 가해지는 전압]
∴ 0.5μF × 12V = 6μC

66 점화플러그의 방전전압에 영향을 미치는 요인이 아닌 것은?

① 전극의 틈새모양, 극성
② 혼합가스의 온도, 압력
③ 흡입공기의 습도와 온도
④ 파워트랜지스터의 위치

해설　방전전압에 영향을 미치는 요인
• 전극의 틈새모양, 극성
• 혼합가스의 온도, 압력
• 흡입공기의 습도와 온도
• 기관의 가속상태

67 그림과 같은 회로에서 전구의 용량이 정상일 때 전원내부로 흐르는 전류는 몇 A 인가?

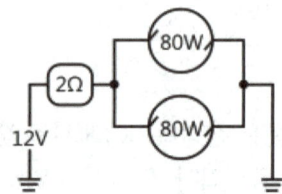

① 2.14　　② 4.13
③ 6.65　　④ 13.32

해설　$P = \dfrac{E^2}{R}$, $R = \dfrac{E^2}{P} = \dfrac{12 \times 12}{80 + 80} = 0.9\Omega$
$I = \dfrac{E}{R} = \dfrac{12}{2 + 0.9} = 4.13A$

68 다음은 자동차 정기검사의 계기장치검사기준이다. (　) 안의 내용으로 알맞은 것은?

> 속도계의 지시오차는 정 (㉠)퍼센트, 부 (㉡)퍼센트 이내일 것

① ㉠ 15, ㉡ 5　　② ㉠ 15, ㉡ 10
③ ㉠ 25, ㉡ 5　　④ ㉠ 25, ㉡ 10

69 자계와 자력선에 대한 설명으로 틀린 것은?

① 자계란 자력선이 존재하는 영역이다.
② 자속은 자력선다발을 의미하며 단위로는 Wb/m^2를 사용한다.
③ 자계강도는 단위자기량을 가지는 물체에 작용하는 자기력의 크기를 나타낸다.
④ 자기유도는 자석이 아닌 물체가 자계 내에서 자기력의 영향을 받아 자석을 띠는 현상을 말한다.

해설 자속이란 자력선의 방향과 직각이 되는 단위면적 1cm²에 통과하는 전체의 자력선을 말하며 단위로는 Wb를 사용한다.

70 MF(Maintenance Free)배터리의 특징에 대한 설명으로 틀린 것은?

① 자기방전률이 높다.
② 전해액의 증발량이 감소되었다.
③ 무보수(무정비) 배터리라고도 한다.
④ 산소와 수소가스를 증류수로 환원시킬 수 있는 촉매마개를 사용한다.

해설 자기방전률이 매우 낮아 장기간 보관할 수 있다.

71 전자제어점화장치의 작동순서로 옳은 것은?

① 각종 센서 → ECU → 파워트랜지스터 → 점화코일
② ECU → 각종 센서 → 파워트랜지스터 → 점화코일
③ 파워트랜지스터 → 각종 센서 → ECU → 점화코일
④ 각종 센서 → 파워트랜지스터 → ECU → 점화코일

72 점화2차파형에서 감쇠진동구간이 없을 경우 고장원인으로 옳은 것은?

① 점화코일 불량
② 점화코일의 극성 불량
③ 점화케이블의 절연상태 불량
④ 스파크플러그의 에어갭 불량

해설 점화코일이 불량하면 점화2차파형에서 감쇠진동구간이 없다.

73 릴레이 내부에 다이오드 또는 저항이 장착된 목적으로 옳은 것은?

① 역방향전류차단으로 릴레이점검보호
② 역방향전류차단으로 릴레이코일보호
③ 릴레이접속 시 발생하는 스파크로부터 전장품보호
④ 릴레이차단 시 코일에서 발생하는 서지전압으로부터 제어모듈보호

74 교류발전기 불량 시 점검해야 할 항목으로 틀린 것은?

① 다이오드불량 점검
② 로터코일절연 점검
③ 홀드인코일단선 점검
④ 스테이터코일단선 점검

75 자동차의 에어컨 중 냉방효과가 저하되는 원인으로 틀린 것은?

① 압축기작동시간이 짧을 때
② 냉매량이 규정보다 부족할 때
③ 냉매주입 시 공기가 유입되었을 때
④ 실내공기순환이 내기로 되어 있을 때

76 자동차의 전조등에 사용되는 전조등전구에 대한 설명 중 ( ) 안에 알맞은 것은?

( ) 전구 안에 ( ) 화합물과 불활성가스가 함께 봉입되어 있으며, 백열전구에 비해 필라멘트와 전구의 온도가 높고 광효율이 좋다.

① 네온　　② 할로겐
③ 필라멘트　④ LED

70 ① 71 ① 72 ① 73 ④ 74 ③ 75 ④ 76 ②

77 배터리의 과충전현상이 발생되는 주된 원인은?

① 배터리단자의 부식
② 전압조정기의 작동불량
③ 발전기 구동벨트장력의 느슨함
④ 발전기커넥터의 단선 및 접촉불량

해설 전압조정기의 작동이 불량하면 배터리의 과충전 되기 쉽다.

78 차량으로부터 탈거된 에어백모듈이 외부 전원으로 인해 폭발(전개)되는 것을 방지하는 구성품은?

① 클럭스프링
② 단락바
③ 방폭콘덴서
④ 인플레이터

해설 단락바는 에어백에서 모듈을 탈거할 때 각종 에어백회로가 전원과 접지되어 에어백이 펼쳐질 수 있으므로 이러한 사고를 미연에 방지하기 위해 둔 것이다.

79 자동차에 적용된 이모빌라이저시스템의 구성품이 아닌 것은?

① 외부수신기
② 안테나코일
③ 트랜스폰더키
④ 이모빌라이저 컨트롤유닛

해설 이모빌라이저 시스템의 구성품
• 이모빌라이저 컨트롤유닛
• 스마트라
• 트랜스폰더키
• 안테나코일

80 배터리전해액의 온도(1℃) 변화에 따른 비중의 변화량은?(단, 표준온도는 20℃이다)

① 0.0003
② 0.0005
③ 0.0007
④ 0.0009

해설 배터리의 전해액비중은 온도 1℃의 변화에 대해 0.0007이 변화한다.

정답 77 ② 78 ② 79 ① 80 ③

3회 자동차정비산업기사 필기시험

2018. 8. 19. 시행

01 다음 중 일반적인 플라스틱의 성질과 가장 거리가 먼 것은?

① 전기절연성이 좋다.
② 단단하나 열에는 약하다.
③ 무겁고 기계적강도가 크다.
④ 가공 및 성형성이 용이하다.

해설 가볍고 튼튼하며 투명한 것이 많고 착색이 자유롭다.

02 탄소강의 열간가공과 냉간가공을 구분하는 온도는?

① 연성온도   ② 취성온도
③ 재결성온도 ④ A1변태온도

해설
• 열간가공 : 소성가공에서 재결정온도 이상에서의 가공
• 냉간가공 : 소성가공에서 재결정온도 이하에서의 가공

03 다음 중 플렉시블커플링의 특징으로 가장 거리가 먼 것은?

① 약간의 굽힘은 허용한다.
② 어느 정도의 진동에 견딜 수 있다.
③ 축 중심이 일치하지 않을 때 사용한다.
④ 마찰력으로 동력을 전달할 때 사용한다.

04 다음 중 원의 중심 위치를 표시하는데 사용하는 공구로 적절한 것은?

① 톱   ② 줄
③ 리머   ④ 펀치

05 그림과 같이 길이가 ℓ인 보에 집중하중 P가 작용할 때, 최대굽힘모멘트는?

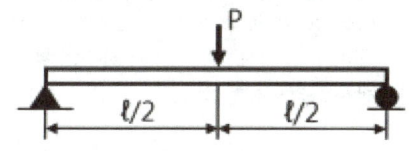

① Pℓ/4   ② Pℓ2
③ Pℓ2/2 ④ Pℓ/2

06 비틀림이 발생하는 원형단면봉의 직경을 2배로 증가시킬 때 비틀림각은 어떻게 되는가?

① $\frac{1}{2}\theta$ ② $\frac{1}{4}\theta$
③ $\frac{1}{8}\theta$ ④ $\frac{1}{16}\theta$

해설 원형의 단면봉에 비틀림모멘트(T)가 작용할 때 생기는 비틀림각(θ)은 축지름의 4제곱에 반비례한다.

07 스폿용접(Spot Welding)의 3대 요소가 아닌 것은?

① 가압력
② 열전도율
③ 용접전류
④ 통전시간

정답 01 ③ 02 ③ 03 ④ 04 ④ 05 ① 06 ④ 07 ②

08 비철합금의 설명으로 틀린 것은?

① 7:3 황동은 연신율이 크고 인장강도가 높다.
② 6:4 황동은 가공이 쉽고, 볼트, 너트, 밸브 등에 사용된다.
③ 델타메탈은 해수 등에 대한 내식성이 우수하다.
④ 네이벌황동은 6:4 황동에 1%의 Mn을 첨가한 것이다.

해설 네이벌황동은 6:4 황동에 주석(Sn)을 첨가한 것이며 주석이 함유되어 있기 때문에 강도가 커짐과 동시에 내식성이 커져서 함선의 축, 기어, 플랜지, 볼트 등에 쓰인다.

09 마찰판의 수가 4인 다판클러치에서 접촉면의 안지름 50mm, 바깥지름 90mm, 스러스트하중 600N을 작용시킬 때, 토크는 몇 kN·mm인가?(단, 마찰계수는 $\mu = 0.3$이다)

① 25.2 ② 252
③ 2520 ④ 25200

해설 $T = \frac{1}{2} \times P \times (r_1 + r_2) \times \mu \times n$
[T : 토크, P : 전체 스프링의 힘, $r_1 \cdot r_2$: 클러치판의 반지름, μ : 마찰계수, n : 마찰면의 수]
∴ $\frac{1}{2} \times 600 \times (45 + 25) \times 0.3 \times 4$
= 25200N·mm = 25.2kN·mm

10 전동축에 전달하고자 하는 동력(H)을 2배로 증가시키면 이 축에 작용하는 비틀림모멘트(T)의 크기는?(단, 회전수는 일정하다)

① T ② 1/2T
③ 2T ④ 4T

11 밀폐된 용기의 정지유체에 가해진 압력이 모든 방향으로 균일하게 전달되는 원리는?

① 벤츄리의 원리
② 파스칼의 원리
③ 베르누이의 원리
④ 토리첼리의 원리

12 다음 중 와셔의 사용용도가 아닌 것은?

① 내압력이 낮은 고무면일 때 사용
② 너트에 맞지 않는 볼트일 때 사용
③ 볼트구멍이 볼트의 호칭용규격보다 클 때
④ 너트와 볼트의 머리접촉면이 고르지 않을 때 사용

13 구조물의 AB 부재에 작용하는 인장력은 약 몇 N인가?

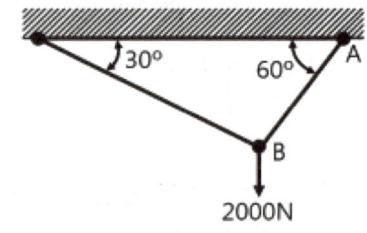

① 1232 ② 1309
③ 1732 ④ 2309

해설 $Ta = \cos a \times Wa$
[Ta : 인장력, $\cos a$: 각도, Wa : 인장하중]
∴ $\cos 30° \times 2000N = 1732N$

14 토크를 전달함과 동시에 보스를 축방향으로 이동시킬 때 사용하는 키(key)는?

① 평키 ② 안장키
③ 페더키 ④ 접선키

정답 08 ④ 09 ① 10 ③ 11 ② 12 ② 13 ③ 14 ③

15 주조할 때 주형에 접한 표면을 급랭시켜 표면은 시멘타이트가 되게 하고, 내부는 서서히 냉각시켜 펄라이트가 되게 한 주철은?

① 백주철　　② 회주철
③ 칠드주철　④ 가단주철

16 원통형케이싱 안에 편심회전자가 있고 그 회전자의 홈 속에 판 모양의 깃이 원심력 또는 스프링장력에 의하여 벽에 밀착되면서 회전하여 액체를 압송하는 펌프는?

① 베인펌프　② 기어펌프
③ 나사펌프　④ 피스톤펌프

17 연삭숫돌의 구성 3요소가 아닌 것은?

① 조직　　② 입자
③ 기공　　④ 결합제

18 유압밸브 중 방향제어밸브로 옳은 것은?

① 감압밸브　② 체크밸브
③ 릴리프밸브　④ 언로딩밸브

해설 방향제어밸브의 종류
스풀밸브, 체크밸브, 셔틀밸브

19 주형주물사의 구비조건으로 옳지 않은 것은?

① 주물 표면에서 이탈이 용이할 것
② 가스 및 공기가 잘 빠지지 않을 것
③ 내열성이 크고 화학적인 변화가 없을 것
④ 반복 사용에 따른 형상 변화가 거의 없을 것

해설 가스 및 공기가 잘 빠져야 한다.

20 6개가 합성된 겹판스프링으로 각각의 폭 50mm, 두께 9mm, 스프링의 길이 600mm, 하중이 70N이면 최대응력은 약 몇 MPa인가?

① 13.25　　② 10.37
③ 7.89　　　④ 5.75

해설 $\sigma = \dfrac{6\ell P}{nbt^2}$

[σ : 최대응력, ℓ : 스프링의 길이, n : 스프링수, b : 스프링 폭, t : 스프링 두께]

$\therefore \dfrac{6 \times 600 \times 70}{6 \times 50 \times 9^2} = 10.37 \text{MPa}$

21 4행정사이클 자동차엔진의 열역학적사이클 분류로 틀린 것은?

① 클러크사이클　② 디젤사이클
③ 사바테사이클　④ 오토사이클

해설 클러크사이클은 2행정사이클기관의 열역학적사이클이다.

22 전자제어가솔린엔진에서 (−)duty제어 타입의 액추에이터작동사이클 중 (−)duty가 40%일 경우의 설명으로 옳은 것은?

① 전류통전시간 비율이 40%이다.
② 전압비통전시간 비율이 40%이다.
③ 한 사이클 중 분사시간의 비율이 60%이다.
④ 한 사이클 중 작동하는 시간의 비율이 60%이다.

해설 듀티(Duty)란 ON, OFF의 1사이클 중 ON이 되는 시간을 백분율로 표시한 것이며, (−) 듀티가 40%일 경우 전류통전시간 비율이 40%이다.

정답　15 ③　16 ①　17 ①　18 ②　19 ②　20 ②　21 ①　22 ①

23 LPG자동차봄베의 액상연료 최대충전량은 내용적의 몇 %를 넘지 않아야 하는가?

① 75% ② 80%
③ 85% ④ 90%

해설 LPG자동차봄베의 액상연료 최대충전량은 내용적의 85%를 넘지 않아야 한다.

24 점화1차전압의 파형으로 확인할 수 없는 사항은?

① 드웰시간
② 방전전류
③ 점화코일공급전압
④ 점화플러그방전시간

25 무부하검사방법으로 휘발유사용 운행자동차의 배출가스검사 시 측정 전에 확인해야 하는 자동차의 상태로 틀린 것은?

① 냉·난방장치를 정지시킨다.
② 변속기를 중립 위치에 놓는다.
③ 원동기를 정지시켜 충분히 냉각한다.
④ 측정에 장애를 줄 수 있는 부속장치들의 가동을 정지한다.

26 전자제어가솔린엔진에 대한 설명으로 틀린 것은?

① 흡기온도센서는 공기밀도보정 시 사용된다.
② 공회전속도 제어에 스텝모터를 사용하기도 한다.
③ 산소센서의 신호는 이론공연비제어에 사용된다.
④ 점화시기는 크랭크각센서가 점화2차코일의 저항으로 제어한다.

해설 크랭크각센서는 엔진회전수(rpm)검출 및 크랭크축의 위치를 검출하며, 점화시기는 ECU가 제어한다.

27 전자제어디젤엔진의 연료분사장치에서 예비(파일럿)분사가 중단될 수 있는 경우로 틀린 것은?

① 연료분사량이 너무 작은 경우
② 연료압력이 최소값보다 높을 경우
③ 규정된 엔진회전수를 초과하였을 경우
④ 예비(파일럿)분사가 주분사를 너무 앞지르는 경우

해설 연료압력이 최소값 이하인 경우

28 전자제어가솔린엔진에서 인젝터의 연료분사량을 결정하는 주요인자로 옳은 것은?

① 분사각도
② 솔레노이드코일수
③ 연료펌프복귀전류
④ 니들밸브의 열림시간

해설 연료분사량은 ECU에서 출력하는 인젝터 솔레노이드코일의 통전시간(인젝터의 니들밸브가 열리는 시간), 즉 ECU의 펄스신호에 의해 조정된다.

29 엔진의 밸브스프링이 진동을 일으켜 밸브개폐시기가 불량해지는 현상은?

① 스텀블 ② 서징
③ 스털링 ④ 스트레치

해설 밸브스프링서징이란 고속에서 밸브스프링의 고유진동수와 캠의 회전수공명에 의해 스프링이 진동을 일으켜 밸브개폐시기가 불량해지는 현상이다.

정답 23 ③ 24 ② 25 ③ 26 ④ 27 ② 28 ④ 29 ②

30 차량에서 발생되는 배출가스 중 지구온난화에 가장 큰 영향을 미치는 것은?

① H_2　　② CO_2
③ O_2　　④ HC

31 엔진의 부하 및 회전속도의 변화에 따라 형성되는 흡입다기관의 압력변화를 측정하여 흡입공기량을 계측하는 센서는?

① MAP센서
② 베인식센서
③ 핫와이어식센서
④ 칼만와류식센서

해설　맵(MAP)센서는 흡기다기관의 진공도(절대압력)로 흡입공기량을 검출하며, ECU에서 맵센서의 신호를 이용해 공연비를 제어한다. 맵센서의 신호결과에 따라 산소센서의 출력이 달라지며, 또 차량의 주행상태에 따른 부하를 계산하는 용도로 활용된다.

32 가솔린엔진의 연소실체적이 행정체적의 20%일 때 압축비는 얼마인가?

① 6 : 1　　② 7 : 1
③ 8 : 1　　④ 9 : 1

해설　$\varepsilon = \dfrac{Vc + Vs}{Vc}$
[ε : 압축비, Vc : 실린더 배기량(행정체적), Vs : 연소실체적]
연소실체적이 행정체적의 20%이므로
$\dfrac{20 + 100}{20} = 6$

33 엔진오일을 점검하는 방법으로 틀린 것은?

① 엔진정지상태에서 오일량을 점검한다.
② 오일의 변색과 수분의 유입여부를 점검한다.
③ 엔진오일의 색상과 점도가 불량한 경우 보충한다.
④ 오일량게이지 F와 L사이에 위치하는지 확인한다.

34 산소센서의 피드백작용이 이루어지고 있는 운전조건으로 옳은 것은?

① 시동 시
② 연료차단 시
③ 급감속 시
④ 통상운전 시

35 수냉식엔진의 과열 원인으로 틀린 것은?

① 라디에이터코어가 30% 막힌 경우
② 워터펌프 구동벨트의 장력이 큰 경우
③ 수온조절기가 닫힌 상태로 고장 난 경우
④ 워터재킷 내에 스케일이 많이 있는 경우

36 전자제어가솔린엔진에서 인젝터 연료분사압력을 항상 일정하게 조절하는 다이어프램방식의 연료압력조절기 작동과 직접적인 관련이 있는 것은?

① 바퀴의 회전속도
② 흡입매니폴드의 압력
③ 실린더 내의 압축 압력
④ 배기가스 중의 산소농도

해설　연료압력조절기는 스프링의 장력과 흡기매니폴드의 진공압력(부압)을 이용하여 연료압력을 조절한다.

정답　30 ② 31 ① 32 ① 33 ③ 34 ④ 35 ② 36 ②

37 가솔린전자제어 연료분사장치에서 ECU로 입력되는 요소가 아닌 것은?

① 연료분사 신호
② 대기압력 신호
③ 냉각수온도 신호
④ 흡입공기온도 신호

38 엔진의 회전수가 4000rpm이고, 연소지연시간이 1/600초일 때 연소지연시간 동안 크랭크축의 회전각도로 옳은 것은?

① 28°　　② 37°
③ 40°　　④ 46°

해설 $it = 6Rt$
[it : 착화시기, R : 기관회전속도,
t : 착화지연시간]
∴ $6 \times 4000 \times \dfrac{1}{600} = 40°$

39 엔진의 연소실체적이 행정체적의 20%일 때 오토사이클의 열효율은 약 몇 %인가?(단, 비열비 k = 1.4)

① 51.2　　② 56.4
③ 60.3　　④ 65.9

해설 ① $\varepsilon = \dfrac{Vc + Vs}{Vc}$
[ε : 압축비, Vc : 실린더 배기량(행정체적),
Vs : 연소실체적]
연소실체적이 행정체적의 20%이므로
$\dfrac{20 + 100}{20} = 6$
② $\eta o = 1 - \left(\dfrac{1}{\varepsilon}\right)^{k-1}$
[ηo : 오토사이클의 이론열효율, ε : 압축비,
k : 비열비]
∴ $1 - \left(\dfrac{1}{6}\right)^{0.4} = 51.2\%$

40 운행차정기검사에서 가솔린승용자동차의 배출가스검사결과 CO 측정값이 2.2%로 나온 경우, 검사결과에 대한 판정으로 옳은 것은?(단, 2007년 11월 제작된 차량이며, 무부하검사방법으로 측정하였다)

① 허용기준인 1.0%를 초과하였으므로 부적합
② 허용기준인 1.5%를 초과하였으므로 부적합
③ 허용기준인 2.5%를 이하이므로 적합
④ 허용기준인 3.2%를 이하이므로 적합

41 4륜조향장치(4 wheel steering system)의 장점으로 틀린 것은?

① 선회안정성이 좋다.
② 최선회전반경이 크다.
③ 견인력(휠 구동력)이 크다.
④ 미끄러운 노면에서의 주행안정성이 좋다.

해설 4바퀴가 모두 조향되어 최소회전반경이 감소하며, 고속에서 직진안정성을 부여한다.

42 6속더블클러치변속기(DCT)의 주요구성품이 아닌 것은?

① 토크컨버터
② 더블클러치
③ 기어액추에이터
④ 클러치액추에이터

해설 더블클러치변속기는 2개의 클러치에 의한 클러치조작과 기어변속을 전자제어장치에 의해 자동으로 제어하여 자동변속기처럼 변속이 가능하면서도 수동변속기의 주행성능을 가능하게 하며, 더블클러치, 클러치액추에이터, 기어액추에이터로 구성되어 있다.

정답 37 ① 38 ③ 39 ① 40 ① 41 ② 42 ①

43 96km/h로 주행 중인 자동차의 제동을 위한 공주시간이 0.3초일 때 공주거리는 몇 m인가?

① 2   ② 4
③ 8   ④ 12

해설 $S_3 = \dfrac{Vt}{3.6}$

[S_3 : 공주거리, V : 제동초속도, t : 공주시간]

∴ $\dfrac{96 \times 0.3}{3.6} = 8\text{m}$

44 브레이크액의 구비조건이 아닌 것은?

① 압축성일 것
② 비등점이 높을 것
③ 온도에 의한 변화가 적을 것
④ 고온에서의 안정성이 높을 것

해설 비압축성이고 윤활성능이 있어야 한다.

45 ABS장치에서 펌프로부터 발생된 유압을 일시적으로 저장하고 맥동을 안정시켜 주는 부품은?

① 모듈레이터
② 아웃-렛밸브
③ 어큐뮬레이터
④ 솔레노이드밸브

46 전동식 동력조향장치의 자기진단이 안 될 경우 점검사항으로 틀린 것은?

① CAN통신파형 점검
② 컨트롤유닛 측 배터리전원 측정
③ 컨트롤유닛 측 배터리접지여부 점검
④ KEY ON 상태에서 CAN종단저항 측정

47 전자제어현가장치(ECS)의 감쇠력제어 모드에 해당되지 않는 것은?

① Hard
② Soft
③ Super Soft
④ Height Control

해설 현가장치(ECS)의 제어모드에는 Auto, Super Soft, Soft, Medium, Hard 등이 있다.

48 차량의 주행성능 및 안정성을 높이기 위한 방법에 관한 설명 중 틀린 것은?

① 유선형차체형상으로 공기저항을 줄인다.
② 고속주행 시 언더스티어링차량이 유리하다.
③ 액티브요잉제어장치로 안정성을 높일 수 있다.
④ 리어스포일러를 부착하여 횡력의 영향을 줄인다.

해설 리어스포일러를 부착하여 양력의 영향을 줄인다.

49 엔진이 2000rpm일 때 발생한 토크 60 kgf·m가 클러치를 거쳐, 변속기로 입력된 회전수와 토크가 1900rpm, 56kgf·m이다. 이때 클러치의 전달효율은 약 몇 %인가?

① 47.28   ② 62.34
③ 88.67   ④ 93.84

해설 $\eta C = \dfrac{Cp}{Ep} \times 100$

[ηC : 클러치의 전달효율, Cp : 클러치의 출력, Ep : 엔진의 출력]

∴ $\dfrac{1900 \times 56}{2000 \times 60} \times 100 = 88.67\%$

필기 자동차정비산업기사

50 자동변속기차량의 셀렉트레버조작 시 브레이크페달을 밟아야만 레버위치를 변경할 수 있도록 제한하는 구성품으로 나열된 것은?

① 파킹리버스블록밸브, 시프트록케이블
② 시프트록케이블, 시프트록 솔레노이드밸브
③ 시프트록 솔레노이드밸브, 스타트록아웃
④ 스타트록아웃스위치, 파킹리버스블록밸브

51 레이디얼타이어의 특징에 대한 설명으로 틀린 것은?

① 하중에 의한 트레드변형이 큰 편이다.
② 타이어단면의 편평율을 크게 할 수 있다.
③ 로드홀딩이 우수하며 스탠딩웨이브가 잘 일어나지 않는다.
④ 선회 시에 트레드의 변형이 적어 접지면적이 감소되는 경향이 적다.

해설 브레이커가 튼튼해 트레드가 하중에 의한 변형이 적다.

52 유체클러치와 토크컨버터에 대한 설명 중 틀린 것은?

① 토크컨버터에는 스테이터가 있다.
② 토크컨버터는 토크를 증가시킬 수 있다.
③ 유체클러치는 펌프, 터빈, 가이드링으로 구성되어 있다.
④ 가이드링은 유체클러치 내부의 압력을 증가시키는 역할을 한다.

53 자동변속기에서 급히 가속페달을 밟았을 때, 일정속도범위 내에서 한단 낮은 단으로 강제변속이 되도록 하는 것은?

① 킥업
② 킥다운
③ 업시프트
④ 리프트풋업

해설 킥다운(Kick Down)
2속 또는 3속으로 주행을 하다가 급가속을 할 때 변속기어가 다운시프트(Down Shift)되어 필요한 구동력을 얻는 것을 말한다.

54 조향장치에 관한 설명으로 틀린 것은?

① 방향전환을 원활하게 한다.
② 선회 후 복원성을 좋게 한다.
③ 조향핸들의 회전과 바퀴의 선회차이가 크지 않아야 한다.
④ 조향핸들의 조작력을 저속에서는 무겁게, 고속에서는 가볍게 한다.

해설 조향핸들의 조작력을 저속에서는 가볍게, 고속에서는 무겁게 한다.

55 동력조향장치에서 3가지 주요부의 구성으로 옳은 것은?

① 작동부-오일펌프, 동력부-동력실린더, 제어부-제어밸브
② 작동부-제어밸브, 동력부-오일펌프, 제어부-동력실린더
③ 작동부-동력실린더, 동력부-제어밸브, 제어부-오일펌프
④ 작동부-동력실린더, 동력부-오일펌프, 제어부-제어밸브

정답 50 ② 51 ① 52 ④ 53 ② 54 ④ 55 ④

56 구동륜제어장치(TCS)에 대한 설명으로 틀린 것은?

① 차체높이제어를 위한 성능유지
② 눈길, 빙판길에서 미끄러짐을 방지
③ 커브길선회 시 주행안정성유지
④ 노면과 차륜간의 마찰상태에 따라 엔진출력제어

57 수동변속기에서 기어변속이 불량한 원인이 아닌 것은?

① 릴리스실린더가 파손된 경우
② 컨트롤케이블이 단선된 경우
③ 싱크로나이저 링의 내부가 마모된 경우
④ 싱크로나이저 슬리브와 링의 회전속도가 동일한 경우

58 휠얼라인먼트를 점검하여 바르게 유지해야 하는 이유로 틀린 것은?

① 직진성의 개선
② 축간거리의 감소
③ 사이드슬립의 방지
④ 타이어이상마모의 최소화

해설 휠얼라인먼트를 점검하여 바르게 유지해야 하는 이유는 직진성능의 개선, 사이드슬립의 방지, 타이어이상마모의 최소화, 복원성부여 등이다.

59 종감속장치에서 구동피니언의 잇수가 8, 링기어의 잇수가 40이다. 추진축이 1200rpm일 때 왼쪽바퀴가 180rpm으로 회전하고 있다. 이 때 오른쪽바퀴의 회전수는 몇 rpm인가?

① 200
② 300
③ 600
④ 800

해설 ① $rf = \dfrac{rz}{pz}$

[rf : 종감속비율, rz : 링기어의 잇수, pz : 구동피니언의 잇수]

∴ $\dfrac{40}{8} = 5$

② $Th_1 = \dfrac{Pn}{rf} \times 2 - Th_2$

[Th_1 : 오른쪽바퀴 회전수, Pn : 추진축 회전수, Th_2 : 왼쪽바퀴 회전수]

∴ $\dfrac{1200}{5} \times 2 - 180 = 300 \mathrm{rpm}$

60 브레이크회로 내의 오일이 비등·기화하여 제동압력의 전달작용을 방해하는 현상은?

① 페이드현상
② 사이클링현상
③ 베이퍼록현상
④ 브레이크록현상

61 점화플러그에 대한 설명으로 틀린 것은?

① 열형플러그는 열방산이 나쁘며 온도가 상승하기 쉽다.
② 열가는 점화플러그의 열방산 정도를 수치로 나타내는 것이다.
③ 고부하 및 고속회전의 엔진은 열형플러그를 사용하는 것이 좋다.
④ 전극부분의 작동온도가 자기청정온도보다 낮을 때 실화가 발생할 수 있다.

해설 고부하 및 고속회전의 엔진은 냉형플러그(열발산이 좋음)를 사용하는 것이 좋다.

62 그림과 같은 회로에서 스위치가 OFF되어 있는 상태로 커넥터가 단선되었다. 이 회로를 테스트램프로 점검하였을 때 테스트램프의 점등상태로 옳은 것은?

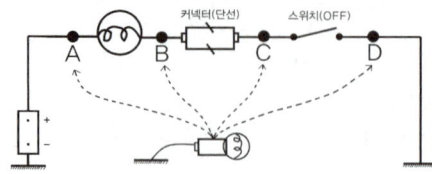

① A : OFF, B : ON, C : OFF, D : OFF
② A : ON, B : OFF, C : OFF, D : OFF
③ A : ON, B : ON, C : OFF, D : OFF
④ A : ON, B : ON, C : ON, D : OFF

63 점화장치에서 파워TR(트랜지스터)의 B(베이스)전류가 단속될 때 점화코일에서는 어떤 현상이 발생하는가?

① 1차코일에 전류가 단속된다.
② 2차코일에 전류가 단속된다.
③ 2차코일에 역기전력이 형성된다.
④ 1차코일에 상호유도작용이 발생한다.

64 물체의 전기저항특성에 대한 설명 중 틀린 것은?

① 단면적이 증가하면 저항은 감소한다.
② 도체의 지항은 온도에 따라서 변한다.
③ 보통의 금속은 온도상승에 따라 저항이 감소된다.
④ 온도가 상승하면 전기저항이 감소하는 소자를 부특성서미스터(NTC)라 한다.

해설 보통의 금속은 온도상승에 따라 저항이 증가하나 반도체는 감소한다.

65 기동전동기에 흐르는 전류가 160A이고, 전압이 12V일 때 기동전동기의 출력은 약 몇 PS인가?

① 1.3 ② 2.6
③ 3.9 ④ 5.2

해설 ① $P = EI$
[P : 전력, E : 전압, I : 전류]
∴ $12V \times 160A = 1920W = 1.92kW$
② 1PS는 0.736kW이므로 $\frac{1.92kW}{0.736kW} = 2.6PS$

66 하이브리드자동차의 고전압배터리 관리시스템에서 셀밸런싱제어의 목적은?

① 배터리의 적정온도유지
② 상황별 입출력에너지 제한
③ 배터리수명 및 에너지효율증대
④ 고전압계통고장에 의한 안전사고예방

해설 셀밸런싱제어는 고전압배터리의 충·방전과정에서 전압편차가 생긴 셀을 동일전압으로 제어하는 것이다. 즉 배터리수명 및 에너지효율을 증대시킨다.

67 논리회로 중 NOR회로에 대한 설명으로 틀린 것은?

① 논리합회로에 부정회로를 연결한 것이다.
② 입력 A와 입력 B가 모두 0이면 출력이 1이다.
③ 입력 A와 입력 B가 모두 1이면 출력이 0이다.
④ 입력 A 또는 입력 B 중에서 1개가 1이면 출력이 1이다.

해설 입력 A 또는 입력 B 중에서 1개가 1이면 출력이 0이다.

정답 62 ③ 63 ① 64 ③ 65 ② 66 ③ 67 ④

68 단위로 cd(칸델라)를 사용하는 것은?

① 광원　② 광속
③ 광도　④ 조도

해설 조명의 용어
- 광속이란 광원에서 나오는 빛의 다발이며, 단위는 루멘(Lumen, 기호는 lm)이다.
- 광도란 빛의 세기이며, 단위는 칸델라(기호는 cd)이다.
- 조도란 빛을 받는 면의 밝기이며, 단위는 룩스(Lux, 기호는 Lx)이다. 빛을 받는 면의 조도는 광원의 광도에 비례하고, 광원의 거리의 2승에 반비례한다.

69 4행정사이클 가솔린엔진에서 점화 후 최고압력에 도달할 때까지 1/400초가 소요된다. 2100rpm으로 운전될 때의 점화시기는?(단, 최고폭발압력에 도달하는 시기는 ATDC 10℃이다)

① BTDC 19.5℃　② BTDC 21.5℃
③ BTDC 23.5℃　④ BTDC 25.5℃

해설 $it = 6Rt - P_T$
[it : 착화시기, R : 기관회전속도,
t : 점화 후 최고압력에 도달하는 시간,
P_T : 최고폭발압력에 도달하는 시기]

∴ $6 \times 2100 \times \dfrac{1}{400} - 10 = 21.5°$

70 자동차정기검사에서의 전조등 광도측정 기준이다. (　) 안에 알맞은 것은?

주광축의 진폭은 10미터 위치에서 다음 수치 이내일 것 (단위 : 센티미터)				
구분	상	하	좌	우
좌측	10	30	15	30
우측	10	30	(　)	30

① 10　② 15
③ 30　④ 45

71 조수석전방미등은 작동되나 후방만 작동되지 않는 경우의 고장원인으로 옳은 것은?

① 미등퓨즈 단선
② 후방미등전구 단선
③ 미등스위치 접촉불량
④ 미등릴레이코일 단선

72 전류의 3대작용으로 옳은 것은?

① 발열작용, 화학작용, 자기작용
② 물리작용, 화학작용, 자기작용
③ 저장작용, 유도작용, 자기작용
④ 발열작용, 유도작용, 증폭작용

해설
- 발열작용 : 시가라이터, 전구, 예열플러그 등에서 이용
- 화학작용 : 전기도금, 축전지 등에서 이용
- 자기작용 : 기동전동기, 릴레이, 솔레노이드, 발전기 등에서 이용

73 자동전조등에서 외부 빛의 밝기를 감지하여 자동으로 미등 및 전조등을 점등시키기 위해 적용된 센서는?

① 조도센서　② 초음파센서
③ 중력(G)센서　④ 조향각속도센서

74 발전기 B단자의 접촉불량 및 배선저항과다로 발생할 수 있는 현상은?

① 엔진과열
② 충전 시 소음
③ B단자배선발열
④ 과충전으로 인한 배터리손상

75 자동차전자제어 에어컨시스템에서 제어모듈의 입력요소가 아닌 것은?

① 산소센서
② 외기온도센서
③ 일사량센서
④ 증발기온도센서

해설 FATC 컴퓨터 입력되는 부품
외기센서 수온스위치, 일사센서, 내기센서, 습도센서, AQS센서, 핀서모센서(증발기온도센서), 모드선택스위치, 차속센서

76 발광다이오드에 대한 설명으로 틀린 것은?

① 응답속도가 느리다.
② 백열전구에 비해 수명이 길다.
③ 전기적에너지를 빛으로 변환시킨다.
④ 자동차의 차속센서, 차고센서 등에 적용되어 있다.

해설 응답속도가 빠르다.

77 주행 중인 하이브리드자동차에서 제동 및 감속 시 충전불량현상이 발생하였을 때 점검이 필요한 곳은?

① 회생제동장치
② LDC제어장치
③ 발전제어장치
④ 12V용 충전장치

해설 주행 중인 하이브리드자동차에서 제동 및 감속 시 충전불량현상이 발생하면 회생제동장치를 점검하여야 한다.

78 하이브리드차량 정비 시 고전압차단을 위해 안전플러그(세이프티플러그)를 제거한 후 고전압부품을 취급하기 전 일정시간 이상 대기시간을 갖는 이유로 가장 적절한 것은?

① 고전압배터리 내의 셀의 안정화
② 제어모듈내부의 메모리 공간의 확보
③ 저전압(12V)배터리에 서지전압차단
④ 인버터 내 콘덴서에 충전되어 있는 고전압방전

79 바디컨트롤모듈(BCM)에서 타이머제어를 하지 않는 것은?

① 파워윈도우   ② 후진등
③ 감광룸램프   ④ 뒤 유리열선

해설 편의장치(ETACS)제어항목
감광룸램프(실내등) 제어, 간헐와이퍼 제어, 안전띠미착용 경보, 열선스위치 제어, 각종도어스위치 제어, 파워윈도우 제어, 와셔연동와이퍼 제어, 주차브레이크 잠김경보 등

80 자동차에 직류발전기보다 교류발전기를 많이 사용하는 이유로 틀린 것은?

① 크기가 작고 가볍다.
② 정류자에서 불꽃발생이 크다.
③ 내구성이 뛰어나고 공회전이나 저속에도 충전이 가능하다.
④ 출력전류의 제어작용을 하고 조정기 구조가 간단하다.

해설 정류자가 없어 불꽃발생이 없다.

정답 75 ① 76 ① 77 ① 78 ④ 79 ② 80 ②

1회 자동차정비산업기사 필기시험

2019. 3. 3. 시행

01 미끄럼키와 같이 회전토크를 전달시키는 동시에 축방향의 이동도 할 수 있는 것은?

① 묻힘키　② 스플라인키
③ 반달키　④ 안장키

해설
- 묻힘키 : 성크키는 묻힘키라고도 하며 축과 보스 양쪽에 키홈을 파며, 가장 널리 사용되는 일반적이 키이다.
- 스플라인키 : 미끄럼키와 같이 회전토크를 전달시키는 동시에 축방향의 이동할 때 사용하는 키이다.
- 반달키 : 우드러프키를 말하며 축에 홈을 깊이 파야 하므로 축이 약해지기 때문에 큰 힘이 걸리지 않는 곳에 사용한다.
- 안장키 : 새들키를 말하며 축은 가공하지 않고 보스에만 키홈을 가공하는 키이다.

02 그림과 같은 기어열에서 각 기어의 잇수가 $Z_1 = 40$, $Z_2 = 20$, $Z_3 = 40$일 때 O_1 기어를 시계방향으로 1회전시켰다면 O_3 기어는 어느 방향으로 몇 회전하는가?

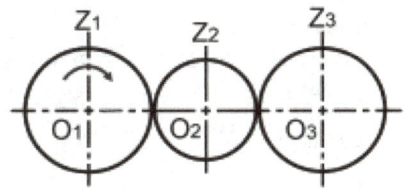

① 시계방향으로 1회전
② 시계방향으로 2회전
③ 시계반대방향으로 1회전
④ 시계반대방향으로 2회전

해설 $\dfrac{\text{피동기어잇수}}{\text{구동기어잇수}} = \dfrac{\text{구축동회전수}}{\text{피축동회전수}}$

$\therefore \dfrac{Z_2}{Z_1} = \dfrac{N_1}{N_2} = \dfrac{20}{40} = \dfrac{1}{2}$

O_1 기어가 1회전할 때 O_2 기어는 2회전한다.

$\dfrac{Z_3}{Z_2} = \dfrac{N_2}{N_3} = \dfrac{40}{20} = \dfrac{2}{1}$

즉, O_2 기어가 2회전할 때 O_3 기어는 1회전한다. 따라서, O_1 기어를 시계방향으로 회전시켰을 때 O_3 기어는 시계방향으로 1회전한다.

03 체결용요소인 나사의 풀림방지용으로 사용되지 않는 것은?

① 이중너트
② 캡나사
③ 분할핀
④ 스프링와셔

해설 나사의 풀림방지방법
이중너트, 캡너트, 분할핀, 스프링와셔, 로크너트

04 제품이 대형이고 제작수량이 적은 경우 제품형태의 중요부분만을 골격으로 만들어 사용하는 목형은?

① 골격형　② 긁기형
③ 회전형　④ 코어형

해설
- 골격형 : 제품이 대형이고 제작수량이 적은 경우 제품형태의 중요부분만을 골격으로 만들어 사용한다.
- 긁기형 : 단면이 일정한 주물을 만들 때 사용한다.
- 회전형 : 주물의 지름이 크고 제작수량이 적을 때 사용한다.
- 코어형 : 주물의 중공부를 형성할 때 사용한다.

01 ② 02 ① 03 ② 04 ①

05 유압펌프 중 피스톤펌프에 대한 설명으로 옳지 않은 것은?

① 베인펌프라고도 한다.
② 누설이 작아 체적효율이 좋다
③ 피스톤의 왕복운동을 이용하여 유압 작동유를 흡입하고 토출한다.
④ 작은 크기로 토출압력을 높게 할 수 있고 토출량을 크게 할 수 있다.

해설 베인펌프는 소음 및 맥동이 적고, 유지보수가 용이하며, 수명이 길어 장기간 안정된 성능을 발휘할 수 있어 산업기계에 많이 쓰인다.

06 숫돌이나 연삭입자를 사용하지 않는 것은?

① 호닝   ② 래핑
③ 브로칭 ④ 슈퍼피니싱

해설
- 브로칭 : 브로치로 복잡한 형상을 가진 가공물의 내면이나 외면을 절삭가공하는 것이다.
- 호닝 : 숫돌로 원통의 내면이나 외면 및 평면을 가볍게 문질러 정밀다듬질가공하는 것이다.
- 래핑 : 가공물의 표면돌기를 없애기 위해 가공물에 랩을 적절한 압력으로 눌러 정밀다듬질가공하는 것이다.

07 언더컷에 대한 설명으로 옳은 것은?

① 아크길이가 짧을 때 생긴다.
② 용접전류가 너무 작을 때 생긴다.
③ 운봉속도가 너무 느릴 때 생긴다.
④ 용접 시 경계부분에 오목하게 생기는 홈을 말한다.

해설 언더컷의 발생 주요원인
- 용접전류가 너무 높을 때
- 아크길이가 너무 길 때
- 용접봉 선택이 부적당할 때
- 용접속도가 너무 빠를 때

08 밴드브레이크 제동장치에서 밴드의 최소 두께 t(mm)를 구하는 식은?(단, 밴드의 허용인장응력은 $\sigma(N/mm^2)$, 밴드의 폭은 b(mm), 밴드의 최대긴장측장력은 $F_1(N)$이다)

① $t = \dfrac{\sigma \cdot b}{F_1}$

② $t = \dfrac{F_1}{\sigma \cdot b}$

③ $t = \dfrac{\sigma}{b \cdot F_1}$

④ $t = \dfrac{b \cdot F_1}{\sigma}$

09 원판클러치에서 마찰면의 마모가 균일하다고 가정할 때 바깥지름 300mm, 안지름 250mm, 클러치를 미는 힘 500N, 마찰계수가 0.2라고 할 경우 클러치의 전달토크는 몇 N·mm인가?

① 11390
② 13750
③ 17530
④ 18275

해설 $T = \mu F R$
[T : 클러지 전달토크, μ : 마찰계수, F : 클러치를 미는 힘, R : 평균반경]
$0.2 \times 500N \times \dfrac{300mm + 250mm}{4} = 13750 N \cdot mm$

10 유체기계의 펌프에서 터보형에 속하지 않는 것은?

① 왕복식   ② 원심식
③ 사류식   ④ 축류식

해설
- 터보형 : 원심식, 사류식, 축류식
- 용적형 : 왕복식, 회전식

정답 05 ① 06 ③ 07 ④ 08 ② 09 ② 10 ①

11 그림과 같이 판, 원통 또는 원통용기의 끝부분에 원형단면의 테두리를 만드는 가공법은?

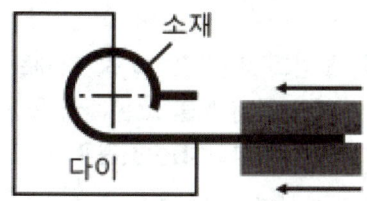

① 버링(Burring)　② 비딩(Beading)
③ 컬링(Curling)　④ 시밍(Seaming)

해설
- 버링 : 재료판에 뚫어 놓은 구멍을 확장시키기 위해 프레스펀치로 확장시키는 가공법이다.
- 비딩 : 성형된 재료에 돌기를 만드는 가공법이다.
- 컬링 : 원통 또는 원통용기의 끝부분에 원형단면의 테두리를 만드는 가공법이다.
- 시밍 : 굽히거나 말아 넣어 맞붙여 접합하는 가공법이다.

12 유압기계에 사용하는 작동유가 갖추어야 할 특성으로 틀린 것은?

① 윤활성　② 유동성
③ 기화성　④ 내산성

해설 작동유의 구비조건
점도가 적당할 것, 윤활성, 유동성, 내산성, 방청성이 있을 것, 압축성이 적을 것

13 재료의 인장강도가 3200N/mm²인 재료를 안전율 4로 설계할 때 허용응력은 약 몇 N/mm²인가?

① 400　② 600
③ 800　④ 1600

해설
$\sigma = \dfrac{\sigma_{max}}{S}$

[σ : 허용응력, σ_{max} : 인장강도, S : 안전율]

∴ $\dfrac{3200\text{N/mm}^2}{4} = 800\text{N/mm}^2$

14 공구강의 한 종류로 텅스텐(W) 85~95%, 코발트(Co) 5~6%의 소결합금이며, 상품명은 비디아, 탕갈로이, 카볼로이 등으로 불리는 것은?

① 스텔라이트　② 고속도강
③ 초경합금　④ 다이아몬드

해설 공구강의 종류
- 스텔라이트 : 텅스텐(W) 10~17%, 코발트(Co) 40~55%의 비철합금이다.
- 고속도강 : 텅스텐(W) 18%, 크롬(Cr) 4%, 바나듐(V) 1%의 특수강이다.
- 초경합금 : 텅스텐(W) 85~95%, 코발트(Co) 5~6%의 소결합금이다.
- 다이아몬드 : 주성분이 탄소인 원소광물, 금강석이라고도 한다.

15 그림과 같은 탄소강의 응력(σ)-변형률(ε)선도에서 각 점에 대한 내용으로 적절하지 않은 것은?

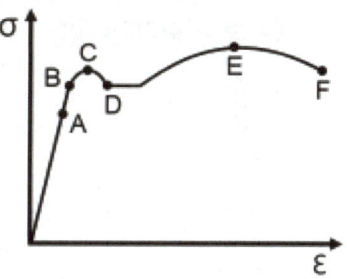

① A : 비례한도
② B : 탄성한도
③ E : 극한강도
④ F : 항복점

해설
- A : 비례한도
- B : 탄성한도
- C : 상항복점
- D : 하항복점
- E : 극한강도
- F : 파단점

16 비중이 1.74이고 실용금속 중 가장 가벼우나 고온에서는 발화하는 성질을 가진 금속은?

① Cu ② Ni
③ Al ④ Mg

해설 **마그네슘의 특징**
- 비중이 1.74로 실용금속 중 가장 가벼워 항공기 등 가벼운 것을 필요로 하는 구종용 재료로 사용된다.
- 고온에서 발화하기 쉽고, 건조한 공기 중에서는 산화하지 않으나 습한 공기 중에서는 표면이 산화하여 산화마그네슘 또는 탄산마그네슘으로 되어 내부의 부식을 방지한다.
- 바닷물에는 매우 약해 수소를 방출하면서 용해되고, 내산성이 매우 나쁘나 알칼리성에 대해서는 거의 부식되지 않는다.

17 중앙에 집중하중 W를 받는 양단지지단순보에서 최대처짐을 나타내는 식은? (단, E = 세로탄성계수, I = 단면 2차 모멘트, ℓ = 보의 길이이다)

① $\dfrac{W\ell^2}{48EI}$ ② $\dfrac{W\ell^3}{48EI}$
③ $\dfrac{W\ell^3}{24EI}$ ④ $\dfrac{W\ell^4}{48EI}$

18 강재원형봉을 토션바(Torsion Bar)로 사용하고자 할 때 원형보에 발생하는 최대전단응력에 대한 설명으로 틀린 것은?

① 최대전단응력은 비틀림각에 비례한다.
② 최대전단응력은 원형봉의 길이에 반비례한다.
③ 최대전단응력은 전단탄성계수에 반비례한다.
④ 최대전단응력은 원형봉반지름에 비례한다.

해설 최대전단응력은 전단탄성계수에 비례한다.

19 철강의 표면경화법 중 강재를 가열하여 그 표면에 Al을 고온에서 확산침투시켜 표면을 경화하는 것은?

① 실리코나이징(Siliconizing)
② 크로마이징(Chromizing)
③ 세라다이징(Sheradizing)
④ 칼로라이징(Calorizing)

해설
- 실리코나이징 : Si 침투
- 크로마이징 : Cr 침투
- 세라다이징 : Zn 침투
- 칼로라이징 : Al 침투

20 다음 중 손다듬질 작업에서 일반적으로 쓰지 않는 측정기는?

① 암페어미터
② 마이크로미터
③ 하이트게이지
④ 버니어캘리퍼스

해설 손다듬질 작업이란 기계공작을 의미하며 암페어미터는 전류를 측정하는 측정기기이다.

21 6기통 4행정 사이클엔진이 10kgf·m의 토크로 1000rpm으로 회전할 때 축출력은 약 몇 kW인가?

① 9.2 ② 10.3
③ 13.9 ④ 20

해설 $P_{kw} = \dfrac{2\pi TN}{120 \times 60}$
[P_{kw} : 축출력, T : 토크, N : 회전수]
1kgf·m/sec = 1/102kW

$1\text{N}\cdot\text{m} = \dfrac{1}{9.8}\text{kgf}\cdot\text{m}$

정리하면

$\therefore \dfrac{1}{102} \times T \times \dfrac{2\pi N}{60} = \dfrac{1}{120} \times 10\text{kgf}\cdot\text{m}$

$\times \dfrac{2\times 3.14 \times 1000\text{rpm}}{60} = \dfrac{1047}{102} = 10.3\text{kW}$

22 연료 10.4kg을 연소시키는 데 152kg의 공기를 소비하였다면 공기와 연료의 비는?(단, 공기의 밀도는 1.29kg/m³이다)

① 공기(14.6kg) : 연료(1kg)
② 공기(14.6m³) : 연료(1m³)
③ 공기(12.6kg) : 연료(1kg)
④ 공기(12.6m³) : 연료(1m³)

해설 공기와 연료의 비
- 152kg : 10.4kg
- 14.6kg : 1kg

23 전자제어엔진에서 흡입되는 공기량측정 방법으로 가장 거리가 먼 것은?

① 피스톤직경
② 흡기다기관부압
③ 핫와이어전류량
④ 칼만와류 발생주파수

해설
- MAP센서 : 피에조저항(압전소자)을 이용하여 흡기다기관의 진공도(부압)로 흡입공기량을 간접 검출한다.
- 핫와이어, 핫필름방식(Hot Wire, Hot Film Type) : 공기통로에 설치된 발열체가 흡입되는 공기에 의해 냉각되면 다시 핫와이어를 가열하기 위하여 전류를 증가시키고, 이 전류의 양을 전압으로 변환하여 흡입공기량을 감지한다.
- 칼만와류식 : 유체의 유동 가운데 기둥을 설치하면 기둥하류에는 와류가 발생하게 된다. 이러한 와류를 초음파센서로 측정하여 흡입공기량을 감지한다.

24 디젤사이클의 P-V선도에 대한 설명으로 틀린 것은?

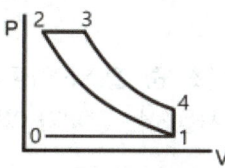

① 1 → 2 : 단열압축과정
② 2 → 3 : 정적팽창과정
③ 3 → 4 : 단열팽창과정
④ 4 → 1 : 정적방열과정

해설 2 → 3 : 정압팽창과정

25 실린더내경 80mm, 행정 90mm인 4행정사이클엔진이 2000rpm으로 운전할 때 피스톤의 평균속도는 몇 m/sec인가?(단, 실린더는 4개이다)

① 6 ② 7
③ 8 ④ 9

해설 $\overline{S} = \dfrac{2L \times N}{60}$

[$\overline{S}$: 피스톤 평균속도, L : 피스톤(또는 실린더) 행정, N : 크랭크축(또는 엔진) 회전수]

$\therefore \dfrac{2 \times 0.09\text{m} \times 2000\text{rpm}}{60} = 6\text{m/s}$

26 라디에이터캡의 작용에 대한 설명으로 틀린 것은?

① 라디에이터 내의 냉각수 비등점을 높여준다.
② 라디에이터 내의 압력이 낮을 때 압력밸브가 열린다.
③ 냉각장치의 압력이 규정값 이상이 되면 수증기가 배출되게 한다.
④ 냉각수가 냉각되면 보조물탱크의 냉각수가 라디에이터로 들어가게 한다.

해설 라디에이터 내의 압력이 낮을 때 진공밸브가 열리고, 라디에이터 내의 압력이 높을 때 압력밸브가 열린다.

27 배출가스 중 질소산화물을 저감시키기 위해 사용하는 장치가 아닌 것은?

① 매연필터(DPF)
② 삼원촉매장치(TWC)
③ 선택적환원촉매(SCR)
④ 배기가스재순환장치(EGR)

해설 DPF는 입자상물질 PM을 포집하여 배기가스의 온도가 올라가면 연소시켜 배기가스를 저감시키는 장치이다.

28 전자제어가솔린엔진(MPI)에서 급가속 시 연료를 분사하는 방법으로 옳은 것은?

① 동기분사
② 순차분사
③ 간헐분사
④ 비동기분사

해설 비동기분사는 급가속 시 엔진의 회전수에 관계없이 순차모드에 추가로 분사하여 가속응답성을 향상시킨다.

29 운행차 배출가스정기검사의 매연검사방법에 관한 설명에서 ( )에 알맞은 것은?

> 측정기의 시료채취관을 배기관의 벽면으로부터 5mm 이상 떨어지도록 설치하고 ( )cm 정도의 깊이로 삽입한다.

① 5
② 10
③ 15
④ 30

해설 매연측정기 사용방법
• 광투과식매연측정기 : 시료채취관을 배기관의 벽면으로부터 5mm 이상 떨어지도록 설치하고 5cm 정도의 깊이로 삽입한다.

30 커먼레일 디젤엔진에서 연료압력조절밸브의 장착위치는?(단, 입구제어방식)

① 고압펌프와 인젝터 사이
② 저압펌프와 인젝터 사이
③ 저압펌프와 고압펌프 사이
④ 연료필터와 저압펌프 사이

해설 연료압력조절밸브의 장착위치
• 입구제어방식 : 저압펌프와 고압펌프의 사이
• 출구제어방식 : 커먼레일의 끝단

31 엔진의 기계효율을 구하는 공식은?

① $\dfrac{마찰마력}{제동마력} \times 100\%$
② $\dfrac{도시마력}{이론마력} \times 100\%$
③ $\dfrac{제동마력}{도시마력} \times 100\%$
④ $\dfrac{마찰마력}{도시마력} \times 100\%$

해설 엔진기계효율 = $\dfrac{제동마력}{도시마력} \times 100\%$

32 산소센서 내측의 고체전해질로 사용되는 것은?

① 은
② 구리
③ 코발트
④ 지르코니아

해설 지르코니아소자는 백금으로 코팅되어 있다.

정답 27 ① 28 ④ 29 ① 30 ③ 31 ③ 32 ④

33 옥탄가에 대한 설명으로 옳은 것은?

① 탄화수소의 종류에 따라 옥탄가가 변화한다.
② 옥탄가 90이하의 가솔린은 4에틸납을 혼합한다.
③ 옥탄가의 수치가 높은 연료일수록 노크를 일으키기 쉽다.
④ 노크를 일으키지 않는 기준연료를 이소옥탄으로 하고 그 옥탄가를 0으로 한다.

해설 옥탄가의 특징
• 4에틸납을 혼합하지 않은 무연휘발유를 사용한다.
• 옥탄가의 수치가 낮은 연료일수록 노크를 일으키기 쉽다.
• 노크를 일으키지 않는 기준연료를 이소옥탄으로 하고 그 옥탄가를 100으로 한다.

34 윤활유의 유압계통에서 유압이 저하되는 원인으로 틀린 것은?

① 윤활유누설
② 윤활유부족
③ 윤활유공급펌프 손상
④ 윤활유점도가 너무 높을 때

해설 윤활유점도가 너무 높을 때 유압이 상승된다.

35 디젤엔진 후처리장치의 재생을 위한 연료분사는?

① 주분사　　② 점화분사
③ 사후분사　④ 직접분사

해설 사후분사
디젤연료를 촉매변환기에 공급하기 위한 것으로 이는 후처리장치(DFP)를 작동시키기 위해 연료를 흘려보내는 분사이다.

36 전자제어가솔린엔진(MPI)에서 동기분사가 이루어지는 시기는 언제인가?

① 흡입행정 말　② 압축행정 말
③ 폭발행정 말　④ 배기행정 말

해설 동기분사는 배기행정 말에 한다.

37 자동차엔진에서 인터쿨러장치의 작동에 대한 설명으로 옳은 것은?

① 차량의 속도변화
② 흡입공기의 와류형성
③ 배기가스의 압력변화
④ 온도변화에 따른 공기의 밀도변화

해설 뜨거운 흡입공기는 온도가 상승하면서 부피가 팽창되고 밀도가 낮아져 인터쿨러(Intercooler)를 이용하여 공기를 냉각시켜 밀도를 크게 한다.

38 전자제어가솔린엔진에서 연료분사량 제어를 위한 기본입력신호가 아닌 것은?

① 냉각수온센서
② MAP센서
③ 크랭크각센서
④ 공기유량센서

해설 냉각수온센서는 연료분사량 보정제어를 위한 입력신호이다.

39 엔진의 윤활장치구성부품이 아닌 것은?

① 오일펌프
② 유압스위치
③ 릴리프밸브
④ 킥다운스위치

해설 킥다운스위치는 자동변속기의 구성부품이다.

33 ① 34 ④ 35 ③ 36 ④ 37 ④ 38 ① 39 ④

40 가솔린엔진에 사용되는 연료의 구비조건이 아닌 것은?

① 옥탄가가 높을 것
② 착화온도가 낮을 것
③ 체적 및 무게가 적고 발열량이 클 것
④ 연소 후 유해화합물을 남기지 말 것

해설 착화온도가 높아야 한다.

41 무단변속기(CVT)의 제어밸브기능 중 라인압력을 주행조건에 맞도록 적절한 압력으로 조정하는 밸브로 옳은 것은?

① 변속제어밸브
② 레귤레이터밸브
③ 클러치압력제어밸브
④ 댐퍼클러치제어밸브

해설 레귤레이터밸브는 라인압력을 주행조건에 맞도록 적절한 압력으로 조정하는 밸브이다.

42 주행 중 차량에 노면으로부터 전달되는 충격이나 진동을 완화하여 바퀴와 노면과의 밀착을 양호하게 하고 승차감을 향상시키는 완충기구로 짝지어진 것은?

① 코일스프링, 토션바, 타이로드
② 코일스프링, 겹판스프링, 토션바
③ 코일스프링, 겹판스프링, 프레임
④ 코일스프링, 너클 스핀들, 스테이빌라이저

해설 자동차 현가장치용스프링
코일스프링, 겹판스프링, 토션바

43 휠얼라인먼트의 요소 중 토인의 필요성과 가장 거리가 먼 것은?

① 앞바퀴를 차량중심선상으로 평행하게 회전시킨다.
② 조향 후 직진방향으로 되돌아오는 복원력을 준다.
③ 조향링키지의 마멸에 의해 토아웃이 되는 것을 방지한다.
④ 바퀴가 옆 방향으로 미끄러지는 것과 타이어마멸을 방지한다.

해설 캐스터, 킹핀
조향 후 직진복원력, 캠버는 조작력, 토는 직진성에 관여한다.

44 조향장치에서 조향휠의 유격이 커지고 소음이 발생할 수 있는 원인과 가장 거리가 먼 것은?

① 요크플러그의 풀림
② 등속조인트의 불량
③ 스티어링기어박스 장착볼트의 풀림
④ 타이로드엔드조임부분의 마모 및 풀림

해설 등속조인트의 고장은 동력전달이 불량하고 소음이 발생할 수 있는 원인이다.

45 선회 시 안쪽 차륜과 바깥쪽 차륜의 조향각 차이를 무엇이라 하는가?

① 애커먼각
② 토우인각
③ 최소회전반경
④ 타이어슬립각

해설 애커먼각은 선회 시 안쪽 차륜과 바깥쪽 차륜의 조향각차이이다.

46 추진축의 회전 시 발생되는 휠링(Whirling)에 대한 설명으로 옳은 것은?

① 기하학적 중심과 질량적 중심이 일치하지 않을 때 일어나는 현상
② 일정한 조향각으로 선회하며 속도를 높일 때 선회반경이 작아지는 현상
③ 물체가 원운동을 하고 있을 때 그 원의 중심에서 멀어지려고 하는 현상
④ 선회하거나 횡풍을 받을 때 중심을 통과하는 차체의 전후 방향축 둘레의 회전운동현상

47 자동차의 엔진토크 14kgf·m, 총감속비 3.0, 전달효율 0.9, 구동바퀴의 유효반경 0.3m일 때 구동력은 몇 kgf인가?

① 68 ② 116
③ 126 ④ 228

해설 $F = \dfrac{T \times R \times \eta}{R}$

[F : 구동력, T : 엔진토크, R : 총감속비, η : 동력전달효율, R : 구동바퀴 유효반경]

$\therefore \dfrac{14 \times 3 \times 0.9}{0.3} = 126 \text{kgf}$

48 제동장치에서 발생되는 베이퍼록현상을 방지하기 위한 방법이 아닌 것은?

① 벤틸레이티드디스크를 적용한다.
② 브레이크회로 내에 잔압을 유지한다.
③ 라이닝의 마찰표면에 윤활제를 도포한다.
④ 비등점이 높은 브레이크오일을 사용한다.

해설 라이닝의 마찰표면에 윤활제를 도포하면 마찰력이 떨어져 제동이 되지 않는다.

49 수동변속기의 마찰크러치에 대한 설명으로 틀린 것은?

① 클러치조작기구는 케이블식 외에 유압식을 사용하기도 한다.
② 클러치디스크의 비틀림코일스프링은 회전충격을 흡수한다.
③ 클러치릴리스베어링과 릴리스레버 사이의 유격은 없어야 한다.
④ 다이어프램스프링식은 코일스프링식에 비해 구조가 간단하고 단속작용이 유연하다.

해설 클러치릴리스베어링과 릴리스레버 사이의 유격은 적절히 있어야 한다.

50 자동차수동변속기의 단판클러치마찰면의 외경이 22cm, 내경이 14cm, 마찰계수 0.3, 클러치스프링 9개, 1개의 스프링에 각각 300N의 장력이 작용한다면 클러치가 전달가능한 토크는 몇 N·m인가? (단, 안전계수는 무시한다)

① 74.8
② 145.8
③ 210.4
④ 281.2

해설 ① $F = 2\mu P n$

[F : 마찰력, 2 : 양쪽마찰면, μ : 마찰계수, P : 수직하중, n : 코일스프링 수]

$2 \times 0.3 \times 300\text{N} \times 9 = 1620\text{N}$

② $T = FR$

[T : 클러치전달토크, F : 마찰력, R : 평균반경]

$\therefore 1620\text{N} \times \dfrac{0.22\text{m} = 0.14\text{mm}}{4} = 145.8\text{N} \cdot \text{m}$

46 ① 47 ③ 48 ③ 49 ③ 50 ②

51 다음 승용차용 타이어의 표기에 대한 설명이 틀린 것은?

$$205 / 65 / R\ 14$$

① 205 : 단면폭 205mm
② 65 : 편평비 65%
③ R : 레이디얼 타이어
④ 14 : 림외경 14mm

해설 14 : 림외경(타이어내경) 14inch이다.

52 자동변속기에서 변속시점을 결정하는 가장 중요한 요소는?

① 매뉴얼밸브와 차속
② 엔진스로틀밸브개도와 차속
③ 변속모드스위치와 변속시간
④ 엔진스로틀밸브개도와 변속시간

해설 변속시점을 결정하는 요소는 운전자의 의지에 따른 스로틀밸브개도량과 차속이다.

53 차륜정렬 시 사전점검사항과 가장 거리가 먼 것은?

① 계측기를 설치한다.
② 운전자의 상황설명이나 고충을 청취한다.
③ 조향핸들의 위치가 바른지의 여부를 확인한다.
④ 허브베어링 및 액슬베어링의 유격을 점검한다.

해설 사전점검 후 계측기를 설치한다.

54 ABS와 TCS(Traction Control System)에 대한 설명으로 틀린 것은?

① TCS는 구동륜이 슬립하는 현상을 방지한다.
② ABS는 주행 중 제동 시 타이어의 록(Lock)을 방지한다.
③ ABS는 제동 시 조향안정성확보를 위한 시스템이다.
④ TCS는 급제동 시 제동력제어를 통해 차량스핀현상을 방지한다.

해설 ABS의 장점
• 제동거리를 단축시켜 최대의 제동효과를 얻을 수 있다.
• 제동할 때 조향성능 및 방향안정성을 유지된다.
• 어떤 조건에서도 바퀴의 미끄러짐이 없다.
• 제동할 때 스핀으로 인한 전복을 방지된다.
• 제동할 때 옆 방향 미끄러짐이 방지된다.

55 브레이크 작동 시 조향휠이 한쪽으로 쏠리는 원인이 아닌 것은?

① 브레이크간극조정 불량
② 휠허브베어링의 헐거움
③ 한쪽 브레이크디스크의 변형
④ 마스터실린더의 체크밸브작동이 불량

해설 브레이크 작동 시 조향휠이 한쪽으로 쏠리는 원인
• 브레이크간극조정 불량
• 휠허브베어링의 헐거움
• 한쪽 브레이크디스크의 변형
• 타이어공기압의 불균형

56 자동차가 주행 시 발생하는 저항 중 타이어접지부의 변형에 의한 저항은?

① 구름저항
② 공기저항
③ 등판저항
④ 가속저항

정답 51 ④ 52 ② 53 ① 54 ④ 55 ④ 56 ①

해설 자동차 주행 시 발생하는 저항의 종류
- 구름저항 : 타이어접지부의 변형에 의한 저항이다.
- 공기저항 : 자동차의 전면투영면적과 관계있는 저항이다.
- 등판저항 : 구배저항이라고도 말하며 자동차가 경사진 언덕길을 올라갈 때 중력이 경사면에 평행이 분력이 가해져 자동차의 전진을 방해하는 저항이다.
- 가속저항 : 등속운동 도는 정지한 물체를 가·감속할 때 관성에 의해 발생하는 저항이다.

57 자동변속기에서 변속레버를 조작할 때 밸브바디의 유압회로를 변환시켜 라인압력을 공급하거나 배출시키는 밸브로 옳은 것은?

① 매뉴얼밸브
② 리듀싱밸브
③ 변속제어밸브
④ 레귤레이터밸브

해설
- 리듀싱밸브 : 항상 라인압력보다 낮은 압력으로 조절한다.
- 변속제어밸브 : 라인압력을 각 변속단위의 위치로 공급시킨다.
- 레귤레이터밸브 : 라인압력을 주행조건에 맞도록 적절한 압력으로 조정한다.

58 전자제어현가장치(ECS)의 제어기능이 아닌 것은?

① 안티피칭제어
② 안티다이브제어
③ 차속감응제어
④ 감속제어

해설
- 안티피칭제어(Anti-pitching Control) : 요철 노면을 주행할 때 차고의 변화와 주행속도를 고려하여 쇽업소버의 감쇠력을 제어
- 안티다이브제어(Anti-dive Control) : 주행 중에 급제동을 하면 차체의 앞쪽은 낮아지고, 뒤쪽이 높아지는 노스다운(Nose Down)현상을 제어
- 차속감응제어(Vehicle Speed Control) : 자동차가 고속주행할 때에 차체의 안정성을 높이기 위해 쇽업소버의 감쇠력을 제어

59 캐스터에 대한 설명으로 틀린 것은?

① 앞바퀴에 방향성을 준다.
② 캐스터효과란 추종성과 복원성을 말한다.
③ (+) 캐스터가 크면 직진성이 향상되지 않는다.
④ (+) 캐스터는 선회할 때 차체의 높이가 선회하는 바깥쪽보다 안쪽이 높아지게 된다.

해설 캐스터를 두면 조향의 직진성이 향상된다.

60 평탄한 도로를 90km/h로 달리는 승용차의 총주행저항은 약 몇 kgf인가?(단, 공기저항계수 0.03, 총중량 1145kgf, 투영면적 1.6m², 구름저항계수 0.015)

① 37.18
② 47.18
③ 57.18
④ 67.18

해설 ① $R_a = \mu a \times A \times V^2$
[R_a : 공기저항, μa : 공기저항계수,
A : 자동차 전면투영면적,
V^2 : 자동차의 공기에 대한 상대속도]
∴ $0.03 \times 1.6\text{m}^2 \times (90\text{km/h})^2$
$= 0.03 \times 1.6\text{m}^2 \times \left[\dfrac{(90 \times 1000)\text{m}}{(1 \times 3600)\text{s}}\right]^2 = 30\text{kgf}$

② $R_r = \mu r \times W$
[R_r : 구름저항, μr : 구름저항계수,
W : 차량총중량]
∴ $0.015 \times 1145\text{kgf} = 17.175\text{kgf}$

③ $R_t = R_a + R_r$
[R_t : 총주행저항]
∴ $30\text{kgf} + 17.175\text{kgf} = 47.18\text{kgf}$

61 12V를 사용하는 자동차의 점화코일에 흐르는 전류가 0.01초 동안에 50A 변화하였다. 자기인덕턴스가 0.5H일 때 코일에 유도되는 기전력은 몇 V인가?

① 6
② 104
③ 2500
④ 60000

해설
$V_i = L \times \dfrac{di}{dt}$

[V_i : 유도기전력, L : 인덕턴스, dt : 전류변화, di : 시간변화]

∴ $0.5H \times \dfrac{50A}{0.01\sec} = 2500 V$

62 자동차에어컨(FATC) 작동 시 바람은 배출되나 차갑지 않고, 컴프레서 동작음이 들리지 않는다. 다음 중 고장원인과 가장 거리가 먼 것은?

① 블로우모터 불량
② 핀서모센서 불량
③ 트리플스위치 불량
④ 컴프레서릴레이 불량

해설 블로우모터가 불량하면 바람이 배출되지 않는다.

63 라이트를 벽에 비추어 보면 차량의 광축을 중심으로 좌측라이트는 수평으로, 우측라이트는 약 15도 정도의 사향기울기를 가지게 된다. 이를 무엇이라 하는가?

① 컷오프라인
② 쉴드빔라인
③ 루미네슨스라인
④ 주광축경계라인

해설 컷오프라인은 라이트를 벽에 비추어 보면 차량의 광축을 중심으로 좌측라이트는 수평으로, 우측라이트는 약 15도 정도의 사향기울기를 가지게 되는 것이다.

64 다음 직렬회로에서 저항 R_1에 5mA의 전류가 흐를 때 R_1의 저항값은?

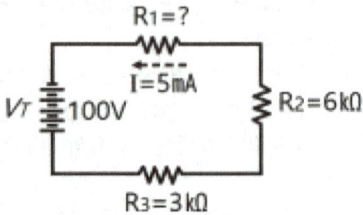

① 7kΩ
② 9kΩ
③ 11kΩ
④ 13kΩ

해설 ① 직렬회로의 합성저항을 구한다.

$R_t = \dfrac{v}{i}$

[R_t : 저항, v : 전압, i : 전류]

∴ $\dfrac{100V}{5mA} = \dfrac{100V}{0.005A} = 20000\Omega = 20k\Omega$

② R_1저항을 구한다.
$R_t = R_1 + R_2 + R_3$
∴ $20k\Omega = R_1 + 6k\Omega + 3k\Omega$
$R_1 = 20k\Omega - 9k\Omega = 11k\Omega$

65 가솔린엔진에서 기동전동기의 소모전류가 90A이고, 배터리전압이 12V일 때 기동전동기의 마력은 약 몇 PS인가?

① 0.75
② 1.26
③ 1.47
④ 1.78

해설 $E = VI$

[E : 전력, V : 전압, I : 전류]

∴ $12V \times 90A = 108W = 0.108kW$
$1Ps : 0.736kW = \chi PS : 0.108kW$
$0.736 \times \chi = 0.108$
$\chi = \dfrac{0.108}{0.736} = 1.47PS$

정답 61 ③ 62 ① 63 ① 64 ③ 65 ③

66 자동차의 회로부품 중에서 일반적으로 "ACC 회로"에 포함된 것은?

① 카오디오
② 히터
③ 와이퍼모터
④ 전조등

해설 버튼을 한번 누른 ACC모드에서는 시거잭과 오디오가 작동하며 ACC ON에 놓으면 히터, 와이퍼모터, 전조등 등이 작동한다.

67 전자배전점화장치(DLI)의 구성부품으로 틀린 것은?

① 배전기
② 점화플러그
③ 파워TR
④ 점화코일

해설 DLI장치는 배전기를 거치지 않고 직접 고압케이블을 거쳐 점화플러그로 전달하는 방식이다.

68 직류직권식 기동전동기의 계자코일과 전기자코일에 흐르는 전류에 대한 설명으로 옳은 것은?

① 계자코일전류와 전기자코일전류가 같다.
② 계자코일전류가 전기자코일전류보다 크다.
③ 전기자코일전류가 계자코일전류보다 크다.
④ 계자코일전류와 전기자코일전류가 같을 때도 있고, 다를 때도 있다.

해설
• 직류직권식 : 계자코일전류와 전기자코일전류가 같다.
• 직류분권식 : 계자코일전압과 전기자코일전압이 같다.

69 리모콘으로 록(Lock)버튼을 눌렀을 때 문은 잠기지만 경계상태로 진입하지 못하는 현상이 발생하는 원인과 가장 거리가 먼 것은?

① 후드스위치 불량
② 트렁크스위치 불량
③ 파워윈도우스위치 불량
④ 운전석도어스위치 불량

해설 도난방지장치에서 리모콘의 경계상태에 파워윈도우스위치는 해당되지 않는다.

70 하이브리드자동차는 감속 시 전기에너지를 고전압배터리로 회수(충전)한다. 이러한 발전기 역할을 하는 부품은?

① AC발전기
② 스타팅모터
③ 하이브리드모터
④ 모터컨트롤유닛

해설 하이브리드모터는 주행 중 감속할 때 발생하는 운동에너지를 전기에너지로 전환하여 배터리를 충전한다.

71 1개의 코일로 2개 실린더를 점화하는 시스템의 특징에 대한 설명으로 틀린 것은?

① 동시점화방식이라 한다.
② 배전기캡 내로부터 발생하는 전파잡음이 없다.
③ 배전기로 고전압을 배전하지 않기 때문에 누전이 발생하지 않는다.
④ 배전기캡이 없어 로터와 세그먼트(고압단자) 사이의 전압에너지 손실이 크다.

해설 배전기가 없어 로터와 세그먼트(고압단자) 사이의 전압에너지 손실이 없다.

66 ① 67 ① 68 ① 69 ③ 70 ③ 71 ④

72 자동차에어백 구성품 중 인플레이터의 역할에 대한 설명으로 옳은 것은?

① 충돌 시 충격을 감지한다.
② 에어백시스템 고장발생 시 감지하여 경고등을 점등한다.
③ 질소가스, 점화회로 등이 내장되어 에어백이 작동될 수 있도록 점화장치역할을 한다.
④ 에어백작동을 위한 전기적인 충전을 하여 배터리전원이 차단되어도 에어백을 전개시킨다.

해설 인플레이터
에어백시스템에서 화약점화제, 가스발생제, 필터 등을 알루미늄용기에 넣은 것을 말하며 가스발생제를 연소시켜 나온 질소가스로 에어백을 부풀게 한다.

73 다음 회로에서 전압계 V₁과 V₂를 연결하여 스위치를 「ON」, 「OFF」하면서 측정한 결과로 옳은 것은?(단, 접촉저항은 없음)

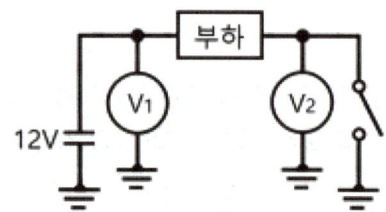

① ON : V₁ - 12V, V₂ - 12V,
  OFF : V₁ - 12V, V₂ - 12V
② ON : V₁ - 12V, V₂ - 12V,
  OFF : V₁ - 0V, V₂ - 12V
③ ON : V₁ - 12V, V₂ - 0V,
  OFF : V₁ - 12V, V₂ - 12V
④ ON : V₁ - 12V, V₂ - 0V,
  OFF : V₁ - 0V, V₂ - 0V

해설 전압계 V₁, V₂의 한쪽 프로브는 각각 접지와 연결되어 있는 상태이다. 그 상태에서 스위치 ON 시, 부하를 기준으로 전위차가 발생한다. 따라서 전압계 V₁의 다른 한쪽 프로브는 전원과 연결되어 있으므로 전위차가 발생하고(12V), 전압계 V₂의 다른 한쪽 프로브는 접지와 연결되므로 같은 선이 되어 전위차가 없다.(0V) 스위치 OFF 시, 전압계 V₁, V₂의 다른 한쪽 프로브들은 모두 전원과 연결되므로 다른 선이 되어 전위차가 발생한다(12V).

74 운행자동차 정기검사에서 등화장치점검 시 광도 및 광축을 측정하는 방법으로 틀린 것은?

① 타이어공기압을 표준공기압으로 한다.
② 광축측정 시 엔진공회전상태로 한다.
③ 적차상태로 서서히 진입하면서 측정한다.
④ 4등식전조등의 경우 측정하지 않는 등화는 발산하는 빛을 차단한 상태로 한다.

해설 적차상태에서는 차량이 기울어져 공차상태로 정지된 상태에서 측정한다.

75 반도체의 장점으로 틀린 것은?

① 수명이 길다.
② 매우 소형이고 가볍다.
③ 일정시간예열이 필요하다.
④ 내부전력손실이 매우 적다.

해설 반도체의 단점
• 온도가 상승하면 그 특성이 매우 나빠진다.
• 역방향으로 전압을 가했을 때의 허용한계가 매우 낮다.
• 정격값 이상 되면 파괴되기 쉽다.

76 발전기구조에서 기전력 발생요소에 대한 설명으로 틀린 것은?

① 자극의 수가 많은 경우 자력은 크다.
② 코일의 권수가 적을수록 자력은 커진다.
③ 로터코일의 회전이 빠를수록 기전력은 많이 발생한다.
④ 로터코일에 흐르는 전류가 클수록 기전력이 커진다.

해설 코일의 권수가 많을수록 자력은 커진다.

77 자동차정기검사 시 전조등의 전방 10m 위치에서 좌우측 주광축의 하향진폭은 몇 cm 이내이어야 하는가?

① 10　　② 15
③ 20　　④ 30

78 리튬이온배터리와 비교한 리튬폴리머배터리의 장점이 아닌 것은?

① 폭발가능성이 적어 안전성이 좋다
② 패키지설계에서 기계적강성이 좋다.
③ 발열특성이 우수하여 내구수명이 좋다.
④ 대용량설계가 유리하여 기술확장성이 좋다.

해설 패키지설계에서 기계강성이 좋은 것은 리튬이온배터리의 장점이다.

79 자동차용 냉방장치에서 냉매사이클의 순서로 옳은 것은?

① 증발기 → 압축기 → 응축기 → 팽창밸브
② 증발기 → 응축기 → 팽창밸브 → 압축기
③ 응축기 → 압축기 → 팽창밸브 → 증발기
④ 응축기 → 증발기 → 압축기 → 팽창밸브

해설 에어컨냉매가스 순환과정
압축기 → 응축기 → 건조기 → 팽창밸브 → 증발기

80 교류발전기에서 정류작용이 이루어지는 소자로 옳은 것은?

① 계자코일
② 트랜지스터
③ 다이오드
④ 아마추어

해설 다이오드
정류작용 및 역류방지작용

정답　76 ② 77 ④ 78 ② 79 ① 80 ③

2회 자동차정비산업기사 필기시험

2019. 4. 27. 시행

01 펌프의 캐비테이션 방지책으로 틀린 것은?
① 펌프의 설치위치를 높인다.
② 회전수를 낮추어 흡입비교회전도를 낮게 한다.
③ 단흡입펌프 대신 양흡입펌프를 사용한다.
④ 펌프의 흡입관손실을 작게 한다.

해설 캐비테이션현상
물이 증기압 이하로 되어 기포에 의해 소음, 침식, 마모가 급격히 증가되는 현상이다.

02 알루미늄분말, 산화철분말과 점화제의 혼합반응으로 열을 발생시켜 용접하는 방법은?
① 테르밋용접
② 피복아크용접
③ 일렉트로슬래그용접
④ 불활성가스 아크용접

해설 용접방법
• 테르밋용접 : 알루미늄분말, 산화철분말과 점화제의 혼합반응으로 열을 발생시켜 용접하는 방법이다.
• 피복아크용접 : 피복제를 바른 용접봉과 모재 사이에서 발생되는 아크열을 이용하여 접합하는 용접방법이다. 가장 많이 사용되고 있다.
• 일렉트로슬래그용접 : 슬래그의 전기저항 열을 이용하여 강철전극을 녹여 모재를 접합하는 용접방법이다.
• 불활성가스 아크용접 : 아르곤(Ar), 헬륨(He) 등과 같은 불활성가스를 공급하여 그 분위기 속에서 아크를 발생시키는 용접방법, TIG용접과 MIG용접이 있다.

03 그림과 같이 자유단에 집중하중을 받고 있는 외팔보의 굽힘모멘트선도로 가장 적합한 것은?

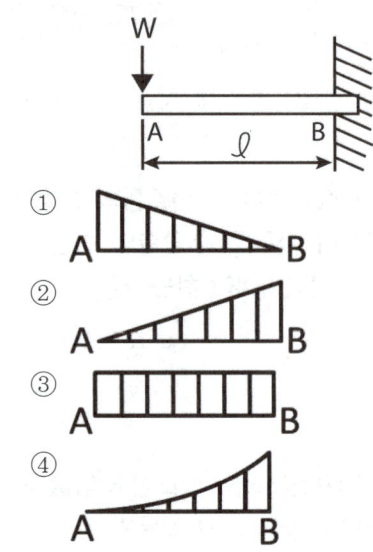

해설 자유단에 집중하중을 받고 있는 외팔보의 굽힘모멘트선도

04 구멍용한계게이지에 포함되지 않는 것은?
① C형스냅게이지
② 원통형플러그게이지
③ 봉게이지
④ 판플러그게이지

해설 • 구멍용한계게이지 : 원통형플러그게이지, 봉게이지, 판플러그게이지
• 축용한계게이지 : C형스냅게이지, 양구스냅게이지, 편구스냅게이지, 링게이지

정답 01 ① 02 ① 03 ② 04 ①

05 다음 중 새들키라고도 하며 축에는 키홈이 없고, 축의 원호에 접할 수 있도록 하며 보스에만 키홈을 파는 것은?

① 안장키
② 접선키
③ 평키
④ 반달키

해설
- 안장키 : 새들키를 말하며 축은 가공하지 않고 보스에만 키홈을 가공하는 키이다.
- 접선키 : 서로 반대방향의 기울기를 가진 2개의 키를 짝지어 사용
- 평키 : 플랫키를 말하며 축에 키 폭 만큼 편평하게 깎은 자리를 만들고 보스에 홈을 만들어 사용하는 키
- 반달키 : 우드러프키를 말하며 축에 홈을 깊이 파야하므로 축이 약해지기 때문에 큰 힘이 걸리지 않는 곳에 사용

06 속이 찬 회전축의 전달마력이 7kW이고 회전수가 350rpm일 때 축의 전달토크는 약 몇 N·m인가?

① 101
② 151
③ 191
④ 231

해설
$B_{kW} = \left(\dfrac{2\pi}{102 \times 9.8 \times 60}\right) \times TN$

$T = \left(\dfrac{2\pi}{102 \times 9.8 \times 60}\right) \times \dfrac{B_{kW}}{N}$

[B_{kW} : 축의 전달동력, T : 토크, N : 회전수]

∴ $\left(\dfrac{2\pi}{102 \times 9.8 \times 60}\right) \times \dfrac{7\text{kW}}{350\text{rpm}} = 191\text{N} \cdot \text{m}$

07 강과 주철은 어떤 원소의 함유량에 의해 구분하는가?

① C
② Mn
③ Ni
④ S

해설 강과 주철은 탄소(C)의 함유량에 의해 구분한다.

08 용기 내의 압력을 대기압력 이하의 저압으로 유지하기 위해 대기압력 쪽으로 기체를 배출하는 장치는?

① 공기압축기
② 진공펌프
③ 송풍기
④ 축압기

해설 진공펌프는 용기 내의 압력을 대기압력 이하의 저압으로 유지하기 위해 대기압력 쪽으로 기체를 배출하는 장치이다.

09 연성재료의 절삭가공 시 발생하는 칩의 형태로 절삭저항이 가장 적고, 매끈한 가공면을 얻을 수 있는 칩의 형태는?

① 전단형
② 유동형
③ 균열형
④ 열단형

해설
- 전단형 : 저속절삭가공 시 칩의 두께가 항상 변하며 진동이 발생한다.
- 유동형 : 연성재료의 절삭가공 시 절삭저항이 가장 적고, 가공면이 매끈하다.
- 균열형 : 취성재료의 저속절삭가공 시 절삭저항이 크게 변하여 가공면이 거칠다.
- 열단형 : 점성재료의 저속절삭가공 시 다듬질면에 홈집이 남는다.

10 도가니로의 규격은 어떻게 표시하는가?

① 시간당 용해가능한 구리의 중량
② 시간당 용해가능한 구리의 부피
③ 한 번에 용해가능한 구리의 중량
④ 한 번에 용해가능한 구리의 부피

해설 노(爐)의 크기표시방법
- 용광로 : 24시간 동안 산출할 수 있는 선철의 무게(ton)로 한다.
- 평로 : 1회 용해할 수 있는 쇳물의 무게(ton)로 한다.
- 전로 : 1회에 제강할 수 있는 무게(ton)로 한다.
- 전기로 : 1회에 용해할 수 있는 무게(ton)로 한다.
- 도가니로 : 1회 용해할 수 있는 구리의 무게로 한다.

정답 05 ① 06 ③ 07 ① 08 ② 09 ② 10 ③

11 평벨트와 비교하여 V벨트의 전동특성에 해당하지 않는 것은?

① 미끄럼이 작다.
② 운전이 정숙하다.
③ 평벨트와 같이 벗겨지는 일이 없다.
④ 지름이 작은 풀리에는 사용이 어렵다.

해설 지름이 작은 풀리에도 사용이 가능하다.

12 원형단면의 축에 발생한 비틀림에 대한 설명으로 옳지 않은 것은?(단, 재질은 동일하다)

① 비틀림각이 클수록 전단변형률은 크다.
② 축의 지름이 클수록 전단변형률은 크다.
③ 축의 길이가 길수록 전단변형률은 크다.
④ 축의 지름이 클수록 전단응력은 크다.

해설 축의 길이가 길수록 전단변형률은 작다.

13 다음 중 체결용으로 가장 많이 쓰이는 나사는?

① 사각나사
② 삼각나사
③ 톱니나사
④ 사다리꼴나사

해설
- 사각나사 : 동력전달용으로 쓰이는 나사
- 삼각나사 : 체결용으로 쓰이는 나사
- 톱니나사 : 축방향 힘이 한쪽 방향으로만 작용하는 경우에 쓰이는 나사
- 사다리꼴나사 : 전달용, 이동용으로 쓰이는 나사

14 판두께 10mm, 인장강도 3500cm, 안전계수 4인 연강판으로 5N/cm²의 내압을 받는 원통을 만들고자 한다. 이때 원통의 안지름은 몇 cm인가?

① 87.5
② 175
③ 350
④ 700

해설
$$\sigma_{max} = \frac{P \times d \times S}{2h}$$
[σ_{max} : 인장강도, P : 내압, d : 내경, S : 안전계수, h : 판두께]

$$\therefore 3500\text{N/cm}^2 = \frac{5\text{N/cm}^2 \times d \times 4}{2 \times 1\text{cm}}$$

$$d = \frac{3500\text{N/cm}^2 \times 2 \times 1\text{cm}}{5\text{N/cm}^2 \times 4} = 350\text{cm}$$

15 기어나 피스톤핀 등과 같이 마모작용에 강하고 동시에 충격에도 강해야 할 때, 강의 표면을 경화하기 위하여 열처리하는 방법이 아닌 것은?

① 침탄법
② 고주파법
③ 침탄질화법
④ 저온풀림법

해설
- 침탄법 : 저탄소강으로 만든 제품의 표층부에 C를 투입시킨 후 담금질하여 표면을 경화하는 방법이다.
- 고주파법 : 고주파전류로 일정 두께의 표면만 가열한 후 급랭시켜 표면을 경화하는 방법이다.
- 침탄질화법 : 철강을 변태점 이상으로 가열하여 가스분위기로부터 C 0.8%, N 0.3%를 침투시켜 표면을 경화하는 방법이다.
- 저온풀림법 : 기어나 피스톤핀 등과 같이 마모작용에 강하고 동시에 충격에도 강해야 할 때, 강의 표면을 경화하기 위하여 열처리하는 방법이다.

16 Al, Cu, Mg으로 구성된 합금에서 인장강도가 크고 시효경화를 일으키는 고력(고강도)알루미늄합금은?

① Y합금
② 실루민
③ 로엑스
④ 두랄루민

정답 11 ④ 12 ③ 13 ② 14 ③ 15 ④ 16 ④

17 그림의 유압장치에서 A부분 실린더단면적이 200cm², B부분 실린더단면적이 50cm²일 때 F2에 작용하는 힘이 1000N이면 F1에는 몇 N의 힘이 작용하는가?

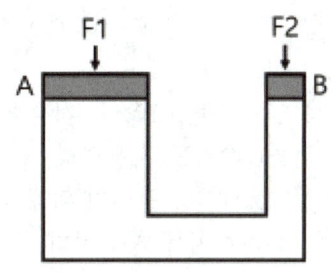

① 3000   ② 4000
③ 5000   ④ 6000

해설 $\dfrac{1000N}{50cm^2} = \dfrac{\chi N}{200cm^2}$

$50\chi N/cm^2 = 200000 N/cm^2$

$\chi = 4000 N$

18 프와송의 비로 옳은 것은?

① $\dfrac{세로변형률}{가로변형률}$ ② $\dfrac{부피변형률}{세로변형률}$
③ $\dfrac{세로변형률}{부피변형률}$ ④ $\dfrac{가로변형률}{세로변형률}$

해설 프와송의 비 = $\dfrac{가로변형률}{세로변형률}$

19 인발에 영향을 미치는 요인이 아닌 것은?

① 윤활방법
② 단면감소율
③ 펀치의 각도
④ 다이(Die)의 각도

해설 인발은 드로잉이라고도 하며 다이(Die)구멍에 재료를 통과시켜 잡아당기면 단면적이 감소되어 다이구멍의 형상과 같은 단면의 봉, 선, 파이프 등을 만드는 가공방법이다.

20 그림과 같은 코일스프링장치에서 작용하는 하중을 W, 스프링상수를 K₁, K₂라 할 경우, 합성스프링상수를 바르게 표현한 것은?

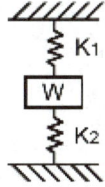

① $K_1 + K_2$ ② $\dfrac{1}{K_1 + K_2}$
③ $\dfrac{K_1 \, K_2}{K_1 + K_2}$ ④ $\dfrac{K_1 + K_2}{K_1 \, K_2}$

해설 • 병렬연결 합성스프링상수 : $K_1 + K_2$
• 직렬연결 합성스프링상수 : $\dfrac{K_1 + K_2}{K_1 \, K_2}$

21 출력이 A=120PS, B=90kW, C=110HP인 3개의 엔진을 출력이 큰 순서대로 나열한 것은?

① B>C>A   ② A>C>B
③ C>A>B   ④ B>A>C

해설 • 1PS=0.736kW, 1HP=0.746kW
• 120PS=88.3kW, 110HP= 82.06kW, 따라서 B>A>C

22 전자제어가솔린엔진에서 고속운전 중 스로틀밸브를 급격히 닫을 때 연료분사량을 제어하는 방법은?

① 변함없음   ② 분사량 증가
③ 분사량 감소   ④ 분사일시중단

해설 퓨얼 컷
고속운전 중 스로틀밸브를 급격히 닫을 때 연료분사를 중단하여 연료소모량 저감 및 HC에 의한 촉매온도상승을 방지하는 기능

23 점화파형에서 파워TR(트랜지스터)의 통전시간을 의미하는 것은?

① 전원전압
② 피크(Peak)전압
③ 드웰(Dwell)시간
④ 점화시간

해설 드웰시간
파워트랜지스터에서의 B(베이스)단자에 ECU를 통하여 전원이 공급되어 점화코일에 전기를 넣어 준비하는 통전시간을 의미한다.

24 자동차에 사용되는 센서 중 원리가 다른 것은?

① 맵(MAP)센서
② 노크센서
③ 가속페달센서
④ 연료탱크압력센서

해설
- 압전소자(피에조저항) : 맵(MAP)센서, 노크센서, 연료탱크압력센서
- 가변저항 : 가속페달센서

25 라디에이터캡의 점검방법으로 틀린 것은?

① 압력이 하강하는 경우 캡을 교환한다.
② 0.95~1.25gf/cm정도로 압력을 가한다.
③ 압력유지 후 약 10~20초 사이에 압력이 상승하면 정상이다.
④ 라디에이터캡을 분리한 뒤 씰 부분에 냉각수를 도포하고 압력테스터를 설치한다.

해설 압력을 가한 후 약 10~20초 정도 일정압력으로 유지되면 정상이다.

26 디젤엔진의 배출가스특성에 대한 설명으로 틀린 것은?

① NOx저감 대책으로 연소온도를 높인다.
② 가솔린기관에 비해 CO, HC 배출량이 적다.
③ 입자상물질(PM)을 저감하기 위해 필터(DPF)를 사용한다.
④ NOx배출을 줄이기 위해 배기가스 재순환장치를 사용한다.

해설 EGR이 작동하여 배기가스를 재순환하여 NOx저감대책으로 고온·고압의 연소온도를 낮춘다.

27 LPG를 사용하는 자동차에서 봄베의 설명으로 틀린 것은?

① 용기의 도색은 회색으로 한다.
② 안전밸브에 주밸브를 설치할 수는 없다.
③ 안전밸브는 충전밸브와 일체로 조립된다.
④ 안전밸브에서 분출된 가스는 대기 중으로 방출되는 구조이다.

해설 안전밸브에 주밸브를 설치할 수 있다.

28 도시마력(지시마력, Indicated Horsepower) 계산에 필요한 항목으로 틀린 것은?

① 총배기량
② 엔진회전수
③ 크랭크축중량
④ 도시평균유효압력

해설 $I_{ps} = \dfrac{PALRN}{75 \times 60}$

[I_{ps} : 도시마력(지시마력), P : 도시평균 유효압력, A : 단면적, L : 피스톤 행정, R : 기관회전속도 (4행정 사이클=$R/2$, 2행정 사이클=R), N : 실린더 수]

29 다음 설명에 해당하는 커먼레일인젝터는?

> 운전 전 영역에서 분사된 연료량을 측정하여 이것을 데이터베이스화한 것으로 생산계통에서 데이터베이스 정보를 ECU에 저장하여 인젝터별 분사시간보정 및 실린더 간 연료분사량의 오차를 감소시킬 수 있도록 문자와 숫자로 구성된 7자리 코드를 사용한다.

① 일반인젝터
② IQA인젝터
③ 클래스인젝터
④ 그레이드인젝터

해설 연료분사량 편차보정기능(IQA) 인젝터는 초기생산신품의 인젝터를 전부하, 부분부하, 공전상태, 파일럿 분사구간 등 전체운전영역에서 분사된 연료량을 측정하여 ECU에 데이터를 기록한다.

30 전자제어 MPI가솔린엔진과 비교한 GDI엔진의 특징에 대한 설명으로 틀린 것은?

① 내부냉각효과를 이용하여 출력이 증가된다.
② 층상급기모드를 통해 ERG비율을 많이 높일 수 있다.
③ 연료분사압력이 높고, 연료소비율이 향상된다.
④ 층상급기모드 연소에 의하여 NOx 배출이 현저히 감소한다.

해설 층상급기모드 연소에 의하여 NOx배출이 현저히 증가한다.

31 디젤엔진에서 단실식 연료분사방식을 사용하는 연소실의 형식은?

① 와류실식
② 공기실식
③ 예연소실식
④ 직접분사실식

해설
• 단실식 : 직접분사실식
• 복실식 : 와류실식, 공기실식, 예연소실식

32 4행정가솔린엔진이 1분당 2500rpm에서 9.23kgf·m의 회전토크일 때 축마력은 약 몇 ps인가?

① 28.1
② 32.2
③ 35.3
④ 37.5

해설 $B_{PS} = \dfrac{2\pi \times TN}{75 \times 60}$

[B_{PS} : 축마력, T : 토크, N : 엔진회전수]

$\therefore \dfrac{2 \times 3.14 \times 9.23 \text{kgf} \cdot \text{m} \times 2500 \text{rpm}}{75 \times 60}$

$= \dfrac{2415.2 \text{kgf} \cdot \text{m/sec}}{75} = 32.2 \text{PS}$

33 다음 그림은 스로틀포지션센서(TPS)의 내부회로도이다. 스로틀밸브가 그림에서 B와 같이 닫혀 있는 현재 상태의 출력전압은 약 몇 V인가?(단, 공회전상태이다)

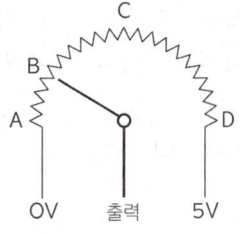

① 0V
② 약 0.5V
③ 약 2.5V
④ 약 5V

해설
• 스로틀밸브 닫힌 상태 : 약 0V
• 스로틀밸브 전개 상태 : 약 5V

34 전자제어엔진에서 연료차단(Fuel Cut)에 대한 설명으로 틀린 것은?

① 배출가스저감을 위함이다.
② 연비를 개선하기 위함이다.
③ 인젝터분사신호를 정지한다.
④ 엔진의 고속회전을 위한 준비단계이다.

해설 연료차단(Fuel Cut)기능
• 인젝터분사신호의 정지이다.
• 배출가스를 정화하기 위함이다.
• 연비를 개선하기 위함이다.
• 기관의 고속회전을 방지하여 기관을 보호한다.
• 연료차단영역은 감속할 때와 고속으로 회전할 경우이다.

35 윤활유의 주요기능이 아닌 것은?

① 방청작용   ② 산화작용
③ 밀봉작용   ④ 응력분산작용

해설 윤활유의 주요기능
방청작용, 냉각작용, 밀봉작용, 응력분산작용, 세척작용, 윤활작용

36 엔진크랭크축의 휨을 측정할 때 필요한 기기가 아닌 것은?

① 블록게이지   ② 정반
③ 다이얼게이지   ④ V블럭

해설 크랭크축의 휨측정 시 필요한 기기는 정반, 다이얼게이지, V블럭이다.

37 배출가스측정 시 HC(탄화수소)의 농도단위인 ppm을 설명한 것으로 적당한 것은?

① 백분의 1을 나타내는 농도단위
② 천분의 1을 나타내는 농도단위
③ 만분의 1을 나타내는 농도단위
④ 백만분의 1을 나타내는 농도단위

해설 ppm(Part Per Million)은 백만분의 1을 나타내는 농도단위이다.

38 피스톤의 재질로서 가장 거리가 먼 것은?

① Y-합금
② 특수주철
③ 켈밋합금
④ 로엑스(Lo-Ex)합금

해설 피스톤의 재질은 특수주철이나 알루미늄합금을 사용한다. 알루미늄합금에는 구리계열의 Y합금과 규소계열의 로엑스(LO-EX)가 있다. 켈밋합금은 저널베어링의 재질이다.

39 4실린더4행정 사이클엔진을 65PS로 30분간 운전시켰더니 연료가 10L 소모되었다. 연료의 비중이 0.73, 저위발열량이 11000kcal/kg이라면 이 엔진의 열효율은 몇 %인가?(단, 1마력당 일량은 632.5 kcal/h이다)

① 23.6
② 24.6
③ 25.6
④ 51.2

해설 $\eta_e = \dfrac{632.5 \times B_{PS}}{H_r \times G \times \gamma}$

[η_e : 열효율, B_{PS} : 마력, H_r : 단위중량당 연료 저위발열량, G : 단위시간당 연료소비량, γ : 연료비중]

$\therefore \dfrac{632.5 \times 65}{1100 \times \dfrac{10l}{0.5h} \times 0.73} \times 100 = 25.6\%$

40 전자제어가솔린분사장치(MPI)에서 폐회로 공연비제어를 목적으로 사용하는 센서는?

① 노크센서
② 산소센서
③ 차압센서
④ EGR위치센서

해설 티타니아산소센서
- 산소분압에 따라 저항값이 변하는 원리
- 농후하면 저항값 감소, 희박하면 저항값 증가
- 농후하면 2.5V 이하, 희박하면 2.5V 이상

지르코니아 형식(바이너리산소센서)
- 배기가스 내 산소농도와 대기 중의 산소농도 차이에 의해 전압이 발생하는 원리
- 농후하면 1V, 희박하면 0V

41 제동장치에서 공기브레이크의 구성요소가 아닌 것은?

① 언로더밸브
② 릴레이밸브
③ 브레이크챔버
④ 하이드로에어백

해설 공기브레이크의 구성요소
- 언로더밸브
- 릴레이밸브
- 브레이크챔버
- 퀵릴리스밸브

42 클러치의 구비조건에 대한 설명으로 틀린 것은?

① 단속작용이 확실해야 한다.
② 회전부분의 평형이 좋아야 한다.
③ 과열되지 않도록 냉각이 잘 되어야 한다.
④ 전달효율이 높도록 회전관성이 커야 한다.

해설 전달효율이 높도록 회전관성이 작아야 한다.

43 자동차타이어의 수명에 영향을 미치는 요인과 가장 거리가 먼 것은?

① 엔진의 출력
② 주행노면의 상태
③ 타이어와 노면온도
④ 주행 시 타이어적정공기압 유무

해설 타이어의 수명에 영향을 미치는 요인
- 트레드 마모 상태
- 주행노면의 상태
- 타이어와 노면온도
- 주행 시 타이어적정공기압 유무

44 하이드로플래닝에 관한 설명으로 옳은 것은?

① 저속으로 주행할 때 하이드로플래닝이 쉽게 발생한다.
② 트레드가 과하게 마모된 타이어에서는 하이드로플래닝이 쉽게 발생한다.
③ 하이드로플래닝이 발생할 때 조향은 불안정하지만 효율적인 제동은 가능하다.
④ 타이어의 공기압이 감소할 때 접촉영역이 증가하여 하이드로플래닝이 방지된다.

해설 하이드로플래닝
- 고속으로 주행할 때 하이드로플래닝이 쉽게 발생한다.
- 수막현상을 말하며 젖은 노면주행 시 타이어노면 사이에 수막이 생겨 타이어가 노면접지력을 상실하는 현상이다.
- 타이어의 공기압이 증가할 때 접촉영역이 감소하여 하이드로플래닝이 방지된다.

40 ② 41 ④ 42 ④ 43 ① 44 ②

45 자동변속기에 사용되고 있는 오일(ATF)의 기능이 아닌 것은?

① 충격을 흡수한다.
② 동력을 발생시킨다.
③ 작동유압을 전달한다.
④ 윤활 및 냉각작용을 한다.

해설 동력을 전달한다.

46 자동차정속주행(크루즈컨트롤)장치에 적용되어 있는 스위치와 가장 거리가 먼 것은?

① 세트(Set)스위치
② 리드(Read)스위치
③ 해제(Cancel)스위치
④ 리줌(Resume)스위치

해설 크루즈컨트롤장치의 적용스위치
- 세트스위치
- 해제스위치
- 리줌스위치
- 가속스위치
- 감속스위치
- 저속제어스위치
- 고속제어스위치
- 자동해제스위치

47 정지상태의 자동차가 출발하여 100m에 도달했을 때의 속도가 60km/h이다. 이 자동차의 가속도는 약 m/s²인가?

① 1.4   ② 5.6
③ 6.0   ④ 8.7

해설 $\sqrt{2aS} = v - v_0$
[a : 가속도 또는 감속도, S : 변위, v : 나중속도, v_0 : 처음속도]
$2aS = v^2 - v_0^2$
$a = \dfrac{v^2 - v_0^2}{2S} = \dfrac{(60 km.h)^2 - 0}{2 \times 100m}$
$= \dfrac{\dfrac{(600 \times 1000)m}{3600s}}{200m} = \dfrac{279 m^2/s^2}{200} = 1.4 m/s^2$

48 자동차의 축간거리가 2.5m, 킹핀의 연장선과 캠버의 연장선이 지면 위에서 만나는 거리가 30cm인 자동차를 좌측으로 회전하였을 때 바깥쪽 바퀴의 조향각도가 30°라면 최고회전반경은 약 몇 m인가?

① 4.3   ② 5.3
③ 6.2   ④ 7.2

해설 $R = \dfrac{L}{\sin a} + r$
[R : 최소회전반경, L : 축간거리, a : 바깥쪽 앞바퀴의 조향각, r : 바퀴접지면 중심과 킹핀과의 거리]
∴ $\dfrac{2.5m}{\sin 30°} + 30cm = \dfrac{2.5m}{0.5} + 0.3m = 5.3m$

49 자동차정기검사에서 조향장치의 검사기준 및 방법으로 틀린 것은?

① 조향계통의 변형, 느슨함 및 누유가 없어야 한다.
② 조향바퀴 옆 미끄럼양은 1m 주행에 5mm 이내이어야 한다.
③ 기어박스, 로드암, 파워실린더, 너클 등의 설치상태 및 누유여부를 확인한다.
④ 조향핸들을 고정한 채 사이드슬립측정기의 답판 위로 직진하여 측정한다.

해설 조향핸들에 힘을 가하지 않은 채 사이드슬립측정기의 답판 위로 직진하여 측정한다.

50 자동차검사를 위한 기준 및 방법으로 틀린 것은?

① 자동차의 검사항목 중 제원측정은 공차상태에서 시행한다.
② 긴급자동차는 승차인원이 없는 공차상태에서만 검사를 시행해야 한다.

③ 제원측정 이외의 검사항목은 공차상태에서 운전자 1인이 승차하여 측정한다.
④ 자동차검사기준 및 방법에 따라 검사기기, 관능 또는 서류확인 등을 시행한다.

해설 긴급자동차는 부득이한 사유가 있는 경우 적차상태에서 검사를 시행할 수 있다.

51 듀얼클러치변속기(DCT)에 대한 설명으로 틀린 것은?

① 연료소비율이 좋다.
② 가속력이 뛰어나다.
③ 동력손실이 적은 편이다.
④ 변속단이 없으므로 변속충격이 없다.

해설 무단변속기(CVT)는 변속단이 없으므로 변속충격이 없다.

52 차체자세제어장치(VDC, ESP)에서 선회주행 시 자동차의 비틀림을 검출하는 센서는?

① 차속센서
② 휠스피드센서
③ 요레이트센서
④ 조향핸들 각속도센서

해설 요레이트센서는 차체자세제어장치(VDC, ESP)에서 선회주행 시 자동차의 비틀림을 검출하는 센서이다.

53 추진축의 회전 시 발생되는 휠링(Whirling)에 대한 설명으로 옳은 것은?

① 요레이트센서, G센서 등이 적용되어 있다.
② ABS제어, TCS 등의 기능이 포함되어 있다.
③ 자동차의 주행자세를 제어하여 안전성을 확보한다.
④ 뒷바퀴가 원심력에 의해 바깥쪽으로 미끄러질 때 오버스티어링으로 제어를 한다.

해설 휠링은 기하학적 중심과 질량적 중심이 일치하지 않을 때 일어나는 현상으로 뒷바퀴가 원심력에 의해 바깥쪽으로 미끄러질 때 언더스티어링 제어를 한다.

54 사이드슬립 점검 시 왼쪽바퀴가 안쪽으로 8mm, 오른쪽바퀴가 바깥쪽으로 4mm 슬립되는 것으로 측정되었다면 전체 미끄럼값 및 방향은?

① 안쪽으로 2mm 미끄러진다.
② 안쪽으로 4mm 미끄러진다.
③ 바깥쪽으로 2mm 미끄러진다.
④ 바깥쪽으로 4mm 미끄러진다.

해설 사이드슬립량 = $\dfrac{\text{좌측슬립량} + \text{우측슬립량}}{2}$
[토인이면 +, 토아웃이면 −]
∴ $\dfrac{(+8\text{mm/m}) + (-4\text{mm/m})}{2} = 2\text{mm/m}$

55 동력전달장치에 사용되는 종감속장치의 기능으로 틀린 것은?

① 회전속도를 감소시킨다.
② 축방향길이를 변화시킨다.
③ 동력전달방향을 변환시킨다.
④ 구동토크를 증가시켜 전달한다.

해설 추진축의 슬립이음은 축방향길이를 변화시킨다.

56 디스크브레이크의 특징에 대한 설명으로 틀린 것은?

① 마찰면적이 적어 패드의 압착력이 커야 한다.
② 반복적으로 사용하여도 제동력의 변화가 적다.
③ 디스크가 대기 중에 노출되어 냉각 성능이 좋다.
④ 자기작동작용으로 인해 페달조작력이 작아도 제동효과가 좋다.

해설 드럼브레이크는 자기작동작용으로 인해 페달조작력이 작아도 제동효과가 좋다.

57 토크컨버터의 클러치점(Clutch Point)에 대한 설명과 관계없는 것은?

① 토크증대가 최대인 상태이다.
② 오일이 스테이터후면에 부딪친다.
③ 일방향클러치가 회전하기 시작한다.
④ 클러치점 이상에서 토크컨버터는 유체클러치로 작동한다.

해설
- 클러치점 : 터빈회전수가 펌프회전수에 가까워져서 스테이터가 공전하기 시작하는 점(컨버터영역에서 커플링영역으로 교체되는 점)
- 스톨점 : 펌프가 회전하고 터빈이 정지한 상태로서 속도비가 0인 점(토크변환비 최대, 효율 최소)

58 자동차ABS에서 제어모듈(ECU)의 신호를 받아 밸브와 모터가 작동되면서 유압의 증가, 감소, 유지 등을 제어하는 것은?

① 마스터실린더
② 딜리버리밸브
③ 프로포셔닝밸브
④ 하이드로릭유닛

해설 하이드로릭유닉은 제어모듈(ECU)의 신호를 받아 밸브와 모터가 작동되면서 유압의 증가, 감소, 유지 등을 제어한다.

59 전자제어현가장치에서 자동차가 선회할 때 원심력에 의한 차체의 흔들림을 최소로 제어하는 기능은?

① 안티롤제어
② 안티다이브제어
③ 안티스쿼트제어
④ 안티드라이브제어

해설 전자제어현가장치의 기능
- 안티롤(Anti Roll)제어 : 급선회할 때 원심력에 의한 차량의 기울어짐을 방지한다.
- 급제동할 때 안티다이브(Anti Dive, 노스다운) 제어를 한다.
- 급가속할 때 안디스쿼드(Anti Squat)세어를 한다.
- 비포장도로에서의 안티바운싱(Anti Bouncing) 제어를 한다.
- 차량의 정지 및 승객의 승하차할 때 안티스쿼트(Anti Squat)제어를 한다.
- 고속안정성을 제어한다.
- 도로노면상태에 따라 승차감을 조절한다.

60 ABS시스템의 구성품이 아닌 것은?

① 차고센서
② 휠스피드센서
③ 하이드로릭유닛
④ ABS컨트롤유닛

해설 차고센서는 전자제어현가장치의 입력요소이다.

61 자동공조장치에 대한 설명으로 틀린 것은?

① 파워트랜지스터의 베이스전류를 가변하여 송풍량을 제어한다.
② 온도설정에 따라 믹스액추에이터도어의 개방정도를 조절한다.

③ 실내 및 외기온도센서 신호에 따라 에어컨시스템의 제어를 최적화한다.
④ 핀서모센서는 에어컨라인의 빙결을 막기 위해 콘덴서에 장착되어 있다.

해설 핀서모센서는 에어컨라인의 빙결을 막기 위해 증발기에 장착되어 있다.

62 5A의 일정한 전류로 방전되어 20시간이 지났을 때 방전종지전압에 이르는 배터리의 용량은?

① 60Ah   ② 80Ah
③ 100Ah   ④ 120Ah

해설 Ah = 5A × 20h = 100Ah
[Ah : 배터리용량단위, A : 연속방전전류단위, h : 방전종지전압까지 연속방전시간단위]

63 기동전동기의 피니언기어잇수가 9, 플라이휠의 링기어잇수가 113, 배기량 1500cc인 엔진의 회전저항이 8gf·m일 때 기동전동기의 최소회전토크는 약 몇 kgf·m인가?

① 0.38   ② 0.48
③ 0.55   ④ 0.64

해설 감속비 = 링기어잇수 ÷ 구동피니언잇수
엔진부하토크가 일정할 때 시동모터가 필요로 하는 회전토크와 감속비는 반비례관계이다.

$$T_m = \frac{T_e}{R_R} = \frac{T_e}{\frac{1}{\frac{G_r}{G_p}}} = \frac{T_e \times G_p}{G_r}$$

[T_m : 시동모터가 필요로 하는 회전토크, T_e : 엔진부하토크, R_R : 감속비, G_r : 링기어잇수, G_p : 구동피니언잇수]

$$\therefore \frac{8kgf \cdot m \times 9}{113} = 0.64 kgf \cdot m$$

64 자동차용 납산배터리의 구성요소로 틀린 것은?

① 양극판   ② 격리판
③ 코어플러그 ④ 벤트플러그

해설 코어플러그
실린더블록의 구성요소로 엔진동파방지를 위한 것이다.

65 에어컨 자동온도조절장치(FATC)에서 제어모듈의 출력요소로 틀린 것은?

① 블로어모터
② 에어컨릴레이
③ 엔진회전수보상
④ 믹스도어액추에이터

해설
• FATC에서 제어모듈의 출력요소 : 블로어모터, 에어컨릴레이 내·외기 도어액추에이터, 에어믹스 도어엑추에이터
• FATC에서 제어모듈의 입력요소 : 외기온도센서, 일사량센서, 증발기온도센서

66 그림과 같이 캔(CAN)통신회로가 접지 단락되었을 때 고장진단커넥터에서 6번과 14번 단자의 저항을 측정하면 몇 Ω인가?

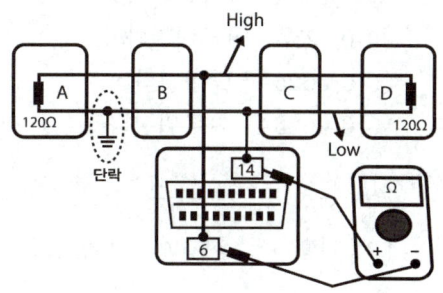

① 0   ② 60
③ 100   ④ 120

해설 CAN통신의 종단저항을 측정하여 60Ω이면 정상이고, 단선 시 120Ω, 단락 시 0Ω이 측정된다. 이때 Low배선이 접지 단락되었지만 Low신호는 나타나지 않고 High신호는 정상신호인 60Ω이다.

67 BMS(Battery Management System)에서 제어하는 항목과 제어내용에 대한 설명으로 틀린 것은?

① 고장진단 : 배터리시스템 고장진단
② 컨트롤릴레이제어 : 배터리과열 시 컨트롤릴레이차단
③ 셀밸런싱 : 전압편차가 생긴 셀을 동일한 전압으로 매칭
④ SoC(State of Charge)관리 : 배터리의 전압, 전류, 온도를 측정하여 적정 SoC영역관리

해설 파워릴레이어셈블리(PRA, Power Realy Assemble)제어
고전압배터리의 기계적분리(메인릴레이), 고전압회로에 과전류흐름을 보호한다.

68 12V 5W 번호판 등이 사용되는 승용차량에 24V 3W가 잘못 장착되었을 때, 전류값과 밝기의 변화는 어떻게 되는가?

① 0.125A, 밝아진다.
② 0.125A, 어두워진다.
③ 0.0625A, 밝아진다.
④ 0.0625A, 어두워진다.

해설 $R = \dfrac{v^2}{P_E} = \dfrac{(24V)^2}{3W} = \dfrac{(576V)^2}{3(V \times I)} = \dfrac{576V}{3I} = 192\Omega$

[R : 저항, v : 전압, P_E : 전력, I : 전류]

$I = \dfrac{v}{R}$

∴ $\dfrac{12V}{192\Omega} = 0.0625A$

69 자동차정기검사에서 전기장치의 검사기준 및 방법에 해당되지 않는 것은?

① 축전지의 설치상태를 확인한다.
② 전기배선의 손상여부를 확인한다.
③ 전기선의 허용전류량을 측정한다.
④ 축전지의 접속, 절연상태를 확인한다.

해설 자동차정기검사에서 전기장치의 검사기준 및 방법
• 축전지의 설치상태를 확인한다.
• 전기배선의 손상여부를 확인한다.
• 전기선의 설치상태를 확인한다.
• 축전지의 접속, 절연상태를 확인한다.

70 납산배터리 양(+)극판에 대한 설명으로 틀린 것은?

① 음극판보다 1장 더 많다.
② 방전 시 황산납으로 변환된다.
③ 충전 후 갈색의 과산화납으로 변환된다.
④ 충전 시 전자를 방출하면서 이산화납으로 변환된다.

해설 음극판보다 1장이 더 적다. 단자기둥은 양극이 음극보다 굵다. 양극판은 과산화납, 음극판은 해면상납을 사용한다.

71 LAN(Local Area Network)통신장치의 특징이 아닌 것은?

① 전장부품의 설치장소확보가 용이하다.
② 설계변경에 대하여 변경하기 어렵다.
③ 배선의 경량화가 가능하다.
④ 장치의 신뢰성 및 정비성을 향상시킬 수 있다.

해설 통신을 사용하여 배선을 따로 두지 않아 무게가 가볍고 설계변경에 대하여 변경하기가 쉽다.

정답 67 ② 68 ④ 69 ③ 70 ① 71 ②

72 점화플러그의 열가(Heat Range)를 좌우하는 요인으로 거리가 먼 것은?

① 엔진냉각수의 온도
② 연소실의 형상과 체적
③ 절연체 및 전극의 열전도율
④ 화염이 접촉되는 부분의 표면적

해설 점화플러그의 열가를 좌우하는 요인
- 엔진연소실의 온도
- 연소실의 형상과 체적
- 절연체 및 전극의 열전도율
- 화염이 접촉되는 부분의 표면적

73 에어백시스템에서 화약점화제, 가스발생제, 필터 등을 알루미늄용기에 넣은 것으로, 에어백모듈하우징 안쪽에 조립되어 있는 것은?

① 인플레이터
② 에어백모듈
③ 디퓨저스크린
④ 클럭스프링하우징

해설
- 디퓨저스크린 : 가스발생제의 연소에 의해 발생된 불순물을 여과하는 필터 역할, 질소가스의 냉각 및 질소가스 발생 시 소음방지역할을 한다.
- 클럭스프링 : 조향핸들회전 시 배선꼬임을 방지한다.

74 방향지시등의 점멸속도가 빠르다. 그 원인에 대한 설명으로 틀린 것은?

① 플레셔유닛이 불량이다.
② 비상등스위치가 단선되었다.
③ 전방우측방향지시등이 단선되었다.
④ 후방우측방향지시등이 단선되었다.

해설 비상등스위치가 단선되면 방향지시등이 점등하지 않는다.

75 점화장치고장 시 발생될 수 있는 현상으로 틀린 것은?

① 노킹현상이 발생할 수 있다.
② 공회전속도가 상승할 수 있다.
③ 배기가스가 과다발생할 수 있다.
④ 출력 및 연비에 영향을 미칠 수 있다.

해설 공회전속도가 불안정할 수 있다.

76 리튬-이온축전지의 일반적인 특징에 대한 설명으로 틀린 것은?

① 셀당전압이 낮다.
② 높은 출력밀도를 가진다.
③ 과충전 및 과방전에 민감하다.
④ 열관리 및 전압관리가 필요하다.

해설 셀당전압이 높다.

77 자동차정기검사에서 4등식 전조등의 광도검사기준으로 맞는 것은?

① 11500칸델라 이상
② 12000칸델라 이상
③ 15000칸델라 이상
④ 112500칸델라 이상

해설
- 4등식 : 12000칸델라 이상
- 2등식 : 15000칸델라 이상

78 점화장치에서 드웰시간에 대한 설명으로 옳은 것은?

① 점화1차코일에 전류가 흐르는 시간
② 점화2차코일에 전류가 흐르는 시간
③ 점화1차코일에 아크가 방전되는 시간
④ 점화2차코일에 아크가 방전되는 시간

해설 드웰시간은 점화1차코일에 전류가 흐르는 시간(파워TR의 통전시간)이다.

정답 72 ① 73 ① 74 ② 75 ② 76 ① 77 ② 78 ①

79 다음에 설명하고 있는 법칙은?

> 회로에 유입되는 전류의 총합과 회로를 빠져나가는 전류의 총합이 같다.

① 옴의 법칙
② 줄의 법칙
③ 키르히호프의 제1법칙
④ 키르히호프의 제2법칙

해설
- 키르히호프의 제1법칙 : 전류법칙
- 키르히호프의 제2법칙 : 전압법칙

80 기동전동기의 오버러닝클러치에 대한 설명으로 옳은 것은?

① 작동원리는 플레밍의 왼손법칙을 따른다.
② 실리콘다이오드에 의해 정류된 전류로 구동된다.
③ 변속기로 전달되는 동력을 차단하는 역할도 한다.
④ 시동직후, 엔진회전에 의한 기동전동기의 파손을 방지한다.

해설 오버러닝클러치는 시동직후, 엔진회전에 의한 기동전동기의 파손을 방지한다.

3회 자동차정비산업기사 필기시험

2019. 8. 4. 시행

01 다음 중 금긋기에 적당하고 0점 조정이 불가능한 하이트게이지는?

① HM형 하이트게이지
② HB형 하이트게이지
③ HT형 하이트게이지
④ 다이얼 하이트게이지

해설 하이트게이지
- HT형 : 표준형으로 가장 많이 사용되고 있으며, 어미자가 이동가능하다.
- HM형 : 견고하여 금긋기 작업에 적당하고 슬라이더가 홈형이며, 0점조정이 불가능하다.
- HB형 : 버니어가 슬라이더에 나사로 고정되어 있어 버니어의 0점조정이 가능하지만 현재 거의 사용되고 있지 않다.

02 허용굽힘응력 $60N/mm^2$인 단순지지보가 $1 \times 106N \cdot mm$의 최대굽힘모멘트를 받을 때 필요한 단면계수의 최소값은 몇 mm^3인가?

① 1667
② 16667
③ 17660
④ 26667

해설 굽힘응력 $= \frac{M}{Z}$ [M : 굽힘모멘트, Z : 단면계수]

$\therefore Z = \frac{1000000}{60} = 16666.67$

03 열응력에 대한 설명으로 옳지 않은 것은?

① 재료의 온도차에 비례한다.
② 재료의 단면적에 비례한다.
③ 재료의 세로탄성계수에 비례한다.
④ 재료의 선팽창계수에 비례한다.

해설 열응력 $\sigma = E \times \alpha \times \Delta T$
[E : 종탄성계수, α : 선팽창계수, ΔT : 온도변화]

04 축과 보스에 모두 키홈을 판 것으로 고정된 상태로 사용되는 키(key)는?

① 코터
② 원뿔키
③ 묻힘키
④ 안장키

해설 묻힘키(Sunk Key)는 축과 보스에 모두 키홈을 판 키로, 가장 일반적으로 사용되며 상당히 큰 힘을 전달할 수 있다.

05 일정한 방향의 회전으로 발생한 원심력에 의해 자동으로 작동되는 브레이크는?

① 캠브레이크
② 블록브레이크
③ 내확브레이크
④ 원판브레이크

06 기어전동에서 원동축과 종동축이 서로 평행하지 않은 경우에 사용되는 기어는?

① 스퍼기어
② 내접기어
③ 헬리컬기어
④ 하이포이드기어

해설 하이포이드기어
스파이럴 베벨기어의 전위기어이며 2축의 축심이 어긋난 원추상의 기어에 사용한다.

정답 01 ① 02 ② 03 ② 04 ③ 05 ① 06 ④

07 탄소강을 담금질했을 때 나타나는 다음 조직 중 경도가 가장 낮은 것은?

① 오스테나이트　② 트루스타이트
③ 마르텐사이트　④ 소르바이트

해설　각 조직의 경도 순서
시멘타이트 > 마르텐사이트 > 트루스타이트 > 소르바이트 > 펄라이트 > 오스테나이트 > 페라이트

08 축열실과 반사로를 사용하여 장입물을 용해 정련하는 방법으로 우수한 강을 얻을 수 있고 다량생산에 적합한 용해로는?

① 전로　② 평로
③ 전기로　④ 도가니로

해설　평로제강법은 선철, 철광석을 용해시켜 탈산하여 제강하는데 모양이 편평하게 생긴 데서 붙여진 명칭이며 보통 대용량과 장시간이 요구된다.

09 판금가공(Sheet Metal Working)의 종류에 해당되지 않는 것은?

① 접합가공　② 단조가공
③ 성형가공　④ 전단가공

해설　판금가공의 종류에는 접합, 성형, 타출, 펀칭, 전단, 굽힘, 트리밍, 세이빙 등이 있다.

10 외부로부터 윤활유 또는 윤활제의 공급 없이 특수한 조건에서도 사용 가능한 베어링은?

① 블루메탈베어링
② 화이트메탈베어링
③ 오일리스베어링
④ 주석베어링메탈베어링

해설　오일리스베어링
주유가 필요 없는 베어링을 말한다.

11 2개의 입구와 1개의 공통출구를 가지고, 출구는 입구압력의 작용에 의하여 입구의 한쪽 방향에 자동적으로 접속되는 밸브는?

① 리밋밸브
② 셔틀밸브
③ 2압밸브
④ 급속배기밸브

해설
- 리밋밸브 : 입구압력이 규정압력 이하일 때는 출구가 닫혀 있고 규정압력 이상이면 출구가 열린다.
- 셔틀밸브 : 2개의 입구와 1개의 공통 출구를 가지고, 입구의 한쪽 방향에 자동적으로 접속되는 밸브
- 2압밸브 : 2개의 입궁 모두 압력이 작용할 때 출구가 열린다.
- 급속배기밸브 : 배기유량을 크게 하여 공압실린더의 속도를 높인다.

12 공작물을 단면적 100cm²인 유압실린더로 1분에 2m의 속도로 이송시키기 위해 필요한 유량은 몇 L/min인가?

① 10　② 20
③ 30　④ 40

해설　$Q = A \times V$
[Q: 유량, A: 단면적, V: 속도]
∴ $100\text{cm}^2 \times 200\text{cm/min} = 20000\text{cm}^3/\text{min}$
　　$= 20\text{L/min}$
　　($1\text{L} = 1000\text{cm}^3$, $1\text{cm}^3 = 1/1000\text{L}$)

13 보의 지지방법에 따른 분류 중 부정정보의 종류인 것은?

① 단순지지보　② 외팔보
③ 내다지보　④ 양단고정보

해설　양단고정보는 부정정보이다.

제5장 과년도 기출문제 및 해설

14 피복아크용접봉의 구비조건이 아닌 것은?

① 슬래그 제거가 쉬울 것
② 용착금속의 성질이 우수할 것
③ 용접 시 유해가스가 발생하지 않을 것
④ 심선보다 피복제가 약간 빨리 녹을 것

해설 피복제의 역할
- 용착금속의 탈산 및 정련작용을 한다.
- 용적(Globule)을 미세화하고, 용착효율을 높인다.
- 대기 중의 산소나 질소의 침입을 방지하고 용착금속을 보호한다.
- 아크를 안정되게 하며, 용융점이 낮은 가벼운 슬래그(Slag)를 만든다.
- 용착금속의 응고와 냉각속도를 지연시킨다.
- 슬래그 제거가 쉽고, 파형이 고운 비드(Bead)를 만든다.

15 FRP라고도 하며 우수한 경량성재료로 폴리에스테르와 에폭시수지가 기지재료인 복합재료는?

① 섬유강화금속
② 섬유강화콘크리트
③ 섬유강화세라믹
④ 섬유강화플라스틱

해설
- 섬유강화금속(FRM) : 강도가 높은 섬유로 금속을 강화시킨 복합재료
- 섬유강화콘크리트(FRC) : 단섬유를 콘크리트에 섞어 강화시킨 복합재료
- 섬유강화세라믹(FRC) : 금속섬유, 세라믹 등으로 강화시킨 복합재료

16 유압회로에서 액추에이터를 작동시키지 않는 시간에는 펌프에서 송출되어 온 작동유체를 저압으로 탱크에 복귀시키는 회로는?

① 감압회로
② 동기회로
③ 무부하회로
④ 미터인회로

해설
- 무부하회로 : 액추에이터를 작동시키지 않는 시간에는 펌프에서 송출되어 온 작동유체를 저압으로 탱크에 복귀시키는 회로이다.
- 미터인회로 : 실린더 입구 측에 설치하여 실린더로 공급되는 유량을 조절해 주고 실린더에서 빠지는 압력은 제어하지 않는 회로이다.

17 다음 중 삼각나사에 대한 일반적인 설명으로 옳은 것은?

① 동력전달용으로 적합하다.
② 나사효율이 좋다.
③ 마찰계수가 크다.
④ 자립(Self Lock)작용이 없다.

해설
- 사각나사 : 동력전달용으로 쓰이는 나사
- 삼각나사 : 체결용으로 쓰이는 나사
- 톱니나사 : 축 방향 힘이 한쪽 방향으로만 작용하는 경우에 쓰이는 나사
- 사다리꼴나사 : 전달용, 이동용으로 쓰이는 나사

18 작은 입자의 숫돌로 작은 압력으로 일감을 누르면서 가공물에 이송을 주고, 동시에 숫돌에 진동을 주어 단시간에 원통의 내면이나 외면 및 평면을 다듬질가공하는 것은?

① 슈퍼퍼니싱
② 브로칭
③ 호닝
④ 래핑

해설
- 브로칭 : 브로치로 복잡한 형상을 가진 가공물의 내면이나 외면을 절삭가공하는 것이다.
- 호닝 : 숫돌로 원통의 내면이나 외면 및 평면을 가볍게 문질러 정밀 다듬질가공하는 것이다.
- 래핑 : 가공물의 표면돌기를 없애기 위해 가공물에 랩을 적절한 압력으로 눌러 정밀 다듬질가공하는 것이다.

정답 14 ④ 15 ④ 16 ③ 17 ③ 18 ①

19 프와송비(Poisson's Ratio)에 대한 설명으로 옳은 것은?

① 종변형률과 횡변형률의 곱이다.
② 수직응력과 종탄성계수를 곱한 값이다.
③ 횡변형률을 종변형률로 나눈 값이다.
④ 전단응력과 횡탄성계수의 곱이다.

해설 프와송비=횡변형률÷종변형률

20 다음 중 내식용 알루미늄합금에 속하지 않는 것은?

① Al-Mn계의 알민
② Al-Mg-Si계의 알드리
③ Al-Mg계의 하이드로날륨
④ Al-Cu-Ni-Mg계의 Y합금

해설 내열용 알루미늄합금
Al-Cu-Ni-Mg계의 Y합금

21 라디에이터캡 시험기로 점검할 수 없는 것은?

① 라디에이터캡의 불량
② 라디에이터코어 막힘 정도
③ 라디에이터코어 손상으로 인한 누수
④ 냉각수호스 및 파이프와 연결부에서의 누수

해설 라디에이터캡 점검
압력계눈금을 보면서 규정압력까지 레버로 펌핑을 해준다. 테스터의 압력계눈금이 규정입력을 유지하면 양호한 것이며, 압력이 떨어지면 누수 및 캡의 불량일 수 있다.

22 다음은 운행차정기검사에서 배기소음 측정을 위한 검사방법에 대한 설명이다. ( ) 안에 알맞은 것은?

> 자동차의 변속장치를 중립 위치로 하고 정지가동상태에서 원동기의 초고출력 시의 75% 회전속도로 ( )초 동안 운전하여 최대소음도를 측정한다.

① 3 ② 4
③ 6 ④ 6

해설 원동기의 최고출력 시의 75% 회전속도로 4초 동안 운전하여 평균소음도를 측정한다.

23 전자제어엔진에서 수온센서단선으로 컴퓨터(ECU)에 정상적인 냉각수온값이 입력되지 않으면 어떻게 연료분사되는가?

① 연료분사를 중단
② 흡기온도를 기준으로 분사
③ 엔진오일온도를 기준으로 분사
④ ECU에 의한 페일세이프값을 근거로 분사

해설 냉각수온센서
냉각수온도를 검출하여 연료분사량, 점화시기, 공전속도 등을 보정한다. 정상적인 냉각수온센서가 고장이 나면 ECU에 저장되어 있는 페일세이프값을 근거로 연료를 분사한다.

24 엔진의 냉각장치에 사용되는 서모스탯에 대한 설명으로 거리가 먼 것은?

① 과열을 방지한다.
② 엔진의 온도를 일정하게 유지한다.
③ 과랭을 통해 차내 난방효과를 낮춘다.
④ 냉각수통로를 개폐하여 온도를 조절한다.

해설 서모스탯은 기관과 라디에이터 사이에 설치되어 기관의 온도를 일정하게 유지하고, 과열을 방지한다.

25 디젤엔진에서 냉간 시 시동성향상을 위해 예열장치를 두어 흡기를 예열하는 방식 중 가열 플랜지방법을 주로 사용하는 연소실형식은?

① 직접분사식 ② 와류실식
③ 예연소실식 ④ 공기실식

해설 예열방식의 종류
- 예열플러그 : 연소실 내의 압축공기를 직접 예열하는 형식으로 주로 예연소실식, 와류실식 연소실에 사용한다. 코일형과 실드형이 있다.
- 흡기가열방식 : 직접분사실식 연소실에서 실린더 내로 흡입되는 공기를 흡기다기관에서 가열하는 방식이며 흡기히터, 히트레인지방식이 있다.

26 배기가스 후처리장치(DPF)의 필터에 포집된 PM을 연소시키기 위한 연료분사방법으로 옳은 것은?

① 주분사 ② 점화분사
③ 사후분사 ④ 파일럿분사

해설
- 예비분사 : 주분사가 이루어지기 전 연료를 분사하여 연소가 잘 되게 하기 위한 분사이며 점화분사실시 유무에 따라 엔진의 소음과 진동을 억제한다.
- 주분사 : 엔진의 출력에 대한 에너지는 주분사로부터 나온다. 주분사는 점화분사가 실행되었는지 고려하여 연료량을 계산하며, 엔진토크량, 엔진회전수, 냉각수온, 흡기온도, 대기압 등으로 주분사 연료량을 계산한다.
- 사후분사 : 디젤연료를 촉매변환기에 공급하기 위한 것으로 이는 후처리장치(DFP)를 작동시키기 위해 연료를 흘려보내는 분사이다.

27 가솔린엔진의 연료구비조건으로 틀린 것은?

① 발열량이 클 것
② 옥탄가가 높을 것
③ 연소속도가 빠를 것
④ 온도와 유동성이 비례할 것

해설 가솔린기관 구비조건
- 기화성이 양호할 것
- 연소성이 좋을 것
- 착화온도가 높을 것
- 노크가 일어나지 않을 것
- 안정성이 좋을 것
- 부식성이 없을 것
- 발열량이 클 것, 경제적일 것

28 실린더헤드의 변형점검 시 사용되는 측정도구는?

① 보어게이지
② 마이크로미터
③ 간극게이지
④ 텔리스코핑게이지

해설 수평자와 간극게이지를 이용한다.

29 전자제어 연료분사장치에서 차량의 가·감속판단에 사용되는 센서는?

① 스로틀포지션센서
② 수온센서
③ 노크센서
④ 산소센서

해설 스로틀포지션센서(TPS)
스로틀밸브축과 함께 회전하며 스로틀밸브열림각을 감지하는 회전식가변저항이다.

30 가솔린엔진에서 인젝터의 연료분사량제어와 직접적으로 관계있는 것은?

① 인젝터의 니들밸브지름
② 인젝터의 니들밸브 유효행정
③ 인젝터의 솔레노이드코일 통전시간
④ 인젝터의 솔레노이드코일 차단전류 크기

해설 연료분사량은 엔진컴퓨터(ECU)가 각 센서의 신호를 받아 인젝터에 흐르는 전류의 통전시간에 따라 좌우된다.

31 단행정엔진의 특징에 대한 설명으로 틀린 것은?

① 직렬형엔진인 경우 엔진의 길이가 짧아진다.
② 직렬형엔진인 경우 엔진의 높이를 낮게 할 수 있다.
③ 피스톤의 평균속도를 올리지 않고 회전속도를 높일 수 있다.
④ 흡·배기밸브의 지름을 크게 할 수 있어 흡입효율을 높일 수 있다.

해설 단행정기관(Over Square-short Stroke)은 실린더내경보다 행정이 작은 기관을 말한다. 기관의 회전속도는 빠르지만 피스톤측압이 크고 회전력은 작다. 그리고 기관의 높이는 낮아지지만 길이는 길어진다.

32 압축상사점에서 연소실체적(Vc)은 0.1ℓ이고 압력(Pc)은 30bar이다. 체적이 1.1ℓ로 증가하면 압력은 약 몇 bar가 되는가?(단, 동작유체는 이상기체이며 등온과정이다)

① 2.73   ② 3.3
③ 27.3   ④ 33

해설 $P_1V_1 = P_2V_2$에서 $30 \times 0.1 = \chi \times 1.1$
$\therefore \chi = \dfrac{30 \times 0.1}{1.1} = 2.727$

33 운행차정기검사에서 자동차배기소음 허용기준으로 옳은 것은?(단, 2006년 1월 1일 이후 제작되어 운행하고 있는 소형 승용자동차이다)

① 95dB 이하   ② 100dB 이하
③ 110dB 이하   ④ 112dB 이하

해설

자동차 종류		소음항목 배기소음 (dB(A))	경적소음 (dB(C))
경자동차		100 이하	110 이하
승용 자동차	소형	100 이하	110 이하
	중형	100 이하	110 이하
	중대형	100 이하	112 이하
	대형	105 이하	112 이하

34 엔진이 과열되는 원인이 아닌 것은?

① 워터펌프 작동불량
② 라디에이터의 코어손상
③ 워터재킷 내 스케일과다
④ 수온조절기가 열린 상태로 고장

해설 서모스탯(수온조절기)이 열려있으면 엔진이 과랭되어 연료소모량이 증가하고, 출력이 감소한다.

35 가솔린 300cc를 연소시키기 위해 필요한 공기는 약 몇 kg인가?(단, 혼합비는 15:1이고 가솔린의 비중은 0.75이다)

① 1.19   ② 2.42
③ 3.38   ④ 4.92

해설 공기량 = 연료량 × 비중 × 혼합비
= $0.3 \times 0.75 \times 15 = 3.375$kg

36 실린더의 라이너에 대한 설명으로 틀린 것은?

① 도금하기가 쉽다.
② 건식과 습식이 있다.
③ 라이너가 마모되면 보링작업을 해야 한다.
④ 특수주철을 사용하여 원심주조할 수 있다.

해설 라이너식 실린더블록은 마모 시 라이너만 교체하면 실린더블록을 재사용할 수 있다.

37 오토사이클의 압축비가 8.5일 경우 이론 열효율은 약 몇 %인가?(단, 공기의 비열비는 1.4이다)

① 49.6　　② 52.4
③ 54.6　　④ 57.5

해설 이론열효율(η_o) = $1-(\frac{1}{\epsilon})^{k-1}$

[ϵ : 압축비, k : 비열비]

∴ $1-(\frac{1}{8.5})^{1.4-1} = 0.575$

38 DOHC 엔진의 특징이 아닌 것은?

① 구조가 간단하다.
② 연소효율이 좋다.
③ 최고회전속도를 높일 수 있다.
④ 흡입효율의 향상으로 응답성이 좋다.

해설 DOHC의 특징
- 흡기·배기밸브에 각 축이 2개 있는 엔진으로, 각각의 단위시간마다 더 많은 공기를 흡입하려고 엔진의 허용최고회전수와 흡입회전율을 크게 하여 출력을 높인 것이 특징이다.
- 가속성능도 좋지만, 내구성이 낮고 배기량에 따른 연료소비량이 많으며 소음이 크다.

39 GDI엔진에 대한 설명으로 틀린 것은?

① 흡입과정에서 공기의 온도를 높인다.
② 엔진운전조건에 따라 레일압력이 변동된다.
③ 고부하운전영역에서 흡입공기밀도가 높아진다.
④ 분사시간은 흡입공기량의 정보에 의해 보정된다.

해설 GDI엔진이란 미리 공기를 충전해 놓은 실린더 안에 가솔린을 직접분사함으로써 흡기충진효율이 증대되고, 실린더 내 연료증발을 통하여 연소실 온도를 낮추고 노킹특성을 개선하고 압축비를 증대시켜 성능과 연비를 개선한 엔진이다.

40 전자제어엔진에서 연료분사피드백에 사용되는 센서는?

① 수온센서
② 스로틀포지션센서
③ 산소센서
④ 에어플로어센서

해설 산소센서(Oxygen Sensor)는 이론적공연비를 중심으로 출력전압이 급격히 변하는 것을 이용하여 피드백의 기준신호를 공급해주는 역할을 한다.

41 클러치의 차단불량원인으로 틀린 것은?

① 클러치페달 자유간극과소
② 클러치유압계통에 공기유입
③ 릴리스포크의 소손 또는 파손
④ 릴리스베어링의 소손 또는 파손

해설 클러치차단불량의 원인
- 클러치페달 자유간극과대
- 유압계통에 공기의 유입
- 클러치판의 흔들림
- 릴리스베어링의 손상 및 파손
- 클러치 각 부의 심한 마모

42 전륜6속 자동변속기전자제어장치에서 변속기컨트롤모듈(TCM)의 입력신호로 틀린 것은?

① 공기량센서
② 오일온도센서
③ 입력축속도센서
④ 인히비터스위치신호

37 ④　38 ①　39 ①　40 ③　41 ①　42 ①

해설 **변속기컨트롤모듈(TCM)의 입력신호**
- 스로틀포지션센서
- 오일온도센서
- 입력축속도센서
- 인히비터스위치신호

43 조향핸들을 2바퀴 돌렸을 때 피트먼암이 90° 움직였다면 조향기어비는?

① 1:6 ② 1:7
③ 8:1 ④ 9:1

해설 조향기어비 = $\dfrac{\text{조향휠이 움직인 양}}{\text{피트먼 암이 움직인 양}} = \dfrac{720}{90} = 8$

44 자동변속기에서 유성기어장치의 3요소가 아닌 것은?

① 선기어 ② 캐리어
③ 링기어 ④ 베벨기어

45 자동차앞바퀴 정렬 중 "캐스터"에 관한 설명으로 옳은 것은?

① 자동차의 전륜을 위해서 보았을 때 바퀴의 앞부분이 뒷부분보다 좁은 상태를 말한다.
② 자동차의 전륜을 앞에서 보았을 때 바퀴중심선의 윗부분이 약간 벌어져 있는 상태를 말한다.
③ 자동차의 전륜을 옆에서 보면 킹핀의 중심선이 수직선에 대하여 어느 한쪽으로 기울어져 있는 상태를 말한다.
④ 자동차의 전륜을 앞에서 보면 킹핀의 중심선이 수직선에 대하여 약간 안쪽으로 설치된 상태를 말한다.

해설 **캐스터(Caster)**
자동차의 바퀴를 측면에서 보면 노면과의 수직선에 대하여 타이어의 중심선과 조향축이 뒤쪽으로 약간 기울어져 있다.

46 록업(Lock-up)클러치가 작동할 때 동력전달순서로 옳은 것은?

① 엔진 → 드라이브플레이트 → 컨버터케이스 → 펌프임펠러 → 록업클러치 → 터빈러너허브 → 입력샤프트
② 엔진 → 드라이브플레이트 → 터빈러너 → 터빈러너허브 → 록업클러치 → 입력샤프트
③ 엔진 → 드라이브플레이트 → 컨버터케이스 → 록업클러치 → 터빈러너허브 → 입력샤프트
④ 엔진 → 드라이브플레이트 → 터빈러너 → 펌프임펠러 → 일방향클러치 → 입력샤프트

해설 댐퍼클러치(록업클러치)는 토크컨버터 내에 설치되며, 기계적인 습식마찰클러치를 적용하여 어느 일정조건이 되면 펌프와 터빈을 직결시켜 동력손실감소 및 연료절감효과를 볼 수 있다.

47 총 중량 1톤인 자동차가 72km/h로 주행 중 급제동하였을 때 운동에너지가 모두 브레이크드럼에 흡수되어 열이 되었다. 흡수된 열량(kcal)은 얼마인가?(단, 노면의 마찰계수는 1이다)

① 47.79 ② 52.30
③ 54.68 ④ 60.25

해설 운동에너지 $= \dfrac{\mu^2}{2} = \dfrac{Wu^2}{2g} = \dfrac{1000 \times (\dfrac{72}{3.6})^2}{2 \times 9.8}$
$= 20408.16 \text{kg} - \text{m}$
발열량 $= \dfrac{20408.16}{427} = 47.79 \text{kal}$

정답 43 ③ 44 ④ 45 ③ 46 ③ 47 ①

48 수동변속기의 클러치에서 디스크의 마모가 너무 빠르게 발생하는 경우로 틀린 것은?

① 지나친 반클러치의 사용
② 디스크페이싱의 재질불량
③ 다이어프램스프링의 장력이 과도할 때
④ 디스크교환 시 페이싱단면적이 규정보다 작은 제품을 사용하였을 경우

해설 클러치판의 마모원인
- 운전자의 운전습관(지나친 반클러치 사용)
- 클러치유격을 장기간 조정하지 않아 슬립상태로 계속 운전했을 경우
- 디스크페이싱 재질의 불량
- 디스크를 교환할 때, 페이싱 단면적이 규정보다 작은 디스크를 사용했을 경우

49 유압식과 비교한 전동식동력조향장치(MDPS)의 장점으로 틀린 것은?

① 부품수가 적다.
② 연비가 향상된다.
③ 구조가 단순하다.
④ 조향휠 조작력이 증가한다.

해설 전동식파워스티어링시스템(MDPS)
차량의 주행속도에 따라 핸들의 조작력을 전자제어로 모터를 구동시켜 주차 시 또는 저속 시에는 조작력을 가볍게 해주고, 고속 시에는 조작력을 무겁게 하여 고속주행안정성을 운전자에게 제공하는 시스템으로 차량의 연비향상효과가 있다.

50 전자제어제동장치(ABS)의 유압제어모드에서 주행 중 급제동 시 고착된 바퀴의 유압제어는?

① 감압제어   ② 정압제어
③ 분압제어   ④ 증압제어

해설 고착된 바퀴에 가해진 유압을 감소시키기 위해 감압신호를 모듈레이터로 보낸다.

51 전자제어제동장치(ABS)에서 하이드로릭유닛의 내부구성부품으로 틀린 것은?

① 어큐뮬레이터
② 인렛미터링밸브
③ 상시 열림 솔레노이드밸브
④ 상시 닫힘 솔레노이드밸브

해설 하이드로릭유닛의 내부구성부품
- 어큐뮬레이터
- 모터펌프
- 상시 열림 솔레노이드밸브
- 상시 닫힘 솔레노이드밸브

52 브레이크페달을 강하게 밟을 때 후륜이 먼저 록(lock)되지 않도록 하기 위하여 유압이 일정압력으로 상승하면 그 이상 후륜 측에 유압이 가해지지 않도록 제한하는 장치는?

① 프로포셔닝밸브
② 압력체크밸브
③ 이너셔밸브
④ EGR밸브

해설 프로포셔닝밸브는 급제동 시 전륜보다 후륜의 제동력을 감소시켜 후륜의 록을 방지한다.

53 동기물림식 수동변속기의 주요구성품이 아닌 것은?

① 도그클러치
② 클러치허브
③ 클러치슬리브
④ 싱크로나이저링

해설
- 상시물림식 : 기어는 항상 물려 있고 도그클러치가 출력축 스플라인과 물려 있어 도그클러치가 주축 위를 섭동하며 동력을 전달한다.
- 동기물림식 : 서로 물리는 기어회전속도를 일치시켜(동기) 이의 물림을 쉽게 하기 위한 형식으로 싱크로메시기구를 많이 사용한다.

정답 48 ③ 49 ④ 50 ① 51 ② 52 ① 53 ①

54 TCS(Traction Control System)의 제어 장치에 관련이 없는 센서는?

① 냉각수온센서
② 아이들신호
③ 후차륜속도센서
④ 가속페달포지션센서

해설 **구동력조절장치(TCS)**
미끄러지기 쉬운 노면에서 차량을 출발하거나 가속할 때 과잉의 구동력(슬립율 15~20% 정도에서 최대)이 발생하여 타이어가 공회전하지 않도록 차량의 구동력을 제어하는 장치이다.

55 브레이크슈의 길이와 폭이 85mm×35mm, 브레이크슈를 미는 힘이 50kgf일 때 브레이크압력은 약 몇 kgf/cm³인가?

① 1.68   ② 4.57
③ 16.8   ④ 45.7

해설 압력 = $\dfrac{\text{힘}}{\text{면적}} = \dfrac{50\,\text{kgf}}{8.5 \times 3.5\,\text{cm}^2} = 1.68$

56 전자제어현가장치(ECS)에 대한 입력신호에 해당되지 않는 것은?

① 도어스위치
② 조향휠각도
③ 차속센서
④ 파워윈도우스위치

57 금속분말을 소결시킨 브레이크라이닝으로 열전도성이 크며 몇 개의 조각으로 나누어 슈에 설치된 것은?

① 몰드라이닝
② 위븐라이닝
③ 메탈릭라이닝
④ 세미메탈릭라이닝

해설
- 위빙라이닝(Weaving Linging) : 장섬유의 석면을 황동, 납, 아연선 등을 심으로 하여 실을 만들어 짠 다음, 광물성 오일과 합성수지로 가공하여 성형한 것으로서 유연하고 마찰계수가 크다.
- 몰드라이닝(Mould Lining) : 재료는 강모(Steel Wool), 철, 구리에 마찰저감재, 윤활제(흑연 등), 충전재혼합물로 이루어져 있고 높은 온도에서 마찰력을 발생시키며, 열방출에 유리하고 빨리 마모되지 않는다. 반면에 로터의 마모가 더 빠르고, 소음과 먼지를 더 발생시키며, 저온에서 마찰력이 더 떨어진다.
- 메탈릭라이닝 : 구리합금분말로 만들어지며 윤활 및 마모제어성분과 혼합되어 필요한 모양으로 형성된 후, 화씨 1,800도의 온도에서 백플레이트에 접착된다. 여기에 사용되는 순수한 금속성분들은 저온에서부터 고온까지 안정된 마찰계수를 제공하고 있지만 비싸다.

58 유체클러치의 스톨포인트에 대한 설명으로 틀린 것은?

① 속도비가 "0"일 때를 의미한다.
② 스톨포인트에서 효율이 최대가 된다.
③ 스톨포인트에서 토크비가 최대가 된다.
④ 펌프는 회전하나 터빈이 회전하지 않는 상태이다.

해설 속도비가 0일 때 스톨포인트, 스톨토크(토크비 최대), 스톨회전수, 효율이 최소가 된다.

59 자동차의 바퀴가 동적불균형상태일 경우 발생할 수 있는 현상은?

① 시미   ② 요잉
③ 트램핑   ④ 스탠딩웨이브

해설
- 정적평형 : 타이어가 정지된 상태의 평형이며 정적불평형일 경우에는 바퀴가 상하로 진동하는 트램핑(Tramping)현상을 일으킨다.
- 동적평형 : 회전중심축을 옆에서 보았을 때 평형 즉 회전하고 있는 상태를 뜻한다. 동적평형

이 문제가 되면 바퀴가 좌우로 흔들리는 시미(Shimmy)현상이 발생한다.

60 브레이크 내의 잔압을 두는 이유로 틀린 것은?

① 제동의 늦음을 방지하기 위해
② 베이퍼록 현상을 방지하기 위해
③ 브레이크오일의 오염을 방지하기 위해
④ 휠실린더 내의 오일누설을 방지하기 위해

해설 브레이크를 밟지 않은 상태에서는 일정한 압력이 파이프 내에 잔류하게 되는데 이 압력을 잔압이라 한다. 이 잔압은 $0.7 \sim 1.4 kgf/cm^2$ 정도 유지하는데 휠실린더에서 오일의 누설 및 공기의 혼입을 방지하고 제동 시에 작동지연, 베이퍼록을 방지하는 역할을 한다.

61 주행 중인 하이브리드자동차에서 제동 시에 발생된 에너지를 회수(충전)하는 모드는?

① 가속모드 ② 발진모드
③ 시동모드 ④ 회생제동모드

해설 회생재생모드
차량감속 시 모터는 자동차의 휠에 의해 회전하여 발전기의 역할을 한다. 모터는 자동차의 감속 시에 발생되는 운동에너지를 전기에너지로 전환하여 배터리를 충전하게 된다.

62 다이오드종류 중 역방향으로 일정이상의 전압을 가하면 전류가 급격히 흐르는 특성을 가지고 회로보호 및 전압조정용으로 사용되는 다이오드는?

① 스위치다이오드
② 정류다이오드
③ 제너다이오드
④ 트리오다이오드

해설 정전압(제너)다이오드
정전압특성으로 전압안정화에 응용, 제너전압(브레이크다운 전압) 이상의 전압이 역방향으로 인가되면 도통된다.

63 두 개의 영구자석 사이에 도체를 직각으로 설치하고 도체에 전류를 흘리면 도체의 한 면에는 전자가 과잉되고 다른 면에는 전자가 부족해 도체양면을 가로질러 전압이 발생되는 현상을 무엇이라고 하는가?

① 홀효과
② 렌츠의 현상
③ 칼만볼텍스
④ 자기유도

해설 홀효과(Hall Effect)
시료가 자기장 속에 놓여 있을 때 그 자기장에 수직방향으로 전류를 흘려주면 자기장과 전류 모두에 수직인 방향으로 내부전계, 전위차가 발생하는 현상

64 할로겐전구를 백열전구와 비교했을 때 작동특성이 아닌 것은?

① 필라멘트코일과 전구의 온도가 아주 높다.
② 전구내부에 봉입된 가스압력이 약 40bar까지 높다.
③ 유리구 내의 가스로는 불소, 염소, 브롬 등을 봉입한다.
④ 필라멘트의 가열온도가 높기 때문에 광효율이 낮다.

해설 할로겐램프는 백열등에 비해 광속이 보다 일정하며, 수명은 더 길고, 그 크기도 훨씬 작아 최대광도 및 빛조정을 가능케 할 수 있고 내부 및 외부의 열충격에 잘 견디며, 물에 접촉되어도 파열되지 않으며 광효율도 높다.

60 ③ 61 ④ 62 ③ 63 ① 64 ④

65 그림과 같은 회로에서 스위치가 OFF되어 있는 상태로 커넥터가 단선되었다. 테스트램프를 사용하여 점검하였을 경우 테스트램프 점등상태로 옳은 것은?

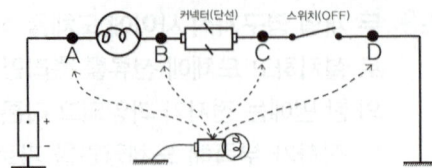

① A : OFF, B : OFF, C : OFF, D : OFF
② A : ON, B : OFF, C : OFF, D : OFF
③ A : ON, B : ON, C : OFF, D : OFF
④ A : ON, B : ON, C : ON, D : OFF

해설 A, B 지점까지는 전원전압이 공급되므로 테스트 램프가 점등된다.

66 20시간율 45Ah, 12V의 완전충전된 배터리를 20시간율의 전류로 방전시키기 위해 몇 와트(W)가 필요한가?

① 21W
② 25W
③ 27W
④ 30W

해설 45Ah=20h×χA에서 χ=2.25A
W=12V×2.25A=27W

67 자동차의 오토라이트 장치에 사용되는 광전도셀에 대한 설명 중 틀린 것은?

① 빛이 약할 경우 저항값이 증가한다.
② 빛이 강할 경우 저항값이 감소한다.
③ 황화카드뮴을 주성분으로 한 소자이다.
④ 광전소자의 저항값은 빛의 조사량에 비례한다.

해설 광전도셀(Photoconductive Cell)
광전변환소자의 대표적인 것으로 황화카드뮴(CdS)셀은 조사된 빛의 강약에 따라 양 끝의 저항값이 변화하며, 빛이 강할 때는 저항값이 작고 빛이 약할 때는 저항값이 큰 성질이 있다. 또 암흑상태에서는 거의 절연상태에 가까운 값이 된다.

68 에어컨 구성부품 중 응축기에서 들어온 냉매를 저장하여 액체상태의 냉매를 팽창밸브로 보내는 역할을 하는 것은?

① 온도조절기
② 증발기
③ 리시버드라이어
④ 압축기

69 자동차에어컨시스템에서 고온·고압의 기체냉매를 냉각 및 액화시키는 역할을 하는 것은?

① 압축기   ② 응축기
③ 팽창밸브 ④ 증발기

해설
• 압축기 : 증발기에서 기체상태로 변한 차가운 저압의 냉매가스를 흡입, 압축하여 고온고압 상태의 기체로 만들어 응축기로 보내는 역할을 한다.
• 응축기 : 압축기에서 전달된 고온고압의 냉매를 공기로 냉각하여 액체상태의 냉매로 전환시켜주는 역할을 한다.
• 팽창밸브 : 고압의 액체냉매가 팽창밸브를 거치면서 저온, 저압의 기체상태로 되면서 증발기로 보내진다.
• 증발기 : 팽창밸브에 의해 팽창된 액체냉매를 증발시켜 주위에서 증발열을 빼앗아 다른 유체를 냉각하는 일종의 열교환기를 말한다.
• 건조기 : 응축기에서 액체상태로 된 냉매는 완전한 액체상태가 아니라 기체와 액체가 섞여있기 때문에 기체상태의 냉매와 액체상태의 냉매를 분리해서 액체만을 팽창밸브를 통과시켜 증발기에 보내는 역할을 한다. 또한 냉매에 수분 및 이물질을 제거하는 역할을 한다.

정답 65 ③ 66 ③ 67 ④ 68 ③ 69 ②

70 전압 24V, 출력전류 60A인 자동차용 발전기의 출력은?

① 0.36kW   ② 0.72kW
③ 1.44kW   ④ 1.88kW

해설 P=VA=24×60=1440W

71 점화플러그의 착화성을 향상시키는 방법으로 틀린 것은?

① 점화플러그의 소염작용을 크게 한다.
② 점화플러그의 간극을 넓게 한다.
③ 중심전극을 가늘게 한다.
④ 접지전극에 U자의 홈을 설치한다.

해설 전극간극이 어느 한도 이하로 좁아지면 아무리 불꽃에너지를 크게 하더라도 가솔린과 공기의 혼합기에는 착화할 수 없는 소염현상이 나타난다. 이 간극을 "소염거리"라고 한다.

72 다음 중 유압계의 형식으로 틀린 것은?

① 서모스탯바이메탈식
② 밸런싱코일타입
③ 바이메탈식
④ 부든튜브식

73 에어컨냉매(R-134a)의 구비조건으로 옳은 것은?

① 비등점이 적당히 높을 것
② 냉매의 증발잠열이 작을 것
③ 응축압력이 적당히 높을 것
④ 임계온도가 충분히 높을 것

해설 냉매의 구비조건
• 증발열이나 증기의 비열이 클 것
• 액체의 비열이 작으며 또 악취가 없고 인체에 무해할 것
• 가연성, 폭발성이 없을 것
• 임계온도가 높고 응고점이 낮을 것
• 사용온도범위가 넓을 것
• 누출을 쉽게 발견할 수 있을 것

74 하이브리드 고전압장치 중 프리차저릴레이&프리차저저항의 기능이 아닌 것은?

① 메인릴레이 보호
② 타고전압부품 보호
③ 메인퓨즈, 버스바, 와이어하네스 보호
④ 배터리관리시스템 입력노이즈 저감

해설 프리차저릴레이
과전압 및 단락에 의한 시스템보호가 주목적이며 주요기능은 프리차징을 통한 안정적인 커패시터를 충전하도록 하고, 배터리전원의 안정적인 공급 및 차단을 위한 전원을 개폐한다.

75 기본점화시기에 영향을 미치는 요소는?

① 산소센서
② 모터포지션센서
③ 공기유량센서
④ 오일온도센서

76 에어백시스템에서 모듈탈거 시 각종 에어백점화회로가 외부전원과 단락되어 에어백이 전개될 수 있다. 이러한 사고를 방지하는 안전장치는?

① 단락바
② 프리텐셔너
③ 클럭스프링
④ 인플레이터

해설 에어백관련작업 중 ECU탈거 시 각종 회로가 전원과 접지에 노출되어 뜻하지 않게 에어백이 전개될 수도 있다. 이러한 사고를 예방할 목적으로 단락바를 설치하여 에어백의 전개를 예방한다.

정답 70 ③ 71 ① 72 ① 73 ④ 74 ④ 75 ③ 76 ①

77 전자제어식 가솔린엔진의 점화시기제어에 대한 설명으로 옳은 것은?

① 점화시기와 노킹발생은 무관하다.
② 연소에 의한 최대연소압력 발생점은 하사점과 일치하도록 제어한다.
③ 연소에 의한 최대연소압력 발생점이 상사점 직후에 있도록 제어한다.
④ 연소에 의한 최대연소압력 발생점이 상사점 직전에 있도록 제어한다.

해설 최적의 점화시기
ATDC 약 $10°~15°$ 부근에서 최대폭발압력이 발생되는 점화시기

78 전조등장치에 관한 설명으로 옳은 것은?

① 전조등회로는 좌우로 직렬연결되어 있다.
② 실드빔전조등은 렌즈를 교환할 수 있는 구조로 되어 있다.
③ 실드빔전조등 형식은 내부에 불활성가스가 봉입되어 있다.
④ 전조등을 측정할 때 전조등과 시험기의 거리는 반드시 10m를 유지해야 한다.

해설 실드빔형(일체형)
반사경에 필라멘트를 붙이고 또 여기에 렌즈를 녹여 붙인 다음 내부에 불활성가스를 넣어 전체가 하나의 전구가 되게 한 것으로 전구가 끊어져 작동되지 않으면 헤드라이트 전체를 교환하여야 한다.

79 자동차 기동전동기 종류에서 전기자코일과 계자코일의 접속방법으로 틀린 것은?

① 직권전동기　② 복권전동기
③ 분권전동기　④ 파권전동기

해설 전동기의 종류 및 특색
• 직권식전동기 : 전기자코일과 계자코일이 직렬로 연결되어 있으며 기동회전력이 크지만 회전속도도 변화가 심하다.
• 분권식전동기 : 전기자코일과 계자코일이 병렬로 연결되어 있으며 회전속도의 변화는 거의 없지만 회전력이 비교적 작다.
• 복권식전동기 : 직권과 분권의 2개의 계자코일이 전기자코일과 연결되어 있으며 직권 및 분권 전동기의 중간적 특성을 나타낸다.

80 자동차축전지의 기능으로 옳지 않은 것은?

① 시동장치의 전기적부하를 담당한다.
② 발전기가 고장일 때 주행을 확보하기 위한 전원으로 작동한다.
③ 주행상태에 따른 발전기의 출력과 부하와의 불균형을 조정한다.
④ 전류의 화학작용을 이용한 장치이며, 양극판, 음극판 및 전해액이 가지는 화학적에너지를 기계적에너지로 변환하는 기구이다.

해설 화학적에너지를 전기적에너지로 변환하는 기구이다.
배터리의 기능
시동 시 전원부담, 발전기고장 시 전원부담, 발전기출력과 부하의 평형조정

기발한 자동차정비산업기사
필기 7년간 기출문제

발 행 일	2021년 7월 5일 개정판 1쇄 인쇄 2021년 7월 10일 개정판 1쇄 발행
저　 자	이철희
발 행 처	
발 행 인	이상원
신고번호	제 300-2007-143호
주　 소	서울시 종로구 율곡로13길 21
공 급 처	(02) 765-4787, 1566-5937, (080) 850~5937
전　 화	(02) 745-0311~3
팩　 스	(02) 743-2688, 02) 741-3231
홈페이지	www.crownbook.co.kr
I S B N	978-89-406-4445-4 / 13550

특별판매정가   18,000원

이 도서의 판권은 크라운출판사에 있으며, 수록된 내용은
무단으로 복제, 변형하여 사용할 수 없습니다.
　　　Copyright CROWN, ⓒ 2021 Printed in Korea

이 도서의 문의를 편집부(02-6430-7027)로 연락주시면
친절하게 응답해 드립니다.